图 1.26　花朵之间有干扰(两种菊花)

图 1.27　比较容易推断(向日葵)

图 1.28　比较容易推断(蒲公英)

图 1.29　有干扰(4 种郁金香)

(a) 从相册选择图片　　(b) 识别结果

图 1.48　真机图库的识别结果

(a) 从训练集选图　　(b) 从测试集选图

图 2.41　从相册选图测试

图 3.18　图片 25.jpg 在置信度阈值为 0.13 时的测试结果(5 种美食全部检出)

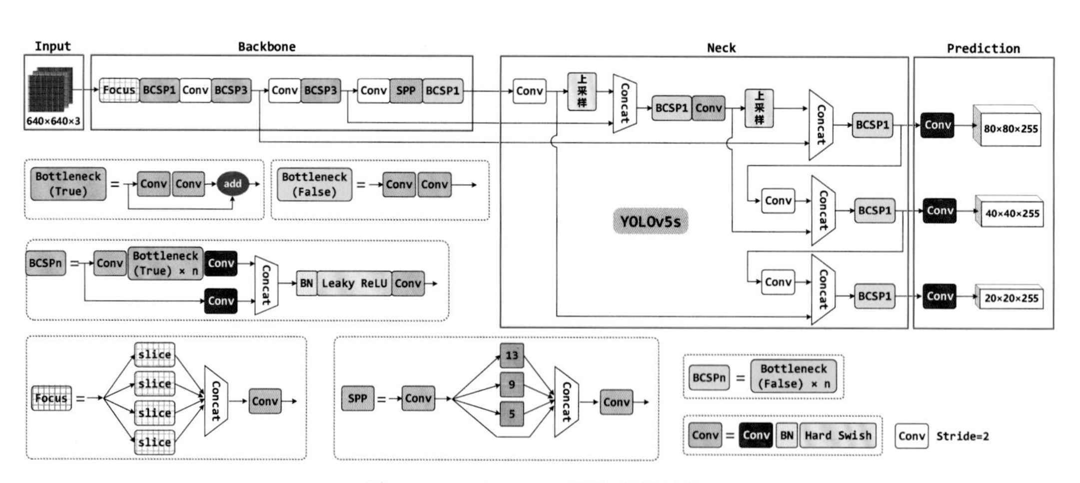

图 4.33　YOLOv5s 网络逻辑结构

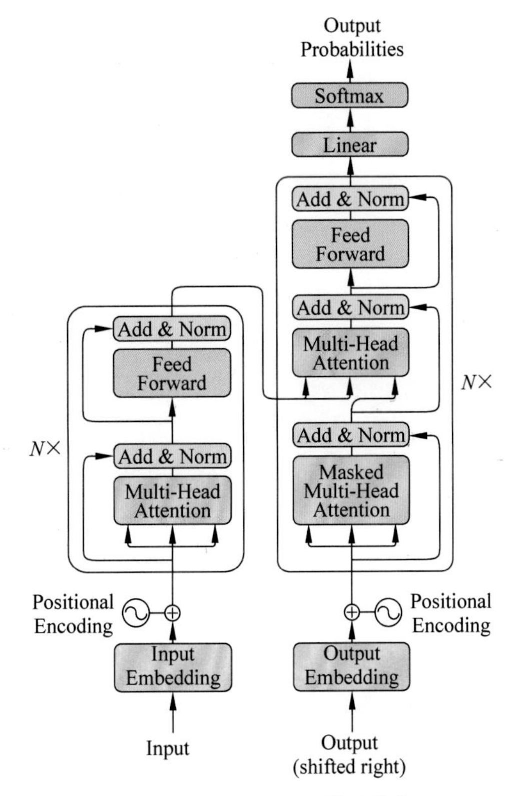

图 5.3　Transformer 模型结构

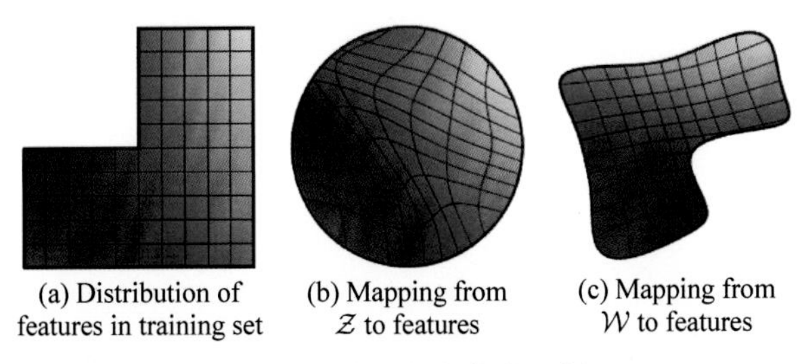

图 6.9　隐空间解耦的逻辑

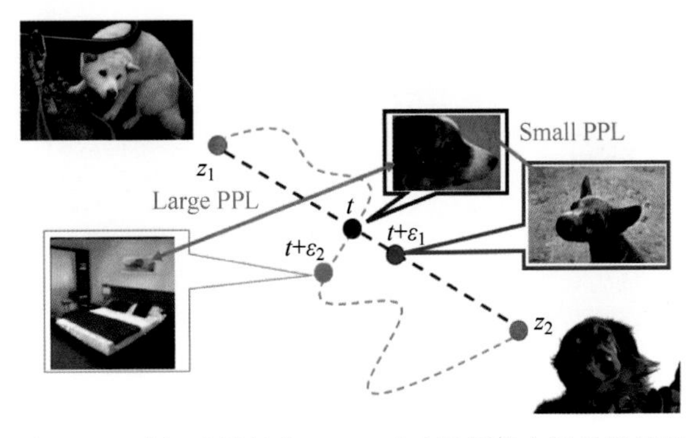

图 6.12　感知路径长度(PPL)反映了图像之间的相似度

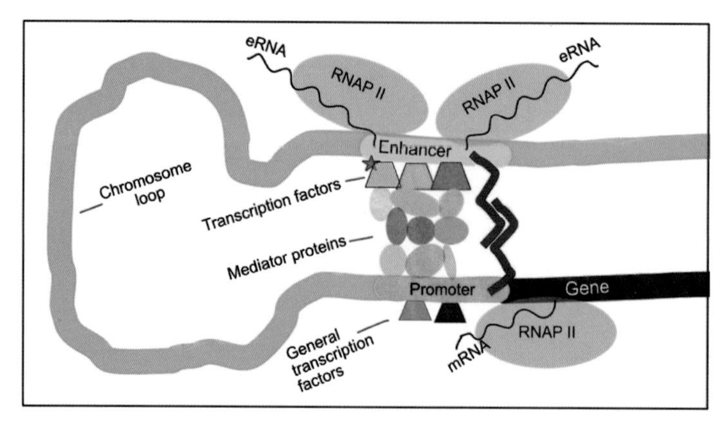

图 8.11　哺乳细胞中的转录调控逻辑示意

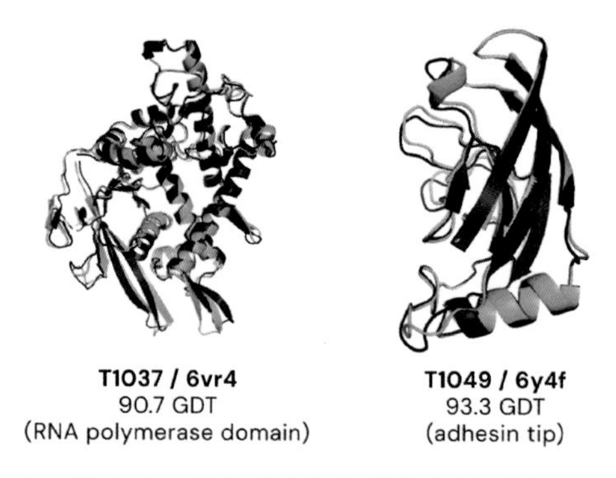

图 9.3　AlphaFold2 与实验方法对比

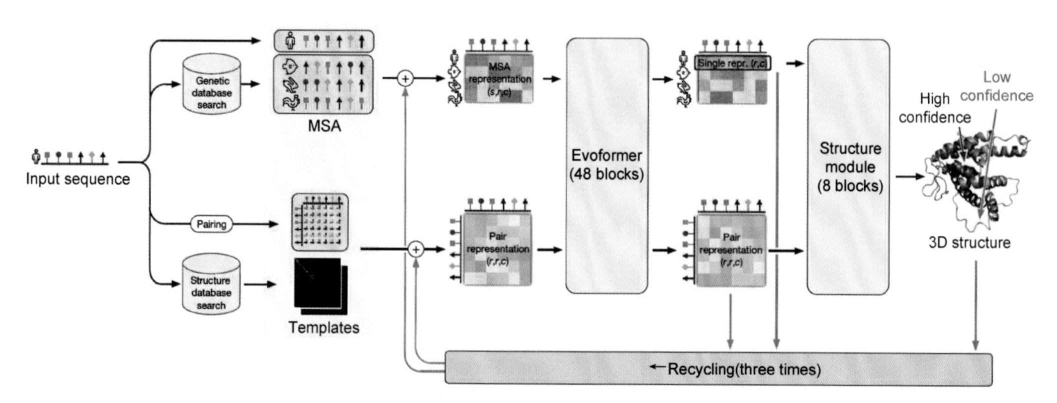

图 9.8　AlphaFold2 网络整体逻辑结构

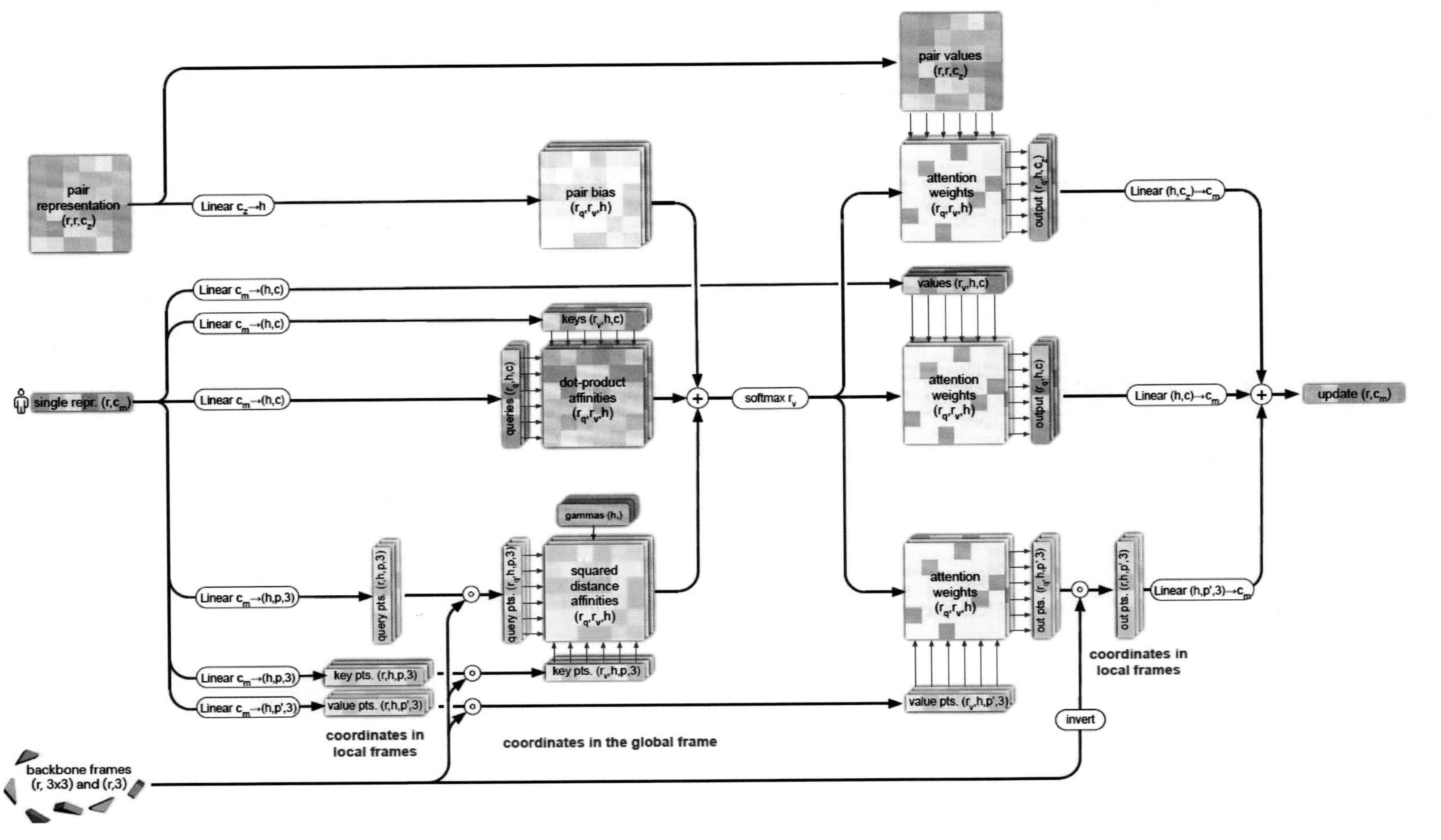

图 9.19　不变点注意力(IPA)计算逻辑

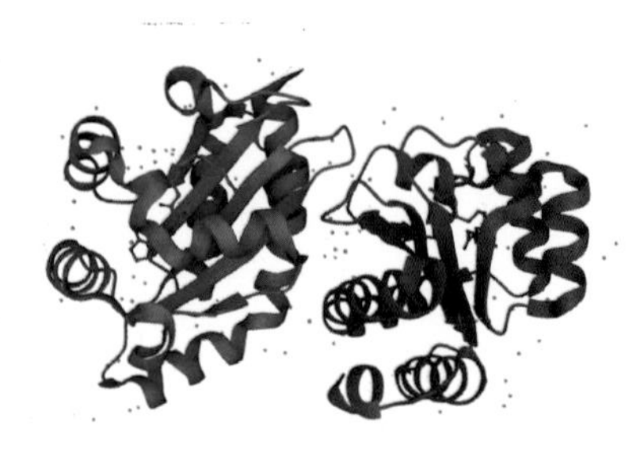

图 9.20　PDB 数据库给出的蛋白 LasR 的三维实验结构

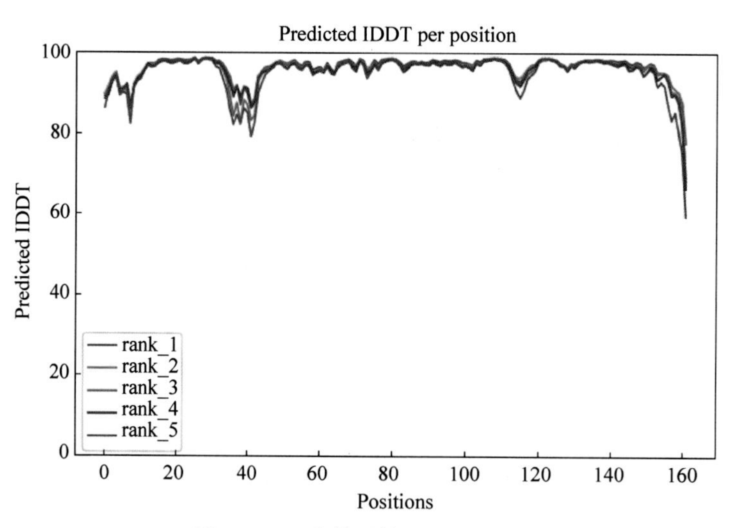

图 9.23　5 个模型的 pLDDT 对比

移动互联网开发技术丛书

TensorFlow+Android
经典模型从理论到实战

微课视频版

董相志 曲海平 董飞桐 编著

清華大學出版社
北京

内容简介

这是一本以项目为引领、以经典模型为主线的面向产业链的实战化教科书。全书分为九章，包含九个实战项目。以基于Android手机的智能化应用场景为项目目标，采用迭代模式，从基于TensorFlow的智能建模开始，到基于Android的应用开发结束。模型从训练到部署，设计周期长，技术要点多，复杂度高，工作量大，考验设计者的恒心与毅力。

场景无限好，模型来相撑。场景包括一百余种花朵识别、三百余种鸟类识别、美食场景检测、驾驶场景检测、人机畅聊、人脸生成、人脸识别、基因序列预测、蛋白质结构预测。模型包括EfficientNetV1、EfficientNetV2、MobileNetV1～MobileNetV3、EfficientDet、YOLOv1～YOLOv5、Transformer、GAN、Progressive GAN、StyleGAN1～StyleGAN3、VGG-Face、FaceNet、BERT、DenseNet121、AlphaFold2。

本书聚焦前沿、经典，充满创新与挑战；全程配备同步教学视频，26小时的高密度、大容量精华视频，让学习变得更简单。

本书适合作为高阶实践教材、毕业设计指导教材、创新创业训练指导教材、实训实习指导教材，还适合研究生和工程技术人员学习参考。

图书在版编目(CIP)数据

TensorFlow＋Android经典模型从理论到实战：微课视频版/董相志，曲海平，董飞桐编著.—北京：清华大学出版社，2023.4
(移动互联网开发技术丛书)
ISBN 978-7-302-62541-4

Ⅰ.①T… Ⅱ.①董… ②曲… ③董… Ⅲ.①移动终端－应用程序－程序设计－教材 Ⅳ.①TN929.53

中国国家版本馆CIP数据核字(2023)第022815号

责任编辑：黄　芝　张爱华
封面设计：刘　键
责任校对：李建庄
责任印制：朱雨萌

出版发行：清华大学出版社
网　　址：http://www.tup.com.cn，http://www.wqbook.com
地　　址：北京清华大学学研大厦A座　　**邮　　编**：100084
社 总 机：010-83470000　　**邮　　购**：010-62786544
投稿与读者服务：010-62776969，c-service@tup.tsinghua.edu.cn
质量反馈：010-62772015，zhiliang@tup.tsinghua.edu.cn
课件下载：http://www.tup.com.cn，010-83470236
印 装 者：小森印刷霸州有限公司
经　　销：全国新华书店
开　　本：185mm×260mm　　**印　张**：22.5　　**插　页**：3　　**字　　数**：526千字
版　　次：2023年5月第1版　　**印　　次**：2023年5月第1次印刷
印　　数：1～2500
定　　价：89.80元

产品编号：097035-01

前　言

这是一本以项目为引领、以经典模型为主线的面向产业链的实战化教科书。从建模到应用、从理论到实践，TensorFlow 与 Android 贯穿始终。聚焦前沿，贴近生产，产教融合，注重实战。

全书技术演进路线如图 0.1 所示。模型挂帅，场景领航。学以致用，一以贯之。运用之妙，存乎一心。理论实战，一气呵成。

Web 服务器模式、Socket 服务器模式、轻量级边缘计算模式三条模型部署路径无缝集成，相互补充、相互支持。服务器模式可实现一对多的大规模并发应用。边缘计算模式的优点是不依赖远程网络和中央计算。

本书建模采用 TensorFlow 框架，Web 服务器和 Socket 服务器采用 Python 语言编程，Android 开发采用 Kotlin 语言编程。

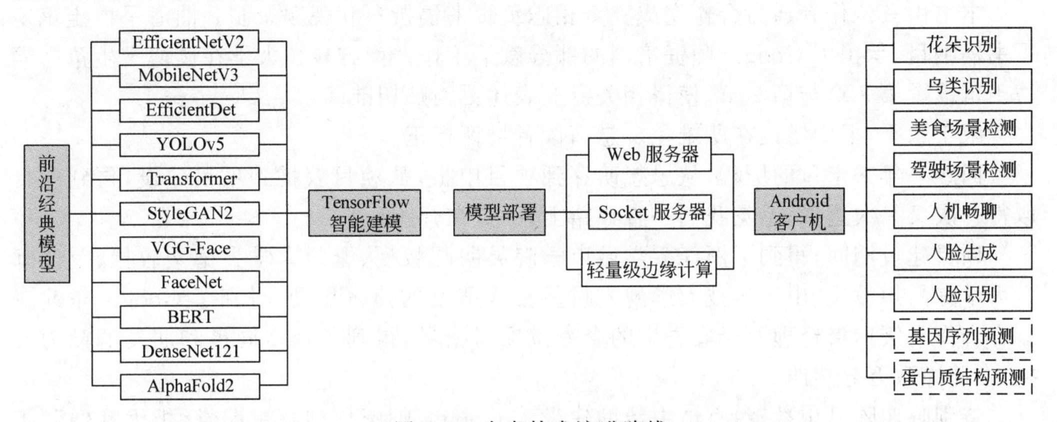

图 0.1　全书技术演进路线

全书共九章，包括九个实战项目，涉及图像分类、目标检测、语言智能、人脸识别、图像生成、生物信息六个主题领域。第 8 章和第 9 章的生物信息项目计算量较大，模型推理周期较长，不适合 Android 即时部署演示。其他七个项目全部实现了从 TensorFlow 建模起步到 Android 场景部署的教学示范和应用示范。

本书所有章节都配备同步高清教学视频，读者可跟随教材同步复现项目设计的全部流程。纸质教材是教学视频的经纬根基，教学视频则是对纸质教材的立体超越。微课视频版教材的优势是纸质教材纲举目张，教学视频见微知著，二者相辅相成，实现 1+1>2 的教学效果。读者可扫描封底"文泉云盘"刮刮卡二维码，获得权限，再扫描对应章节处二维码，即可观看视频。本书涉及的数据集、源码、模型等资源可扫描目录下方二维码下载。

26 小时的高密度精华视频，是逢山开路、遇水架桥的优先选项，是嘈嘈切切错杂弹、大珠小珠落玉盘的灵感源泉，是推陈出新、青出于蓝而胜于蓝的进阶秘籍。

本书体现了以下教育部产学合作协同育人项目的教研成果。

(1) TensorFlow 与 Android 一起学(Google 课程资助项目,2021 年)。

(2) TensorFlow 与 Android 之场景关联暨一体化案例迭代教学实战(Google 师资培训项目,2021 年)。

产学合作协同育人项目建设历时一年。期间面向 200 余所高校教师完成了两项重要师资培训工作。

(1) 全国高校 TensorFlow+Android 深度学习实战高级研修班(清华大学出版社主办,2021 年 7 月,桂林,5 个专题)。

(2) TensorFlow 与 Android 之场景关联暨一体化案例迭代教学实战(Google 主办,腾讯会议,2021 年 9 月、10 月共两期,每期 10 个专题)。

本书得到清华大学出版社计算机与信息分社魏江江社长和计算机教材第二事业部黄芝主任的精心指导;得到众多编辑老师的抬爱和斧正,最终得以以图文并茂、赏心悦目的形式与广大读者见面。在此表示最为衷心的感谢。

本书创作过程中参阅了众多文献、博文和博主视频,在此向作者致以崇高的敬意。

全书解读了 20 余篇前沿经典论文,书中若干图表直接来自论文中的实验成果。相关论文引用附在书末参考文献中。

本书由三位作者通力合作完成。董相志负责书稿撰写和视频录制。曲海平博士审定了书稿纲目,承担了 Google 师资培训的部分教学工作。南方科技大学在读博士生董飞桐博士审读了第 8 章与第 9 章,使得相关专业表述更为贴切准确。

限于水平,书中错误在所难免。恳请读者批评指正。

回顾一年来走过的历程,从思想萌芽到项目申报,从项目获批到项目建设,再到项目取得一次又一次进展,感觉我们一直在路上,一直在奔跑!

项目建设期间,得到了浙江大学城市学院吴明晖教授、厦门大学吴德文教授、重庆邮电大学陈昌川教授、山东科技大学魏光村教授等朋友的慷慨相助,得到了 Google 东北亚教育合作高级项目经理万泽春先生的全方位项目指导,得到了众多同事和朋友的鼎力支持,在此谨致万分感谢。

特别鸣谢陈昌川教授,百忙中帮助建设了 Google 师资培训超星课堂,极大地便利了大家的交流与学习。

本书源于项目建设,理论与实战碰撞、情感与情怀交织,凝练、浓缩、升华了我们过往的些许收获。

书稿落定,恰逢小满。欧阳修的诗句“最爱垄头麦,迎风笑落红”,甚是契合心境。聊赋《忆秦娥》一首,寄托所有美好。

忆秦娥·牵日月

雄心烈,欲将新书牵日月。牵日月,左手 Tensor,右手 Android。

马作的卢振长策,虎咬天开凭君跃。凭君跃,一腾天半,二腾天阙。

编　者

2023 年 1 月

目录

课件和数据集

源码和模型

第1章　EfficientNetV2与花朵识别 …… 1
1.1　花伴侣 …… 1
1.2　技术路线 …… 4
1.3　花朵数据集 …… 5
1.4　EfficientNetV1解析 …… 7
1.5　EfficientNetV2解析 …… 15
1.6　EfficientNetV2建模 …… 21
1.7　EfficientNetV2训练 …… 29
1.8　EfficientNetV2评估 …… 34
1.9　EfficientNet-B7建模 …… 36
1.10　Web服务器设计 …… 40
1.11　新建Android项目 …… 43
1.12　Android之网络访问接口 …… 46
1.13　Android客户机界面 …… 47
1.14　Android客户机逻辑 …… 49
1.15　联合测试 …… 54
1.16　小结 …… 56
1.17　习题 …… 57
第2章　MobileNetV3与鸟类识别 …… 58
2.1　Merlin鸟种识别 …… 58
2.2　技术路线 …… 63
2.3　鸟类数据集 …… 64
2.4　MobileNetV1解析 …… 65
2.5　MobileNetV2解析 …… 69
2.6　MobileNetV3解析 …… 72
2.7　MobileNetV3建模 …… 75
2.8　MobileNetV3训练 …… 81
2.9　MobileNetV3评估 …… 84
2.10　MobileNetV3-Lite版 …… 86
2.11　添加TFLite模型元数据 …… 89

2.12 新建 Android 项目 …… 89
2.13 Android 项目配置 …… 91
2.14 Android 界面设计 …… 92
2.15 Android 逻辑设计 …… 94
2.16 Android 手机测试 …… 98
2.17 小结 …… 100
2.18 习题 …… 100
第 3 章 EfficientDet 与美食场景检测 …… 102
3.1 项目动力 …… 102
3.2 技术路线 …… 103
3.3 MakeSense 定义标签 …… 104
3.4 定义数据集 …… 105
3.5 EfficientDet 解析 …… 108
3.6 EfficientDet-Lite 预训练模型 …… 111
3.7 美食版 EfficientDet-Lite 训练 …… 113
3.8 评估指标 mAP …… 114
3.9 美食版 EfficientDet-Lite 评估 …… 116
3.10 美食版 EfficientDet-Lite 测试 …… 120
3.11 新建 Android 项目 …… 123
3.12 Android 界面设计 …… 126
3.13 Android 逻辑设计 …… 128
3.14 Android 手机测试 …… 134
3.15 小结 …… 135
3.16 习题 …… 135
第 4 章 YOLOv5 与驾驶场景检测 …… 137
4.1 项目动力 …… 137
4.2 驾驶场景检测 …… 138
4.3 滑动窗口实现目标检测 …… 140
4.4 卷积方法实现滑动窗口 …… 140
4.5 交并比 …… 142
4.6 非极大值抑制 …… 142
4.7 Anchor Boxes …… 143
4.8 定义网格标签 …… 144
4.9 YOLOv1 解析 …… 146
4.10 YOLOv2 解析 …… 148
4.11 YOLOv3 解析 …… 152
4.12 YOLOv4 解析 …… 156
4.13 YOLOv5 解析 …… 160

4.14　YOLOv5 预训练模型 …… 164
4.15　驾驶员图像采集 …… 165
4.16　用 LabelImg 定义图像标签 …… 166
4.17　YOLOv5 迁移学习 …… 167
4.18　生成 YOLOv5-TFLite 模型 …… 170
4.19　在 Android 上部署 YOLOv5 …… 171
4.20　场景综合测试 …… 173
4.21　小结 …… 175
4.22　习题 …… 175
第 5 章　Transformer 与人机畅聊 …… 177
5.1　项目动力 …… 177
5.2　机器问答技术路线 …… 178
5.3　腾讯聊天数据集 …… 179
5.4　Transformer 模型解析 …… 181
5.5　机器人项目初始化 …… 185
5.6　数据集预处理与划分 …… 186
5.7　定义 Transformer 输入层编码 …… 188
5.8　定义 Transformer 注意力机制 …… 190
5.9　定义 Transformer 编码器 …… 191
5.10　定义 Transformer 解码器 …… 193
5.11　Transformer 模型合成 …… 195
5.12　模型结构与参数配置 …… 196
5.13　学习率动态调整 …… 198
5.14　模型训练过程 …… 199
5.15　损失函数与准确率曲线 …… 200
5.16　聊天模型评估与测试 …… 202
5.17　聊天模型部署到服务器 …… 205
5.18　Android 项目初始化 …… 206
5.19　Android 聊天界面设计 …… 209
5.20　Android 聊天逻辑设计 …… 212
5.21　客户机与服务器联合测试 …… 216
5.22　小结 …… 217
5.23　习题 …… 217
第 6 章　StyleGAN 与人脸生成 …… 219
6.1　项目动力 …… 219
6.2　GAN 解析 …… 220
6.3　Progressive GAN 解析 …… 222
6.4　StyleGAN 解析 …… 228

6.5 StyleGAN2 解析 …… 234
6.6 StyleGAN2-ADA 解析 …… 239
6.7 StyleGAN3 解析 …… 243
6.8 人脸生成测试 …… 248
6.9 客户机与服务器通信逻辑 …… 250
6.10 人脸生成服务器 …… 251
6.11 桌面版客户机设计与测试 …… 253
6.12 新建 Android 项目 …… 254
6.13 Android 界面设计 …… 255
6.14 Android 客户机逻辑设计 …… 256
6.15 Android 版客户机测试 …… 259
6.16 小结 …… 261
6.17 习题 …… 261
第 7 章 FaceNet 与人脸识别 …… 263
7.1 项目动力 …… 263
7.2 人脸检测 …… 264
7.3 人脸活体检测 …… 268
7.4 三种方法做人脸检测 …… 268
7.5 人脸识别 …… 272
7.6 人脸数据采集 …… 273
7.7 自定义人脸识别模型 …… 275
7.8 人脸识别模型训练 …… 277
7.9 人脸识别模型测试 …… 278
7.10 VGG-Face 人脸识别模型 …… 280
7.11 VGG-Face 门禁检测 …… 283
7.12 FaceNet 人脸识别模型 …… 285
7.13 FaceNet 服务器设计 …… 286
7.14 Android 项目初始化 …… 289
7.15 Android 网络访问接口 …… 290
7.16 Android 界面设计 …… 291
7.17 Android 客户机逻辑设计 …… 294
7.18 客户机与服务器联合测试 …… 298
7.19 活体数据采样 …… 300
7.20 定义活体检测模型 …… 303
7.21 活体检测模型训练 …… 304
7.22 活体检测模型评估 …… 305
7.23 实时检测与识别 …… 306
7.24 小结 …… 308

7.25 习题…………………………………………………………………………………… 308
第8章 BERT与基因序列预测 ……………………………………………………………… 310
8.1 生物信息学数据库 ………………………………………………………………… 310
8.2 数据库检索 ………………………………………………………………………… 312
8.3 序列比对 …………………………………………………………………………… 313
8.4 多序列比对 ………………………………………………………………………… 315
8.5 基因增强子 ………………………………………………………………………… 315
8.6 增强子序列数据集 ………………………………………………………………… 316
8.7 BERT模型解析 ……………………………………………………………………… 318
8.8 定义DNA序列预测模型 …………………………………………………………… 321
8.9 DNA序列特征提取………………………………………………………………… 323
8.10 DNA序列模型训练 ……………………………………………………………… 326
8.11 DNA序列模型评估 ……………………………………………………………… 327
8.12 小结………………………………………………………………………………… 329
8.13 习题………………………………………………………………………………… 330
第9章 AlphaFold2与蛋白质结构预测 ……………………………………………… 331
9.1 历史突破 …………………………………………………………………………… 332
9.2 技术路线 …………………………………………………………………………… 333
9.3 初识AlphaFold2框架 ……………………………………………………………… 335
9.4 数据集与特征提取 ………………………………………………………………… 337
9.5 Evoformer推理逻辑 ……………………………………………………………… 339
9.6 Structure模块逻辑………………………………………………………………… 341
9.7 AlphaFold2损失函数……………………………………………………………… 343
9.8 AlphaFold2项目实战演示………………………………………………………… 343
9.9 小结 ………………………………………………………………………………… 347
9.10 习题………………………………………………………………………………… 348
参考文献……………………………………………………………………………………… 349

第 1 章

EfficientNetV2与花朵识别

当读完本章时，应该能够：

- 因花之美好，激发对花朵识别项目的热爱与创作冲动。
- 理解数据集处理与建模之间的关系。
- 理解、掌握 EfficientNetV1-B0～EfficientNetV1-B7 模型的体系结构与原理。
- 理解、掌握 EfficientNetV2-S、EfficientNetV2-M 和 EfficientNetV2-L 模型的体系结构与原理。
- 理解、掌握 EfficientNet 模型从 V1 到 V2 的技术演进逻辑。
- 实战 EfficientNetV2 模型的建模、训练和评估。
- 实战 EfficientNet-B7 模型的迁移学习。
- 构建 RESTful 风格的通用 Web API 架构，用于第 1 章、第 5 章和第 6 章的模型部署。
- 实现 Android 客户机的网络编程。
- 实现 Android 花朵识别客户机，支持相册与相机两种应用模式。

为什么要做这样一个识别花朵的选题？研究和设计花朵识别 App，既有来自生活本身的考量，也有来自学术专业的追求。一般而言，花朵是植物最显著的特征，研发一款通过识别花朵进而识别植物类型的 App，可以帮助人们随时随地认识和熟悉植物特性，满足人们的好奇心。植物学家、学生、教师在野外考察和见习期间，借助花朵识别 App，采集、反馈和整理第一手资料，也是支持科学研究工作的一大助力。事实上，即便没有花朵，单凭植物的叶片或形态也可以识别植物类别，但是依靠花朵更容易做到精准识别。

1.1 花伴侣

园艺工作者、植物爱好者、学生或者学生家长，在家中、街头、公园或者郊外散步游览时，只需对着花朵拍照，即可认知植物。这使得人们在亲近大自然的同时，多了一份探索和发现的乐趣,边玩边学,不亦乐乎!

以中国科学院植物研究所与鲁朗软件有限公司联合研发的花伴侣 App 为例,做一番试用体验。这个 App 可以在手机应用商店里面找到,下载安装后,启动花伴侣 App,首页界面如图 1.1 所示。底部导航条包括“动态”“附近”“识花”“发现”“我的”五项菜单,顶部导航条包括“花记”“鉴定”“文章”“百科”四项菜单,首页工作区显示的是“动态”信息,包括个人年度活动报告,花友分享的视频、图文等滚动信息。顶部有搜索条,可以进行全域检索。

单击底部的导航按钮“附近”,可以查看附近的人和花,如图 1.2 所示。这个功能很酷,清楚地显示了附近数十千米范围内花朵及花友的热度分布。

图 1.1　首页界面

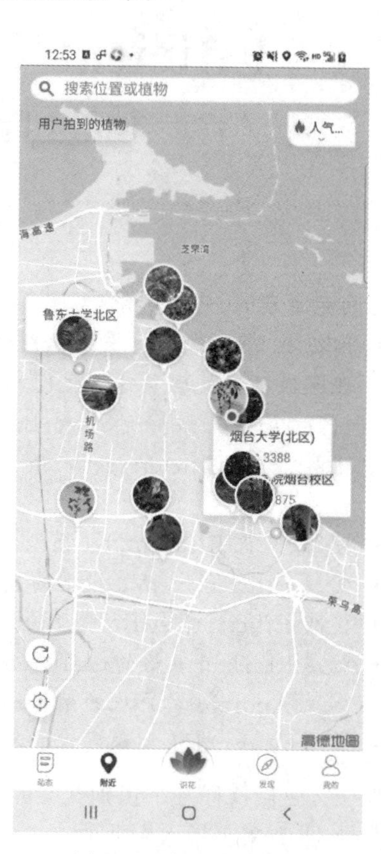

图 1.2　附近的人和花

花伴侣目前已经得到较为广泛的应用,按照官方声明,可识别植物种类近 5000 种。以识花功能为核心,以花友互动和花记为主线,以鉴定、文章、百科、附近的人和花为辅助,形成了良好的识花、赏花、爱花、聊花的社区生态。

花伴侣有两种识别模式:一种是拍照识别;另一种是从相册选择图片识别。单击底部的“识花”按钮,进入识花界面,如图 1.3 所示,并自动打开照相机。工作区有一个白色矩形框,提示用户将识别主体放入框中,底部有两个按钮:一个是“闪光灯”;另一个是“相册”。

先看拍照识别模式。让相机对着场景中的花朵或植物，这里用屏幕上的花朵照片作为目标场景，如图 1.3 所示。单击底部的“拍照识别”按钮，返回的识别结果如图 1.4 所示。工作区上半部分是拍摄的照片，下半部分给出的是识别结果，包括花朵中文名称、英文名称、科属、可信度、样本照片等。如果反馈的可信度比较低，右下角会出现一个名称为“更多”的按钮。单击“更多”按钮，查看更多推断结果，单击底部的“纠错”按钮，可以人工提交正确答案。

图 1.3　识花界面

图 1.4　拍照识别结果

再来测试从相册选择图片识别模式。如图 1.3 所示，单击左下角的“相册”按钮，可以打开本地相册，如图 1.5 所示。在相册的“图库”列表中，假定当前选择了右上角的郁金香图片，返回的识别结果如图 1.6 所示。由于这幅郁金香图片的识别可信度达到了 99%，因此，“更多”按钮会自动隐藏，但是“纠错”按钮仍然允许人工纠错。

现在回到本章开头的问题，既然已经有了功能如此强大的花伴侣，而且有中国科学院植物研究所这样的专业支撑机构，为何还要继续做教学研发呢？

理由如下：

(1) 以大自然为背景，以花朵为主题，花朵识别无疑是能够吸引人、打动人、激发学习兴趣的。花朵识别相关应用具备旺盛的生命力。

图 1.5　从相册选择图片

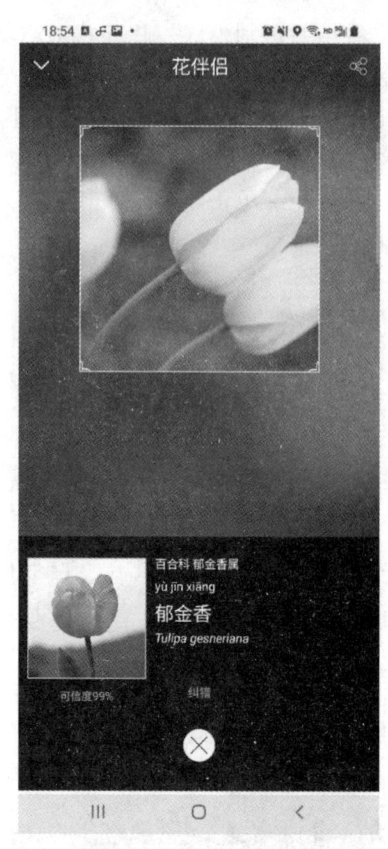

图 1.6　相册识别结果

(2) 用经典的技术、经典的应用引领教学发展，是教学目标、教学方法、教学效率的内在需求。

(3) 花伴侣 App 吻合上述(1)和(2)两方面特征，是极好的教学素材。但是花伴侣是商业软件，不公开技术逻辑与方法。所以，需要独立研发才能满足教学需要。

(4) 事实上，一个更大的动力是，花伴侣作为一款能够识别 5000 种花朵类别的 App，并没有穷尽大自然的一切类别的花朵。据不完全统计，自然界拥有的花朵可能超过 40 万种！而且，随着人工智能的发展，识别花朵的建模技术也在发展，就识别可信度而言，花伴侣还远远没有达到技术上的至善。

1.2　技术路线

Android 上运行的是客户机程序，花朵识别的功能逻辑需要放在服务器上。识别逻辑放在服务器上的好处：一是解决计算力瓶颈；二是实现资源共享。从系统的观点看，本章项目的设计包含三个技术阶段，即建模阶段、服务器阶段和客户机阶段。

1. 建模阶段

可选的经典模型比较多，例如 ResNet101、ResNet152、ResNet101V2、ResNet152V2、

InceptionV3、InceptionResNetV2、Xception、DenseNet121、DenseNet169、DenseNet201、EfficientNetV1、EfficientNetV2 等，本章采用 EfficientNet 系列做建模选择。读者完全可以根据实际需要，参照本章的项目设计逻辑做自主替换。

2. 服务器阶段

搭建服务器，在服务器上部署训练好的模型。本书采用两种服务器模式：一是采用 Flask 框架搭建服务器；二是采用 Socket 自由定制服务器。

3. 客户机阶段

开发 Android 客户机程序，与服务器通信，有两种常用模式：一是采用 HTTP 交换图片和预测结果；二是基于 Socket 技术，自定义数据交换逻辑。

1.3 花朵数据集

本项目采用 Kaggle 平台上提供的包含 104 种花朵的公共数据集，数据集文件采用 TFRecord 格式存放每一幅图像的 id(样本唯一编号)、label(样本标签)和 img(样本像素的数组表示)。数据集文件夹结构如图 1.7 所示。

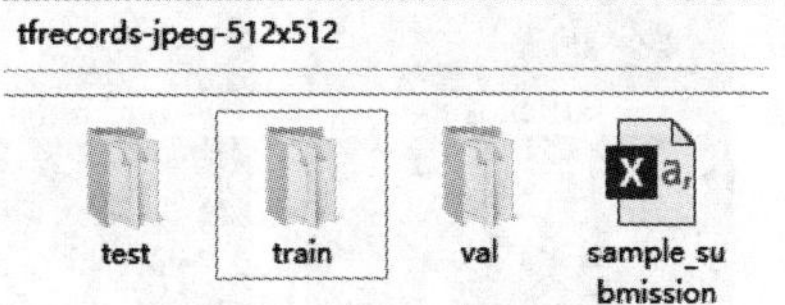

图 1.7 数据集文件夹结构

(1) train 目录中包含 16 个 *.tfrec 文件，存储训练集样本及其标签。

(2) val 目录中包含 16 个 *.tfrec 文件，存储验证集样本及其标签。验证集中的图片是根据标签分布按照比例抽取的，保证验证集的样本分布与标签分布一致。

(3) test 目录中包含 16 个 *.tfrec 文件，存储测试集样本，无标签。

(4) sample_submission.csv 是提交预测结果的示例文件。

所有图像分辨率均为 512×512 像素，训练集、验证集、测试集的文件构成如表 1.1 所示。

表 1.1 训练集、验证集、测试集的文件构成

训练集(train)	验证集(valid)	测试集(test)
00-512x512-798.tfrec	00-512x512-232.tfrec	00-512x512-462.tfrec
01-512x512-798.tfrec	01-512x512-232.tfrec	01-512x512-462.tfrec
02-512x512-798.tfrec	02-512x512-232.tfrec	02-512x512-462.tfrec
03-512x512-798.tfrec	03-512x512-232.tfrec	03-512x512-462.tfrec
04-512x512-798.tfrec	04-512x512-232.tfrec	04-512x512-462.tfrec
05-512x512-798.tfrec	05-512x512-232.tfrec	05-512x512-462.tfrec
06-512x512-798.tfrec	06-512x512-232.tfrec	06-512x512-462.tfrec
07-512x512-798.tfrec	07-512x512-232.tfrec	07-512x512-462.tfrec
08-512x512-798.tfrec	08-512x512-232.tfrec	08-512x512-462.tfrec

续表

训练集(train)	验证集(valid)	测试集(test)
09-512x512-798. tfrec 10-512x512-798. tfrec 11-512x512-798. tfrec 12-512x512-798. tfrec 13-512x512-798. tfrec 14-512x512-798. tfrec 15-512x512-783. tfrec	09-512x512-232. tfrec 10-512x512-232. tfrec 11-512x512-232. tfrec 12-512x512-232. tfrec 13-512x512-232. tfrec 14-512x512-232. tfrec 15-512x512-232. tfrec	09-512x512-462. tfrec 10-512x512-462. tfrec 11-512x512-462. tfrec 12-512x512-462. tfrec 13-512x512-462. tfrec 14-512x512-462. tfrec 15-512x512-452. tfrec
共计 12 753 幅图像	共计 3712 幅图像	共计 7382 幅图像

从训练集中随机抽样 16 幅图像,图像效果及标签如图 1.8 所示。

图 1.8 训练集中随机抽样的花朵及其标签示例

图像数据以 TFRecord 格式集中存储，虽然不如以单个图像文件存储直观，但是对于提高模型的训练效率很有帮助。为了解决观察数据的问题，后面专门编写了图像观察函数。

1.4 EfficientNetV1 解析

EfficientNet 模型参见论文 *EfficientNet: Rethinking Model Scaling for Convolutional Neural Networks*（TAN M，LE Q. 2019），采用自动机器学习（AutoML）和神经网络搜索（Neural Architecture Search，NAS）得到基准模型 EfficientNetV1-B0。EfficientNetV1-B0 相当于在网络深度（wider）、宽度（deeper）和图像分辨率（resolution）三个维度上得到合理化配置，然后通过复合系数 ϕ 对 B0 的宽度、深度和图像分辨率同时做混合缩放，得到一个优化模型系列，称为 EfficientNetV1-B0～EfficientNetV1-B7，以满足不同规模的应用需求。

模型名称加上 V1 后缀是为了与后来的 V2 版本做区别。事实上，作者也在后来的 V2 论文中称呼之前的 EfficientNet 为 V1 版。

图 1.9 所示为 EfficientNetV1 与其他经典模型的比较。横轴用 Number of Parameters（参数数量）表示模型规模，纵轴对比在 ImageNet 上的 Top-1 准确率。不难看出，EfficientNetV1 从 EfficientNetV1-B0 到 EfficientNetV1-B7，准确率有显著提升，其中 EfficientNetV1-B0～EfficientNetV1-B4 在模型规模增加不大的情况下，准确率提升幅度较为显著。从 EfficientNetV1-B4 到 EfficientNetV1-B7，准确率提升幅度变小，模型规模增长相对变快，EfficientNetV1-B7 达到了一个相对最好的水平。

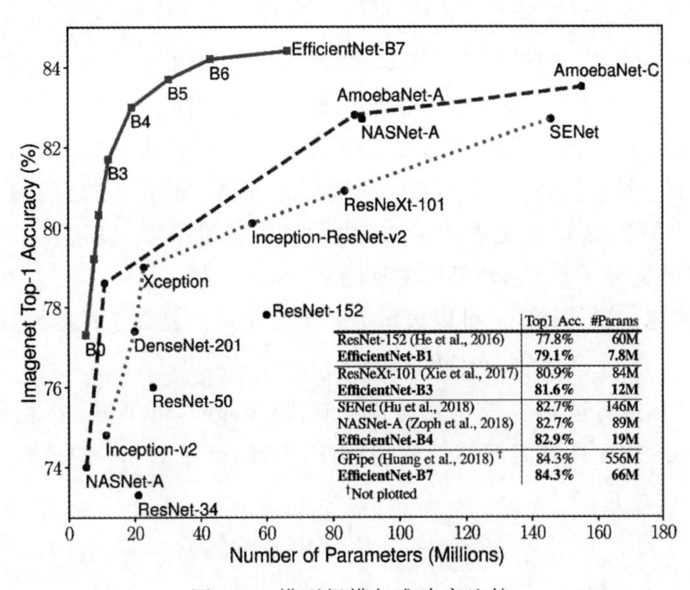

	Top1 Acc.	#Params
ResNet-152 (He et al., 2016)	77.8%	60M
EfficientNet-B1	**79.1%**	**7.8M**
ResNeXt-101 (Xie et al., 2017)	80.9%	84M
EfficientNet-B3	**81.6%**	**12M**
SENet (Hu et al., 2018)	82.7%	146M
NASNet-A (Zoph et al., 2018)	82.7%	89M
EfficientNet-B4	**82.9%**	**19M**
GPipe (Huang et al., 2018) †	84.3%	556M
EfficientNet-B7	**84.3%**	**66M**

†Not plotted

图 1.9 模型规模与准确率比较

根据论文报告，EfficientNetV1-B7 取得 SOTA（State Of The Art，当时最先进的）成绩，在 ImageNet 上的 Top-1 准确率为 84.3%，与当时最好的模型 GPipe 相比，在准确率

相当的情况下，模型的参数数量仅为其 1/8.4，推理速度提升到 6.1 倍。

论文回顾了几种常见的模型缩放(scaling)方法，如图 1.10 所示。图 1.10(a)为基准模型(baseline)，图 1.10(b)只对网络宽度缩放，图 1.10(c)只对网络深度缩放，图 1.10(d)只对输入图像的分辨率缩放，图 1.10(e)是论文采用的方法，即在宽度、深度和图像分辨率三个维度上协同缩放(compound scaling)。

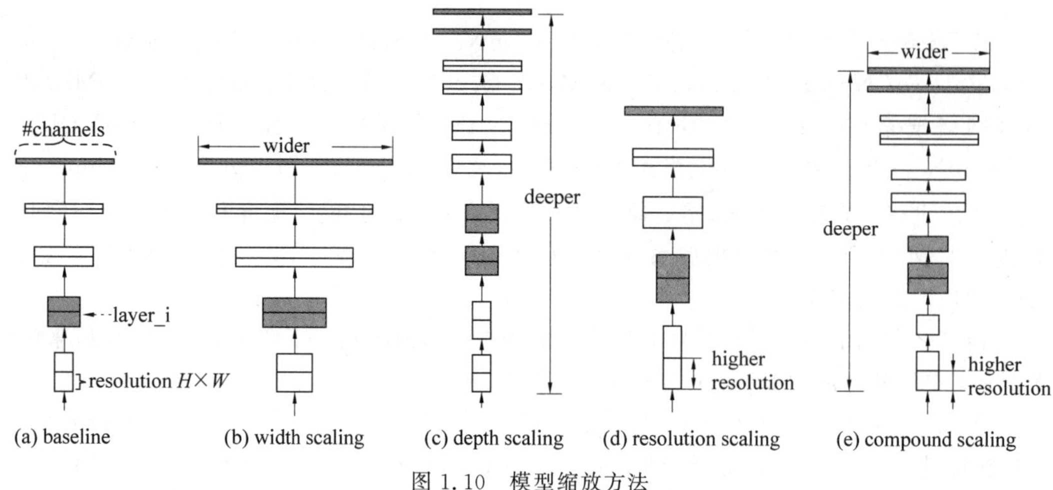

图 1.10　模型缩放方法

增加网络深度，容易提取更复杂的特征，但深度过大会面临梯度消失、训练困难的问题。增加网络宽度，容易提取细粒度特征，但对于宽度较大而深度较浅的网络，往往很难学习到更深层次的特征。增加网络输入图像的分辨率，有助于细粒度特征提取，但计算量也会变大。

为寻求规模与效率上的最佳平衡点，论文给出了式(1.1)作为描述卷积神经网络的数学模型。式(1.2)作为优化目标，式(1.3)作为模型缩放方法。

卷积网络是由若干层组成的，第 i 个卷积层的逻辑可以被抽象为函数 $\boldsymbol{Y}_i=F_i(\boldsymbol{X}_i)$，$F_i$ 表示第 i 层的运算逻辑，$\boldsymbol{Y}_i$ 表示第 i 层的输出向量，$\boldsymbol{X}_i$ 表示第 i 层的输入向量，维度为 $\langle H_i, W_i, C_i\rangle$，为简化描述，此处省略了 $\boldsymbol{X}_i$ 中的样本数量维度。H_i 表示特征图的高度，W_i 表示特征图的宽度，C_i 表示特征图的通道数。

基于上述描述，卷积网络 N 可以表示为若干卷积层的复合迭代运算，即

$$N=F_k \mathrm{e} \cdots \mathrm{e} F_2 \mathrm{e} F_1(\boldsymbol{X}_1)=\operatorname*{e}_{j=1,2,\cdots,k} F_j(\boldsymbol{X}_1)$$

卷积网络整体运行逻辑一般划分为若干阶段(Stage)，每个 Stage 由若干层(Layer)组成。这些 Stage 往往具备高度的结构相似性，因此，基于 Stage 的理念，卷积网络运算逻辑可由式(1.1)表示。

$$N=\operatorname*{e}_{i=1,2,\cdots,s} F_i^{L_i}(\boldsymbol{X}_{\langle H_i, W_i, C_i\rangle}) \tag{1.1}$$

其中：

(1) $\operatorname*{e}_{i=1,2,\cdots,s}$ 表示连乘运算。

(2) $F_i^{L_i}$ 表示 F_i 运算在第 i 个 Stage 中重复迭代 L_i 次。

(3) $\boldsymbol{X}$ 表示输入第 i 个 Stage 的特征矩阵。

(4) $\langle H_i, W_i, C_i \rangle$ 表示 $\boldsymbol{X}$ 的维度。随着网络深度的增加，H_i 和 W_i 会逐渐变小，C_i 逐渐变大。例如，输入层的维度为〈224,224,3〉，经过若干 Stage 之后，变为〈7,7,512〉。此时，特征矩阵 $\boldsymbol{X}$ 的高度 H_i 与宽度 W_i 一般不会再变小了。

在 EfficientNet 之前，为了寻找最优网络，一般都是集中力量调整结构，在优化 F_i 逻辑上下功夫，但是 EfficientNet 不同。EfficientNet 首先基于一个相对优化的基准结构，保持基准模型中每一层的 F_i 不变，在此基础上对 L_i、C_i 和 (H_i, W_i) 进行协同缩放。所以，EfficientNet 模型可表示为式(1.2)所示的优化问题。

$$
\begin{aligned}
&\max_{d,w,r} \quad \text{Accuracy}(N(d,w,r)) \\
&\text{s.t.} \quad N(d,w,r) = \underset{i=1,2,\cdots,s}{\mathrm{e}} \hat{F}_i^{d\cdot\hat{L}_i}\left(\boldsymbol{X}_{\langle r\cdot\hat{H}_i, r\cdot\hat{W}_i, w\cdot\hat{C}_i\rangle}\right) \\
&\qquad \text{Memory}(N) \leqslant \text{target\_memory} \\
&\qquad \text{FLOPs}(N) \leqslant \text{target\_flops}
\end{aligned}
\tag{1.2}
$$

w、d、r 分别表示宽度、深度和分辨率三个维度的缩放系数，$\hat{F}_i$、$\hat{L}_i$、$\hat{H}_i$、$\hat{W}_i$、$\hat{C}_i$ 表示基准模型中预定义的参数。其中：

(1) d 用来缩放第 i 个 Stage 的深度 $\hat{L}_i$。

(2) r 用来缩放第 i 个 Stage 输入矩阵的高度 $\hat{H}_i$ 和宽度 $\hat{W}_i$。

(3) w 用来缩放第 i 个 Stage 输入矩阵的通道数量 $\hat{C}_i$。

(4) target_memory 为内存约束，target_flops 为浮点计算量(FLOPs)约束。

基准模型 EfficientNet-B0 的结构定义如表 1.2 所示。

表 1.2 EfficientNet-B0 模型的结构定义

Stage i	Operator $\hat{F}_i$	Resolution $\hat{H}_i \times \hat{W}_i$	#Channels $\hat{C}_i$	#Layers $\hat{L}_i$
1	Conv3×3	224×224	32	1
2	MBConv1,k3×3	112×112	16	1
3	MBConv6,k3×3	112×112	24	2
4	MBConv6,k5×5	56×56	40	2
5	MBConv6,k3×3	28×28	80	3
6	MBConv6,k5×5	14×14	112	3
7	MBConv6,k5×5	14×14	192	4
8	MBConv6,k3×3	7×7	320	1
9	Conv1×1 & Pooling & FC	7×7	1280	1

表 1.2 中每一行表示一个 Stage，$\hat{L}_i$ 表示当前 Stage 包含的层数，$(\hat{H}_i, \hat{W}_i)$ 表示输入矩阵的高和宽，$\hat{C}_i$ 表示输出矩阵包含的通道数。为便于直观观察，图 1.11 给出了更为直观的模型结构与运算逻辑示意。

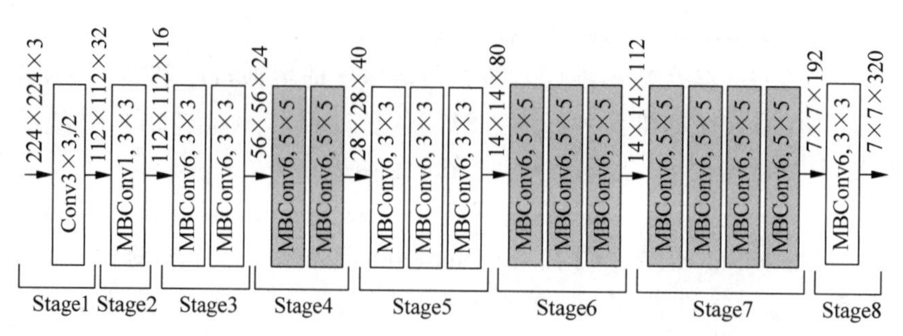

图 1.11 EfficientNet-B0 模型结构与运算逻辑

根据表 1.2，EfficientNet-B0 模型包含 9 个 Stage。图 1.11 则包含 8 个 Stage，不包括最后的输出层 Stage。B0 模型解析如下。

(1) 第 1 个 Stage 是卷积核大小为 3×3、步长为 2 的普通卷积层(包含 BN 和 swish 激活函数)。

(2) Stage2～Stage8 则重复堆叠 MBConv 结构，$\hat{L}_i$ 表示当前 Stage 重复 MBConv 的次数。MBConv 后面的数字 1 或者 6，表示倍率因子(这里将倍率因子记作 n)，MBConv 模块中的第一个 1×1 卷积负责将输入的特征矩阵的通道数扩充为 n 倍。3×3 或 5×5 表示 MBConv 中深度可分离卷积所采用的卷积核大小。

(3) Stage9 由一个标准的 1×1 卷积(包含 BN 和 swish 激活函数)、一个平均池化层和一个全连接层组成。

MBConv 是 MobileNet 系列模型中的经典结构，EfficientNetV1 做了一些变化，如图 1.12 所示，采用 swish 激活函数，加入 SE(Squeeze-and-Excitation，压缩和激励)模块。SE 模块的作用是沿着通道方向计算各特征层的权重，根据权重重新计算各特征层的取值，实现通道注意力机制。

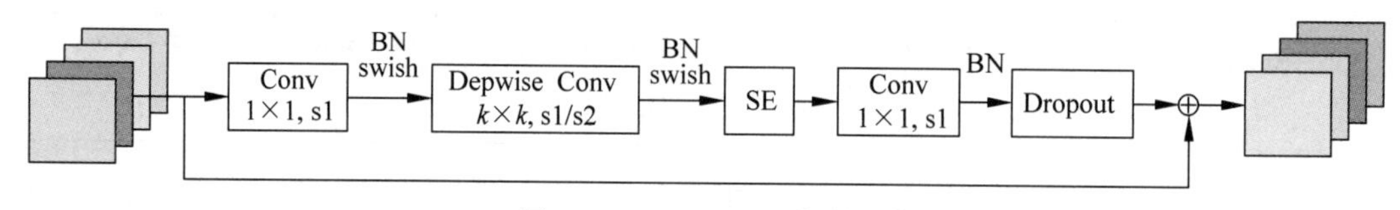

图 1.12 MBConv 逻辑结构

MBConv 结构解析如下。

(1) 首先是一个标准的 1×1 卷积(包含 BN 和 swish)，用于根据倍率因子 n 升维。n 取值 1 或者 6，当 $n=1$ 时，这个负责升维的 1×1 卷积是不存在的，如表 1.2 中 Stage2 所示的 MBConv1 模块，不需要升维。

(2) 1×1 卷积后面跟上 $k\times k$ 的深度可分离卷积(包含 BN 和 swish)，步长为 1 或 2，k 取值为 3 或者 5。

(3) 再往后是 SE 模块、一个标准的 1×1 卷积(包含 BN)和一个 Dropout 层(只有跳连模块才包含 Dropout 层)。

图 1.12 中的跳连，仅当 MBConv 模块的输入与输出特征矩阵维度相同时才存在。

SE 模块的工作原理参见论文 *Squeeze-and-excitation networks*(HU J，SHEN L，

SUN G,2018)。SE 模块的逻辑结构如图 1.13 所示。

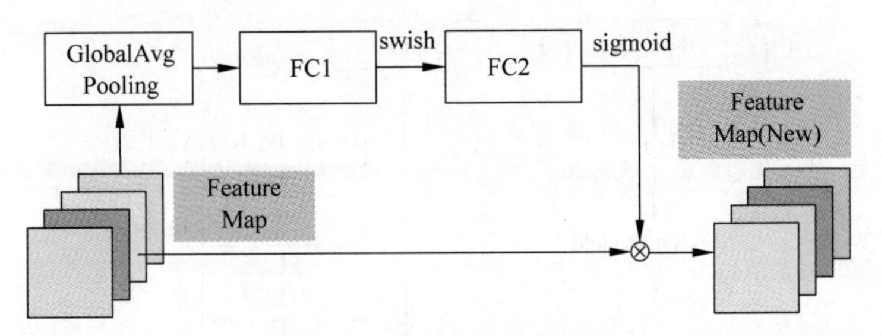

图 1.13 SE 模块的逻辑结构

SE 模块由一个全局平均池化层 GlobalAvgPooling 和 FC1 与 FC2 两个全连接层组成。第一个全连接层节点个数是 MBConv 模块输入特征矩阵的通道数的 1/4,采用 swish 激活函数。第二个全连接层节点个数等于深度可分离卷积层输出的特征矩阵的通道数(即乘以倍率因子后的通道数),采用 sigmoid 激活函数。

此处不妨回顾论文 *Squeeze-and-Excitation Networks*(HU J,SHEN L,SUN G. 2018)中关于 SE 的计算逻辑与应用,图 1.14 描述的是采用 SE 机制的新 Inception 模块的计算逻辑,图 1.15 描述的是采用 SE 机制的新 ResNet 模块的计算逻辑。

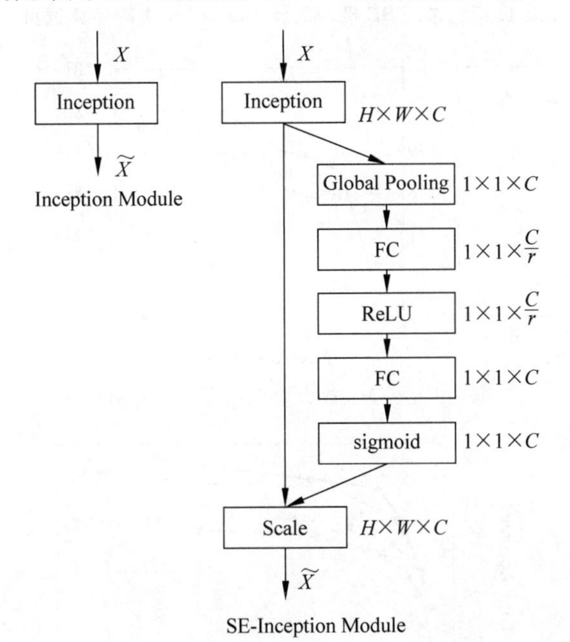

图 1.14 采用 SE 机制的新 Inception 模块的计算逻辑

以 EfficientNet-B0 模型为参照,EfficientNetV1 论文给出了单维度上变化与模型准确率的关系,如图 1.16 所示。显然,即使只对单个维度(宽度、深度、分辨率)放大,模型依然有显著改进,但是准确率达到 80%左右时遇到瓶颈。

同时,EfficientNetV1 论文中也给出了调整网络宽度,在不同基准模型之间的横向比较结果,如图 1.17 所示。这个对比实验表明,调整 w,在相同的 FLOPs 下,d、r 越大,效

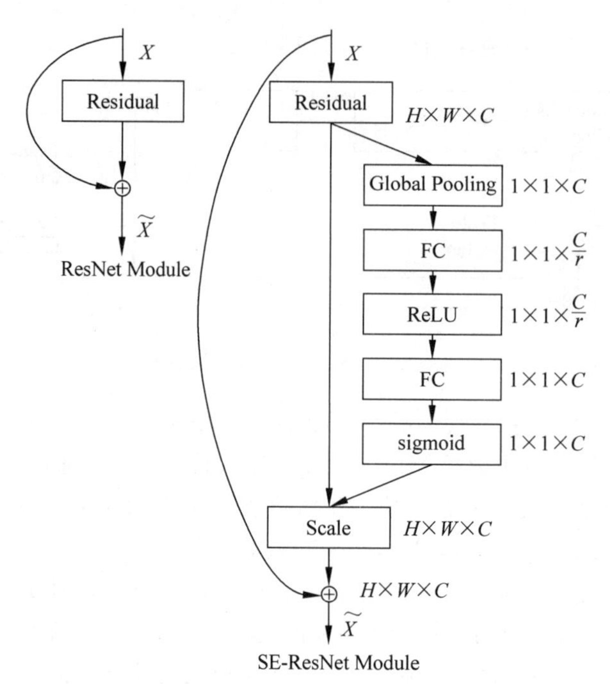

图 1.15　采用 SE 机制的新 ResNet 模块的计算逻辑

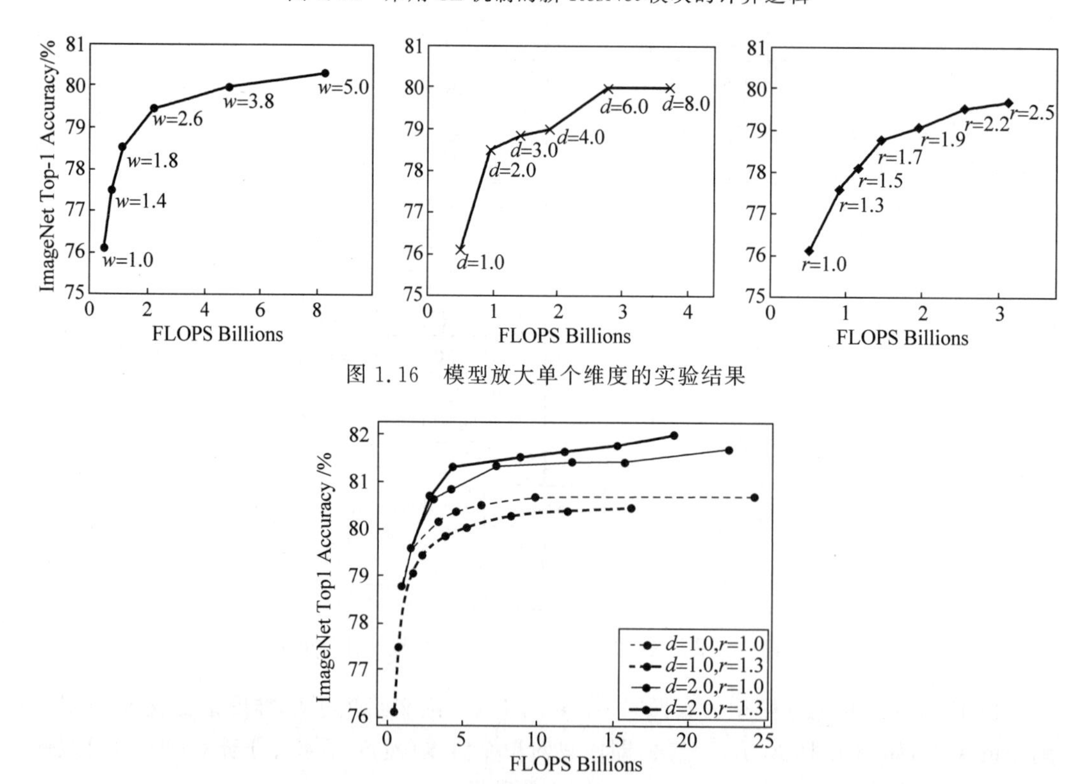

图 1.16　模型放大单个维度的实验结果

图 1.17　宽度对不同基准模型的影响

注：图 1.17 中的 4 条线代表 4 个基准模型(由网络深度和分辨率确定)，线上的不同点代表模型的不同宽度。宽度值越大，模型准确率越高。4 个不同基准模型都是如此。

果越好。也就是说，当网络宽度与深度、分辨率协同作用时，更容易实现理想模型。直觉看，随着分辨率的增加，往往需要网络宽度与深度同步增加，以增强对特征的深度处理能力。

总之，图1.16和图1.17的实验结果表明，在深度、宽度和分辨率三个维度上寻找一个最佳平衡点实现最优模型是可行的。论文随后给出了寻找最佳复合系数 ϕ 的方法，如式(1.3)所示。

$$\begin{aligned}&\text{depth: } d=\alpha^{\phi}\\&\text{width: } w=\beta^{\phi}\\&\text{resolution: } r=\gamma^{\phi}\\&\text{s.t. } \alpha\cdot\beta^{2}\cdot\gamma^{2}\approx 2\\&\qquad \alpha\geqslant 1,\beta\geqslant 1,\gamma\geqslant 1\end{aligned} \tag{1.3}$$

α、β、γ 是通过网格搜索得到的基准模型常量，满足式(1.3)中的约束条件。其中depth(深度)、width(宽度)、resolution(分辨率)的变化与模型浮点计算量(FLOPs)之间的关系解释如下。

(1) FLOPs与depth的关系：如果depth翻倍，则模型FLOPs也会翻倍。

(2) FLOPs与width的关系：如果width翻倍(即通道数翻倍)，则模型FLOPs翻4倍。这个结论可以根据卷积层的FLOPs计算方法得到，如式(1.4)所示。

$$r\cdot\hat{H}_i\times r\cdot\hat{W}_i\times(H_k\times W_k\times w\cdot\hat{C}_i)\times w\cdot\hat{C}_i \tag{1.4}$$

(3) FLOPs与resolution的关系：如果resolution翻倍，则模型FLOPs翻4倍。该结论也可根据式(1.4)得到。

根据式(1.3)，调整 ϕ，可以整体改变模型的深度、宽度和分辨率。不难看出，模型的FLOPs与 $(\alpha\cdot\beta^{2}\cdot\gamma^{2})^{\phi}$ 近似成正比。由于EfficientNet中约定 $\alpha\cdot\beta^{2}\cdot\gamma^{2}\approx 2$，故FLOPs与 2^{ϕ} 近似成正比。

论文以EfficientNet-B0为基准参考模型，给出了模型缩放算法。

步骤1：固定 $\phi=1$，根据式(1.2)和式(1.3)做网格搜索，确定 α、β、γ。在 $\alpha\cdot\beta^{2}\cdot\gamma^{2}\approx 2$ 约束下，论文给出的最佳值是 $\alpha=1.2$，$\beta=1.1$，$\gamma=1.15$。

步骤2：根据步骤1得到的结果，固定 α、β、γ 为不变的常量，根据式(1.3)只对 ϕ 做调整，最终得到模型EfficientNet-B1～EfficientNet-B7。

为了观察 ϕ 对模型的调整效果，图1.18给出了EfficientNet-B1的结构与运算逻辑。与EfficientNet-B0模型相比，变化主要体现在输入层分辨率和Stage深度的增加，网络宽度不变。

论文通过大量的实验对比，证明了模型EfficientNet-B0～EfficientNet-B7的有效性。论文最后特别指出，自2017年以来，多数模型只是针对ImageNet的验证数据集(5万个样本)发布实验结果，而EfficientNet则同时基于ImageNet的验证集和测试集(10万个样本)发布对比实验结果，如表1.3所示。该结果进一步证明了EfficientNet模型系列具备良好的泛化能力。

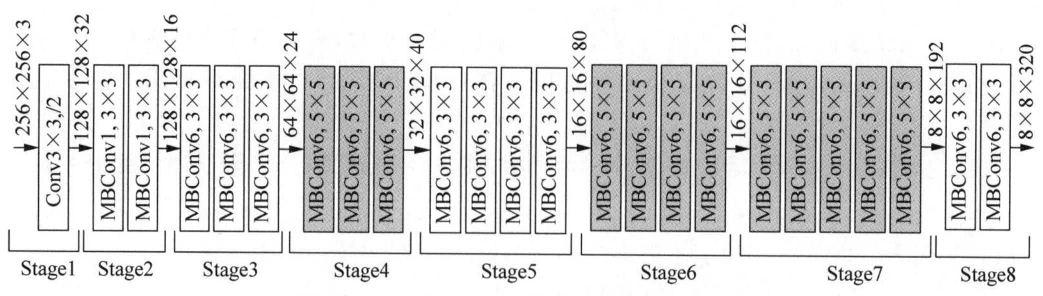

图 1.18 EfficientNet-B1 的结构与运算逻辑

表 1.3 EfficientNet-B0～EfficientNet-B7 在 ImageNet 验证集与测试集上的实验结果对比

类　　别	EfficientNet-B0	EfficientNet-B1	EfficientNet-B2	EfficientNet-B3	EfficientNet-B4	EfficientNet-B5	EfficientNet-B6	EfficientNet-B7
valid Top-1	77.11	79.13	80.07	81.59	82.89	83.60	83.95	84.26
test Top-1	77.23	79.17	80.16	81.72	82.94	83.69	84.04	84.33
valid Top-5	93.95	94.47	94.90	95.67	96.37	96.71	96.76	96.97
test Top-5	93.45	94.43	94.98	95.70	96.27	96.64	96.86	96.94

表 1.4 给出了 EfficientNet-B0～EfficientNet-B7 的参数变化对照表。

表 1.4 EfficientNet-B0～EfficientNet-B7 参数变化对照表

Model	input_isize	width_coefficient	depth_coefficient	drop_connect_rate	dropout_rate
B0	224×224	1.0	1.0	0.2	0.2
B1	240×240	1.0	1.1	0.2	0.2
B2	260×260	1.1	1.2	0.2	0.3
B3	300×300	1.2	1.4	0.2	0.3
B4	380×380	1.4	1.8	0.2	0.4
B5	456×456	1.6	2.2	0.2	0.4
B6	528×528	1.8	2.6	0.2	0.5
B7	600×600	2.0	3.1	0.2	0.5

(1) input_isize：模型输入层接受的图像分辨率。

(2) width_coefficient：模型宽度(通道)维度上的因子系数。以 EfficientNet-B0 的 Stage1 为例，3×3 卷积层包含的卷积核个数是 32，那么 EfficientNet-B6 的 Stage1 中卷积核个数则为 32×1.8=57.6，取最接近 57.6 的 8 的整数倍的数 56，作为 EfficientNet-B6 中 Stage1 的卷积核数量。

(3) depth_coefficient：Stage2～Stage8 上的深度系数。以 EfficientNet-B0 的 Stage7 为例，其$\hat{L}_i=4$，则 B6 的 Stage7 对应的值为 4×2.6=10.4，向上取整为 11。

(4) drop_connect_rate：特指在 MBConv 结构中使用的 Dropout 因子，采用 Stochastic Depth 算法，会随机丢掉整个 MBConv 的主分支，只保留跳连(捷径)分支，相当于跳过一个 MBConv 模块，减少网络深度。

(5) dropout_rate：特指 Stage9 中全连接层之前的 Dropout 层采用的因子系数。

1.5 EfficientNetV2 解析

EfficientNetV2 模型，参见论文 *EfficientNetV2: Smaller Models and Faster Training*（TAN M，LE Q. 2021），可以视作 EfficientNetV1 的改进版。

EfficientNetV2 与 EfficientNetV1 及其他同期优秀模型的直观比较如图 1.19 所示。横轴表示训练速度，纵轴表示准确率。EfficientNetV2 基于 ImageNet1K 得到三个模型：V2-S、V2-M 和 V2-L，基于 ImageNet21K 得到四个模型：V2-S(21K)、V2-M(21K)、V2-L(21K)和 V2-XL(21K)。

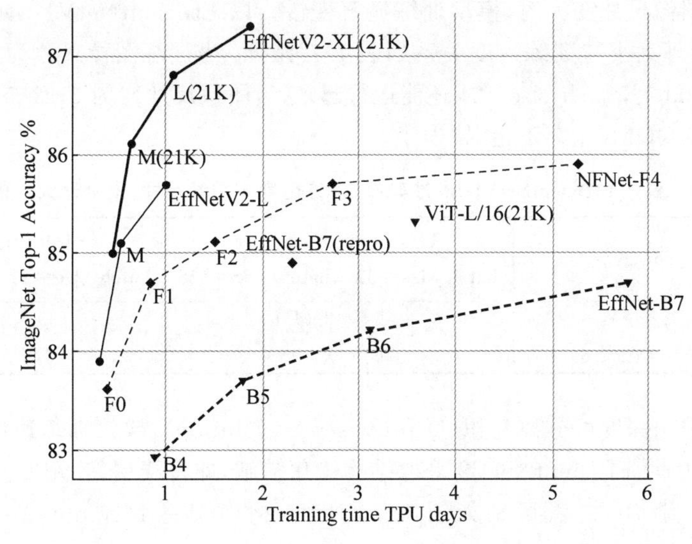

图 1.19 EfficientNetV2、EfficientNetV1 及其他同期优秀模型的直观比较

EfficientNetV2 与 EfficientNetV1 相比，不仅注重平衡准确率、参数数量，还同时注重平衡模型的训练速度。V2-S 准确率与 V1-B6 相当，但是训练速度快 5 倍。V2-XL(21K)取得 87.3%的 Top-1 准确率，达到 SOTA 水平，比 ViT 模型高出 2.0%。

表 1.5 给出了 EfficientNetV2 与 EfficientNetV1、ResNet-RS 和 DeiT/ViT 的横向对比，在准确率相当的情况下，EfficientNetV2 的参数规模大幅下降，训练速度更快。

表 1.5 EfficientNetV2 与同期先进模型对比

性　能	模　型			
	EfficientNetV1-B6（2019）	**ResNet-RS（2021）**	**DeiT-B-384（ViT＋reg）（2021）**	**EfficientNetV2-S（2021）**
Top-1 Accuracy	84.3%	84.0%	83.1%	83.9%
Parameters	43M	164M	86M	22M

再用 EfficientNetV2-M 与 EfficientNetV1-B7 对比，如表 1.6 所示。二者准确率相当，但是 EfficientNetV2-M 比 EfficientNetV1-B7 的参数量减少 17%，计算量减少 37%，

训练时间减少76%,推理时间减少66%。优势显著。

表 1.6 EfficientNetV2-M 与 EfficientNetV1-B7 性能比较

模型	性能				
	Top-1 Accuracy /%	Parameters /M	FLOPs /B	TrainTime /h	InferTime /ms
EfficientNetV1-B7	85.0	66	38	54	170
EfficientNetV2-M	85.1	55(−17%)	24(−37%)	13(−76%)	57(−66%)

EfficientNetV1 的问题如下:

(1) 输入图像尺寸变大时,模型训练显著变慢。以 EfficientNetV1-B6 为例,准确率、图像尺寸、批处理大小与训练速度关系如表 1.7 所示。当训练图像尺寸为 380×380 像素时,在 Tesla V100 上,batch_size=24 还能运行起来,当图像尺寸变为 512×512 像素、batch_size=24 时就报 OOM(显存不足)错误了。

表 1.7 模型 EfficientNetV1-B6 准确率、训练速度与图像尺寸、批处理大小的关系

Top-1 Accuracy	TPUv3 imgs/sec/core		V100 imgs/sec/gpu	
	batch_size=32	batch_size=128	batch_size=12	batch_size=24
train_size=512×512 像素 84.3%	42	OOM	29	OOM
train_size=380×380 像素 84.6%	76	93	37	52

(2) 浅层采用深度可分离卷积(Depthwise Convolutions)导致训练速度变慢,但是深层依然较快。为此,EfficientNetV2 采取结构优化措施,即将浅层的 MBConv 结构替换为 Fused-MBConv 结构。二者区别如图 1.20 所示,相当于将 MBConv 主分支中的升维 Conv1×1 和 depthwise Conv3×3 替换成一个普通的 Conv3×3。

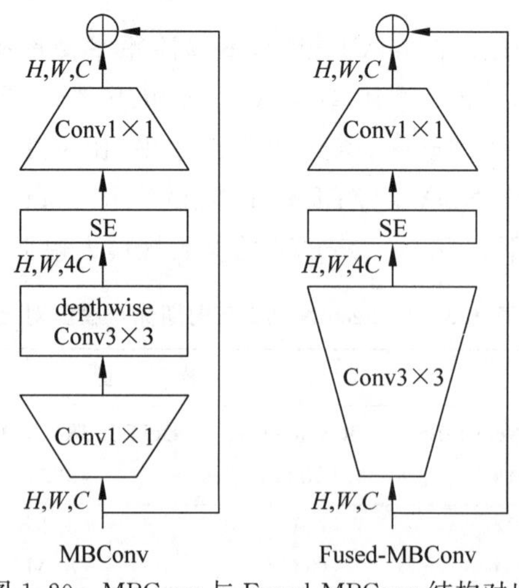

图 1.20 MBConv 与 Fused-MBConv 结构对比

表 1.8 给出了基于 EfficientNetV1-B4 的四种实验对比。No fused 表示模型全部采用 MBConv 结构,Fused Stage1~3 表示 Stage1~3 采用 Fused-MBConv 结构。在保持准

确率不下降的情况下，Stage1～3 阶段采用 Fused-MBConv，训练速度显著提升。但是如果将 Stage1～7 全部换成 Fused-MBConv，则参数和计算量大幅度增加，训练速度反而不如仅改变 Stage1～3 的情况。

表 1.8 MBConv 与 Fused-MBConv 实验结果对比

模块	性能				
	Parameters /M	FLOPs /B	Top-1 Accuracy	TPUv3 imgs/sec/core	V100 imgs/sec/gpu
No fused	19.3	4.5	82.8%	262	155
Fused Stage1～3	20.0	7.5	83.1%	362	216
Fused Stage1～5	43.4	21.3	83.1%	327	223
Fused Stage1～7	132.0	34.4	81.70%	254	206

(3) EfficientNetV1 中同等放大每个 Stage 是次优的。EfficientNetV1 中每个 Stage 的深度和宽度都是按照系数同等放大的，但每个 Stage 对网络的训练速度及整体贡献并不相同，所以直接使用同等缩放的策略不尽合理。

为此，EfficientNetV2 采取的改进如下：

(1) 将训练-感知神经网络架构搜索和缩放(Training-Aware NAS and Scaling)相结合。

(2) 新增 Fused-MBConv 模块替换浅层的 MBConv 结构。

(3) 采用渐进学习(Progressive Learning)策略，可根据图像大小自适应调整正则化强度，在加快训练速度与保持准确率上取得较好的平衡。

※NAS

EfficientNetV1 模型优化目标是追求参数规模和准确率之间的平衡，EfficientNetV2 则是将优化目标调整为参数规模、准确率和训练速度三者之间的平衡。EfficientNetV2 以 EfficientNetV1 作为骨干结构，搜索空间参数如下。

- 卷积模块 Operator 搜索：{MBConv，Fused-MBConv}。
- Stage 层数搜索：#Layers。
- 卷积核尺寸搜索：{3×3，5×5}。
- 升维倍率因子搜索：{1，4，6}。即针对 MBConv 中第一个升维 Conv1×1 或者 Fused-MBConv 中第一个升维 Conv3×3 的升维因子系数搜索。

搜索过程中，采用强化学习算法，随机搜索采样了 1000 个模型，对每个模型用较小的图像尺度训练 10 个 epoch(代)。搜索奖励函数定义为模型准确率 A、训练一个 Step 所需时间 S 及模型参数大小 P 的组合：$A \cdot S^w \cdot P^v$，其中 $w=-0.07$，$v=-0.05$。

※ EfficientNetV2 结构

表 1.9 给出了 EfficientNetV2-S 的模型定义，对比 EfficientNetV1-B0，其主要变化如下：

(1) EfficientNetV2 模型浅层的 3 个 Stage 采用 Fused-MBConv 卷积结构。

(2) EfficientNetV2 模型的 MBConv 采用较小的通道倍率因子以减少内存消耗，例如用 MBConv4 取代 MBConv6。

(3) EfficientNetV2 模型不再采用 5×5 过滤器,而是全部采用 3×3 过滤器。由于 3×3 的感受野比 5×5 小,因此 Stage 内部需要堆叠更多的层数。

(4) EfficientNetV2 模型比 EfficientNetV1 少一个 Stage,以减少模型参数。表 1.9 中可以看到 EfficientNetV2-S 定义了 Stage0～Stage7(EfficientNetV1 定义了 Stage1～Stage9)。

表 1.9 EfficientNetV2-S 的模型定义

Stage	Operator	Stride	#Channels	#Layers
0	Conv3×3	2	24	1
1	Fused-MBConv1,k3×3	1	24	2
2	Fused-MBConv4,k3×3	2	48	4
3	Fused-MBConv4,k3×3	2	64	4
4	MBConv4,k3×3,SE0.25	2	128	6
5	MBConv6,k3×3,SE0.25	1	160	9
6	MBConv6,k3×3,SE0.25	2	256	15
7	Conv1×1 & Pooling & FC	—	1280	1

表 1.9 中,Operator 包含 Conv、MBConv 和 Fused-MBConv 三种结构。#Channels 表示当前 Stage 输出的特征矩阵的通道数,#Layers 表示当前 Stage 重复堆叠 Operator 的次数。模型其他结构解析如下。

(1) Conv3×3 模块是普通的 3×3 卷积+swish 激活函数+BN。

(2) Fused-MBConv 模块名称后跟的数字 1、4 表示升维倍率因子,k3×3 表示卷积核尺寸为 3×3。

当升维倍率因子 Expansion 等于 1 时没有 Conv1×1 这一层,并且取消 SE 结构,如图 1.21 所示。

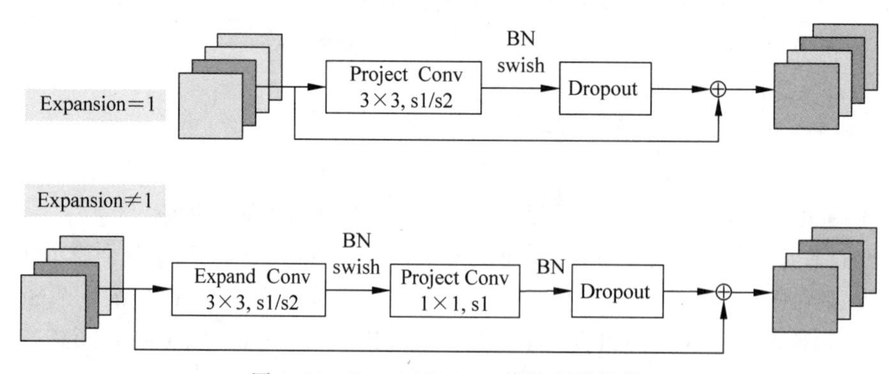

图 1.21 Fused-MBConv 模块逻辑结构

注意:

- 当 Stride=1 且输入输出的 Channels 相等时才有 Shortcut(跳连)连接。
- 当有 Shortcut 连接时才有 Dropout 层。

这里的 Dropout 层采用 Stochastic Depth 算法,可以理解为随机减少了网络的深度,即会随机丢掉整个模块的主分支而保留跳连分支,相当于直接跳过了当前模块。

(3) MBConv 模块结构如图 1.22 所示,类似 EfficientNetV1 中的定义。

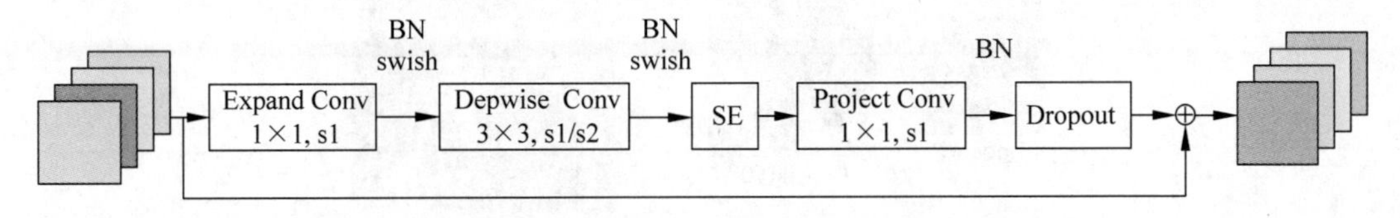

图 1.22 EfficientNetV2 的 MBConv 模块定义

模块名称 MBConv 后面的数值 4 和 6 表示升维倍率因子,SE0.25 表示包含 SE 模块,数值 0.25 表示 SE 模块中第一个全连接层的节点个数是当前 MBConv 模块输入特征矩阵通道数的 1/4。

注意:

- 当 Stride=1 且输入输出的 Channels 相等时才有 Shortcut 连接。
- 当有 Shortcut 连接时才有 Dropout 层。这里的 Dropout 层仍然是 Stochastic Depth。
- Stage 会重复堆叠 Operator 模块多次,只有第一个 Operator 模块的步长是按照表 1.9 中 Stride 来设置的,其后的默认为 1。

※ 渐进学习策略

模型输入图像的尺寸对模型训练效率有极大的影响,表 1.7 给出的实验结果也证明了这一点。此前有人尝试使用动态的图像尺寸来加速模型训练,例如,开始阶段用小尺寸图像训练,后面逐步增大,但通常会导致准确率降低。为此,EfficientNetV2 给出了新的优化方案:准确率降低是不平衡的正则化方法导致的,在训练不同尺寸的图像时,应该使用动态的正则方法,而不是一成不变的正则方法。

表 1.10 是 EfficientNetV2 论文中基于 ImageNet Top-1 Accuracy 给出的实验结果。三种数据随机增强强度和三种图像尺寸,准确率数值来自三次实验的平均值。

表 1.10 不同随机增强与图像尺寸对准确率的影响

数据随机增强强度	Size=128	Size=192	Size=300
RandAugment magnitude=5	**78.3**±0.16	81.2±0.06	82.5±0.05
RandAugment magnitude=10	78.0±0.08	**81.6**±0.08	82.7±0.08
RandAugment magnitude=15	77.7±0.15	81.5±0.05	**83.2**±0.09

EfficientNetV2 训练过程中尝试使用不同的图像尺寸及不同强度的数据增强。表 1.10 所示实验结果证明,当图像尺寸较小时,使用较弱的数据增强效果更好;当图像尺寸较大时,则使用更强的数据增强效果更好。

例如,当 Size=128 时,RandAugment magnitude=5 效果更好;当 Size=300 时,RandAugment magnitude=15 效果更好。

基于上述实验结果,EfficientNetV2 采用了渐进式训练策略,如图 1.23 所示。训练初期采用较小的训练尺寸及较弱的正则方法，有助于模型快速学习到一些简单的表达能力，然后逐渐提升图像尺寸，同时增强正则化强度。

图 1.23　渐进式训练策略

论文中给出了三种正则化方法，分别是 Dropout、RandAugment 和 Mixup。

可以直观看到图 1.23 中的变化，当 Epoch=1 时，用小尺寸图像，然后逐渐增强正则化强度，当 Epoch=300 时，在更高的 Dropout rate、RandAugment magnitude 和 Mixup alpha 的加持下，模型将面临更强的学习难度。这就是渐进学习策略的逻辑所在。

渐进学习策略的算法逻辑如 Algorithm 1 所示。

Algorithm 1　Progressive learning with adaptive regularization.

Input: Initial image size S_0 and regularization $\{\phi_0^k\}$.

Input: Final image size S_e and regularization $\{\phi_e^k\}$.

Input: Number of total training steps N and stages M.

for $i=0$ **to** $M-1$ **do**

　Image size: $S_i \leftarrow S_0+(S_e-S_0)\cdot\frac{i}{M-1}$

　Regularization: $R_i \leftarrow \left\{\phi_i^k=\phi_0^k+(\phi_e^k-\phi_0^k)\cdot\frac{i}{M-1}\right\}$

　Train the model for $\frac{N}{M}$ steps with S_i and R_i.

end for

---

(1) 模型训练步数用 N 表示。

(2) 图像初始尺寸用 S_0 表示，图像最终尺寸用 S_e 表示。

(3) 初始正则强度用 $\phi_0=\{\phi_0^k\}$表示，最终正则强度用 $\phi_e=\{\phi_e^k\}$表示，其中 k 表示 k 种正则化方法，包含 Dropout、RandAugment 和 Mixup 这三种。

(4) 整个训练过程划分为 M 个阶段，第 i 阶段($1\leqslant i\leqslant M$)，模型训练的图像尺寸为 S_i，正则强度为 $\phi_i=\{\phi_i^k\}$。不同的阶段直接使用线性插值的方法递增。

表 1.11 给出了 EfficientNetV2-S/M/L 三个模型的渐进学习策略对比。论文还给出了大量的对比实验结果，证明 EfficientNetV2 具备更好的训练效率和更强的泛化能力。

表 1.11　EfficientNetV2-S/M/L 渐进学习策略参数对比

类　别	EfficientNetV2-S		EfficientNetV2-M		EfficientNetV2-L	
	min	max	min	max	min	max
Image Size	128	300	128	380	128	380
RandAugment magnitude	5	15	5	20	5	25
Mixup alpha	0	0	0	0.2	0	0.4
Dropout rate	0.1	0.3	0.1	0.4	0.1	0.5

1.6　EfficientNetV2 建模

参照 EfficientNetV2 论文公布的源码，本节完成 EfficientNetV2-S/M/L 三个模型的编程。官方程序用列表描述模型的参数结构，以 EfficientNetV2-S 模型为例，其结构描述如下。

```
v2_s_block = [
    'r2_k3_s1_e1_i24_o24_c1',
    'r4_k3_s2_e4_i24_o48_c1',
    'r4_k3_s2_e4_i48_o64_c1',
    'r6_k3_s2_e4_i64_o128_se0.25',
    'r9_k3_s1_e6_i128_o160_se0.25',
    'r15_k3_s2_e6_i160_o256_se0.25',
]
```

参照表 1.9 对 EfficientNetV2-S 模型的定义，v2_s_block 中的参数符号解读如下。

r：当前 Stage 中 Operator 重复的次数 repeats。

k：卷积核尺寸 kernel_size。

s：步长 stride。

e：升维倍率因子 expansion ratio。

i：当前 Stage 的输入通道数 input channels。

o：当前 Stage 的输出通道数 output channels。

c：卷积类型，0 表示 Fused-MBConv，1 表示 MBConv。

se：表示 SE 模块第一个全连接层的通道压缩因子 se_ratio。

打开 PyCharm，新建项目 TensorFlow_to_Android，按照本节视频教程提示，配置项目虚拟环境，安装 TensorFlow 和相关库。新建文件夹 EfficientNetV2，在其中创建 model.py 程序，完成程序源码 P1.1 的编程与测试工作。

程序源码 P1.1　model.py 模型 EfficientNetV2 的详细设计

```
1  import itertools
2  import numpy as np
3  import tensorflow as tf
```

```
4   from tensorflow.keras import layers, Model, Input
5   # 卷积层参数初始化
6   def conv_kernel_initializer(shape, dtype = None):
7       kernel_height, kernel_width, _, out_filters = shape
8       fan_out = int(kernel_height * kernel_width * out_filters)
9       return tf.random.normal(shape, mean = 0.0, stddev = np.sqrt(2.0/fan_out), dtype = dtype)
10  # 全连接层参数初始化
11  def dense_kernel_initializer(shape, dtype = None):
12      init_range = 1.0 / np.sqrt(shape[1])
13      return tf.random.uniform(shape, - init_range, init_range, dtype = dtype)
14  # SE 模块层
15  class SE(layers.Layer):
16      def __init__(self, se_filters,                      # 第一层节点个数
17                   output_filters,                        # 第二层节点个数
18                   name = None):
19          super().__init__(name = name)
20          # SE 包含两层,这是第一层,用 1×1 卷积定义
21          self.se_reduce = layers.Conv2D(
22              se_filters,
23              kernel_size = 1,
24              strides = 1,
25              kernel_initializer = conv_kernel_initializer,
26              padding = 'same',
27              activation = 'swish',
28              use_bias = True,
29              name = 'conv2d')
30          self.se_expand = layers.Conv2D(
31              output_filters,
32              kernel_size = 1,
33              strides = 1,
34              kernel_initializer = conv_kernel_initializer,
35              padding = 'same',
36              activation = 'sigmoid',
37              use_bias = True,
38              name = 'conv2d_1')
39      # SE 模块的逻辑实现
40      def call(self, inputs, ** kwargs):
41          # Tensor: [N, H, W, C] -> [N, 1, 1, C],全局平均池化
42          se_tensor = layers.GlobalAveragePooling2D(keepdims = True)(inputs)
43          se_tensor = self.se_reduce(se_tensor)      # 第一个卷积层
44          se_tensor = self.se_expand(se_tensor)      # 第二个卷积层
45          return se_tensor * inputs                  # 相乘,得到 SE 模块的输出
46  # MBConv 模块层
47  class MBConv(layers.Layer):
48      def __init__(self, kernel_size: int,
49                   input_c: int,                     # 输入通道数
50                   out_c: int,                       # 输出通道数
51                   expand_ratio: int,                # 升维倍率因子
52                   stride: int,                      # 步长
```

```
53                  se_ratio: float = 0.25,              # SE模块第一层的通道压缩因子
54                  drop_rate: float = 0.,               # 主分支随机失活值
55                  name: str = None):
56         super(MBConv, self).__init__(name = name)
57         if stride not in [1, 2]:
58             raise ValueError("illegal stride value.")
59         # 是否拥有跳连分支
60         self.has_shortcut = (stride == 1 and input_c == out_c)
61         expanded_c = input_c * expand_ratio              # 根据倍率因子计算升维后的通道数
62         # 自动生成BN层和卷积层名称
63         bid = itertools.count(0)
64         get_norm_name = lambda: 'batch_normalization' +
65                              ('' if not next(bid) else '_' + str(next(bid) //2))
66         cid = itertools.count(0)
67         get_conv_name = lambda: 'conv2d' + ('' if not next(cid) else '_' + str(next
   (cid) //2))
68         # EfficientNetV2的MBConv模块层不存在expansion = 1的情况,为4或6
69         assert expand_ratio != 1
70         # MBConv的第一层:升维卷积层
71         self.expand_conv = layers.Conv2D(
72             filters = expanded_c,                        # 卷积核(过滤器)数量
73             kernel_size = 1,
74             strides = 1,
75             padding = "same",
76             use_bias = False,
77             name = get_conv_name())
78         self.norm0 = layers.BatchNormalization(name = get_norm_name())
79         self.act0 = layers.Activation("swish")
80         # MBConv的第二层:深度可分离卷积层
81         self.depthwise_conv = layers.DepthwiseConv2D(
82             kernel_size = kernel_size,                   # 卷积核
83             strides = stride,                            # 步长
84             depthwise_initializer = conv_kernel_initializer,
85             padding = "same",
86             use_bias = False,
87             name = "depthwise_conv2d")
88         self.norm1 = layers.BatchNormalization(name = get_norm_name())
89         self.act1 = layers.Activation("swish")
90         # MBConv的第三层:SE层
91         num_reduced_filters = max(1, int(input_c * se_ratio))
92         self.se = SE(num_reduced_filters, expanded_c, name = "se")
93         # MBConv的第四层:降维卷积层,后面只有BN,无激活函数
94         self.project_conv = layers.Conv2D(
95             filters = out_c,                             # 输出通道数
96             kernel_size = 1,
97             strides = 1,
98             kernel_initializer = conv_kernel_initializer,
99             padding = "same",
```

```
100                 use_bias = False,
101                 name = get_conv_name())
102             self.norm2 = layers.BatchNormalization(name = get_norm_name())
103             # MBConv 的第五层:Dropout 层
104             self.drop_rate = drop_rate
105             if self.has_shortcut and drop_rate > 0:
106                 # 主分支随机失活,noise_shape 指定为 Stochastic Depth 失活模式
107                 self.drop_path = layers.Dropout(rate = drop_rate,
108                                                 noise_shape = (None, 1, 1, 1),
109                                                 name = "drop_path")
110         # MBConv 模块实现逻辑
111         def call(self, inputs, training = None, ** kwargs):
112             x = inputs                                  # 模块的输入
113             x = self.expand_conv(x)                     # 升维
114             x = self.norm0(x, training = training)
115             x = self.act0(x)
116             x = self.depthwise_conv(x)                  # 深度可分离卷积
117             x = self.norm1(x, training = training)
118             x = self.act1(x)
119             x = self.se(x)                              # SE 注意力层
120             x = self.project_conv(x)                    # 降维层
121             x = self.norm2(x, training = training)
122             if self.has_shortcut:                       # Dropout 层
123                 if self.drop_rate > 0:
124                     x = self.drop_path(x, training = training)
125                 x = tf.add(x, inputs)
126             return x
127 # Fused - MBConv 模块层
128 class FusedMBConv(layers.Layer):
129     def __init__(self, kernel_size: int,
130                  input_c: int,
131                  out_c: int,
132                  expand_ratio: int,                     # 升维倍率因子
133                  stride: int,
134                  se_ratio: float,                       # SE 节点压缩因子,没有用
135                  drop_rate: float = 0,
136                  name: str = None):
137         super(FusedMBConv, self).__init__(name = name)
138         if stride not in [1, 2]:
139             raise ValueError("illegal stride value.")
140         assert se_ratio == 0                            # SE 压缩因子应该为 0
141         # 是否拥有跳连分支
142         self.has_shortcut = (stride == 1 and input_c == out_c)
143         self.has_expansion = expand_ratio != 1          # 是否包含升维层
144         expanded_c = input_c * expand_ratio             # 升维通道数
145         bid = itertools.count(0)
146         get_norm_name = lambda: 'batch_normalization' +
147                         ('' if not next(bid) else '_' + str(next(bid) //2))
148         cid = itertools.count(0)
```

```
149          get_conv_name = lambda: 'conv2d' + ('' if not next(cid) else '_' + str(
150              next(cid) //2))
151          if expand_ratio != 1:    # 普通 3×3 卷积,升维,Fused-MBConv 模块第一层
152              self.expand_conv = layers.Conv2D(
153                  filters = expanded_c,
154                  kernel_size = kernel_size,
155                  strides = stride,
156                  kernel_initializer = conv_kernel_initializer,
157                  padding = "same",
158                  use_bias = False,
159                  name = get_conv_name())
160              self.norm0 = layers.BatchNormalization(name = get_norm_name())
161              self.act0 = layers.Activation("swish")
162          # 可能是 1×1 卷积降维,Fused-MBConv 模块第二层
163          # 或者是 3×3 卷积,此时为 Fused-MBConv 模块第一层
164          self.project_conv = layers.Conv2D(
165              filters = out_c,
166              kernel_size = 1 if expand_ratio != 1 else kernel_size,
167              strides = 1 if expand_ratio != 1 else stride,
168              kernel_initializer = conv_kernel_initializer,
169              padding = "same",
170              use_bias = False,
171              name = get_conv_name())
172          self.norm1 = layers.BatchNormalization(name = get_norm_name())
173          if expand_ratio == 1:               # 升维倍率因子为 1 时需要跟上激活函数
174              self.act1 = layers.Activation("swish")
175          # Dropout 失活层,Fused-MBConv 模块第二层或第三层
176          self.drop_rate = drop_rate
177          if self.has_shortcut and drop_rate > 0:
178              # 主分支随机失活,noise_shape 指定为 Stochastic Depth 模式
179              self.drop_path = layers.Dropout(rate = drop_rate,
180                              noise_shape = (None, 1, 1, 1), # binary dropout mask
181                              name = "drop_path")
182      # Fused-MBConv 模块层实现逻辑
183      def call(self, inputs, training = None, **kwargs):
184          x = inputs
185          if self.has_expansion:
186              x = self.expand_conv(x)                # 1×1 升维层
187              x = self.norm0(x, training = training)
188              x = self.act0(x)
189          x = self.project_conv(x)                   # 3×3 卷积或 1×1 卷积降维
190          x = self.norm1(x, training = training)
191          if self.has_expansion is False:            # 是否需要激活函数
192              x = self.act1(x)
193          if self.has_shortcut:                      # Dropout 层
194              if self.drop_rate > 0:
195                  x = self.drop_path(x, training = training)
196              x = tf.add(x, inputs)
197          return x
```

```
198 # EfficientNetV2 模型的第一个 Stage,Conv3×3 卷积,模型输入
199 class Stem(layers.Layer):
200     def __init__(self, filters: int, name: str = None):
201         super(Stem, self).__init__(name=name)
202         self.conv_stem = layers.Conv2D(
203             filters=filters,                    # 卷积核数量
204             kernel_size=3,
205             strides=2,
206             kernel_initializer=conv_kernel_initializer,
207             padding="same",
208             use_bias=False,
209             name="conv2d")
210         self.norm = layers.BatchNormalization(name="batch_normalization")
211         self.act = layers.Activation("swish")
212     def call(self, inputs, training=None, **kwargs):
213         x = self.conv_stem(inputs)
214         x = self.norm(x, training=training)
215         x = self.act(x)
216         return x
217 # EfficientNetV2 模型的最后一个 Stage,Conv1×1 & Pooling & FC,模型输出
218 class Head(layers.Layer):
219     def __init__(self, filters: int = 1280,
220                  num_classes: int = 1000,
221                  drop_rate: float = 0.,        # Pooling 与 FC 之间的 Dropout 舍弃值
222                  name: str = None):
223         super(Head, self).__init__(name=name)
224         self.conv_head = layers.Conv2D(        # 1×1 卷积
225             filters=filters,
226             kernel_size=1,
227             kernel_initializer=conv_kernel_initializer,
228             padding="same",
229             use_bias=False,
230             name="conv2d")
231         self.norm = layers.BatchNormalization(name="batch_normalization")
232         self.act = layers.Activation("swish")
233         self.avg = layers.GlobalAveragePooling2D()        # 全局平均池化
234         # 全连接,分类输出层,注意此处没有 softmax,预测时再添加
235         self.fc = layers.Dense(num_classes, kernel_initializer=dense_kernel_initializer)
236         # 此处为普通的 Dropout 层,随机舍弃节点而不是分支
237         if drop_rate > 0:
238             self.dropout = layers.Dropout(drop_rate)
239     # Head 模块层的实现逻辑
240     def call(self, inputs, training=None, **kwargs):
241         x = self.conv_head(inputs)                        # 1×1 卷积
242         x = self.norm(x)
243         x = self.act(x)
244         x = self.avg(x)                                   # 全局平均池化
245         if self.dropout:                                  # 随机失活部分节点
246             x = self.dropout(x, training=training)
```

```
247         x = self.fc(x)                        # 按类别全连接输出
248         return x
249 # 现在可以做集成了,定义 EfficientNetV2 模型整体结构逻辑
250 class EfficientNetV2(Model):
251     def __init__(self, model_cnf: list,       # 模型参数列表,参见后面的定义
252                  num_classes: int = 1000,
253                  num_features: int = 1280,    # 模型最后提取的特征数量(通道数)
254                  dropout_rate: float = 0.2,   # 输出层特征失活概率
255                  drop_connect_rate: float = 0.2,  # 分支失活概率
256                  name: str = None):
257         super(EfficientNetV2, self).__init__(name = name)
258         for cnf in model_cnf:
259             assert len(cnf) == 8              # 每个 Stage 配置参数包含 8 列
260         stem_filter_num = model_cnf[0][4]     # 第一个 Stage 的过滤器数量
261         self.stem = Stem(stem_filter_num)     # 第一个 Stage 模块,输入模块
262         # 统计模型中包含的 Fused-MBConv 和 MBConv 总层数,下面称为 block
263         total_blocks = sum([i[0] for i in model_cnf])
264         block_id = 0
265         self.blocks = []
266         # 从前向后,依次构建每个 block
267         for cnf in model_cnf:
268             repeats = cnf[0]                  # 当前 block 需要重复的次数
269             op = FusedMBConv if cnf[-2] == 0 else MBConv    # block 类型
270             for i in range(repeats):
271                 self.blocks.append(op(kernel_size = cnf[1],
272                                 input_c = cnf[4] if i == 0 else cnf[5],
273                                 out_c = cnf[5],
274                                 expand_ratio = cnf[3],
275                                 stride = cnf[2] if i == 0 else 1,
276                                 se_ratio = cnf[-1],
277                                 drop_rate = drop_connect_rate * block_id/total_blocks,
278                                 name = "blocks_{}".format(block_id)))
279                 block_id += 1
280         # 最后一个 Stage,输出层
281         self.head = Head(num_features, num_classes, dropout_rate)
282     # 模型结构摘要
283     def summary(self, input_shape = (224, 224, 3), **kwargs):
284         x = Input(shape = input_shape)
285         model = Model(inputs = [x], outputs = self.call(x, training = True))
286         return model.summary()
287     # EfficientNetV2 模型实现逻辑
288     def call(self, inputs, training = None, **kwargs):
289         x = self.stem(inputs, training)       # 输入层
290         # 所有的 block 层,Fused-MBConv 和 MBConv
291         for _, block in enumerate(self.blocks):
292             x = block(x, training = training)
293         x = self.head(x, training = training)  # 输出层
294         return x
295 # EfficientNetV2-S 模型函数
```

```
296 def efficientnetv2_s(num_classes: int = 1000):
297     # train_size: 300, eval_size: 384
298     # repeat, kernel, stride, expansion, in_c, out_c, operator, se_ratio
299     model_config = [[2, 3, 1, 1, 24, 24, 0, 0],
300                     [4, 3, 2, 4, 24, 48, 0, 0],
301                     [4, 3, 2, 4, 48, 64, 0, 0],
302                     [6, 3, 2, 4, 64, 128, 1, 0.25],
303                     [9, 3, 1, 6, 128, 160, 1, 0.25],
304                     [15, 3, 2, 6, 160, 256, 1, 0.25]]
305     model = EfficientNetV2(model_cnf = model_config,
306                            num_classes = num_classes,
307                            dropout_rate = 0.2,
308                            name = "efficientnetv2 - s")
309     return model
310 # EfficientNetV2 - M 模型函数
311 def efficientnetv2_m(num_classes: int = 1000):
312     # train_size: 384, eval_size: 480
313     # repeat, kernel, stride, expansion, in_c, out_c, operator, se_ratio
314     model_config = [[3, 3, 1, 1, 24, 24, 0, 0],
315                     [5, 3, 2, 4, 24, 48, 0, 0],
316                     [5, 3, 2, 4, 48, 80, 0, 0],
317                     [7, 3, 2, 4, 80, 160, 1, 0.25],
318                     [14, 3, 1, 6, 160, 176, 1, 0.25],
319                     [18, 3, 2, 6, 176, 304, 1, 0.25],
320                     [5, 3, 1, 6, 304, 512, 1, 0.25]]
321     model = EfficientNetV2(model_cnf = model_config,
322                            num_classes = num_classes,
323                            dropout_rate = 0.3,
324                            name = "efficientnetv2 - m")
325     return model
326 # EfficientNetV2 - L 模型函数
327 def efficientnetv2_l(num_classes: int = 1000):
328     # train_size: 384, eval_size: 480
329     # repeat, kernel, stride, expansion, in_c, out_c, operator, se_ratio
330     model_config = [[4, 3, 1, 1, 32, 32, 0, 0],
331                     [7, 3, 2, 4, 32, 64, 0, 0],
332                     [7, 3, 2, 4, 64, 96, 0, 0],
333                     [10, 3, 2, 4, 96, 192, 1, 0.25],
334                     [19, 3, 1, 6, 192, 224, 1, 0.25],
335                     [25, 3, 2, 6, 224, 384, 1, 0.25],
336                     [7, 3, 1, 6, 384, 640, 1, 0.25]]
337     model = EfficientNetV2(model_cnf = model_config,
338                            num_classes = num_classes,
339                            dropout_rate = 0.4,
340                            name = "efficientnetv2 - l")
341     return model
342 # 观察模型结构
343 if __name__ == '__main__':
344     m = efficientnetv2_s()          # EfficientNetV2 - S/M/L 三种模型均可用
345     m.summary(input_shape = (300, 300, 3))
```

程序 model.py 编码有些长，其中包含了 EfficientNetV2-S/M/L 三种模型的实现逻辑，该逻辑极其容易扩展到其他模型，包括 EfficientNetV1 的系列模型。

程序 model.py 编码优雅，面向对象的结构化设计，层层递进，值得学习和模仿。

程序设计细节、运行测试结果及详细解析参见本节微课视频。

1.7 EfficientNetV2 训练

1.3 节中介绍过包含 104 种花朵的数据集，为了便于在普通 PC 的主机上演示 EfficientNetV2 模型训练过程，本节暂且采用包含 5 种花朵的小型数据集作为教学演示。随后转到 Kaggle 平台上完成针对 104 种花朵数据集的模型训练。

接 1.6 节的工作，在当前文件夹中新建程序 utils.py，定义数据集预处理函数，包括随机划分、数据增强等，如程序源码 P1.2 所示。源码解析参见本节视频讲解。

程序源码 P1.2 utils.py 的详细设计

```
1  import os
2  import json
3  import random
4  import tensorflow as tf
5  # 数据集读取与划分(只在路径和标签层次划分,不涉及图像数据)
6  def read_split_data(root: str, val_rate: float = 0.2):
7      random.seed(2022)                                   # 保证随机划分结果一致
8      assert os.path.exists(root), "dataset root: {} does not exist.".format(root)
9      # 遍历文件夹,用文件夹名称作为类别名称
10     flower_class = [cla for cla in os.listdir(root) if os.path.isdir(os.path.join(root, cla))]
11     # 列表排序
12     flower_class.sort()
13     # 生成索引、类别名称组成的键值对,形成 JSON 字符串保存到文件中
14     class_indices = dict((k, v) for v, k in enumerate(flower_class))
15     json_str = json.dumps(dict((val, key) for key, val in class_indices.items()), indent = 4)
16     with open('class_indices.json', 'w') as json_file:
17         json_file.write(json_str)
18     train_images_path = []                              # 训练集的所有图片路径
19     train_images_label = []                             # 训练集图片对应的标签
20     val_images_path = []                                # 存储验证集的所有图片路径
21     val_images_label = []                               # 验证集图片对应的标签
22     every_class_num = []                                # 每个类别的样本总数
23     supported = [".jpg", ".JPG", ".jpeg", ".JPEG"]      # 支持的文件扩展名类型
24     # 遍历每个文件夹下的文件
25     for cla in flower_class:
26         cla_path = os.path.join(root, cla)
27         # 遍历获取支持的所有文件路径
28         images = [os.path.join(root, cla, i) for i in os.listdir(cla_path)
29                   if os.path.splitext(i)[-1] in supported]
30         # 获取该类别对应的数值
31         image_class = class_indices[cla]
```

```
32            # 记录该类别的样本数量
33            every_class_num.append(len(images))
34            # 按比例随机抽样验证样本
35            val_path = random.sample(images, k = int(len(images) * val_rate))
36            for img_path in images:
37                if img_path in val_path:                  # 验证集图片及标签归入验证集
38                    val_images_path.append(img_path)
39                    val_images_label.append(image_class)
40                else:                                     # 否则归入训练集
41                    train_images_path.append(img_path)
42                    train_images_label.append(image_class)
43 print("共包含 {} 幅图片.\n{} 幅图片划入训练集, {} 幅图片划入验证集".format(
44            sum(every_class_num), len(train_images_path), len(val_images_path)))
45     return train_images_path, train_images_label, val_images_path, val_images_label
46 # 读取划分数据集,并生成训练集和验证集的迭代器
47 def generate_ds(data_root: str,                          # 数据集根目录
48                 train_im_height: int = None,             # 训练集图片的高
49                 train_im_width: int = None,              # 训练集图片的宽
50                 val_im_height: int = None,               # 验证集图片的高
51                 val_im_width: int = None,                # 验证集图片的宽
52                 batch_size: int = 8,
53                 val_rate: float = 0.1,                   # 验证集占比
54                 cache_data: bool = False                 # 是否缓存数据
55                 ):
56     assert train_im_height is not None
57     assert train_im_width is not None
58     if val_im_width is None:
59         val_im_width = train_im_width
60     if val_im_height is None:
61         val_im_height = train_im_height
62     train_img_path, train_img_label, val_img_path, val_img_label = \
63         read_split_data(data_root, val_rate = val_rate)     # 划分
64     AUTOTUNE = tf.data.experimental.AUTOTUNE             # 数据集并发性调为自动
65     def process_train_info(img_path, label):             # 训练集预处理
66         image = tf.io.read_file(img_path)                # 读图片
67         image = tf.image.decode_jpeg(image, channels = 3)   # 解码
68         image = tf.cast(image, tf.float32)               # 数据类型转换
69         # 裁剪
70         image = tf.image.resize_with_crop_or_pad(image, train_im_height, train_im_width)
71         image = tf.image.random_flip_left_right(image)      # 水平翻转
72         image = (image/255. - 0.5)/0.5                   # 归一化 [-1,1]
73         return image, label
74     def process_val_info(img_path, label):               # 验证集预处理
75         image = tf.io.read_file(img_path)
76         image = tf.image.decode_jpeg(image, channels = 3)
77         image = tf.cast(image, tf.float32)
78         image = tf.image.resize_with_crop_or_pad(image,   # 裁剪
79                                                  val_im_height,
80                                                  val_im_width)
```

```
81        image = (image/255. - 0.5)/0.5 # 归一化[-1,1]
82        return image, label
83    # 配置数据集性能
84    def configure_for_performance(ds, shuffle_size: int, shuffle: bool = False,
85    cache: bool = False):
86        if cache:
87            ds = ds.cache()                              # 读取数据后缓存至内存
88        if shuffle:
89            ds = ds.shuffle(buffer_size = shuffle_size)  # 打乱顺序
90        ds = ds.batch(batch_size)                        # 指定 batch size
91        ds = ds.prefetch(buffer_size = AUTOTUNE)  # 训练时提前准备下一步的数据
92        return ds
93    # 此时算是真正的训练集,数据形式为样本的特征矩阵
94    train_ds = tf.data.Dataset.from_tensor_slices((
95                tf.constant(train_img_path), tf.constant(train_img_label)))
96    total_train = len(train_img_path)
97    # Use Dataset.map to create a dataset of image, label pairs
98    train_ds = train_ds.map(process_train_info, num_parallel_calls = AUTOTUNE)
99    train_ds = configure_for_performance(train_ds,
100                                        total_train,
101                                        shuffle = True,
102                                        cache = cache_data)
103   val_ds = tf.data.Dataset.from_tensor_slices((tf.constant(val_img_path),
104                                               tf.constant(val_img_label)))
105   total_val = len(val_img_path)
106   # Use Dataset.map to create a dataset of image, label pairs
107   val_ds = val_ds.map(process_val_info, num_parallel_calls = AUTOTUNE)
108   val_ds = configure_for_performance(val_ds, total_val, cache = False)
109   return train_ds, val_ds
```

在当前文件夹中新建程序 train. py,负责模型的训练。训练逻辑如程序源码 P1. 3所示。

程序源码 P1.3 train.py 的详细设计

```
1   import os
2   import sys
3   import math
4   import datetime
5   import tensorflow as tf
6   from tqdm import tqdm
7   from model import efficientnetv2_s as create_model
8   from utils import generate_ds
9   def main():                                        # 训练逻辑放在 main 函数中
10      data_root = "dataset/flower_photos"            # 数据集的根目录
11      if not os.path.exists("./save_weights"):       # 权重保存路径
12          os.makedirs("./save_weights")
13      img_size = {"s": [300, 384],                   # train_size, val_size
14                  "m": [384, 480],
```

```
15                 "l": [384, 480]}
16     num_model = "s"
17     batch_size = 8
18     epochs = 20
19     num_classes = 5
20     freeze_layers = True                    # 只训练模型的最后一个 Stage,即顶层
21     initial_lr = 0.01                       # 学习率初始值
22     # 日志文件目录,保存训练过程中产生的数据,如 accuracy,可以用 TensorBoard 查看
23     log_dir = "./logs/" + datetime.datetime.now().strftime("%Y%m%d-%H%M%S")
24     train_writer = tf.summary.create_file_writer(os.path.join(log_dir, "train"))
25     val_writer = tf.summary.create_file_writer(os.path.join(log_dir, "val"))
26     # 数据集处理,包括随机划分、数据增强等
27     train_ds, val_ds = generate_ds(data_root,
28                                    train_im_height = img_size[num_model][0],
29                                    train_im_width = img_size[num_model][0],
30                                    val_im_height = img_size[num_model][1],
31                                    val_im_width = img_size[num_model][1],
32                                    batch_size = batch_size)
33     # 创建模型结构
34     model = create_model(num_classes = num_classes)
35     model.build((1, img_size[num_model][0], img_size[num_model][0], 3))
36     # H5 格式模型转换,参见本节的视频讲解
37     pre_weights_path = './efficientnetv2-s.h5'
38     assert os.path.exists(pre_weights_path), "cannot find {}".format(pre_weights_path)
39     model.load_weights(pre_weights_path, by_name = True, skip_mismatch = True)
40     # 模型中需要固定的层
41     if freeze_layers:
42         unfreeze_layers = "head"
43         for layer in model.layers:
44             if unfreeze_layers not in layer.name:
45                 layer.trainable = False m       # 训练期间参数固定不变
46             else:
47                 print("training {}".format(layer.name))
48     # 观察模型结构
49     model.summary(input_shape = (img_size[num_model][0], img_size[num_model][0], 3))
50     # 根据 epoch 定义学习率调度策略
51     def scheduler(now_epoch):
52         end_lr_rate = 0.01                  # end_lr = initial_lr * end_lr_rate
53         rate = ((1 + math.cos(now_epoch * math.pi/epochs))/2) \
54                * (1 - end_lr_rate) + end_lr_rate # cosine
55         new_lr = rate * initial_lr
56         # 保存学习率衰减过程到训练日志文件中,后面可用 TensorBoard 查看
57         with train_writer.as_default():
58             tf.summary.scalar('learning rate', data = new_lr, step = epoch)
59         return new_lr
60     # 定义损失函数为分类交叉熵损失,优化算法为 SGD,评价标准为准确率
61     loss_object = tf.keras.losses.SparseCategoricalCrossentropy(from_logits = True)
62     optimizer = tf.keras.optimizers.SGD(learning_rate = initial_lr, momentum = 0.9)
63     train_loss = tf.keras.metrics.Mean(name = 'train_loss')
```

```
64      train_accuracy = tf.keras.metrics.SparseCategoricalAccuracy(name='train_accuracy')
65      val_loss = tf.keras.metrics.Mean(name='val_loss')
66      val_accuracy = tf.keras.metrics.SparseCategoricalAccuracy(name='val_accuracy')
67      @tf.function
68      def train_step(train_images, train_labels):# 单步训练逻辑
69          with tf.GradientTape() as tape:
70              output = model(train_images, training=True)  # 正向传播
71              loss = loss_object(train_labels, output)     # 计算损失
72          # 反向传播,计算梯度
73          gradients = tape.gradient(loss, model.trainable_variables)
74          optimizer.apply_gradients(zip(gradients, model.trainable_variables))
75          train_loss(loss)                            # 训练集的单步损失均值
76          train_accuracy(train_labels, output)        # 训练集的单步准确率均值
77      @tf.function
78      def val_step(val_images, val_labels):           # 单步验证逻辑
79          output = model(val_images, training=False)  # 正向传播
80          loss = loss_object(val_labels, output)# 计算损失
81          val_loss(loss)                              # 验证集的单步损失均值
82          val_accuracy(val_labels, output)            # 验证集的单步准确率均值
83      best_val_acc = 0.
84      for epoch in range(epochs):                     # 按照 Epoch 迭代训练
85          train_loss.reset_states()                   # 清空历史数据
86          train_accuracy.reset_states()
87          val_loss.reset_states()
88          val_accuracy.reset_states()
89          # 完成一代训练
90          train_bar = tqdm(train_ds, file=sys.stdout)
91          for images, labels in train_bar:
92              train_step(images, labels)
93              # 每一步训练的结果,包括损失和准确率
94              train_bar.desc = "train epoch[{}/{}] loss:{:.3f}, acc:{:.3f}" \
95                  .format(epoch + 1,epochs, train_loss.result(), train_accuracy.result())
96          # 调度学习率
97          optimizer.learning_rate = scheduler(epoch)
98          # 完成一代验证
99          val_bar = tqdm(val_ds, file=sys.stdout)
100         for images, labels in val_bar:
101             val_step(images, labels)
102             # 每一步的验证结果
103             val_bar.desc = "valid epoch[{}/{}] loss:{:.3f}, acc:{:.3f}"\
104                 .format(epoch + 1,epochs, val_loss.result(),val_accuracy.result())
105         # 保存训练结果到日志文件
106         with train_writer.as_default():
107             tf.summary.scalar("loss", train_loss.result(), epoch)
108             tf.summary.scalar("accuracy", train_accuracy.result(), epoch)
109         # 保存验证结果到日志文件
110         with val_writer.as_default():
111             tf.summary.scalar("loss", val_loss.result(), epoch)
112             tf.summary.scalar("accuracy", val_accuracy.result(), epoch)
```

```
113            # 保留最佳模型
114            if val_accuracy.result() > best_val_acc:
115                best_val_acc = val_accuracy.result()
116                save_name = "./save_weights/my_efficientnetv2.ckpt"
117                model.save_weights(save_name, save_format = "tf")
118    if __name__ == '__main__':
119        main()
```

运行程序 train. py,开始模型训练过程,模型训练细节、程序设计细节、运行测试结果及详细解析参见本节微课视频。

1.8 EfficientNetV2 评估

为了评价模型训练效果,接 1. 7 节的工作,在 PyCharm 的 Terminal 窗口中输入命令:

```
tensorboard -- logdir = 'logs/20220108 - 133733'
```

注意,logs 后面的子文件夹名称是训练过程中自动根据训练日期生成的。命令执行后,会在 Terminal 窗口显示一个本地 Web 地址: http://localhost:6006/。打开浏览器输入该地址,或者直接单击该地址,均可在浏览器中观察模型的训练曲线。

图 1.24 所示为模型在训练集和验证集上的准确率曲线。图 1.25 所示为模型在训练集和验证集上的损失函数曲线。

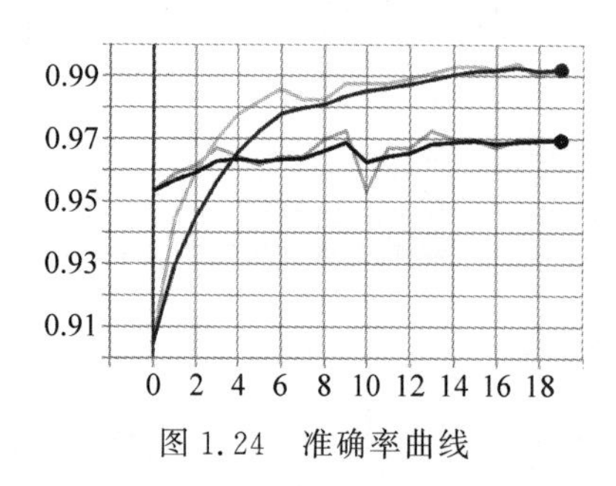

图 1.24 准确率曲线

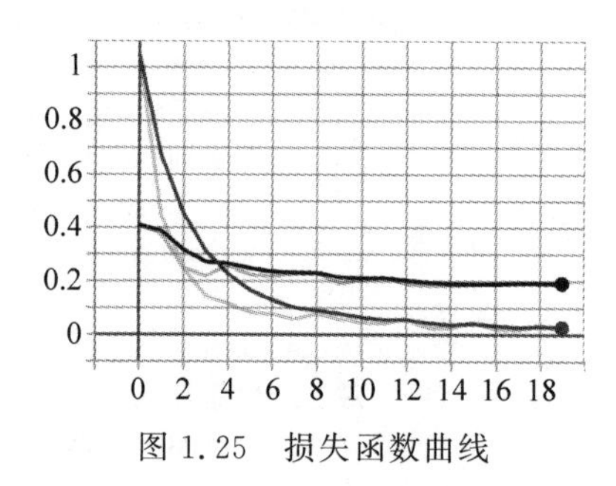

图 1.25 损失函数曲线

观察准确率曲线与损失函数曲线,二者表达的趋势基本一致。

模型 EfficientNetV2-S 在训练集上准确率接近于 1,在验证集上可以稳定在 0. 97,这只是一个小型数据集 20 代的训练效果,充分体现了 EfficientNetV2 模型强大的稳定性与可靠性,泛化能力强。

在当前项目文件夹中新建程序 predict. py,编程逻辑如程序源码 P1. 4 所示。

程序源码 P1.4 predict.py 的详细设计

```
1    import os
2    import json
3    import glob
```

```
4   import numpy as np
5   from PIL import Image
6   import tensorflow as tf
7   import matplotlib.pyplot as plt
8   from model import efficientnetv2_s as create_model
9   def main():
10      num_classes = 5
11      img_size = {"s": 384, "m": 480, "l": 480}
12      num_model = "s"
13      im_height = im_width = img_size[num_model]
14      # 测试图片
15      img_path = "test_pic/daisy.jpg"
16      assert os.path.exists(img_path), "文件: '{}'不存在!".format(img_path)
17      img = Image.open(img_path)
18      # 图片缩放
19      img = img.resize((im_width, im_height))
20      plt.imshow(img)                                    # 显示图片
21      # 转换数据类型, numpy 矩阵
22      img = np.array(img).astype(np.float32)
23      # 归一化 [-1,1]
24      img = (img/255. - 0.5)/0.5
25      # 扩展维度,[batch,height,width,channel]
26      img = (np.expand_dims(img, 0))
27      # 读取类别标签
28      json_path = './class_indices.json'
29      assert os.path.exists(json_path), "文件: '{}' 不存在!".format(json_path)
30      json_file = open(json_path, "r")
31      class_indict = json.load(json_file)
32      # 创建模型
33      model = create_model(num_classes=num_classes)
34      # 加载权重
35      weights_path = './save_weights/my_efficientnetv2.ckpt'
36      assert len(glob.glob(weights_path+"*")), "找不到:{}".format(weights_path)
37      model.load_weights(weights_path)
38      # 模型预测,用模型对图片做推断
39      result = np.squeeze(model.predict(img))
40      result = tf.keras.layers.Softmax()(result)     # 输出各类别概率
41      predict_class = np.argmax(result)              # 最大概率对应的索引
42      print_res = "class: {} prob: {:.3}" \
43              .format(class_indict[str(predict_class)],result[predict_class])
44      plt.title(print_res)                           # 图片标题为预测结果
45      plt.show()
46      for i in range(len(result)):                   # 在控制台返回所有类别预测结果
47          print("class: {:10} prob: {:.3}".format(class_indict[str(i)],result[i].numpy()))
48  if __name__ == '__main__':
49      main()
```

针对 daisy、dandelion、roses、sunflowers、tulips 这 5 种花朵，随机从 Web 上下载一些图片，这些图片不应包含在建模数据集中，运行程序 predict.py，对这些图片做实证观察。

图 1.26～图 1.29 展示了 4 幅图片的推断结果，给出的可信度均为 1。

图 1.26　花朵之间有干扰(两种菊花)(见彩插)

图 1.27　比较容易推断(向日葵)(见彩插)

图 1.28　比较容易推断(蒲公英)(见彩插)

图 1.29　有干扰(4 种郁金香)(见彩插)

图 1.26 虽然是同类花 daisy，但是两种 daisy 颜色不同、形状不同，图片清晰度也不够高，其中的黄色花朵很容易识别为 sunflower 类型。

图 1.29 包含 4 种颜色、4 种形状的花朵，虽然均属 tulips 这一类别，但是如果其中某种形状的花朵不曾出现在建模过程中，则是有一定识别难度的。图 1.27 和图 1.28 都是典型特征，比较容易判断。

更多解析参见本节微课视频。

1.9　EfficientNet-B7 建模

本节采用 EfficientNet-B7 模型，基于 1.3 节介绍的包含 104 种花朵的数据集，完成模型训练、验证和测试工作。1.10 节将训练好的模型部署到 Web 服务器上，供客户端访问。

EfficientNet-B7 参数量较大，输入图像采用的分辨率为 512×512 像素，对计算力需求较大，建模过程借助 Kaggle 平台提供的免费 TPUv3-8 完成。本节实现的完整建模逻辑与模型下载参见网址：https://www.kaggle.com/upsunny/flower-efficientnetb7。

学习率是模型训练过程中应该引起足够重视的一个超参数，学习率应该随着训练过程做动态调整，程序源码 P1.5 给出的调度策略非常经典，学习率先上升后下降，这种策略常见于项目实战中。

程序源码 P1.5 学习率动态调度策略

```
1  LR_START = 0.00001                              # 学习率初值
2  LR_MAX = 0.00005 * strategy.num_replicas_in_sync   # 学习率最大值
3  LR_MIN = 0.00001                                # 学习率最小值
4  LR_RAMPUP_EPOCHS = 4                            # 学习率增长的代数(EPOCHS)
5  LR_SUSTAIN_EPOCHS = 0                           # 学习率保持不变的代数(EPOCHS)
6  LR_EXP_DECAY = .8                               # 学习率衰减因子
7  # 学习率调度函数
8  def lrfn(epoch):
9      if epoch < LR_RAMPUP_EPOCHS:
10         lr = (LR_MAX - LR_START)/LR_RAMPUP_EPOCHS * epoch + LR_START
11     elif epoch < LR_RAMPUP_EPOCHS + LR_SUSTAIN_EPOCHS:
12         lr = LR_MAX
13     else:
14         lr = (LR_MAX - LR_MIN) * LR_EXP_DECAY ** (epoch - LR_RAMPUP_EPOCHS -
15 LR_SUSTAIN_EPOCHS) + LR_MIN
16     return lr
17 # 学习率回调函数
18 lr_callback = tf.keras.callbacks.LearningRateScheduler(lrfn, verbose = True)
19 # 绘制学习率变化曲线,观察模型训练期间学习率变化规律
20 rng = range(EPOCHS)
21 y = [lrfn(x) for x in rng]
22 plt.plot(rng, y)
23 print(f"学习率调度策略,从最小值 {y[0]} 到最大值: {max(y)} 再衰减到: {y[-1]}")
```

程序源码 P1.5 给出的学习率调度函数，参照 EPOCH 这个变量，将学习率的变化限制在一个范围内，即划定一个从最小值到最大值的变化区间，在这个区间内包含三段变化过程。

(1) 第一阶段学习率从最小值开始不断上升，由 LR_RAMPUP_EPOCHS 控制上升的代数。

(2) 第二阶段学习率保持不变，由 LR_SUSTAIN_EPOCHS 控制保持不变的代数。

(3) 第三阶段学习率衰减，由 LR_EXP_DECAY 控制衰减策略。

学习率跟随 EPOCH 动态变化的规律如图 1.30 所示，学习率从最小值 0.000 01 起步增长到 0.000 40，没有超过最大值；因 LR_SUSTAIN_EPOCHS = 0，中间跳过了学习率维持阶段，直接进入衰减阶段，在第 13 个 EPOCH 时，学习率衰减到 0.000 075。

程序中定义了用于数据集加载的预处理函数与显示图像函数、显示模型训练曲线函数和显示混淆矩阵的函数，分别用于观察数据集、观察模型训练效果和预测结果，此处不再赘述，参见视频解析。

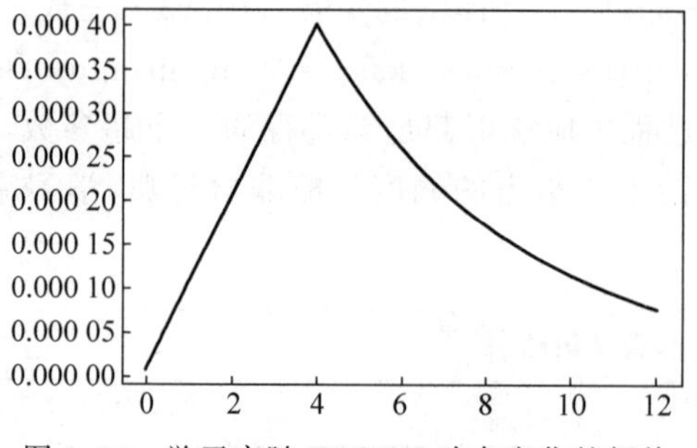

图 1.30 学习率随 EPOCH 动态变化的规律

EfficientNet-B7 迁移模型的编程逻辑如程序源码 P1.6 所示。注意，第 5 行语句表明模型将采用微调模式进行训练。

程序源码 P1.6 EfficientNet-B7 迁移模型定义

```
1  with strategy.scope():
2      load_locally = tf.saved_model.LoadOptions(experimental_io_device = '/job:localhost')
3      pretrained_model = hub.KerasLayer('https://tfhub.dev/tensorflow/efficientnet/
4      b7/feature-vector/1',
5                                              trainable = True,          # 采用微调模式
6                                              input_shape = [ * IMAGE_SIZE, 3],
7                                              load_options = load_locally)
8      model = tf.keras.Sequential([
9          # the expected image format for all TFHub image models is float32 in [0,1) range
10         tf.keras.layers.Lambda(lambda data: tf.image.convert_image_dtype(data, tf.float32),
11                             input_shape = [ * IMAGE_SIZE, 3]), pretrained_model,
12                             tf.keras.layers.Dense(len(CLASSES), activation = 'softmax')])
13 model.compile(optimizer = 'adam', loss = 'sparse_categorical_crossentropy',
14             metrics = ['sparse_categorical_accuracy'], steps_per_execution = 16)
15 model.summary()
```

观察模型结构摘要，EfficientNet-B7 迁移模型结构参数如表 1.12 所示。输出向量的维度为(None, 104)，可训练参数总量超过 6400 万个。

表 1.12 EfficientNet-B7 迁移模型结构参数

Layer (type)	Output Shape	Param #
lambda_1 (Lambda)	(None, 512, 512, 3)	0
keras_layer_1 (KerasLayer)	(None, 2560)	64 097 680
dense_1 (Dense)	(None, 104)	266 344
Total params: 64 364 024		
Trainable params: 64 053 304		
Non-trainable params: 310 720		

模型训练 13 代在 TPUv3-8 上用时 25min 左右，损失函数与准确率对照曲线如图 1.31 所示。

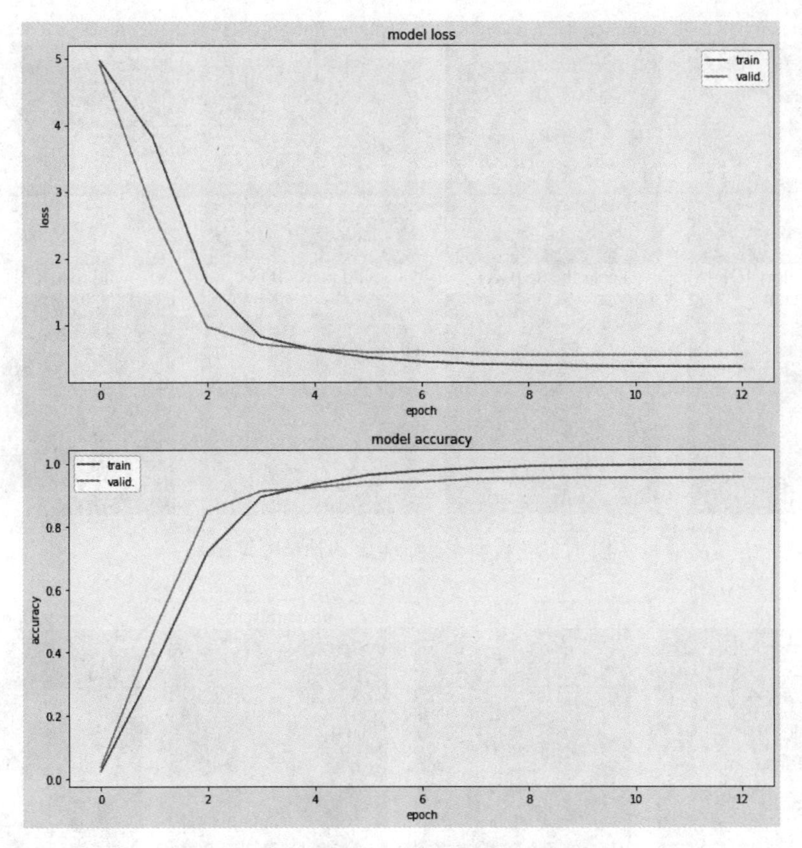

图 1.31 损失函数与准确率对照曲线

从图 1.31 可以观察到 EfficientNet-B7 的下列表现。

(1) 损失函数与准确率曲线走势高度趋同,证明模型结构合理并且稳定。

(2) 训练集与验证集走势高度趋同,曲线平滑,无显著背离和波动,证明模型稳定性好,泛化能力强。

(3) 包含 104 种花朵类别,训练集和验证集样本总量不到 17 000,在平均单个类别不足 170 幅图片的前提下,得到的模型损失值趋于 0,准确率趋于 1,证明模型应用价值高。

本节在 Kaggle 上展示的教学演示,给出了 104 种花朵的混淆矩阵,可以更加直观地观察到 EfficientNet-B7 的误差所在。

同时,模型的 F1-Score 为 0.952,精准率(Precision)为 0.952,召回率(Recall)为 0.955,这三个指标高度一致,而且超过 95%,再次证明 EfficientNet-B7 的可靠性。

模型在验证集上的抽样测试结果如图 1.32 所示,标签旁边的[OK]表示预测正确。一般而言,程序员这个时候最为兴奋,好的结果证明了模型的价值。

测试集包含 7000 多幅图片,没有参与模型训练,图 1.33 是其中的一组随机抽样推断结果,图片上方给出的标签是模型的预测结果。

由于测试集没有给出标签,因此需要人工观察结果的正确性。事实上,找出一幅预测结果错误的图片,还是有难度的,可以从混淆矩阵给出的错误报告中做针对性测试。

图 1.32　模型在验证集上的抽样测试结果

图 1.33　测试集上的随机抽样推断结果

更多测试及建模解析参见视频教程。下载训练好的模型，该模型将在 1.10 节部署到服务器上。

1.10　Web 服务器设计

本节基于 Flask 框架搭建 Web 服务器，客户端向服务器提交待识别的图像，服务器基于 1.9 节创建的 EfficientNet-B7 模型做出预测，并将预测结果返回给客户端，从而实现智能化的 Web 服务能力。服务器采用 RESTful 风格的 API 搭建 Web 服务，所以，客户端无论采用何种语言编程，无论是浏览器方式、自定义的桌面程序还是移动客户机程序，均可通过 HTTP 访问服务器。

访问服务器，与客户机采用的操作系统平台和应用平台无关。图 1.34 给出的 Web 服务器架构，将作为本书第 1 章、第 5 章和第 6 章服务器项目的基本结构。

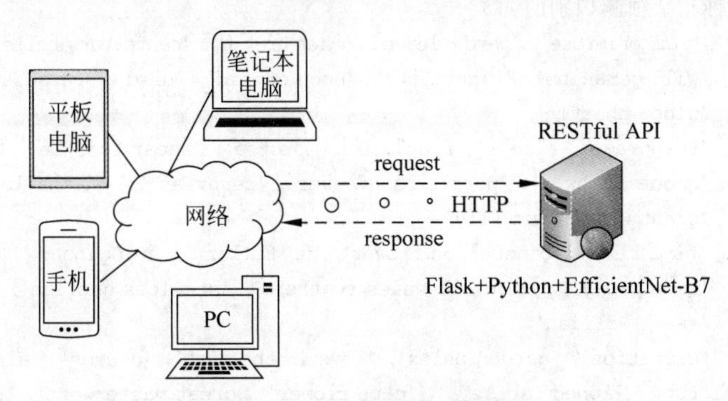

图 1.34 Web 服务器架构

在 TensorFlow_to_Android 项目下，新建文件夹 Server，本书所有的 Web API 服务都将存放于该目录中。在 Server 下新建子目录 models，本书所有 Web 项目的预测模型都将存放于 models 目录中。在 Server 目录下新建主程序文件 app.py，当前项目结构如图 1.35 所示。

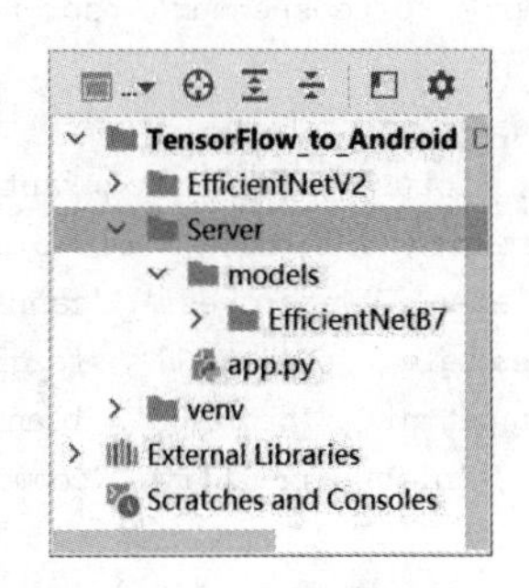

图 1.35 服务器项目结构

服务器主程序 app.py 的编程逻辑如程序源码 P1.7 所示，程序测试与解析参见视频教程。

程序源码 P1.7 app.py 服务器主程序详细设计

```
1   from flask import Flask, jsonify, request
2   import io
3   import base64
4   import numpy as np
5   from PIL import Image
6   from tensorflow.keras.models import load_model
7   from tensorflow.keras.preprocessing.image import img_to_array
8   app = Flask('__name__')                                      # 初始化 App
9   app.config['JSON_AS_ASCII'] = False
10  model_flower = load_model('models\EfficientNetB7')           # 加载花朵识别模型
11  @app.route('/')                                              # 根目录服务端点
12  def index():
```

```
13      message = {'Welcome': '欢迎来到董相志设计的智能化应用服务器!'}
14      return jsonify(message), 200
15  # 对 104 种花朵预测识别的 API
16  CLASSES = ['pink primrose', 'hard-leaved pocket orchid', 'canterbury bells', 'sweet pea',
17             'wild geranium', 'tiger lily', 'moon orchid', 'bird of paradise', 'monkshood',
18             'globe thistle',                                                  # 00 ~ 09
19             'snapdragon', "colt's foot", 'king protea', 'spear thistle', 'yellow iris',
20             'globe-flower', 'purple coneflower', 'peruvian lily', 'balloon flower',
21             'giant white arum lily',                                          # 10~19
22             'fire lily', 'pincushion flower', 'fritillary', 'red ginger', 'grape hyacinth',
23             'corn poppy', 'prince of wales feathers', 'stemless gentian', 'artichoke',
24             'sweet william',                                                  # 20~29
25             'carnation', 'garden phlox', 'love in the mist', 'cosmos', 'alpine sea holly',
26             'ruby-lipped cattleya', 'cape flower', 'great masterwort', 'siam tulip',
27             'lenten rose',                                                    # 30~39
28             'barberton daisy', 'daffodil', 'sword lily', 'poinsettia', 'bolero deep blue',
29             'wallflower', 'marigold', 'buttercup', 'daisy', 'common dandelion',  # 40~49
30             'petunia', 'wild pansy', 'primula', 'sunflower', 'lilac hibiscus', 'bishop of llandaff',
31             'gaura', 'geranium', 'orange dahlia', 'pink-yellow dahlia',       # 50~59
32             'cautleya spicata', 'japanese anemone', 'black-eyed susan', 'silverbush',
33             'californian poppy', 'osteospermum', 'spring crocus', 'iris', 'windflower',
34             'tree poppy',                                                     # 60~69
35             'gazania', 'azalea', 'water lily', 'rose', 'thorn apple', 'morning glory',
36             'passion flower', 'lotus', 'toad lily', 'anthurium',              # 70~79
37             'frangipani', 'clematis', 'hibiscus', 'columbine', 'desert-rose', 'tree mallow',
38             'magnolia', 'cyclamen', 'watercress', 'canna lily',               # 80~89
39             'hippeastrum', 'bee balm', 'pink quill', 'foxglove', 'bougainvillea', 'camellia',
40             'mallow', 'mexican petunia', 'bromelia', 'blanket flower',        # 90~99
41             'trumpet creeper', 'blackberry lily', 'common tulip', 'wild rose']  # 100~103
42  # 图像预处理
43  def preprocess_image_flower(image, target_size):
44      image = image.resize(target_size)
45      image = img_to_array(image)
46      image = np.expand_dims(image, axis=0)
47      return image
48  # 104 种花朵预测 API
49  @app.route('/predict_flower', methods=['post'])
50  def predict_flower():
51      message = request.get_json(force=True)                    # 接收客户机 JSON 数据
52      image = message['image']                                  # 提取图像 JSON 数据
53      decode_image = base64.b64decode(image)                    # 解码
54      image = Image.open(io.BytesIO(decode_image))              # 还原为图像
55      # 图像预处理,升维,缩放,转换为模型需要的格式
56      processed_image = preprocess_image_flower(image, target_size=(512, 512))
57      prediction = model_flower.predict(processed_image)[0]     # 预测
58      index = np.argmax(prediction)                             # 最大概率的索引
59      flower_name = CLASSES[index]                              # 花朵名称
60      response = {                                              # 返回结果的 JSON 串
61          'prediction': flower_name
```

```
62        }
63        return jsonify(response), 200
64    if __name__ == '__main__':
65        app.run(host = '0.0.0.0', port = 5000, debug = True)       # 启动服务器
```

1.11 新建 Android 项目

新建文件夹 Android,用于存放本书所有项目的 Android 客户机设计。启动 Android Studio,进入新建项目向导,如图 1.36 所示。在 Phone and Tablet 模板类型中选择 Empty Activity 模板,单击 Next 按钮,进入下一步。

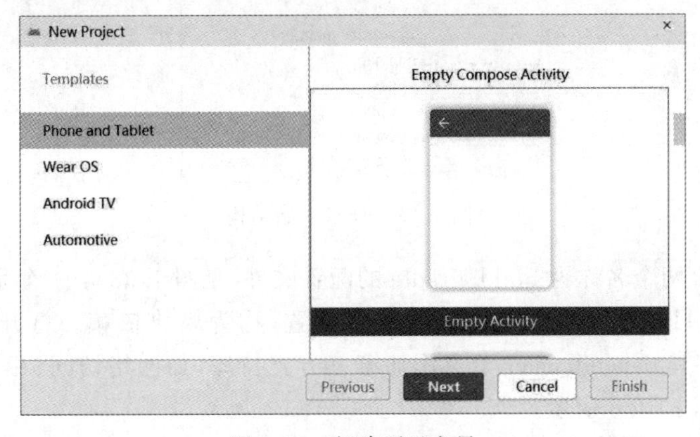

图 1.36 新建项目向导

设置项目名称为 Flower,包的名称为 cn. edu. ldu. flower,确定保存位置,选择编程语言为 Kotlin,SDK 最小版本号设置为 API 21: Android 5.0(Lollipop),如图 1.37 所示,单击 Finish 按钮,完成项目创建和初始化。

New Project
Empty Activity
Creates a new empty activity
Name Flower
Package name cn.edu.ldu.flower
Save location d:\Android\Flower
Language Kotlin
Minimum SDK API 21: Android 5.0 (Lollipop)
Your app will run on approximately **98.0%** of devices.
Help me choose
Previous Next Cancel Finish

图 1.37 项目初始化参数配置

用域名的反向形式作为包名称是一种惯例。将 API 限定为 21 版本,因为项目中调用了 CameraX 的相关 API,CameraX 需要 API 21 以上版本支持。项目初始结构如图 1.38 所示。

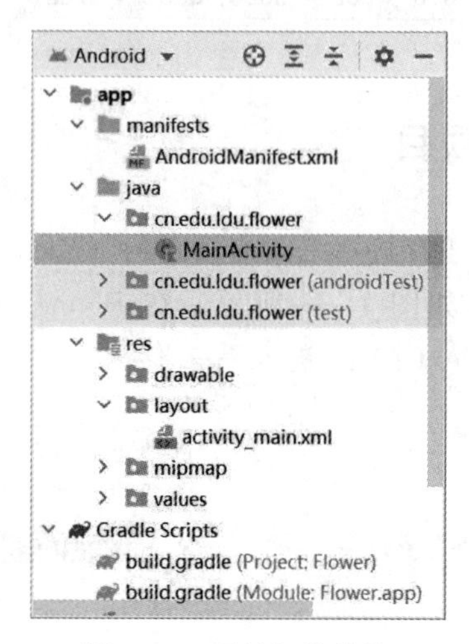

图 1.38 项目初始结构

项目中包含两个名称为 build.gradle 的配置文件(见图 1.38):一个是项目的全局依赖配置,称为项目依赖;一个是模块的依赖配置,称为模块依赖。打开模块配置文件 build.gradle,在其 dependencies 节点添加第三方支持库,如网络访问、相机使用、图片下载等,如程序源码 P1.8 所示。

程序源码 P1.8 build.gradle 配置模块依赖库

```
1   plugins {
2       id 'com.android.application'
3       id 'kotlin-android'
4   }
5   android {
6       compileSdk 31
7       defaultConfig {
8           applicationId "cn.edu.ldu.flower"
9           minSdk 21
10          targetSdk 31
11          versionCode 1
12          versionName "1.0"
13          testInstrumentationRunner "androidx.test.runner.AndroidJUnitRunner"
14      }
15      buildTypes {
16          release {
17              minifyEnabled false
18              proguardFiles getDefaultProguardFile('proguard-android-optimize.txt'),
19                                              'proguard-rules.pro'
20          }
```

```
21        }
22        compileOptions {
23            sourceCompatibility JavaVersion.VERSION_1_8
24            targetCompatibility JavaVersion.VERSION_1_8
25        }
26        kotlinOptions {
27            jvmTarget = '1.8'
28        }
29        buildFeatures {
30            viewBinding = true
31        }
32    }
33    dependencies {
34        // Glide 图片
35        implementation 'com.github.bumptech.glide:glide:4.12.0'
36        annotationProcessor 'com.github.bumptech.glide:compiler:4.12.0'
37        // Retrofit 框架和 Moshi、GSON
38        implementation "com.squareup.retrofit2:retrofit:2.9.0"
39        implementation "com.squareup.retrofit2:converter-scalars:2.9.0"
40        implementation "com.squareup.retrofit2:converter-moshi:2.9.0"
41        implementation 'com.squareup.retrofit2:converter-gson:2.9.0'
42        implementation("com.squareup.moshi:moshi-kotlin:1.12.0")
43        implementation("com.squareup.moshi:moshi:1.12.0")
44        // 相机依赖库
45        def camerax_version = "1.0.2"
46        implementation("androidx.camera:camera-core:${camerax_version}")
47        implementation("androidx.camera:camera-camera2:${camerax_version}")
48        implementation("androidx.camera:camera-lifecycle:${camerax_version}")
49        implementation("androidx.camera:camera-view:1.0.0-alpha29")
50        implementation("androidx.camera:camera-extensions:1.0.0-alpha29")
51        // 项目基础依赖库
52        implementation 'androidx.core:core-ktx:1.3.2'
53        implementation 'androidx.appcompat:appcompat:1.2.0'
54        implementation 'com.google.android.material:material:1.3.0'
55        implementation 'androidx.constraintlayout:constraintlayout:2.0.4'
56        testImplementation 'junit:junit:4.+'
57        androidTestImplementation 'androidx.test.ext:junit:1.1.2'
58        androidTestImplementation 'androidx.test.espresso:espresso-core:3.3.0'
59    }
```

第29～31行语句配置视图绑定，viewBinding＝true表示自动为布局文件生成视图类，从而简化视图控件访问。每当改动build.gradle文件，都需要重新同步项目。开启视图绑定模式后，还应该即刻执行菜单命令Build→Rebuild Project，以便生成视图类。

转到项目清单文件AndroidManifest.xml，声明三种权限，包括网络访问权限、相机使用权限和本地相册读取权限。其中只有网络访问权限是声明之后即刻生效的，后两种权限需要用户的动态授权，这段逻辑需要单独编程，以询问用户的方式决定能够取得的相关操作权限。

声明权限的脚本如下。

```
<uses-permission android:name="android.permission.INTERNET" />
<uses-feature android:name="android.hardware.camera.any" />
<uses-permission android:name="android.permission.CAMERA" />
<uses-permission android:name="android.permission.READ_EXTERNAL_STORAGE"/>
```

同时,修改 application 节点的 label 属性为中文标题,添加属性以允许基于 HTTP 的明文通信。

```
android:label="花朵识别"
android:usesCleartextTraffic="true"
```

1.12 Android 之网络访问接口

Android 客户机的网络通信逻辑：拍摄照片或者从图库中选择图片→上传到服务器→等待服务器识别→接收来自服务器的识别结果。

通信编程采用 Retrofit 框架,Retrofit 框架采用 HTTP,为此,Android 客户机上传的图片将以 RequestBody 对象提交给服务器,同步接收服务器的响应,解析并显示服务器响应的结果。

新建 cn.edu.ldu.flower.network 包,在 network 包中新建 ApiService.kt 程序,其编程逻辑如程序源码 P1.9 所示。

程序源码 P1.9 ApiService.kt 网络访问接口

```
1  package cn.edu.ldu.flower.network
2  import com.squareup.moshi.Moshi
3  import com.squareup.moshi.kotlin.reflect.KotlinJsonAdapterFactory
4  import okhttp3.RequestBody
5  import okhttp3.ResponseBody
6  import retrofit2.Call
7  import retrofit2.Retrofit
8  import retrofit2.converter.moshi.MoshiConverterFactory
9  import retrofit2.http.Body
10 import retrofit2.http.POST
11 private const val BASE_URL = "http://192.168.0.104:5000/"      // Web 服务器地址
12 // 定义 Retrofit 框架,数据对象采用 Moshi
13 private val moshi = Moshi.Builder()
14     .add(KotlinJsonAdapterFactory())
15     .build()
16 private val retrofit = Retrofit.Builder()
17     .addConverterFactory(MoshiConverterFactory.create(moshi))
18     .baseUrl(BASE_URL)
19     .build()
20 // 定义网络服务接口,声明与服务器通信的方法
```

```
21  interface ApiService {
22      @POST("predict_flower")         // 此处注解修饰 Web API 服务的名称
23      fun getPredictResult(@Body body: RequestBody) : Call<ResponseBody>
24  }
25  object ResultApi {                  // 创建全局对象,便于网络访问
26      val retrofitService : ApiService by lazy {
27          retrofit.create(ApiService::class.java) }
28  }
```

在 network 包下面定义实体类 Result,用于表示服务器返回的预测结果。实体类编码比较简单,只包含 prediction 属性,一条语句即可完成:

```
data class Result(val prediction:String)
```

程序源码 P1.9 中第 23 行语句定义的函数 getPredictResult,实现与服务器的通信逻辑,这是一个后台工作线程函数。

1.13　Android 客户机界面

客户机界面布局如图 1.39 所示。手机屏幕自底向上分为三个区域。

底部区域包括左右两个按钮,分别是打开相机按钮 btnCapture 和打开相册按钮 btnLoadPicture,对应"拍照识别"和"图库识别"两个控制逻辑。

中间区域是文本控件 txtResult,显示预测结果。

顶部区域是图片视图 imageView,显示来自相机或来自相册的图片,显示图片的同时,也会经由 Retrofit 框架发送到服务器完成识别,服务器将自动回送识别结果。

图 1.40 为界面布局完成后,模拟器上显示的 Flower 程序运行界面。图 1.41 为项目结构。

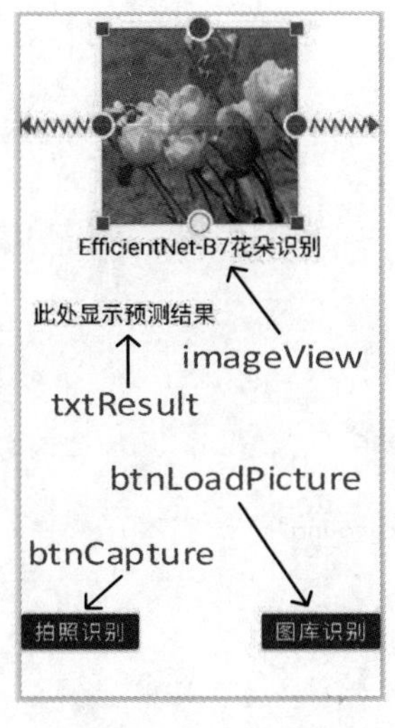

图 1.39　客户机界面布局

图 1.40　模拟器上显示的 Flower 程序运行界面

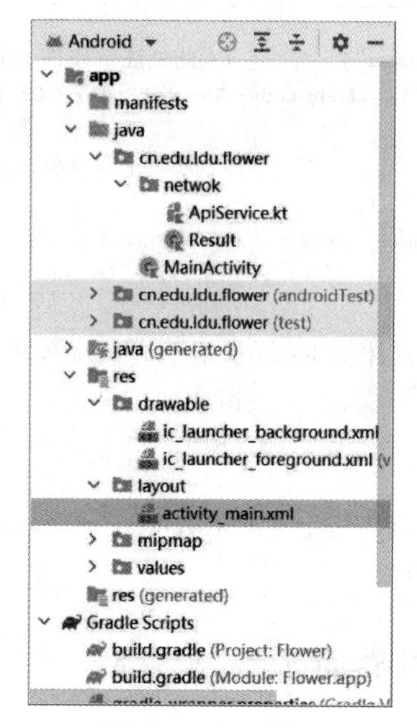

图 1.41　项目结构

布局脚本写在 MainActivity 的布局文件 activity_main. xml 中，如程序源码 P1. 10 所示。

程序源码 P1.10　activity_main.xml 布局文件

```
1   <?xml version = "1.0" encoding = "utf - 8"?>
2   < androidx.constraintlayout.widget.ConstraintLayout
3   xmlns:android = "http://schemas.android.com/apk/res/android"
4       xmlns:app = "http://schemas.android.com/apk/res - auto"
5       xmlns:tools = "http://schemas.android.com/tools"
6       android:layout_width = "match_parent"
7       android:layout_height = "match_parent"
8       tools:context = ".MainActivity">
9       < ImageView
10          android:id = "@ + id/imageView"
11          android:layout_width = "256dp"
12          android:layout_height = "256dp"
13          android:layout_margin = "16dp"
14          app:layout_constraintEnd_toEndOf = "parent"
15          app:layout_constraintStart_toStartOf = "parent"
16          app:layout_constraintTop_toTopOf = "parent"
17          app:srcCompat = "@drawable/ic_launcher_background"
18          tools:srcCompat = "@mipmap/ic_launcher" />
19      < TextView
20          android:id = "@ + id/txtHint"
21          android:layout_width = "wrap_content"
22          android:layout_height = "wrap_content"
```

```
23            android:layout_marginTop = "10dp"
24            android:text = "EfficientNet - B7 花朵识别"
25            android:textColor = "@color/black"
26            android:textSize = "30sp"
27            app:layout_constraintEnd_toEndOf = "parent"
28            app:layout_constraintStart_toStartOf = "parent"
29            app:layout_constraintTop_toBottomOf = "@ + id/imageView" />
30        < TextView
31            android:id = "@ + id/txtResult"
32            android:layout_width = "wrap_content"
33            android:layout_height = "wrap_content"
34            android:layout_marginStart = "16dp"
35            android:layout_marginTop = "48dp"
36            android:text = "此处显示预测结果"
37            android:textColor = "@color/black"
38            android:textSize = "30sp"
39            app:layout_constraintStart_toStartOf = "parent"
40            app:layout_constraintTop_toBottomOf = "@ + id/txtHint" />
41        < Button
42            android:id = "@ + id/btnCapture"
43            android:layout_width = "wrap_content"
44            android:layout_height = "wrap_content"
45            android:layout_marginBottom = "?actionBarSize"
46            android:text = "拍照识别"
47            android:textSize = "28sp"
48            app:layout_constraintBottom_toBottomOf = "parent"
49            app:layout_constraintStart_toStartOf = "parent" />
50        < Button
51            android:id = "@ + id/btnLoadPicture"
52            android:layout_width = "wrap_content"
53            android:layout_height = "wrap_content"
54            android:layout_marginBottom = "?actionBarSize"
55            android:text = "图库识别"
56            android:textSize = "28sp"
57            app:layout_constraintBottom_toBottomOf = "parent"
58            app:layout_constraintEnd_toEndOf = "parent" />
59    </androidx.constraintlayout.widget.ConstraintLayout >
```

运行项目,单击图 1.40 所示界面上的按钮,此时还无法打开相机与本地相册,相关工作留到 1.14 节完成。

1.14 Android 客户机逻辑

客户机主控逻辑包含两个分支,对应客户机的两种工作模式,如图 1.42 所示。

(1) 即时拍照识别,需要用户动态授权照相机的使用权限。

(2) 从相册选择图片识别,需要用户动态授权外部存储器的访问权限。

图 1.42 中用虚线框包围的"取景拍照"和"选择图片"这两个模块,其功能封装在调用的 App 中,不需要用户单独编程。回调函数的名称为 onActivityResult,是在"打开相机 App"或"打开相册 App"结束之后自动调用的模块,回调函数首先返回图片,然后调用识别模块。识别模块的函数名称为 recognition,客户机向服务器发送图片并接收服务器的识别结果,都是在识别模块中完成的。

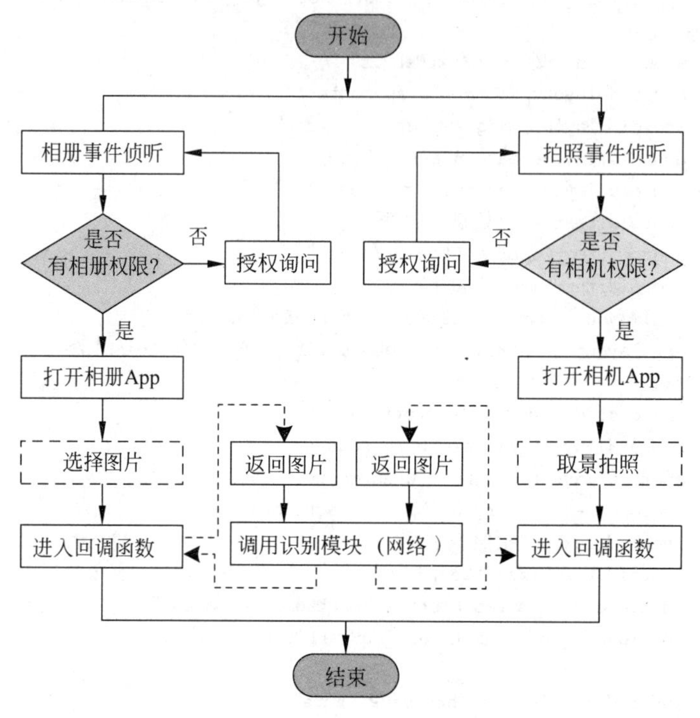

图 1.42 客户机主控逻辑

识别模块的逻辑流程如图 1.43 所示。

图 1.43 识别模块的逻辑流程

编码逻辑封装在主程序 MainActivity 中完成,如程序源码 P1.11 所示。

程序源码 P1.11 MainActivity.kt 客户机主控逻辑

```
1  package cn.edu.ldu.flower
2  import android.Manifest
3  import android.app.Activity
4  import android.content.Intent
5  import android.content.pm.PackageManager
6  import android.graphics.Bitmap
7  import android.graphics.ImageDecoder
```

```
8   import android.os.Build
9   import android.os.Bundle
10  import android.provider.MediaStore
11  import android.util.Base64
12  import android.util.Log
13  import androidx.appcompat.app.AppCompatActivity
14  import androidx.core.app.ActivityCompat
15  import androidx.core.content.ContextCompat
16  import cn.edu.ldu.flower.databinding.ActivityMainBinding
17  import cn.edu.ldu.flower.network.Result
18  import cn.edu.ldu.flower.network.ResultApi
19  import com.google.gson.Gson
20  import okhttp3.MediaType
21  import okhttp3.RequestBody
22  import okhttp3.ResponseBody
23  import org.json.JSONObject
24  import retrofit2.Call
25  import retrofit2.Callback
26  import retrofit2.Response
27  import java.io.ByteArrayOutputStream
28  class MainActivity : AppCompatActivity() {
29      private lateinit var binding: ActivityMainBinding      // 视图绑定类
30      // 常量定义
31      companion object {
32          private const val TAG = "FlowerRecognition"
33          private const val REQUEST_CODE_PERMISSIONS = 10  // 程序中标识权限的常量
34          private const val REQUEST_CODE_CAMERA = 20       // 标识相机权限的常量
35          private const val REQUEST_CODE_GALLERY = 30      // 标识相册权限的常量
36          // 需要申请的权限列表
37          private val REQUIRED_PERMISSIONS = arrayOf(Manifest.permission.CAMERA,
38                                  Manifest.permission.READ_EXTERNAL_STORAGE)
39      }
40      // MainActivity 初始化
41      override fun onCreate(savedInstanceState: Bundle?) {
42          super.onCreate(savedInstanceState)
43          binding = ActivityMainBinding.inflate(layoutInflater)
44          setContentView(binding.root)              // Activity 中显示主界面视图
45          // 拍照按钮的事件侦听,开启相机,拍摄照片,发送照片
46          binding.btnCapture.setOnClickListener {
47              // 判断是否拥有相机使用权
48              if (allPermissionsGranted()) {               // 已经授权
49                  // 打开相机,相机拍摄的图片返回给回调函数处理
50                  var cameraIntent = Intent(MediaStore.ACTION_IMAGE_CAPTURE)
51                  startActivityForResult(cameraIntent, REQUEST_CODE_CAMERA)
52              } else {              // 否则,表明无权限,需要询问用户是否授权
53                  ActivityCompat.requestPermissions(this,
54                      REQUIRED_PERMISSIONS,                 // 相机和相册权限列表
55                      REQUEST_CODE_PERMISSIONS)
56              }
```

```
57              }
58              // 图库(相册)按钮的事件侦听,打开相册,选择图片,发送图片
59              binding.btnLoadPicture.setOnClickListener {
60                  // 判断是否拥有相册访问权
61                  if (allPermissionsGranted()) {                    // 已经授权
62                      // 打开相册,选择的图片返回给回调函数处理
63                      val intent = Intent(Intent.ACTION_PICK)
64                      intent.type = "image/*"
65                      startActivityForResult(intent, REQUEST_CODE_GALLERY)
66                  } else {                  // 否则,表明无权限,需要询问用户是否授权
67                      ActivityCompat.requestPermissions(this,
68                          REQUIRED_PERMISSIONS,
69                          REQUEST_CODE_PERMISSIONS)
70                  }
71              }
72          }
73          // 判断是否已经开启所需的全部权限(相机和相册)
74          private fun allPermissionsGranted() = REQUIRED_PERMISSIONS.all {
75              ContextCompat.checkSelfPermission(this, it) == PackageManager.PERMISSION_GRANTED
76          }
77          // 回调函数,相机拍照之后或者从相册选择图片之后,自动调用本函数
78          override fun onActivityResult(requestCode: Int, resultCode: Int, data: Intent?) {
79              super.onActivityResult(requestCode, resultCode, data)
80              if (requestCode == REQUEST_CODE_CAMERA) {      // 这是来自相机拍照之后的回调
81                  var bitmap: Bitmap? = data?.getParcelableExtra("data")
                                                               // 相机拍摄的图片
82                  if (bitmap != null) {
83                      recognition(bitmap)                    // 识别图片,调用识别模块
84                  }
85              }
86              // 这是来自从相册选择图片之后的回调
87              if (resultCode == Activity.RESULT_OK &&
88              requestCode == REQUEST_CODE_GALLERY) {
89                  val selectedPhotoUri = data?.data          // 返回图片的 URI
90                  val bitmap: Bitmap
91                  try {
92                      selectedPhotoUri?.let {
93                          if (Build.VERSION.SDK_INT < 28) {
94                              bitmap = MediaStore.Images.Media.getBitmap(
95                                  this.contentResolver, selectedPhotoUri)      // 获取图片
96                          } else {
97                              val source = ImageDecoder.createSource(      // 获取图片
98                                  this.contentResolver,
99                                  selectedPhotoUri
100                             )
101                             bitmap = ImageDecoder.decodeBitmap(source)      // 解码图片
102                         }
103                         recognition(bitmap)                    // 识别图片,调用识别模块
```

```
104             }
105         } catch (e: Exception) {
106             e.printStackTrace()
107         }
108     }
109 }
110 // 识别图片,内部封装了与服务器互动的逻辑,因为识别逻辑是在服务器端完成的
111 private fun recognition(bitmap: Bitmap) {
112     binding.imageView.setImageBitmap(bitmap)          // 显示到界面的 imageView 上
113     // 图像转为 Base64 编码
114     val byteArrayOutputStream = ByteArrayOutputStream()
115     bitmap!!.compress(Bitmap.CompressFormat.JPEG, 100, byteArrayOutputStream)
116     val byteArray: ByteArray = byteArrayOutputStream.toByteArray()
117     val convertImage: String = Base64.encodeToString(byteArray, Base64.DEFAULT)
118     // 定义 JSON 对象,因为服务器端接收 JSON 对象
119     val imageObject = JSONObject()
120     imageObject.put(
121         "image",
122         convertImage
123     )// Base64 image
124     // 封装到 Retrofit 的 RequestBody 对象中
125     val body: RequestBody =
126         RequestBody.create(
127             MediaType.parse("application/json"),
128             imageObject.toString()
129         )
130     // 重写 Retorfit 服务中定义的接口方法
131     ResultApi.retrofitService.getPredictResult(body).enqueue(object :
132         Callback<ResponseBody> {
133         override fun onResponse(
134             call: Call<ResponseBody>,
135             response: Response<ResponseBody>
136         ) {
137             // 获取服务器响应的数据
138             val json: String = response.body()!!.string()
139             // 解析为 Result 对象
140             var gson = Gson()
141             var result = gson.fromJson(
142                 json,
143                 Result::class.java
144             )
145             // 显示预测结果
146             binding.txtResult.text = result.prediction
147         }
148         override fun onFailure(call: Call<ResponseBody>, t: Throwable) {
149             Log.d(TAG, "服务器返回失败信息:" + t.message)
150         }
151     })
152 }
153 }
```

1.15 联合测试

采用模拟器和真机两种模式完成项目测试。先做模拟器的测试。

(1) 打开 PyCharm,启动服务器,让服务器处于运行状态。

注意观察服务器的运行地址,转到 Android Studio,观察 Android 客户机访问网络的 HTTP 地址,与服务器运行地址保持一致。

(2) 采用模拟器运行 Android 客户机程序。

在模拟器中,无论是首次单击"拍照识别"还是"图库识别"按钮,都会弹出对话框,询问用户是否授权用户访问相机和图库,如图 1.44 所示。

(a) 照相机权限

(b) 图库权限

图 1.44 权限询问对话框

授权后,用户可以开始使用相机、访问相册。可以在手机相册预先存放一些测试图片。模拟器测试结果如图 1.45 所示。注意,模拟器相机拍摄的是虚拟场景,图 1.45(a) 给出的识别结果仅供验证拍照识别逻辑,无实际意义。

(a) 拍照识别

(b) 图库识别

图 1.45 模拟器测试

再做真机测试。手机连接到计算机，在 Android Studio 中将当前客户机项目安装到 Android 手机上。如果当前测试的服务器与手机处于同一 Wi-Fi 环境下，则不需要做网络配置。本书后面会把人机畅聊等项目放到远程服务器上，供读者用真机或者模拟器随时随地测试。

真机首次运行项目时，也需要用户授权，授权询问页面如图 1.46 所示。

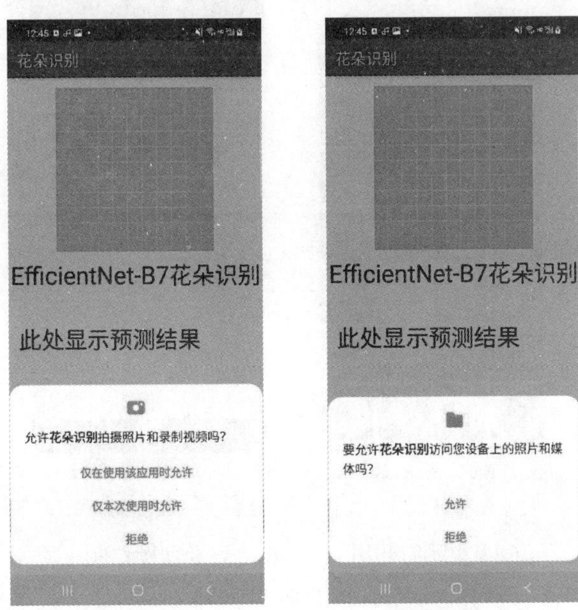

(a) 相机授权　　(b) 相册授权

图 1.46　真机授权询问页面

图 1.47 为真机拍照识别的测试结果。图 1.47(a)是用手机对着屏幕上的一幅鸢尾

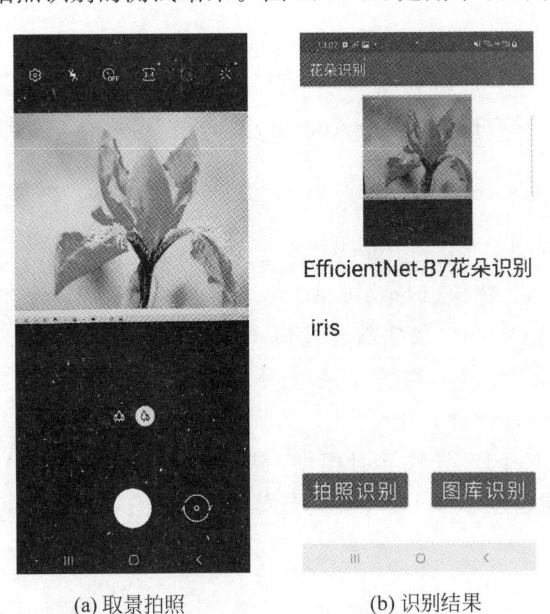

(a) 取景拍照　　(b) 识别结果

图 1.47　真机拍照识别的测试结果

花取景的场景,图 1.47(b)是按下“拍照”按钮后的识别结果。

图 1.48 为真机从相册中选择图片的识别结果即真机图库的识别结果。图 1.48(a)是打开手机相册,浏览图片的场景,图 1.48(b)是选择其中的第三行第四幅图片后的识别结果。

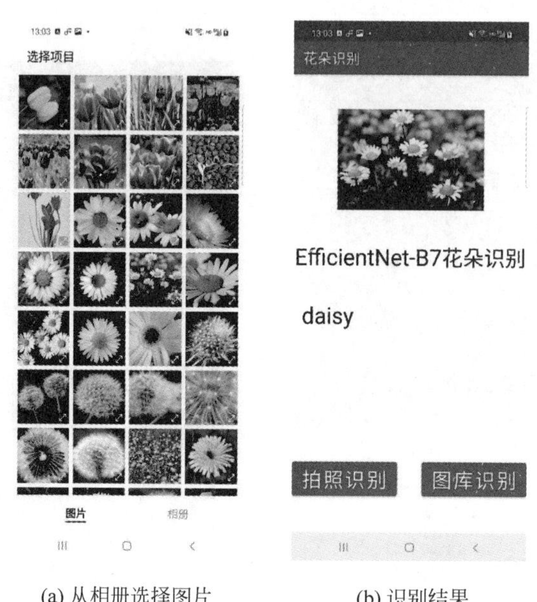

(a) 从相册选择图片　　(b) 识别结果

图 1.48　真机图库的识别结果(见彩插)

客户机与服务器的联合测试过程参见本节视频教程。

1.16　小结

本章以花伴侣 App 应用场景作为项目原动力,沿着“数据集→EfficientNetV1、EfficientNetV2 模型→Web 服务器→Android 客户机”这一技术路线,实现了百余种花朵的迷你版花伴侣。

本章精彩亮点如下:

(1) EfficientNetV1、EfficientNetV2 论文深度解析。

(2) EfficientNetV2 建模、训练、评估。

(3) 基于 EfficientNet-B7 的实战化建模。

(4) 基于 RESTful API 风格的 Web 服务器设计。

(5) Android 客户机设计。

得到的 EfficientNet-B7 迁移学习模型,在 104 种花朵数据集上,F1-Score、Precision 和 Recall 三项指标均超过 95%,模型具有较好的稳定性、可靠性和可扩展性。

1.17 习题

1. 结合花伴侣这款 App 的使用体验，从科学价值、知识传播、社会效益等角度谈谈你对花朵识别这类 App 的认识。

2. 用 TFRecord 格式存储花朵数据集的优点是什么？

3. EfficientNetV1 的创新点体现在哪些方面？

4. MBConv 模块的计算逻辑是什么？有什么优势？

5. SE 模块的逻辑结构如何解析？作用是什么？

6. 描述 EfficientNetV1-B0 模型的结构参数。

7. EfficientNetV1 与哪些经典模型做了比较？论文给出的实验结论是什么？

8. EfficientNetV2 的创新点有哪些？

9. 描述 EfficientNetV2-S 模型的结构参数。

10. 描述 EfficientNetV1 与 EfficientNetV2 中 MBConv 模块的不同之处。

11. 描述 Fused-MBConv 的计算逻辑。

12. EfficientNetV2 与哪些经典模型做了比较？论文给出的实验结论是什么？

13. 以 EfficientNetV2-S 模型为例，描述其定义、训练和评估的关键步骤。

14. EfficientNet-B7 模型在迁移学习过程中采用微调模式的优点是什么？

15. 采用 Flask 作为 Web 服务框架的优点是什么？

16. 采用 Retrofit 作为 Android 通信框架的优点是什么？

17. Android 客户机访问本地相册和相机资源，需要申请哪些权限？基于 HTTP 的访问需要声明什么权限？

18. 本章项目是如何实现 Android 客户机与服务器通信逻辑的？请绘图说明。

19. 完成本章实战项目后，如果让你选择一个可以替代 EfficientNet 的模型，你会如何做？

20. 从功能设计等角度描绘一下你心中理想的花朵识别 App 应该是什么样子。

第 2 章

MobileNetV3与鸟类识别

当读完本章时，应该能够：

- 因鸟之灵动，激发对鸟类识别项目的热爱与创新冲动。
- 理解边缘计算设备部署智能项目的技术路线。
- 理解并掌握 MobileNetV1 模型的体系结构与原理。
- 理解并掌握 MobileNetV2 模型的体系结构与原理。
- 理解并掌握 MobileNetV3 模型的体系结构与原理。
- 理解并掌握 MobileNet 模型从 V1 到 V3 的技术演进逻辑。
- 实战 MobileNetV3 模型的建模、训练和评估。
- 实战 TFLite 模型元数据定义与模型转换。
- 实战 TFLite 模型在 Android 设备上的部署与应用。
- 实现 Android 鸟类识别客户机，支持相册与相机两种应用模式。

地球上有上万种鸟。百兽驰骋大地，鱼类畅游江海，鸟类则属于天空，翱翔九天之外，尽现飞羽之美。山野、乡村、城镇，鸟类几乎无处不在，它们形态各异，有的高大威猛，有的小巧玲珑，有的艳丽异常，有的朴实无华。猛禽鹰击长空，陆禽悠哉四方，游禽、涉禽沉迷水上乐园不能自拔，攀禽游戏于密林上下，其乐无穷，鸣禽更是不甘寂寞，百家争鸣，不鸣则已，一鸣惊人。

2.1 Merlin 鸟种识别

鸟类识别模型，从建模过程和应用过程的角度看，有以下特点。

(1) 建模需要的鸟类数据集，特别是较大规模的数据集，不容易获得。

(2) 现实生活中，鸟类的照片不容易获得，一定程度上限制了此类 App 的应用与发展。

(3) 一般人对鸟类识别的需求度不高。自然界鸟类众多,但其活动范围往往远离人类日常生活圈。虽然常见一些鸟类在乡村、城镇、公园栖息起落,但都是较为熟知的种类,如麻雀、喜鹊、海鸥、燕子、大雁、鹦鹉、鸽子、乌鸦、画眉、天鹅、孔雀等。生活圈限制了人们的想象,限制了一般人对鸟类识别 App 的需求程度。

从科学研究的角度看,鸟类识别无疑是重要的。鸟类一直是人类的朋友。莱特兄弟观察研究鸟类起飞、升降和盘旋的机理发明了飞机,对爱鸟人士、鸟类学家、鸟类专业的学生而言,鸟类占据了生活的重要部分。虽不能随时飞身野外,不能随时与飞鸟亲密接触,但是如果有一款懂鸟知鸟的 App,对着野外摄制的视频、照片能自动给出鉴别、鉴赏报告,就像一部活动的百科词典,其价值将不可小觑。

由康奈尔大学鸟类研究实验室开发的 Merlin 鸟种识别 App,目前可以识别的鸟类超过 7500 种,得到了全球范围专业人士的高度认可与广泛应用。Merlin 鸟种识别的官方网站地址为 https://merlin.allaboutbirds.org/。

Merlin 鸟种识别 App 的主要特点如下:

(1) 即时拍照识别。这是 App 的基本功能。

(2) 依靠社区的力量。建立爱鸟人士社区网络,依靠网友的力量,汇聚世界各地鸟类图片,围绕鸟类栖息的地域特征,分门别类建立地域鸟类图库。这些图片往往都是网友用专业摄影设备在野外长距离拍摄的高清照片,来之不易。这些图片既可以用来训练模型,也可以直接交给模型识别。

(3) 搜集鸟类声音,建立鸟类声音库,这些声音既可用来训练模型,也可直接交给模型去识别。也就是说,图片和声音都是识别鸟类身份的标识。

图 2.1 所示为 Merlin 鸟种识别 App 的首页面和主菜单,从中可以看到这款 App 的功能概貌。

首页面的"开始识别鸟种"是一项特别"酷"的应用,用户不需要提供图片,只需要在识别鸟类之前,回答五个问题,即可得到推断结果。这五个问题依次为:

(1) 您的观测地点在哪里?

(2) 您的观测日期是哪一天?

(3) 这只鸟体型多大(以麻雀、乌鸦、大雁 3 种体型的鸟作为参照)?

(4) 这只鸟的主要羽色是什么(从黑色、灰色、白色、黄褐色/褐色、红色/红褐色、黄色、橄榄色/绿色、蓝色、橙色 9 种颜色中选出 3 种)?

(5) 您所观测到的鸟在干什么(从以下六项活动中选择一项)?

a. 喂食器取食。

b. 游水或涉水。

c. 地面活动。

d. 树木或灌木中。

e. 栅栏或者电线上。

f. 翱翔或飞翔。

以图 2.2 所示的鹦鹉为例,作为待识别的图片,用 Merlin 鸟种识别 App 做测试,回答上述五个问题后,给出的识别结果如图 2.3 所示。

(a) 首页面

(b) 主菜单

图 2.1　Merlin 鸟种识别 App 主界面

图 2.2　鹦鹉

图 2.3 演示了根据线索做逻辑推理的步骤，前提是系统数据库中需要有线索描述的鸟类信息。图 2.3(a)是根据图 2.2 所示鹦鹉给出的体型和颜色特征，加上时间、地点和活动习性。图 2.3(b)给出了六个可能的结果及其详细解析，第一个答案为啄木鸟，虽然结果不正确，但是其外观、体型、颜色确实与图 2.2 的鹦鹉接近。

图 2.4 是用相机对着屏幕上的鹦鹉图片拍摄的识别结果。

(a) 回答五个问题　　(b) 识别结果列表

图 2.3　回答问题进行鸟种识别

(a) 相机拍摄屏幕上的图片

(b) 识别结果

图 2.4　相机拍摄即时识别

图 2.5 是基于手机相册选择图片进行识别。图 2.5(a)为随机选择的图片,图 2.5(b)为识别结果。

(a) 从图库选择图片

(b) 识别结果

图 2.5 从图库选择图片识别

Merlin 鸟种识别 App 依靠社区的力量,汇聚了世界各地的鸟类图库与资料解析。在做线索推断之前,需要安装一些数据库,就中国而言,目前系统中包含北京及周边地区、上海及周边地区和中国台湾地区的鸟类资源库。图 2.6 为鸟类地域数据集和下载并安装上海及周边地区的鸟类资源的界面。

以 Merlin 鸟种识别 App 为动力,依靠本章提供的包含 325 种鸟类的数据集,开发一款具备初步教学价值和应用价值的鸟类识别 App,帮助人们认识更多的鸟类,享受懂鸟、知鸟的乐趣,是一项富有建设性、探索性和创新性的工作。

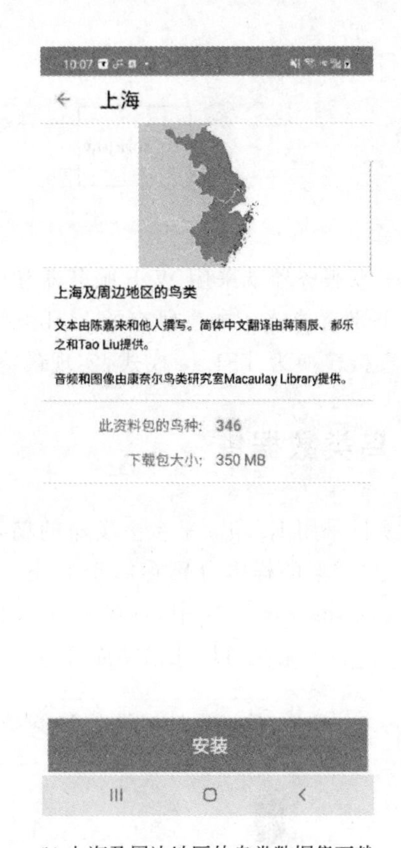

(a) 鸟类地域数据集　　(b) 上海及周边地区的鸟类数据集下载

图 2.6　鸟类地域数据集和下载并安装上海及周边地区的鸟类资源的界面

2.2　技术路线

从横向看，本书所有项目围绕三条主线展开，分别是 TensorFlow 主线、Android 主线和应用场景主线。三条主线相对独立，平行迭代向前，但又相互联系，联系的纽带是应用场景的功能和逻辑需求，如图 2.7 所示。

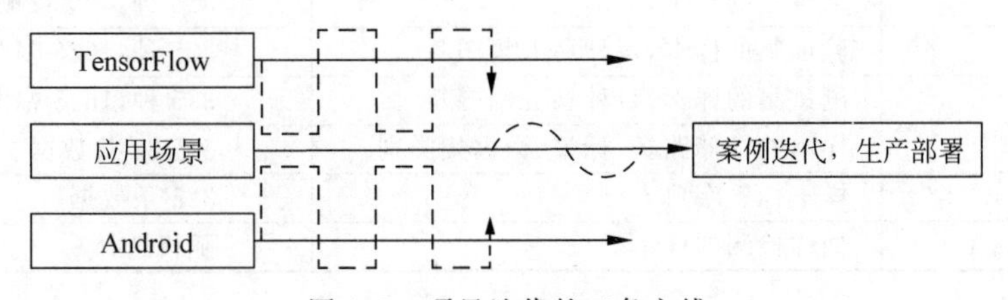

图 2.7　项目迭代的三条主线

从纵向看，本书所有项目涉及数据集处理→模型开发→模型部署→客户机设计。其中模型开发基于 TensorFlow 框架，客户机基于 Android。模型部署有两种模式：一种是将模型运行于服务器上，实现资源集中与共享；另一种是将模型转换为 TFLite 格式，直接部署到客户机上。如图 2.8 所示，本书将在服务器和 TFLite 模式之间灵活切换，完成所有项目的开发设计工作。

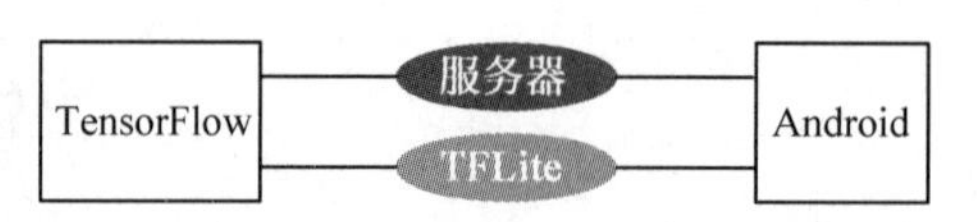

图 2.8 模型部署技术路线

本书在服务器端采用 Web 服务器和 Socket 服务器两种工作模式。第 1 章采用的是 Web 服务部署模式。本章研究的 MobileNet 系列模型适合部署于轻量级边缘计算设备，模型将直接转换为 TFLite 模式，实现最终设计。

2.3 鸟类数据集

本项目采用 Kaggle 平台上发布的鸟类数据集，其目录结构如图 2.9 所示。训练集、验证集、测试集的样本分别存放于 train、valid、test 三个文件夹中。样本标签、路径和类别存放于 birds. csv 文件中，标签索引及图片尺寸存放于 class_dict. csv 文件中。目录 images_to_test 保存的是几幅抽测样本。

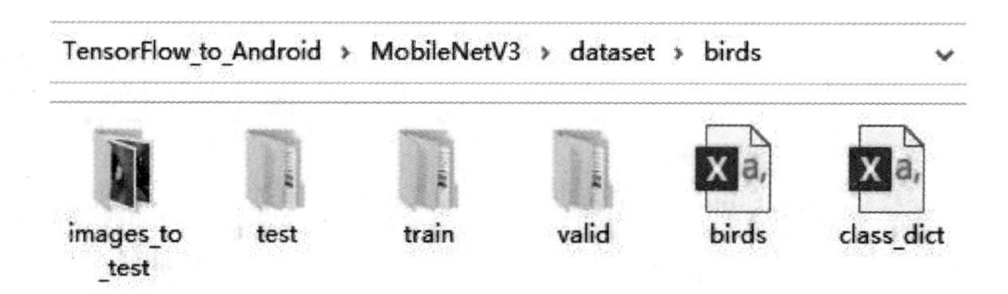

图 2.9 鸟类数据集目录

由 325 种鸟类构成的样本数据集如表 2.1 所示，所有样本图像均为 JPG 格式，大小为 224×224×3 的 RGB 图像。

表 2.1 鸟类数据集样本分布(325 种)

目录或文件名称	功 能 描 述	样 本 规 模
train	训练集的样本	325 种，47 332 幅图片
valid	验证集的样本，每种鸟五幅图片	325 种，1625 幅图片
test	测试集的样本，每种鸟五幅图片	325 种，1625 幅图片
birds. csv	样本的存储路径、标签、数据集类别	50 582 条数据
class_dict. csv	样本标签字典	325 条数据
images_to_test	抽样检测的样本	随机选择

每种鸟类的训练样本数量平均为 145，训练集保持相对均衡。显著不平衡的是雄性物种图像与雌性物种图像的比率。雄性约为 85%，雌性约为 15%。

图 2.10 所示为从数据集中随机选择的 9 幅鸟类图片。随机抽样图片的程序请参见后面 2.8 节中的讲述。

鸟类形态、颜色、拍摄角度、光影明暗各不相同，为鸟类识别带来一定的难度。

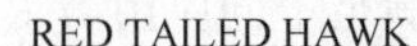

图 2.10　数据集样本随机抽样观察

雄性与雌性相比，雄性鸟类颜色往往更为艳丽多样，因此，同一种鸟类，雄性和雌性外观上的显著差异，也给建模工作带来挑战。

2.4　MobileNetV1 解析

MobileNetV1 模型参见论文 *MobileNets: Efficient Convolutional Neural Networks for Mobile Vision Applications*（HOWARD A G，ZHU M，CHEN B，et al. 2017），由谷歌研究团队于 2017 年发布，当时模型名称为 MobileNets，后来同一团队基于 MobileNetV1 又相继发布了 MobileNetV2、MobileNetV3。MobileNet 模型是面向移动设备和嵌入式设备的轻量级卷积神经网络，与传统经典卷积网络相比，在准确率降低幅度不大的情况下，模型参数和计算量大幅度下降。例如，MobileNet 与 VGG16 相比，准确率下降了 0.9%，参数数量却只有 VGG16 的 1/32。

MobileNetV1 有两个创新点：

(1) 采用深度可分离卷积（Depthwise Separable Convolution）取代标准卷积（Standard Convolution），降低计算量。

(2) 采用 α、ρ 两个超参数，调节模型的宽度（卷积核个数）和图像分辨率，控制模型规模,满足不同应用需求。

在介绍深度可分离卷积之前,先来了解两种卷积运算。图 2.11 所示的卷积模式称为深度卷积(Depthwise Convolution),图 2.12 所示为标准卷积。其中 D_F 表示输入特征矩阵的高度与宽度,D_K 表示卷积核的高度与宽度。注:输入图像的宽和高是相同的,卷积核的宽和高也是相同的,所以文中有了一个符号。

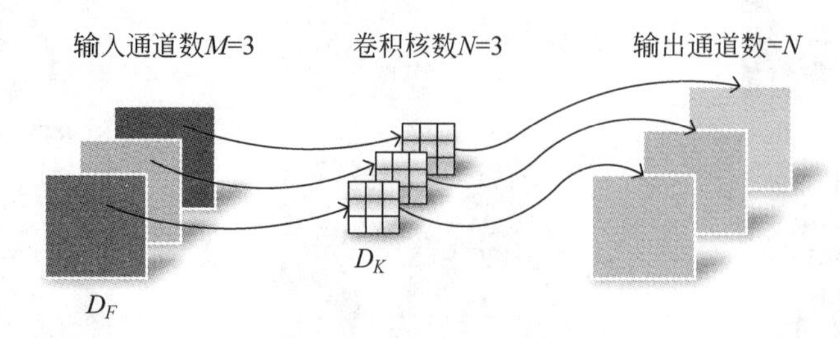

图 2.11 深度卷积

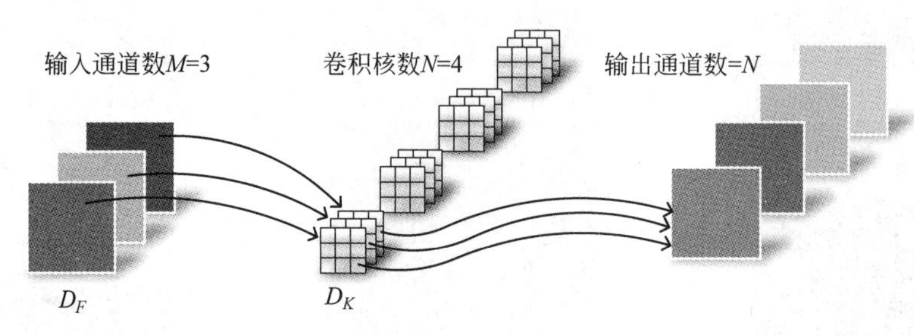

图 2.12 标准卷积

深度卷积的特点:

(1) 单个卷积核的 Channels=1。

(2) 卷积核的个数=输入特征矩阵的 Channels=输出特征矩阵的 Channels。

标准卷积的特点:

(1) 单个卷积核的 Channels=输入特征矩阵的 Channels。

(2) 卷积核的个数=输出特征矩阵的 Channels。

为了替代标准卷积的功能,同时降低计算量,MobileNetV1 采用了深度可分离卷积,模型逻辑如图 2.13 所示。深度可分离卷积包括深度卷积和 1×1 卷积两个阶段。

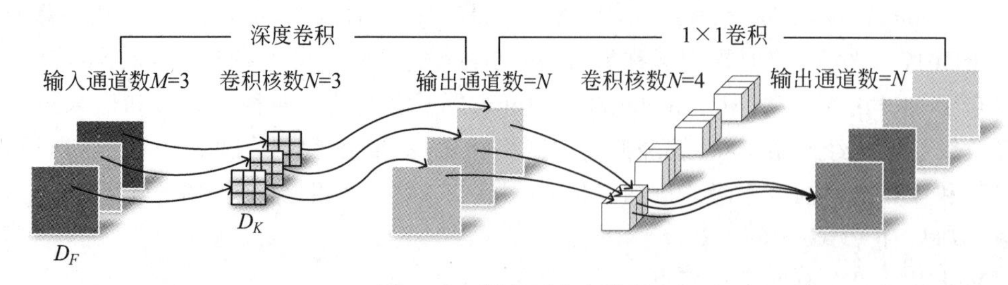

图 2.13 深度可分离卷积

图 2.12 的标准卷积与图 2.13 的深度可分离卷积实现的功能逻辑是基本相当的,但是计算量却差别很大。

标准卷积的计算量如式(2.1)所示。

$$D_K \cdot D_K \cdot M \cdot N \cdot D_F \cdot D_F \tag{2.1}$$

深度卷积的计算量如式(2.2)所示。

$$D_K \cdot D_K \cdot M \cdot D_F \cdot D_F \tag{2.2}$$

1×1 卷积的计算量如式(2.3)所示。

$$M \cdot N \cdot D_F \cdot D_F \tag{2.3}$$

深度可分离卷积的计算量如式(2.4)所示。

$$D_K \cdot D_K \cdot M \cdot D_F \cdot D_F + M \cdot N \cdot D_F \cdot D_F \tag{2.4}$$

比较标准卷积与深度可分离卷积的计算量,用式(2.4)除以式(2.1),得到式(2.5)。

$$\frac{D_K \cdot D_K \cdot M \cdot D_F \cdot D_F + M \cdot N \cdot D_F \cdot D_F}{D_K \cdot D_K \cdot M \cdot N \cdot D_K \cdot D_K} = \frac{1}{N} + \frac{1}{D_K^2} \tag{2.5}$$

MobileNetV1 采用的卷积核尺寸为 3,根据式(2.5),深度可分离卷积的计算量只有标准卷积的 1/9～1/8。

MobileNetV1 中同时采用了标准卷积与深度可分离卷积,其模块逻辑如图 2.14 所示。图 2.14(a)为标准卷积依次连接 BN 和 ReLU。图 2.14(b)为深度卷积后面依次连接 BN 和 ReLU,然后 1×1 卷积依次连接 BN 和 ReLU。

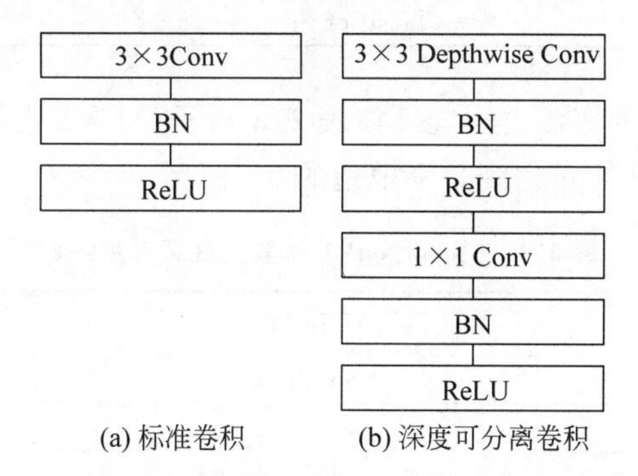

图 2.14　标准卷积与深度可分离卷积模块逻辑

MobileNetV1 模型结构参数如表 2.2 所示。第一层步长为 2 的标准卷积,后面连接了 13 个深度可分离卷积模块,输出层是全局平均池化和全连接分类层。模型中间对特征矩阵实施五次步长为 2 的降维操作。输入层的特征矩阵维度为 224×224×3,最后一个深度可分离卷积输出的特征矩阵维度为 7×7×1024。

表 2.2　MobileNetV1 模型结构参数

Type/Stride	Filter Shape	Input Size
Conv/s2	3×3×3×32	224×224×3
Conv dw/s1	3×3×32 dw	112×112×32
Conv/s1	1×1×32×64	112×112×32
Conv dw/s2	3×3×64 dw	112×112×64
Conv/s1	1×1×64×128	56×56×64

续表

Type/Stride	Filter Shape	Input Size
Conv dw/s1	3×3×128 dw	56×56×128
Conv/s1	1×1×128×128	56×56×128
Conv dw/s2	3×3×128 dw	56×56×128
Conv/s1	1×1×128×256	28×28×128
Conv dw/s1	3×3×256 dw	28×28×256
Conv/s1	1×1×256×256	28×28×256
Conv dw/s2	3×3×256 dw	28×28×256
Conv/s1	1×1×256×512	14×14×256
5 × Conv dw/s1	3×3×512 dw	14×14×512
5 × Conv/s1	1×1×512×512	14×14×512
Conv dw/s2	3×3×512 dw	14×14×512
Conv/s1	1×1×512×1024	7×7×512
Conv dw/s2	3×3×1024 dw	7×7×1024
Conv/s1	1×1×1024×1024	7×7×1024
Avg Pool/s1	Pool 7×7	7×7×1024
FC/s1	1024×1000	1×1×1024
Softmax/s1	Classifier	1×1×1000

MobileNetV1 模型的资源占用统计如表 2.3 所示。1×1 卷积参数量占到整个模型的 74.5%,Mult-Adds 计算量占到整个模型的 94.86%。

表 2.3 MobileNetV1 模型的资源占用统计

Type	Mult-Adds	Parameters
Conv 1×1	**94.86%**	**74.5%**
Conv dw 3×3	3.06%	1.06%
Conv 3×3	1.19%	0.02%
Fully Connected	0.18%	24.33%

某些情况下,可能会希望 MobileNetV1 模型更小更快一些,为此,论文给出了两个超参数用于缩小模型规模。

(1) 宽度系数(Width Multiplier)用 α 表示,用于缩小模型宽度。

(2) 分辨率系数(Resolution Multiplier)用 ρ 表示,用于缩小图像分辨率。

宽度系数 α 对模型的影响如式(2.6)所示。

$$D_K \cdot D_K \cdot \alpha M \cdot D_F \cdot D_F + \alpha M \cdot \alpha N \cdot D_F \cdot D_F \tag{2.6}$$

其中,$\alpha \in (0,1]$。当 $\alpha=1$ 时,表示 MobileNetV1 的基准模型;当 $\alpha<1$ 时,表示在基准模型基础上的缩小版。α 的经典取值为 1、0.75、0.5 和 0.25。

观察式(2.6)不难得出结论:宽度系数对模型参数的影响大约为计算量的 α^2 倍。

分辨率系数 ρ 对模型的影响如式(2.7)所示。

$$D_K \cdot D_K \cdot \alpha M \cdot \rho D_F \cdot \rho D_F + \alpha M \cdot \alpha N \cdot \rho D_F \cdot \rho D_F \tag{2.7}$$

其中，$\rho \in (0,1]$。当 $\rho=1$ 时，表示 MobileNetV1 基准模型；当 $\rho<1$ 时，表示在基准模型基础上的缩小版。分辨率的经典取值为 224、192、160 和 128。

观察式(2.7)不难得出结论：分辨率系数对模型参数的影响大约为计算量的 ρ^2 倍。

单独调整宽度系数，对模型的影响如表 2.4 所示。伴随着参数量、计算量的大幅度下降，模型准确率也有显著下降。

表 2.4 宽度系数对模型的影响

Width Multiplier	ImageNet Accuracy	Million Multi-Adds	Million Parameters
1.0 MobileNet-224	**70.6%**	**569**	**4.2**
0.75 MobileNet-224	68.4%	325	2.6
0.5 MobileNet-224	63.7%	149	1.3
0.25 MobileNet-224	50.6%	41	0.5

单独调整分辨率系数，对模型的影响如表 2.5 所示。分辨率系数降低，参数量不受影响，计算量与准确率均有明显下降。

表 2.5 分辨率系数对模型的影响

Resolution	ImageNet Accuracy	Million Multi-Adds	Million Parameters
1.0 MobileNet-224	**70.6%**	**569**	**4.2**
1.0 MobileNet-192	69.1%	418	4.2
1.0 MobileNet-160	67.2%	290	4.2
1.0 MobileNet-128	64.4%	186	4.2

表 2.6 给出了与经典模型 VGG16、GoogleNet 的对比，在准确率相当的前提下，VGG16 的计算量是 MobileNetV1 的 26 倍，VGG16 的参数量是 MobileNetV1 的 32 倍。

表 2.6 MobileNetV1 与经典模型对比

Model	ImageNet Accuracy	Million Multi-Adds	Million Parameters
1.0 MobileNet-224	**70.6%**	**569**	**4.2**
GoogleNet	69.8%	1550	6.8
VGG16	71.5%	15 300	138

2.5 MobileNetV2 解析

继 MobileNetV1 之后，谷歌研究团队于 2018 年提交了论文 *MobileNetV2：Inverted Residuals and Linear Bottlenecks*(SANDLER M，HOWARD A，ZHU M，et al. 2018)。MobileNetV2 比 MobileNetV1 模型的参数量和计算量更小，准确率更高。正如论文题目所声称的那样，其主要技术改进有两点：

(1) 采用反向残差结构(Inverted Residuals)。

(2) 采用线性瓶颈层(Linear Bottlenecks)。

为了理解反向残差结构,先看残差结构,如图 2.15 所示。残差结构的特点:

(1) 采用 1×1 卷积降维。

(2) 采用 3×3 标准卷积提取特征。

(3) 采用 1×1 卷积升维。

残差块呈现两端粗(通道数多)、中间细(通道数少)的特点,瓶颈在残差块的内部。

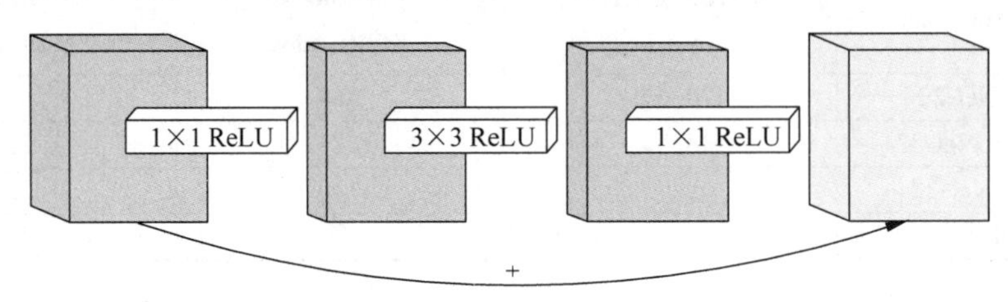

图 2.15 残差结构

反向线性残差块的运算逻辑正好相反,如图 2.16 所示。反向线性残差块的特点:

(1) 采用 1×1 卷积升维。

(2) 采用 3×3 深度可分离卷积提取特征。

(3) 采用 1×1 卷积降维,降维时不采用激活函数。

反向线性残差块呈现两端细(通道数少)、中间粗(通道数多)的特点,瓶颈在残差块的两端。

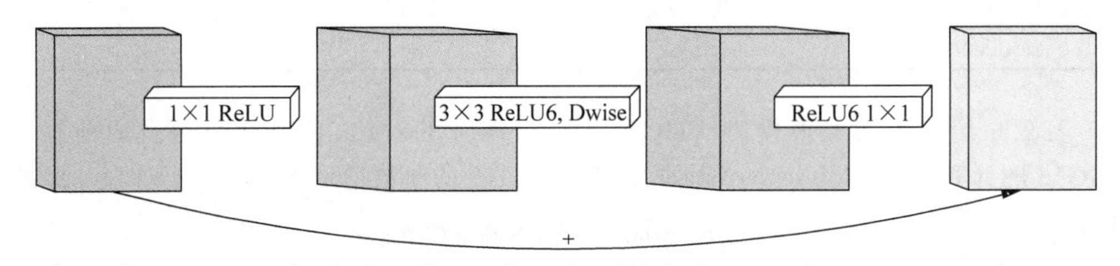

图 2.16 反向线性残差结构

反向线性残差块的激活函数用 ReLU6 代替了 ReLU。ReLU6 函数的定义如式(2.8)所示。

$$y = \text{ReLU6}(x) = \min(\max(x, 0), 6) \tag{2.8}$$

函数曲线如图 2.17 所示。

论文解释了采用 ReLU6 替代 ReLU 的原因:

(1) ReLU 在低精度变换过程中损失较大。

(2) ReLU6 在低精度计算过程中健壮性更好。

MobileNetV2 的残差块包含两种结构,如图 2.18 所示。图 2.18(a)步长为 1,带有跳连连接。图 2.18(b)步长为 2,无跳连连接。注意,负责输出的 1×1 卷积层无激活函数,目的是降低特征损失。

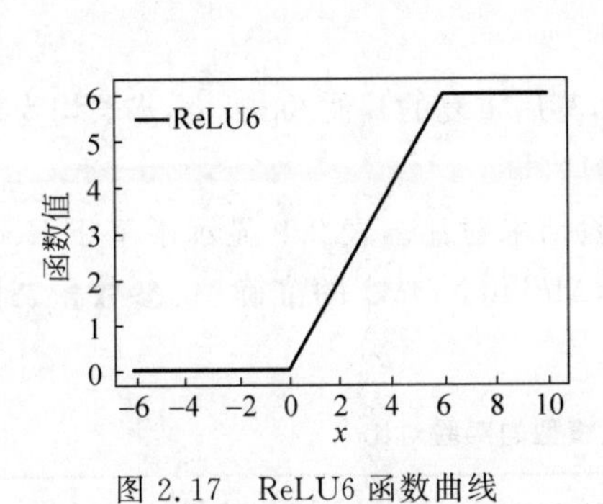

图 2.17 ReLU6 函数曲线

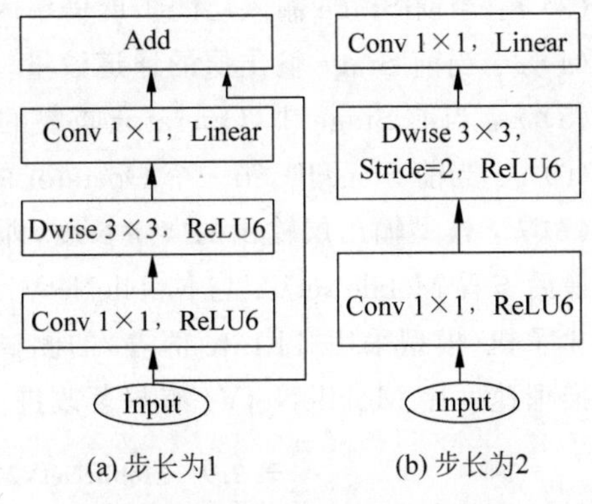

图 2.18 MobileNetV2 残差块结构

MobileNetV2 残差块计算逻辑如表 2.7 所示。输入层通道数为 k，输出层通道数为 k'，步长为 s(s=1 或 2)，参数 t 为通道扩展倍率因子。

表 2.7 MobileNetV2 残差块计算逻辑

Input	Operator	Output
$h \times w \times k$	1×1 Conv2D,ReLU6	$h \times w \times (tk)$
$h \times w \times tk$	3×3 Dwise Stride=s,ReLU6	$\frac{h}{s} \times \frac{w}{s} \times (tk)$
$\frac{h}{s} \times \frac{w}{s} \times tk$	Linear 1×1 Conv2D	$\frac{h}{s} \times \frac{w}{s} \times k'$

MobileNetV2 模型结构参数如表 2.8 所示。

表 2.8 MobileNetV2 模型结构参数

Input	Operator	t	c	n	s
$224^2 \times 3$	Conv2D	—	32	1	2
$112^2 \times 32$	Bottleneck	1	16	1	1
$112^2 \times 16$	Bottleneck	6	24	2	2
$56^2 \times 24$	Bottleneck	6	32	3	2
$28^2 \times 32$	Bottleneck	6	64	4	2
$14^2 \times 64$	Bottleneck	6	96	3	1
$14^2 \times 96$	Bottleneck	6	160	3	2
$7^2 \times 160$	Bottleneck	6	320	1	1
$7^2 \times 320$	Conv2D 1×1	—	1280	1	1
$7^2 \times 1280$	Avg Pool 7×7	—	—	1	—
$1^2 \times 1280$	Conv2D 1×1	—	k	—	

表 2.8 中的每一行，代表模型中的一个 Stage，Stage 中各参数含义如下：

(1) Input：当前 Stage 的输入层特征矩阵维度。

(2) Operator：当前 Stage 的基本操作单元。

(3) t：当前 Stage 输入层的扩展倍率因子。只对当前 Stage 的输入层有效。

(4) c：当前 Stage 输出层的通道数量。

(5) n：当前 Stage 中，Operator 重复的次数。

(6) s：当前 Stage 中，第一个 Operator 的步长，其后重复的其他 Operator 步长均为 1。

(7) k：模型输出层输出的向量长度，即类别的数量。

最后来看 MobileNetV2 与 MobileNetV1 的实验结果对比。表 2.9 显示了基于 Google Pixel 1 手机(模型采用 TFLite 部署)的测试结果，MobileNetV2 的准确率、参数量、计算量和推理速度比 MobileNetV1 有显著改进。

表 2.9 MobileNetV2 与其他模型的实验对比

Network	ImageNet Accuracy	Million Parameters	Million Multi-Adds	CPU
MobileNetV1	70.6%	4.2	575	113ms
ShuffleNet(1.5)	71.5%	3.4	292	—
ShuffleNet(x2)	73.7%	5.4	524	—
NasNet-A	74.0%	5.3	564	183ms
MobileNetV2	**72.0%**	**3.4**	**300**	**75ms**
MobileNetV2(1.4)	**74.7%**	6.9	585	143ms

2.6 MobileNetV3 解析

MobileNetV3 是谷歌团队于 2019 年在论文 *Searching for MobileNetV3*(HOWARD A, SANDLER M, CHU G, et al. 2019)中提出的模型，是继 MobileNetV1、MobileNetV2 之后的又一次技术改进。

MobileNetV3 包括 MobileNetV3-Large 和 MobileNetV3-Small 两个版本，以满足不同的计算需求。按照论文给出的实验结果，MobileNetV3-Large 比 MobileNetV2 的 ImageNet 准确率提高 3.2%，速度快 20%。在 COCO 数据集上，MobileNetV3-Large 与 MobileNetV2 的准确率相当，但是速度快 25%。

MobileNetV3 与 MobileNetV2 在 Google Pixel 1 手机上的对比测试如图 2.19 所示。采用两种实验方案。

(1) 分辨率固定为 224，宽度系数取值为 0.35、0.5、0.75、1.0 和 1.25。

(2) 固定宽度系数为 1.0，分辨率取值为 96、128、160、192、224 和 256。

MobileNetV3 与 MobileNetV2 模型相比，速度更快，准确率更高。

为了取得准确率和推理速度的完美平衡，MobileNetV3 模型主要做了以下四方面技术改进。

(1) 采用增加了 SE 机制的 Bottleneck 模块结构。

在 MobileNetV2 采用的反向线性残差块(见图 2.16)基础上增加 SE 模块，提升模块学习效率。MobileNetV3 版反向线性残差块的结构如图 2.20 所示。NL 表示非线性激活函数。

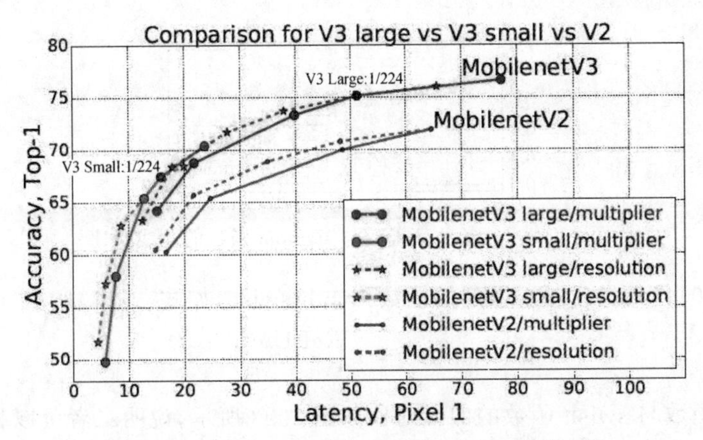

图 2.19 MobileNetV3 与 MobileNetV2 模型比较

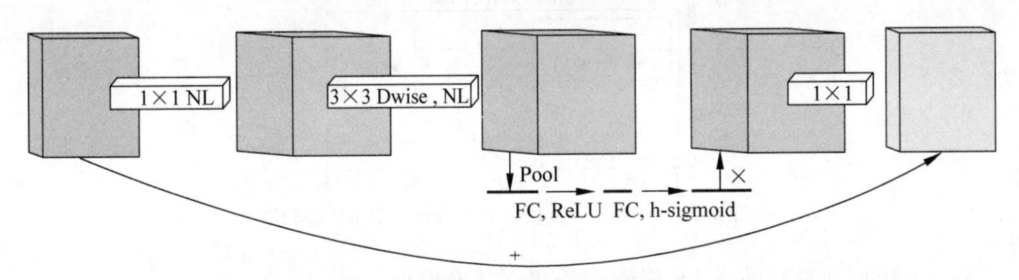

图 2.20 包含 SE 机制的反向线性残差块

关于 SE 机制的原理，第 1 章已有介绍，参见图 1.13 给出的 SE 逻辑流程图。这里不妨举一个简单的例子，演示 SE 的计算逻辑，如图 2.21 所示。

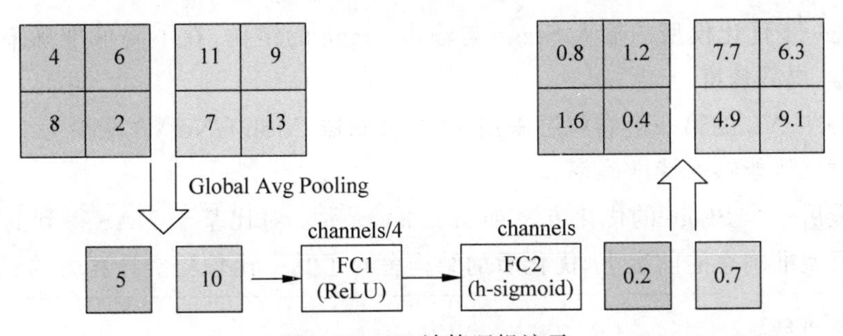

图 2.21 SE 计算逻辑演示

(2) 采用 h-swish 替代 MobileNetV2 中的 ReLU6 激活函数，提升模型推理速度。

论文解释了采用 h-swish 的原因。先看 swish 函数，如式(2.9)所示。swish 函数对提高模型准确率有帮助，但是计算量较大。

$$\text{swish}(x) = x \cdot \sigma(x) \tag{2.9}$$

为了降低计算量，对于 $\sigma(x)$，可以用式(2.10)替代。

$$\text{h-sigmoid} = \frac{\text{ReLU6}(x+3)}{6} \tag{2.10}$$

图 2.22 对比了 h-sigmoid 函数与 sigmoid 函数的曲线，表明 h-sigmoid 可以取得与 sigmoid 相当的效果。

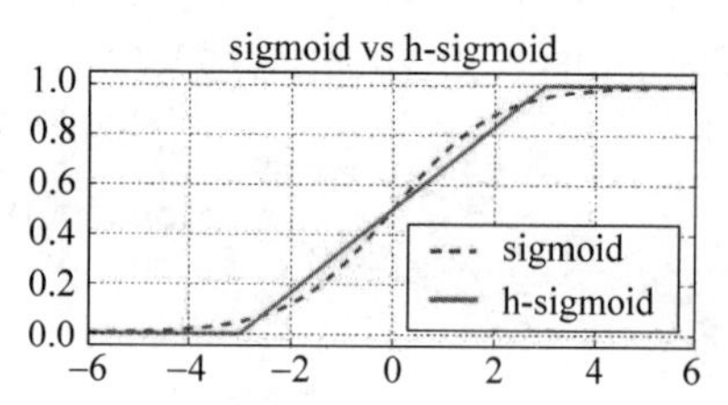

图 2.22 h-sigmoid 函数与 sigmoid 函数的曲线对比

把式(2.10)代入式(2.9),得到的函数称作 h-swish,如式(2.11)所示。

$$\text{h-swish}(x)=x\,\frac{\text{ReLU6}(x+3)}{6} \tag{2.11}$$

h-swish 函数与 swish 函数的曲线对比如图 2.23 所示,说明二者可以相互替代。

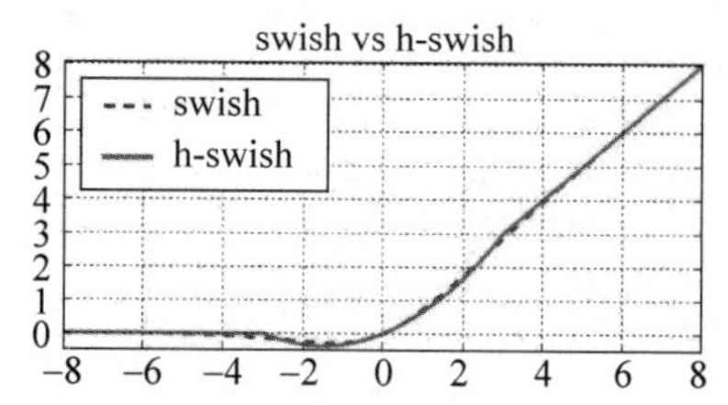

图 2.23 h-swish 函数与 swish 函数的曲线对比

(3) 采用更为精细的 NAS 搜索方法建立基准模型。

论文中介绍首先采用 NAS 全局搜索确定模块的最优结构,论文中称这个操作为 Platform-Aware NAS for Blockwise Search。然后做模块内的分层搜索确定最优卷积核数量,论文中称其为 NetAdapt for Layerwise Search。

(4) 进一步优化模型的输入 Stage 与输出 Stage 的结构,在不降低准确率的前提下,降低计算量,提升速度。

MobileNetV2 的第一个卷积层采用 32 个过滤器,MobileNetV3 减少为 16 个,降低计算量的同时仍然能够保持准确率。

对于最后一个 Stage 的优化方案如图 2.24 所示。对比基于 NAS 得到的原始结构,在不损失模型准确率的前提下,优化后的结构舍弃了其中比较耗费计算力的三个层。

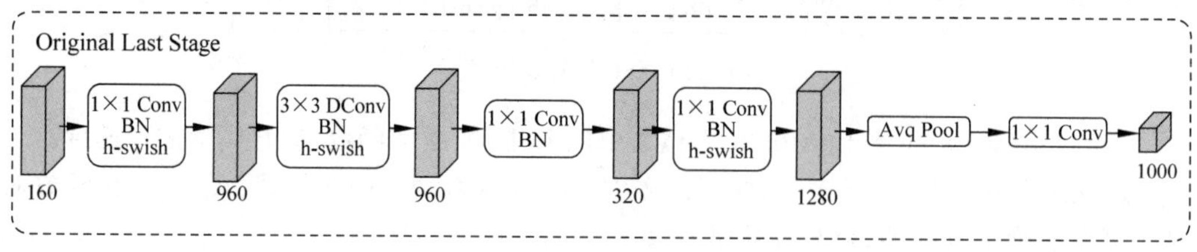

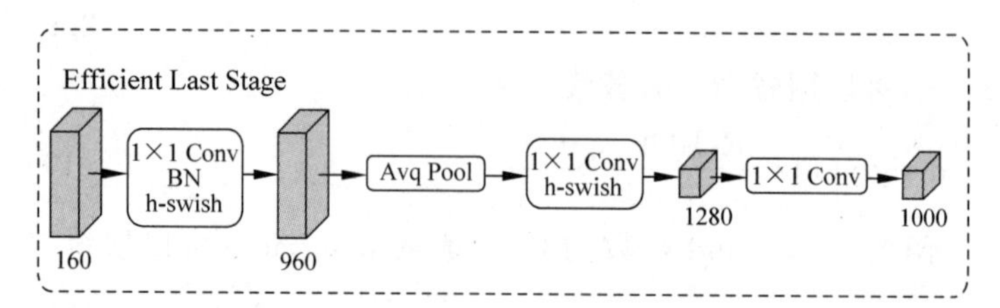

图 2.24 优化输出 Stage 的结构

MobileNetV3-Large 模型结构参数如表 2.10 所示。

表 2.10　MobileNetV3 模型结构参数

Input	Operator	exp size	out	SE	NL	*s*
$224^2\times3$	Conv2D	—	16	—	HS	2
$112^2\times16$	bneck,3×3	16	16	—	RE	1
$112^2\times16$	bneck,3×3	64	24	—	RE	2
$56^2\times24$	bneck,3×3	72	24	—	RE	1
$56^2\times24$	bneck,5×5	72	40	√	RE	2
$28^2\times40$	bneck,5×5	120	40	√	RE	1
$28^2\times40$	bneck,5×5	120	40	√	RE	1
$28^2\times40$	bneck,3×3	240	80	—	HS	2
$14^2\times80$	bneck,3×3	200	80	—	HS	1
$14^2\times80$	bneck,3×3	184	80	—	HS	1
$14^2\times80$	bneck,3×3	184	80	—	HS	1
$14^2\times80$	bneck,3×3	480	112	√	HS	1
$14^2\times112$	bneck,3×3	672	112	√	HS	1
$14^2\times112$	bneck,5×5	672	160	√	HS	2
$7^2\times160$	bneck,5×5	960	160	√	HS	1
$7^2\times160$	bneck,5×5	960	160	√	HS	1
$7^2\times160$	Conv2D,1×1	—	960	—	HS	1
$7^2\times960$	pool,7×7	—	—	—	—	1
$1^2\times960$	Conv2D,1×1,NBN	—	1280	—	HS	1
$1^2\times1280$	Conv2D,1×1,NBN	—	*k*	—	—	1

表 2.10 中的每一行代表模型中的一个模块层，各参数含义如下：

(1) Input：当前模块层输入的特征矩阵维度。

(2) Operator：当前模块层的基本操作单元。

(3) exp size：输入层通道扩展到的目标数量。

(4) out：当前模块层输出的通道数量。

(5) SE：当前模块层是否采用 SE 机制。

(6) NL：采用的激活函数类型。RE 代表 ReLU 函数，HS 代表 h-swish 函数。

(7) NBN：表示不采用 BN 层。

(8) *s*：卷积步长。

(9) *k*：模型输出层输出的向量长度，即类别的数量。

2.7　MobileNetV3 建模

打开第 1 章创建的项目 TensorFlow_to_Android，新建目录 MobileNetV3，作为本章项目的根目录。在根目录下新建子目录 dataset。根据视频提示，将鸟类数据集存放到 dataset 目录下。

在根目录下新建程序 mobilenet_v3.py，MobileNetV3 模型的编码逻辑如程序源码 P2.1 所示。

程序源码 P2.1 mobilenet_v3.py 模型 MobileNetV3 的编程实现

```
1   from typing import Union
2   from functools import partial
3   from tensorflow.keras import layers, Model
4   # 确保通道数量是 8 的整数倍并最接近原始值
5   def _make_divisible(ch, divisor = 8, min_ch = None):
6       if min_ch is None:
7           min_ch = divisor
8       new_ch = max(min_ch, int(ch + divisor / 2) //divisor * divisor)
9       # 调整后的通道数量如果低于原始值的 10%,则增加 divisor
10      if new_ch < 0.9 * ch:
11          new_ch += divisor
12      return new_ch
13  def correct_pad(input_size: Union[int, tuple], kernel_size: int):
14      """功能:二维卷积运算的 padding 方法
15      参数:
16        input_size: 输入特征矩阵的高和宽
17        kernel_size: 卷积核的高和宽
18      返回:一个元组,表示高度(上下)、宽度(左右)的填充方案
19      """
20      if isinstance(input_size, int):
21          input_size = (input_size, input_size)
22      kernel_size = (kernel_size, kernel_size)
23      # 根据高度、宽度的奇偶性计算调整幅度
24      adjust = (1 - input_size[0] % 2, 1 - input_size[1] % 2)
25      # 根据卷积核尺寸计算调整幅度
26      correct = (kernel_size[0] //2, kernel_size[1] //2)
27      # 形成填充方案返回((top_pad, bottom_pad), (left_pad, right_pad))
28      return ((correct[0] - adjust[0], correct[0]),
29              (correct[1] - adjust[1], correct[1]))
30  class HardSigmoid(layers.Layer):                    # h-sigmoid 激活函数
31      def __init__(self, **kwargs):
32          super(HardSigmoid, self).__init__(**kwargs)
33          self.relu6 = layers.ReLU(6.)
34      def call(self, inputs, **kwargs):
35          x = self.relu6(inputs + 3) * (1. / 6)
36          return x
37  class HardSwish(layers.Layer):                      # h-swish 激活函数
38      def __init__(self, **kwargs):
39          super(HardSwish, self).__init__(**kwargs)
40          self.hard_sigmoid = HardSigmoid()
41      def call(self, inputs, **kwargs):
42          x = self.hard_sigmoid(inputs) * inputs
43          return x
44  # SE 注意力机制模块
```

```
45  def _se_block(inputs, filters, prefix, se_ratio=1 / 4.):
46      # (batch, height, width, channel) -> (batch, 1, 1, channel)
47      x = layers.GlobalAveragePooling2D(keepdims = True,
48                                        name = prefix + 'squeeze_excite/AvgPool')(inputs)
49      # fc1
50      x = layers.Conv2D(filters = _make_divisible(filters * se_ratio),
51                        kernel_size = 1,
52                        padding = 'same',
53                        name = prefix + 'squeeze_excite/Conv')(x)
54      x = layers.ReLU(name = prefix + 'squeeze_excite/Relu')(x)
55      # fc2
56      x = layers.Conv2D(filters = filters,
57                        kernel_size = 1,
58                        padding = 'same',
59                        name = prefix + 'squeeze_excite/Conv_1')(x)
60      x = HardSigmoid(name = prefix + 'squeeze_excite/HardSigmoid')(x)
61      x = layers.Multiply(name = prefix + 'squeeze_excite/Mul')([inputs, x])
62      return x
63  # 反向线性残差模块
64  def _inverted_res_block(x,                         # 输入的特征矩阵
65                          input_c: int,              # 输入的通道数
66                          kernel_size: int,          # 卷积核尺寸
67                          exp_c: int,                # 扩展后的通道数
68                          out_c: int,                # 输出的通道数
69                          use_se: bool,              # 是否采用 SE 模块
70                          activation: str,           # 激活函数类型:RE 或 HS
71                          stride: int,               # 步长
72                          block_id: int,             # 残差块编号,共 15 个模块
73                          alpha: float = 1.0         # 宽度调整系数
74                          ):
75      # BN 层函数
76      bn = partial(layers.BatchNormalization, epsilon = 0.001, momentum = 0.99)
77      # 调整为最接近原始值的 8 的倍数
78      input_c = _make_divisible(input_c * alpha)
79      exp_c = _make_divisible(exp_c * alpha)
80      out_c = _make_divisible(out_c * alpha)
81      # 定义激活函数
82      act = layers.ReLU if activation == "RE" else HardSwish
83      shortcut = x                                   # 跳连传递的输入值
84      prefix = 'expanded_conv/'
85      if block_id:                   # 第 1～14 残差块,不包括索引编号为 0 的残差块
86          # 1×1 卷积,升维
87          prefix = 'expanded_conv_{}/'.format(block_id)
88          x = layers.Conv2D(filters = exp_c,
89                            kernel_size = 1,
90                            padding = 'same',
91                            use_bias = False,
92                            name = prefix + 'expand')(x)
93          x = bn(name = prefix + 'expand/BatchNorm')(x)
```

```
94             x = act(name = prefix + 'expand/' + act.__name__)(x)
95         if stride == 2:                                    # 步长为2时,对输入的x做填充
96             input_size = (x.shape[1], x.shape[2]) # height, width
97             # ((top_pad, bottom_pad), (left_pad, right_pad))
98             x = layers.ZeroPadding2D(padding = correct_pad(input_size, kernel_size),
99                                      name = prefix + 'depthwise/pad')(x)
100        # 深度可分离卷积
101        x = layers.DepthwiseConv2D(kernel_size = kernel_size,
102                                   strides = stride,
103                                   padding = 'same' if stride == 1 else 'valid',
104                                   use_bias = False,
105                                   name = prefix + 'depthwise')(x)
106        x = bn(name = prefix + 'depthwise/BatchNorm')(x)
107        x = act(name = prefix + 'depthwise/' + act.__name__)(x)
108        if use_se:                                         # 采用SE模块
109            x = _se_block(x, filters = exp_c, prefix = prefix)
110        # 1×1卷积,降维
111        x = layers.Conv2D(filters = out_c,
112                          kernel_size = 1,
113                          padding = 'same',
114                          use_bias = False,
115                          name = prefix + 'project')(x)
116        x = bn(name = prefix + 'project/BatchNorm')(x)
117        if stride == 1 and input_c == out_c:               # 跳连分支相加
118            x = layers.Add(name = prefix + 'Add')([shortcut, x])
119        return x
120    # MobileNetV3 - Large模型定义
121    def mobilenet_v3_large(input_shape = (224, 224, 3),
122                           num_classes = 1000,
123                           alpha = 1.0,
124                           include_top = True):
125        """
126        可以从论文官方网站下载ImageNet预训练权重:
127        链接: https://github.com/tensorflow/models/tree/master/research/slim/nets/mobilenet
128        """
129        bn = partial(layers.BatchNormalization, epsilon = 0.001, momentum = 0.99)
130        img_input = layers.Input(shape = input_shape)
131        # 第1层
132        x = layers.Conv2D(filters = 16,
133                          kernel_size = 3,
134                          strides = (2, 2),
135                          padding = 'same',
136                          use_bias = False,
137                          name = "Conv")(img_input)
138        x = bn(name = "Conv/BatchNorm")(x)
139        x = HardSwish(name = "Conv/HardSwish")(x)
140        # 第2~16层,即反向线性残差块0~14
141        inverted_cnf = partial(_inverted_res_block, alpha = alpha)
142        # input, input_c, k_size, expand_c, output_c, use_se, activation, stride, block_id
```

```
143        x = inverted_cnf(x, 16, 3, 16, 16, False, "RE", 1, 0)
144        x = inverted_cnf(x, 16, 3, 64, 24, False, "RE", 2, 1)
145        x = inverted_cnf(x, 24, 3, 72, 24, False, "RE", 1, 2)
146        x = inverted_cnf(x, 24, 5, 72, 40, True, "RE", 2, 3)
147        x = inverted_cnf(x, 40, 5, 120, 40, True, "RE", 1, 4)
148        x = inverted_cnf(x, 40, 5, 120, 40, True, "RE", 1, 5)
149        x = inverted_cnf(x, 40, 3, 240, 80, False, "HS", 2, 6)
150        x = inverted_cnf(x, 80, 3, 200, 80, False, "HS", 1, 7)
151        x = inverted_cnf(x, 80, 3, 184, 80, False, "HS", 1, 8)
152        x = inverted_cnf(x, 80, 3, 184, 80, False, "HS", 1, 9)
153        x = inverted_cnf(x, 80, 3, 480, 112, True, "HS", 1, 10)
154        x = inverted_cnf(x, 112, 3, 672, 112, True, "HS", 1, 11)
155        x = inverted_cnf(x, 112, 5, 672, 160, True, "HS", 2, 12)
156        x = inverted_cnf(x, 160, 5, 960, 160, True, "HS", 1, 13)
157        x = inverted_cnf(x, 160, 5, 960, 160, True, "HS", 1, 14)
158        # 第 17 层通道数, 残差块后面的第一个 1×1 卷积
159        last_c = _make_divisible(160 * 6 * alpha)
160        x = layers.Conv2D(filters = last_c,
161                          kernel_size = 1,
162                          padding = 'same',
163                          use_bias = False,
164                          name = "Conv_1")(x)
165        x = bn(name = "Conv_1/BatchNorm")(x)
166        x = HardSwish(name = "Conv_1/HardSwish")(x)
167        if include_top is True: # 包含顶层,从池化层开始到最后的分类输出
168            # 第 18 层,全局平均池化,注意 keepdims = True,保持维度
169            x = layers.GlobalAveragePooling2D(keepdims = True)(x)
170            # fc1:第 19 层, 顶层的第 1 个 1×1 卷积层,相当于全连接层
171            last_point_c = _make_divisible(1280 * alpha)
172            x = layers.Conv2D(filters = last_point_c,
173                              kernel_size = 1,
174                              padding = 'same',
175                              name = "Conv_2")(x)
176            x = HardSwish(name = "Conv_2/HardSwish")(x)
177            # fc2: 第 20 层,顶层的第 1 个 1×1 卷积层,相当于全连接层
178            x = layers.Conv2D(filters = num_classes,
179                              kernel_size = 1,
180                              padding = 'same',
181                              name = 'Logits/Conv2d_1c_1x1')(x)
182            x = layers.Flatten()(x)
183            x = layers.Softmax(name = "Predictions")(x)  # 激活函数为 Softmax
184        # 组装模型,从输入到输出的逻辑打包
185        model = Model(img_input, x, name = "MobilenetV3large")
186        return model
187    # MobileNetV3 - Small 模型定义
188    def mobilenet_v3_small(input_shape = (224, 224, 3),
189                           num_classes = 1000,
190                           alpha = 1.0,
191                           include_top = True):
```

```
192         """
193         可以从论文官方网站下载 ImageNet 预训练权重:
194         链接: https://github.com/tensorflow/models/tree/master/research/slim/nets/mobilenet
195         """
196         bn = partial(layers.BatchNormalization, epsilon = 0.001, momentum = 0.99)
197         img_input = layers.Input(shape = input_shape)
198         # 第 1 层
199         x = layers.Conv2D(filters = 16,
200                           kernel_size = 3,
201                           strides = (2, 2),
202                           padding = 'same',
203                           use_bias = False,
204                           name = "Conv")(img_input)
205         x = bn(name = "Conv/BatchNorm")(x)
206         x = HardSwish(name = "Conv/HardSwish")(x)
207         # 反向线性残差模块,0~10,共 11 个
208         inverted_cnf = partial(_inverted_res_block, alpha = alpha)
209         # input, input_c, k_size, expand_c, use_se, activation, stride, block_id
210         x = inverted_cnf(x, 16, 3, 16, 16, True, "RE", 2, 0)
211         x = inverted_cnf(x, 16, 3, 72, 24, False, "RE", 2, 1)
212         x = inverted_cnf(x, 24, 3, 88, 24, False, "RE", 1, 2)
213         x = inverted_cnf(x, 24, 5, 96, 40, True, "HS", 2, 3)
214         x = inverted_cnf(x, 40, 5, 240, 40, True, "HS", 1, 4)
215         x = inverted_cnf(x, 40, 5, 240, 40, True, "HS", 1, 5)
216         x = inverted_cnf(x, 40, 5, 120, 48, True, "HS", 1, 6)
217         x = inverted_cnf(x, 48, 5, 144, 48, True, "HS", 1, 7)
218         x = inverted_cnf(x, 48, 5, 288, 96, True, "HS", 2, 8)
219         x = inverted_cnf(x, 96, 5, 576, 96, True, "HS", 1, 9)
220         x = inverted_cnf(x, 96, 5, 576, 96, True, "HS", 1, 10)
221         # 第 13 层,残差块后的第一个 1×1 卷积
222         last_c = _make_divisible(96 * 6 * alpha)
223         x = layers.Conv2D(filters = last_c,
224                           kernel_size = 1,
225                           padding = 'same',
226                           use_bias = False,
227                           name = "Conv_1")(x)
228         x = bn(name = "Conv_1/BatchNorm")(x)
229         x = HardSwish(name = "Conv_1/HardSwish")(x)
230         if include_top is True: # 包含顶层
231             # 第 14 层,全局平均池化,保持维度
232             x = layers.GlobalAveragePooling2D(keepdims = True)(x)
233             # fc1:第 15 层,顶层的第一个 1×1 卷积,相当于全连接层
234             last_point_c = _make_divisible(1024 * alpha)
235             x = layers.Conv2D(filters = last_point_c,
236                               kernel_size = 1,
237                               padding = 'same',
238                               name = "Conv_2")(x)
239             x = HardSwish(name = "Conv_2/HardSwish")(x)
240             # fc2: 第 16 层,顶层的第二个 1×1 卷积,相当于全连接层
```

```
241            x = layers.Conv2D(filters = num_classes,
242                              kernel_size = 1,
243                              padding = 'same',
244                              name = 'Logits/Conv2d_1c_1x1')(x)
245            x = layers.Flatten()(x)
246            x = layers.Softmax(name = "Predictions")(x) # Softmax 激活函数
247        # 组装模型,从输入到输出逻辑打包
248        model = Model(img_input, x, name = "MobilenetV3small")
249        return model
250    if __name__ == '__main__':
251        model_large = mobilenet_v3_large()
252        model_large.summary()
253        model_small = mobilenet_v3_small()
254        model_small.summary()
```

运行程序源码 P2.1,观察模型结构摘要,可以发现,MobileNetV3-Large 的参数数量是 MobileNetV3-Small 的 2 倍。

2.8 MobileNetV3 训练

与第 1 章的案例一样,仍然采用迁移学习方法去训练鸟类识别模型。根据本节视频中的步骤,到官方网站下载 MobileNetV3-Large 的 ImageNet 预训练权重文件,然后将其转换为 H5 文件格式。

模型训练的编码逻辑如程序源码 P2.2 所示。第 27～38 行的程序段对测试集随机抽取 9 个样本进行观察,如图 2.25 所示。

程序源码 P2.2 train.py 训练鸟类识别模型

```
1   import os
2   import tensorflow as tf
3   import matplotlib.pyplot as plt
4   from tensorflow.keras.preprocessing import image_dataset_from_directory
5   from mobilenet_v3 import mobilenet_v3_large
6   # 图像归一化
7   def normalize_image(image, label):
8       return tf.cast(image, tf.float32) / 255.0 , label
9   def main():
10      data_root = "dataset/birds"                        # 数据集根目录
11      img_height = 224
12      img_width = 224
13      epochs = 20
14      num_classes = 325
15      freeze_layer = False                               # 控制模型的迁移学习模式
16      # 加载数据集,返回训练集和验证集
17      train_dir = os.path.join(data_root, 'train')
18      train_ds = image_dataset_from_directory(train_dir,
```

```
19                                     image_size = (img_height, img_width),
20                                     label_mode = 'categorical')
21    train_ds = train_ds.map(normalize_image)      # 训练集归一化
22    valid_dir = os.path.join(data_root, 'valid')
23    valid_ds = image_dataset_from_directory(valid_dir,
24                                     image_size = (img_height, img_width),
25                                     label_mode = 'categorical')
26    valid_ds = valid_ds.map(normalize_image)      # 验证集归一化
27    # 从测试集抽取样本观察
28    test_dir = os.path.join(data_root, 'test')
29    test_ds = image_dataset_from_directory(test_dir, label_mode = 'int')
30    class_names = test_ds.class_names
31    plt.figure(figsize = (12, 12))
32    for images, labels in test_ds.take(1):
33        for i in range(9):                        # 从当前 batch 抽取 9 幅图片显示
34            ax = plt.subplot(3, 3, i + 1)
35            plt.imshow(images[i].numpy().astype("uint8"))
36            plt.title(class_names[labels[i]])
37            plt.axis("off")
38    plt.show()
39    # 创建模型实例
40    model = mobilenet_v3_large(input_shape = (img_height, img_width, 3),
41                               num_classes = num_classes,
42                               include_top = True)
43    # 加载权重
44    pre_weights_path = './weights_mobilenet_v3_large_224_1.0_float.h5'
45    assert os.path.exists(pre_weights_path), "cannot find {}".format(pre_weights_path)
46    model.load_weights(pre_weights_path, by_name = True, skip_mismatch = True)
47    if freeze_layer is True:
48        # 冻结层参数,只训练最后两层
49        for layer in model.layers:
50            if layer.name not in ["Conv_2", "Logits/Conv2d_1c_1x1"]:
51                layer.trainable = False
52            else:
53                print("training: " + layer.name)
54    model.summary()
55    model.compile(optimizer = 'adam', loss = "categorical_crossentropy",
56                  metrics = ['accuracy'])
57    best_model = tf.keras.callbacks.ModelCheckpoint( # 最优模型保存策略
58        './saved_model/birds_model.h5',
59        monitor = 'val_accuracy',
60        verbose = 1,
61        save_best_only = True,
62        save_weights_only = False,
63        mode = 'auto')
64    # 可视化训练过程
65    tensorboard = tf.keras.callbacks.TensorBoard(log_dir = 'logs')
66    # 如果连续 10 个 Epoch 损失函数曲线不下降,则模型训练提前终止
67    earlyStop = tf.keras.callbacks.EarlyStopping(monitor = 'val_loss',
```

```
68                                          min_delta = 0,
69                                          patience = 10,
70                                          verbose = 1,
71                                          restore_best_weights = True)
72      # 开始训练过程
73      model.fit(train_ds,                    # 训练集
74              epochs = epochs,
75              validation_data = valid_ds,    # 验证集
76              callbacks = [best_model,tensorboard,earlyStop]          # 回调函数
77              )
78  if __name__ == '__main__':
79      main()
```

图 2.25　测试集随机抽样观察

模型训练完成后，在 PyCharm 的 Terminal 窗口，切换到 MobileNetV3 目录，执行命令：

```
tensorboard --logdir = './logs'
```

根据给出的 Web 地址，打开浏览器，在 TensorBoard 中观察模型训练过程。损失函数下降曲线如图 2.26 所示。准确率曲线如图 2.27 所示。

损失函数曲线与准确率曲线走势稳定、一致。训练集上准确率超过 98%，验证集上准确率超过 97%，模型泛化能力强，可靠性高。

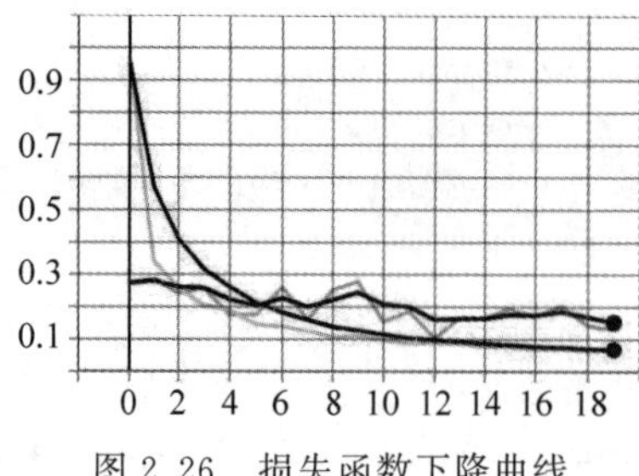

图 2.26 损失函数下降曲线

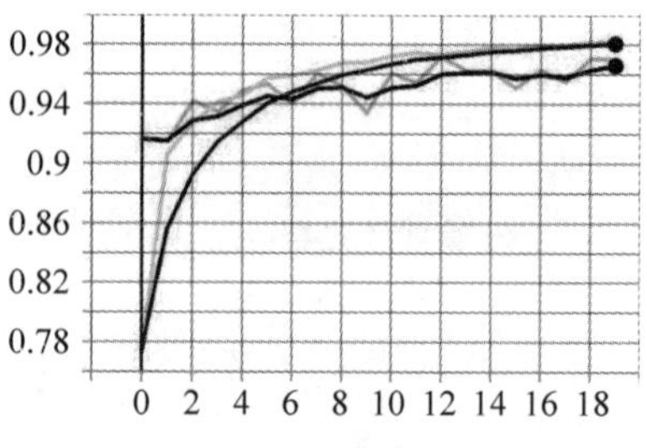

图 2.27 准确率曲线

2.9 MobileNetV3 评估

先做随机抽样观察,获得直观体验;然后再评估模型在整个测试集上的表现。模型评估的编码逻辑如程序源码 P2.3 所示。

程序源码 P2.3 predict.py 评估鸟类识别模型

```
1  import numpy as np
2  import pandas as pd
3  from PIL import Image
4  import matplotlib.pyplot as plt
5  import tensorflow as tf
6  from mobilenet_v3 import HardSwish, HardSigmoid
7  from tensorflow.keras.preprocessing import image_dataset_from_directory
8  # 图像归一化
9  def normalize_image(image, label):
10     return tf.cast(image, tf.float32) / 255., label
11 def main():
12     img_height = 224
13     img_width = 224
14     # 从数据集(测试集、验证集、训练集)随机选择 4 幅图片测试
15     # img_path = "dataset/birds/test/INDIAN ROLLER/1.jpg"
16     # img_path = "dataset/birds/train/ALBATROSS/001.jpg"
17     # img_path = "dataset/birds/valid/COUCHS KINGBIRD/5.jpg"
18     img_path = "dataset/birds/test/WHITE TAILED TROPIC/5.jpg"
19     img = Image.open(img_path)
20     img = img.resize((img_width, img_height))          # 重新缩放尺寸
21     plt.imshow(img)
22     img = np.array(img) / 255.
23     # 扩展特征矩阵维度,满足模型输入需要(bath,height,weight,channel)
24     img = (np.expand_dims(img, 0))
25     # 读取标签列表
26     class_dict = pd.read_csv('dataset/birds/class_dict.csv')
27     classes = class_dict['class'].tolist()
28     pd.DataFrame(class_dict['class']).to_csv('labels.txt', index=False, header=None)
29     # 加载已经训练完成的鸟类识别模型
```

```
30      model_path = './saved_model/birds_model.h5'
31      model = tf.keras.models.load_model(model_path,
32                                         custom_objects = {'HardSwish': HardSwish,
33                                         'HardSigmoid': HardSigmoid})
34      result = model.predict(img)[0]                          # 预测
35      class_index = np.argmax(result)                         # 最大概率对应的索引
36      # 预测结果
37      title = "Label: {} prob: {:.3}".format(classes[class_index], result[class_index])
38      plt.title(title)
39      plt.show()                                              # 显示图片和预测结果
40      for i in range(len(result)):                            # 控制台观察各类别预测值
41          print("Label:{:10} prob:{:.3}".format(classes[i], result[i]))
42      # 评估模型在整个测试集和验证集上的表现
43      test_dir = './dataset/birds/test'
44      test_ds = image_dataset_from_directory(test_dir,
45                                             image_size = (img_height, img_width),
46                                             label_mode = 'categorical')
47      test_ds = test_ds.map(normalize_image)                  # 测试集归一化
48      valid_dir = './dataset/birds/valid'
49      valid_ds = image_dataset_from_directory(valid_dir,
50                                              image_size = (img_height, img_width),
51                                              label_mode = 'categorical')
52      valid_ds = valid_ds.map(normalize_image)                # 验证集归一化
53      model.evaluate(valid_ds)                                # 模型在验证集上的准确率
54      model.evaluate(test_ds)                                 # 模型在测试集上的准确率
55      # 将当前模型保存为 TF 格式,便于后续将其转换为 TFLite 格式
56      saved_model_path = './saved_model/mobilenetv3_birds_model'
57      model.save(saved_model_path)
58  if __name__ == '__main__':
59      main()
```

测试集中的图片是模型此前“没有见过的”，先从测试集随机选择一幅图片，如图 2.28 所示，预测结果为 INDIAN ROLLER，可信度为 0.995，预测结果正确。

训练集中的图片是模型已经“非常熟悉的”，从训练集随机选择一幅图片，如图 2.29 所示，预测结果为 ALBATROSS，可信度为 1.0，预测结果正确。

图 2.28 从测试集随机选择图片 1

图 2.29 从训练集随机选择图片

图 2.30 是从验证集随机选择的图片,预测结果为 COUCHS KINGBIRD,可信度为 0.899,预测结果正确。

图 2.31 是从测试集随机选择的图片,预测结果为 WHITE TAILED TROPIC,可信度为 1.0,预测结果正确。

图 2.30 从验证集随机选择图片

图 2.31 从测试集随机选择图片 2

验证集和测试集各自包含 325 种鸟的 1625 幅图片,每种鸟各包含 5 幅图片。

程序源码 P2.3 给出了模型在验证集上的平均准确率为 97.66%,在测试集上的整体平均准确率为 97.05%。

验证集与测试集的整体测试效果再次证明模型具有很好的稳定性、可靠性与可扩展性。

2.10 MobileNetV3-Lite 版

TensorFlow Lite(简称 TFLite)是 TensorFlow 的轻量级工具库,目标是帮助开发者直接在移动设备、嵌入式设备和 IoT 设备上运行机器学习模型。

TFLite 包含四个工具组件,即转换器、解释执行器、算子库、硬件加速接口。四个组件之间的工作关系如图 2.32 所示。

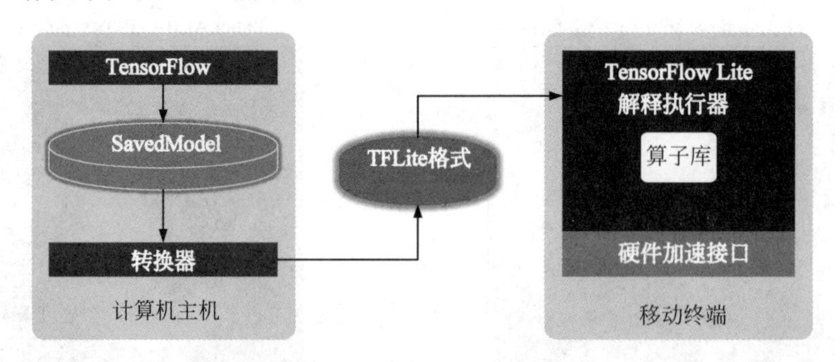

图 2.32 TFLite 工作机制

转换器负责将训练好的模型转换为 TFLite 格式。TFLite 格式的模型文件可以直接部署到移动设备端,但是需要专用的 TFLite 解释执行器才能加载和执行模型推理。解释执行器会调用算子库,算子库是针对移动设备的硬件特点量体定制的函数计算库。解释执行器可以通过硬件加速代理,提升移动终端的计算能力。

为了将前面第 2.8 节训练好的鸟类识别模型转换为 TFLite 格式,在 MobileNetV3 目录下新建程序 tflite_model.py,预训练模型到 TFLite 格式的编程逻辑如程序源码 P2.4 所示。

程序源码 P2.4　tflite_model.py 将鸟类识别模型转换为 TFLite 格式

```
1  import tensorflow as tf
2  import tensorflow.lite as lite
3  import numpy as np
4  import pandas as pd
5  from PIL import Image
6  import matplotlib.pyplot as plt
7  from mobilenet_v3 import HardSwish,HardSigmoid
8  from tensorflow.keras.preprocessing import image_dataset_from_directory
9  # 模型转换
10 saved_model_dir = './saved_model/mobilenetv3_birds_model'          # 训练好的模型
11 converter = lite.TFLiteConverter.from_saved_model(saved_model_dir) # 转换
12 converter.optimizations = [tf.lite.Optimize.OPTIMIZE_FOR_SIZE]     # 量化
13 tflite_model = converter.convert()
14 saved_tflite_model_dir = './saved_model/android_birds_model.tflite'
15 with open(saved_tflite_model_dir,'wb') as f:             # 保存 TFLite 模型
16     f.write(tflite_model)
17 img_height = 224
18 img_width = 224
19 # 从数据集(测试集、验证集、训练集)随机选择 4 幅图片测试
20 img_path = "dataset/birds/test/INDIAN ROLLER/1.jpg"
21 # img_path = "dataset/birds/train/ALBATROSS/001.jpg"
22 # img_path = "dataset/birds/valid/COUCHS KINGBIRD/5.jpg"
23 # img_path = "dataset/birds/test/WHITE TAILED TROPIC/5.jpg"
24 img = Image.open(img_path)
25 img = img.resize((img_width, img_height))                          # 重新缩放尺寸
26 plt.imshow(img)
27 img = np.array(img).astype('float32')
28 img = img / 255.0
29 # 扩展特征矩阵维度,满足模型输入需要(bath,height,weight,channel)
30 img = np.expand_dims(img, 0)
31 # 读取标签列表
32 class_dict = pd.read_csv('dataset/birds/class_dict.csv')
33 classes = class_dict['class'].tolist()
34 # 加载 TFLite 鸟类识别模型,创建 TFLite 模型解释器
35 interpreter = tf.lite.Interpreter(model_path=saved_tflite_model_dir)
36 # TFLite 模型推理
37 def lite_model(images):
38     interpreter.allocate_tensors()
39     interpreter.set_tensor(interpreter.get_input_details()[0]['index'], images)
40     interpreter.invoke()
41     return interpreter.get_tensor(interpreter.get_output_details()[0]['index'])
42 probs_lite = lite_model(img)[0]                        # 对图片 img 推理
```

```
43  class_index = np.argmax(probs_lite)                  # 最大概率对应的索引
44  # 预测结果
45  title = "Label: {} prob: {:.3}".format(classes[class_index], probs_lite[class_index])
46  plt.title(title)
47  plt.show()                                           # 显示图片和预测结果
48  # 用测试集评估 TFLite 模型与转换前的原始模型
49  # 加载已经训练完成的鸟类识别模型
50  model_path = './saved_model/birds_model.h5'
51  model = tf.keras.models.load_model(model_path, custom_objects = {'HardSwish': HardSwish,
52                                      'HardSigmoid': HardSigmoid})
53  test_dir = './dataset/birds/test'
54  test_ds = image_dataset_from_directory(test_dir,
55                                         image_size = (img_height, img_width),
56                                         label_mode = 'categorical')
57  num_eval_examples = 100
58  eval_dataset = test_ds.unbatch()                     # TFLite 需要将 batch_size 设为 1
59  count = 0
60  count_lite_tf_agree = 0                              # 记录两种模型预测结果一致的数量
61  count_lite_correct = 0                               # 记录 TFLite 模型预测正确的数量
62  print('正在对 TFLite 与原始模型在随机抽测的数据集上做评估,稍候片刻...')
63  for image, label in eval_dataset:                    # 遍历测试数据集
64      probs_lite = lite_model(image[None, ...]/255.)[0]     # TFLite 预测
65      probs_tf = model(image[None, ...]/255.).numpy()[0]    # 原始模型预测
66      y_lite = np.argmax(probs_lite)                   # 最大索引
67      y_tf = np.argmax(probs_tf)
68      y_true = np.argmax(label)                        # 正确标签
69      count += 1
70      if y_lite == y_tf: count_lite_tf_agree += 1           # 统计结果一致的数量
71      if y_lite == y_true: count_lite_correct += 1          # 统计正确的数量
72      if count >= num_eval_examples: break
73  print(f"TFLite 模型与转换前的原始模型相比,随机抽测的 {count} 个样本中,"
74        f"有 {count_lite_tf_agree} 个预测结果保持一致,一致性达到:"
75        f"{100.0 * count_lite_tf_agree / count} %")
76  print(f"TFLite 模型在随机抽测的 {count} 个样本上的正确预测为:"
77        f"{count_lite_correct}个,正确率:{100.0 * count_lite_correct / count} %")
```

其中,第 10~16 行语句实现 TFLite 模型转换。第 12 行语句指定量化转换模式,转换后的 TFLite 模型与不采用量化模式相比,模型缩小了,推理速度更快了,但是准确率会略有下降。第 14~16 行语句将转换后的 TFLite 模型保存为文件 android_birds_model.tflite。

程序源码 P2.4 重复运行时,请将第 10~16 行语句注释起来。第 20~23 行语句提供了与 2.9 节相同的 4 幅图片(见图 2.28~图 2.31),可以分别用于对 TFLite 模型测试,其预测结果与 2.9 节原始模型给出的预测结果完全相同。

TFLite 模型与转换前的原始模型相比,随机抽测的 100 个样本中,有 100 个预测结果保持一致,一致性达到 100%。

TFLite 模型在随机抽测的 100 个样本上的正确预测结果为 97 个,正确率为 97%。

根据上述测试结果，有理由确信转换后的 TFLite 模型与原始模型保持了高度的一致性。

2.11 添加 TFLite 模型元数据

对 TFLite 模型添加元数据，是为了更为便捷、高效地将 TFLite 模型部署到 Android 设备上。TFLite 模型文件的基本结构如图 2.33 所示，采用 FlatBuffer 作为模型的基本存储结构以提高模型序列化效率、存储效率和读写效率。

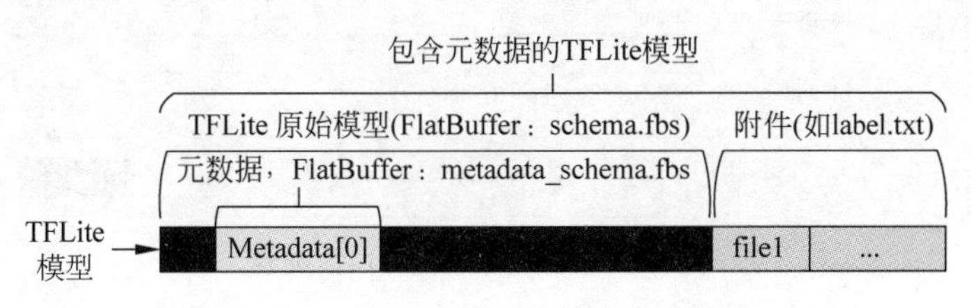

图 2.33 TFLite 模型文件的基本结构

TFLite 原始模型存储在 FlatBuffer 模式文件 schema.fbs 中。其中元数据单独定义为 FlatBuffer 模式文件 metadata_schema.fbs。包含元数据的模型可能带有若干附件，例如标签文件 label.txt 等。

为了给 TFLite 模型添加元数据，需要安装 tflite-support 库。命令如下：

```
pip install tflite - support
```

元数据包括如下三个组成部分。

(1) 模型信息：模型的总体描述及许可协议，例如模型名称、作者等。

(2) 输入信息：模型输入的维度及数据预处理等。

(3) 输出信息：模型输出信息的维度及输出数据的处理等。

可跟随本节视频教学的步骤，完成 android_birds_model.tflite 模型的元数据定义和添加操作。

2.12 新建 Android 项目

从本节开始转到 Android 项目设计。新建 Android 项目，项目模板选择 Empty Activity，项目名称为 Birds，项目包可自由定义，本章设置为 cn.edu.ldu.birds，编程语言选择 Kotlin，SDK 最小版本号设置为 API 21：Android 5.0(Lollipop)，如图 2.34 所示，单击 Finish 按钮，完成项目创建和初始化。

在项目 App 上右击，在弹出的快捷菜单中执行 New→Other→TensorFlow Lite Model 命令，弹出对话框，如图 2.35 所示，定位到 2.11 节完成的包含元数据信息的 TFLite 模型所在的目录，选择模型文件，勾选自动添加依赖选项，单击 Finish 按钮。

此时观察模块的 build.gradle 文件，可以看到 android 节点下面添加了模型绑定属性，dependencies 节点下面添加了对 lite 库的依赖。

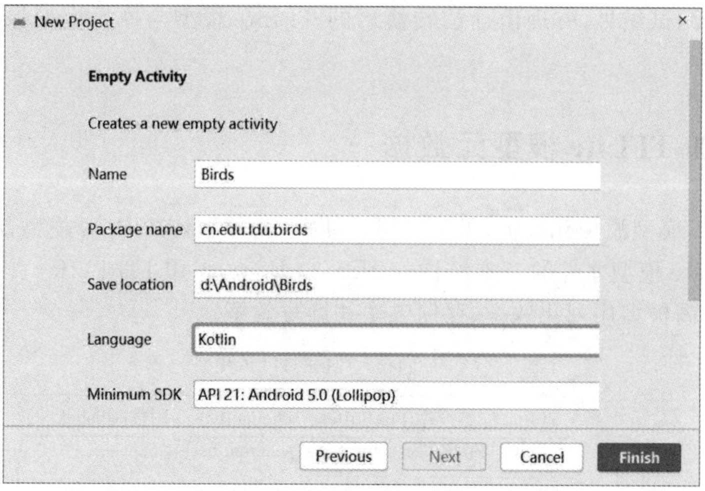

图 2.34　项目初始化与参数配置

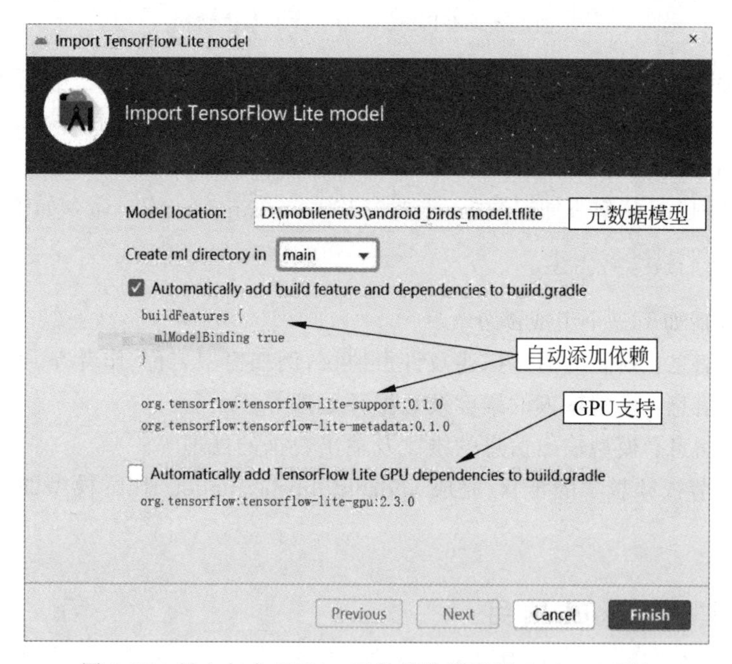

图 2.35　导入包含 TFLite 元数据的模型到 Android 项目

```
// 模型绑定,android 节点
buildFeatures {
    mlModelBinding true
}
// lite 库依赖,dependencies 节点
implementation 'org.tensorflow:tensorflow - lite - support:0.1.0'
implementation 'org.tensorflow:tensorflow - lite - metadata:0.1.0'
```

模型导入结束后,可以看到当前项目中自动创建了机器学习目录 ml,导入的模型文件 android_birds_model.tflite 自动存放在 ml 目录中。

双击打开 android_birds_model.tflite 文件，可以观察到模型的元数据信息及 Android Studio 给出的编程参考文档。此时，可以在程序中以 AndroidBirdsModel 作为类名称实例化 TFLite 模型对象。

让 TFLite 模型在 Android 上运行，只需以下四个步骤。

(1) 创建 TFLite 模型实例。

```
val birdModel = AndroidBirdsModel.newInstance(context)     // 类名称源自文件名称
```

(2) 将输入的 Bitmap 格式的图像转换为 TensorImage 格式。

```
val tfImage = TensorImage.fromBitmap(bitmap)               // 图像源自相机或者相册等
```

(3) TensorImage 作为输入参数，传给模型实例进行推理运算，返回推断结果列表。

```
val outputs = birdModel.process(tfImage).probabilityAsCategoryList.apply {
sortByDescending { it.score }                              // 结果列表以降序排列
}
// 返回概率值最大的元素
val highProbabilityOutput = outputs[0]
```

此时第一个元素值的概率值最大，是模型给出的可信度最高的结果。

(4) 在文本控件上显示预测结果。

```
tvResult.text = highProbabilityOutput.label + "\n 可信度:" + highProbabilityOutput.score
```

此时项目结构如图 2.36 所示。

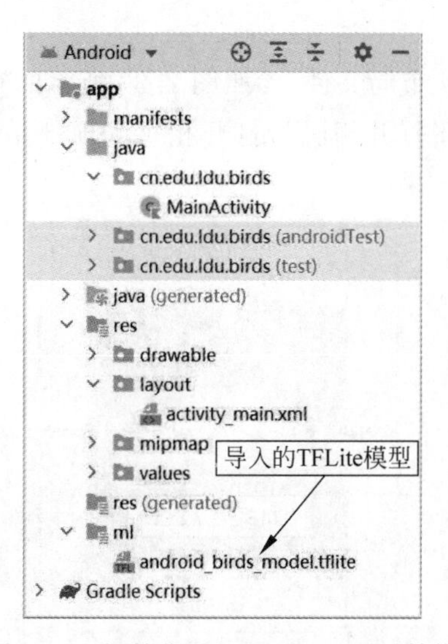

图 2.36 初始化后的 Android 项目结构

2.13 Android 项目配置

在项目清单文件 AndroidManifes.xml 中声明允许使用照相机权限和访问手机相册权限。这两项权限还需要在 App 运行时得到用户的最终授权。

```
<uses-permission android:name="android.permission.CAMERA"/>
<uses-permission android:name="android.permission.READ_EXTERNAL_STORAGE"/>
```

为了防止 App 编译时压缩 TFLite 模型,在模块配置文件 build.gradle 的 android 节点中,添加 aaptOptions 属性。

```
// TFLite 模型不压缩
aaptOptions {
    noCompress "tflite"
}
```

在 build.gradle 的 buildFeatures 节点中,添加视图绑定属性。

```
// 模型绑定,android 节点
buildFeatures {
        mlModelBinding true
        viewBinding true               // 新添加
}
```

修改 build.gradle 后,注意及时完成项目的同步构建。

2.14 Android 界面设计

打开 activity_main.xml 布局文件,参照图 2.37 所示的布局,完成界面设计。界面底部是两个按钮控件,分别用于打开相册与打开相机。顶部是显示图像的视图。中间是一个文本控件,用于显示识别结果。

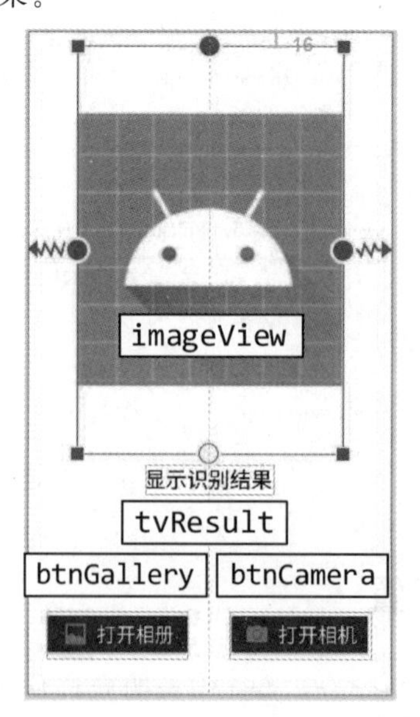

图 2.37 界面布局

按钮上的图标，通过按钮的 icon 属性，从项目的 Drawable 矢量图中选择添加。视图区域的占位矢量图，通过视图的 srcCompat 属性，从 Drawable 中选择矢量图添加。

界面布局脚本程序如程序源码 P2.5 所示。

程序源码 P2.5 activity_main.xml 界面布局文件

```
1  <?xml version="1.0" encoding="utf-8"?>
2  <androidx.constraintlayout.widget.ConstraintLayout
3  xmlns:android="http://schemas.android.com/apk/res/android"
4      xmlns:app="http://schemas.android.com/apk/res-auto"
5      xmlns:tools="http://schemas.android.com/tools"
6      android:layout_width="match_parent"
7      android:layout_height="match_parent"
8      tools:context=".MainActivity">
9      <ImageView
10         android:id="@+id/imageView"
11         android:layout_width="300dp"
12         android:layout_height="450dp"
13         android:layout_marginTop="16dp"
14         app:layout_constraintEnd_toEndOf="parent"
15         app:layout_constraintHorizontal_bias="0.5"
16         app:layout_constraintStart_toStartOf="parent"
17         app:layout_constraintTop_toTopOf="parent"
18         app:srcCompat="@mipmap/ic_launcher" />
19     <TextView
20         android:id="@+id/tvResult"
21         android:layout_width="wrap_content"
22         android:layout_height="wrap_content"
23         android:layout_marginTop="12dp"
24         android:text="显示识别结果"
25         android:textColor="@android:color/black"
26         android:textSize="24sp"
27         app:layout_constraintEnd_toEndOf="parent"
28         app:layout_constraintStart_toStartOf="parent"
29         app:layout_constraintTop_toBottomOf="@id/imageView" />
30     <Button
31         android:id="@+id/btnCamera"
32         style="@android:style/Widget.DeviceDefault.Button.Toggle"
33         android:layout_width="wrap_content"
34         android:layout_height="wrap_content"
35         android:layout_marginBottom="40dp"
36         android:text="打开相机"
37         android:textAppearance="@style/TextAppearance.AppCompat.Large"
38         app:icon="@android:drawable/ic_menu_camera"
39         app:layout_constraintBottom_toBottomOf="parent"
40         app:layout_constraintEnd_toEndOf="parent"
41         app:layout_constraintStart_toStartOf="@id/guideline2" />
42     <Button
43         android:id="@+id/btnGallery"
```

```
44            android:layout_width = "wrap_content"
45            android:layout_height = "wrap_content"
46            android:layout_marginBottom = "40dp"
47            android:text = "打开相册"
48            android:textAppearance = "@style/TextAppearance.AppCompat.Large"
49            app:icon = "@android:drawable/ic_menu_gallery"
50            app:layout_constraintBottom_toBottomOf = "parent"
51            app:layout_constraintEnd_toStartOf = "@id/guideline2"
52            app:layout_constraintStart_toStartOf = "parent" />
53        <androidx.constraintlayout.widget.Guideline
54            android:layout_width = "wrap_content"
55            android:layout_height = "wrap_content"
56            android:id = "@ + id/guideline2"
57            app:layout_constraintGuide_percent = "0.5"
58            android:orientation = "vertical"/>
59    </androidx.constraintlayout.widget.ConstraintLayout>
```

2.15 Android 逻辑设计

前面已经完成了 TFLite 模型的导入，完成了界面设计，并完成了项目的参数配置和依赖库配置，本节以“打开相册”与“打开相机”两项操作的逻辑设计为核心，以按钮事件侦听、权限授予、获取图片、图片识别为主线，完成客户机的逻辑设计。

逻辑流程如图 2.38 所示，相册侦听与相机侦听两个事件逻辑获取图片之后，汇聚到

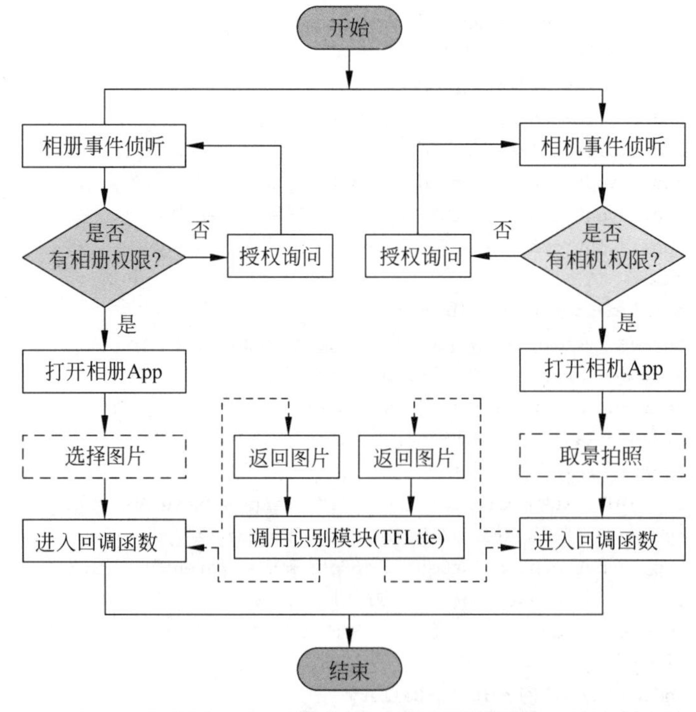

图 2.38　TFLite 客户机的逻辑流程

识别模块。识别模块的逻辑是让 TFLite 模型 android_birds_model. tflite 在 Android 运行起来，详情解析参见本节的微课视频。

注意，图 2.38 所示的 Android 客户机逻辑与图 1.42 所示的主控逻辑相比主要不同点体现在识别模块上。本章采用基于 TFLite 的边缘计算模式，之前采用的是中央服务器识别模式。

客户机逻辑全部封装在 MainActivity. kt 主程序中，如程序源码 P2. 6 所示。

程序源码 P2.6 MainActivity.kt 客户机主程序逻辑实现

```
1  package cn.edu.ldu.birds
2  import android.app.Activity
3  import android.content.Intent
4  import android.content.pm.PackageManager
5  import android.graphics.Bitmap
6  import android.graphics.BitmapFactory
7  import androidx.appcompat.app.AppCompatActivity
8  import android.os.Bundle
9  import android.provider.MediaStore
10 import android.util.Log
11 import android.widget.ImageView
12 import android.widget.TextView
13 import android.widget.Toast
14 import androidx.activity.result.ActivityResult
15 import androidx.activity.result.contract.ActivityResultContracts
16 import androidx.core.content.ContextCompat
17 import cn.edu.ldu.birds.databinding.ActivityMainBinding
18 import cn.edu.ldu.birds.ml.AndroidBirdsModel
19 import org.tensorflow.lite.support.image.TensorImage
20 class MainActivity : AppCompatActivity() {
21     private lateinit var binding:ActivityMainBinding        // 视图绑定
22     private lateinit var imageView:ImageView
23     private lateinit var tvResult:TextView
24     private val GALLERY_REQUEST_CODE = 2022
25     override fun onCreate(savedInstanceState: Bundle?) {
26         super.onCreate(savedInstanceState)
27         binding = ActivityMainBinding.inflate(layoutInflater)
28         val view = binding.root
29         setContentView(view)
30         imageView = binding.imageView                      // 图片视图控件
31         val btnCamera = binding.btnCamera                  // 相机按钮
32         val btnGallery = binding.btnGallery                // 相册按钮
33         tvResult = binding.tvResult                        // 显示预测结果文本控件
34         // 相机按钮单击事件侦听
35         btnCamera.setOnClickListener {
36             if(ContextCompat.checkSelfPermission(this,android.Manifest.permission.CAMERA)
37                 == PackageManager.PERMISSION_GRANTED){
38                 takePicturefromCamera.launch(null)         // 打开相机
39             }else {                                        // 申请权限
```

```
40                  requestCameraPermission.launch(android.Manifest.permission.CAMERA)
41              }
42          }
43          // 相册按钮单击事件侦听
44          btnGallery.setOnClickListener {
45              if (ContextCompat.checkSelfPermission(
46                this,android.Manifest.permission.READ_EXTERNAL_STORAGE)
47                == PackageManager.PERMISSION_GRANTED){
48                  val intent = Intent(Intent.ACTION_PICK,MediaStore.Images
49                          .Media.EXTERNAL_CONTENT_URI)
50                  intent.type = "image/ * "
51                  takePicturefromGallery.launch(intent)       // 打开相册
52              }else {                                          // 申请权限
53                  requestGalleryPermission.launch(android.Manifest.permission
54  .READ_EXTERNAL_STORAGE)
55              }
56          }
57      } // end onCreate
58      // 申请相机权限
59      private val requestCameraPermission = registerForActivityResult(
60          ActivityResultContracts.RequestPermission()){ granted ->
61          if (granted) {
62              takePicturefromCamera.launch(null)              // 打开相机
63          }else {
64              Toast.makeText(this,"禁用相机将无法拍照!",Toast.LENGTH_SHORT).show()
65          }
66      }
67      // 打开相机并拍照
68      private val takePicturefromCamera = registerForActivityResult(
69          ActivityResultContracts.TakePicturePreview()) { bitmap ->
70          if (bitmap != null) {
71              imageView.setImageBitmap(bitmap)               // 显示相机拍摄的照片
72              outputRecognition(bitmap)                      // 模型推理,输出识别结果
73          }
74      }
75      // 申请相册权限
76      private val requestGalleryPermission = registerForActivityResult(
77          ActivityResultContracts.RequestPermission()){ granted ->
78          if (granted) {
79              val intent = Intent(Intent.ACTION_PICK,MediaStore.Images
80                      .Media.EXTERNAL_CONTENT_URI)
81              intent.type = "image/ * "
82              takePicturefromGallery.launch(intent)          // 打开相册
83          }else {
84              Toast.makeText(this,"禁用相册将无法打开相册!",Toast.LENGTH_SHORT).show()
85          }
86      }
87      // 从相册获取照片
88      private val takePicturefromGallery = registerForActivityResult(
```

```
89              ActivityResultContracts.StartActivityForResult()){ result ->
90              Log.i("TAG","this is the result: ${result.data} ${result.resultCode}")
91              onResultReceived(GALLERY_REQUEST_CODE, result) // 处理返回的图片
92          }
93          // 处理从相册返回的图片
94          private fun onResultReceived(requestCode: Int,result: ActivityResult?) {
95              when(requestCode) {
96                  GALLERY_REQUEST_CODE -> {
97                      if (result?.resultCode == Activity.RESULT_OK){
98                          result.data?.data?.let{ uri ->
99                              Log.i("TAG","onResultReceived: $uri")
100                             // 返回 bitmap 格式图片
101                             val bitmap = BitmapFactory.decodeStream(
102                                         contentResolver.openInputStream(uri))
103                             imageView.setImageBitmap(bitmap) // 显示到视图
104                             outputRecognition(bitmap)        // 模型推理,输出识别结果
105                         }
106                     }else {
107                         Log.e("TAG","相册返回图片错误!")
108                     }
109                 }
110             }
111         }// end onResultReceived
112         // 模型推理,输出识别结果
113         private fun outputRecognition(bitmap: Bitmap) {
114             // 创建 TFLite 模型实例
115             val birdModel = AndroidBirdsModel.newInstance(this)
116             val tfimage = TensorImage.fromBitmap(bitmap)
117             // 模型推理,降序输出预测结果
118             val outputs = birdModel.process(tfimage)
119                 .probabilityAsCategoryList.apply {
120                     sortByDescending { it.score }
121                 }
122             // 返回概率值最大的元素
123             val highProbabilityOutput = outputs[0]
124             // 在文本控件上显示预测结果
125             tvResult.text = highProbabilityOutput.label +
126                             "\n 可信度:" + highProbabilityOutput.score
127         }
128     } // end MainActivity
```

在 Android 中运行 TFLite 模型,对应程序源码 P2.6 中第 113～127 行的编程逻辑,注意理解如何在 Android 程序中使用 TensorFlow Lite Support Library 处理输入的图像及解析模型的输出结果。

2.16 Android手机测试

可以分别做模拟器或真机测试。这里以真机测试为例。图2.39是首次运行App时弹出的授权界面。如果用户点击“拒绝”按钮,则无法使用相关功能。

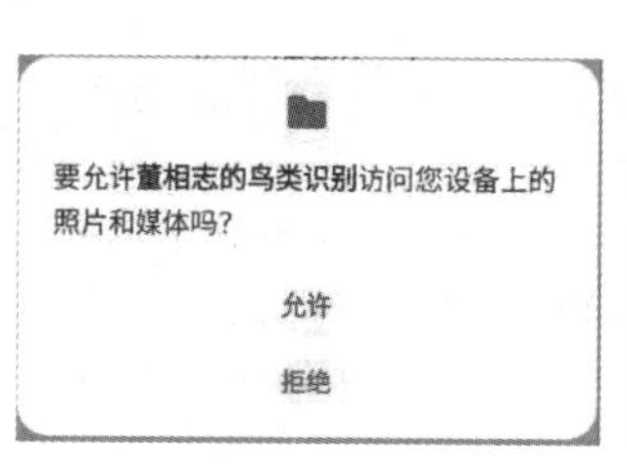

(a) 申请相册权限

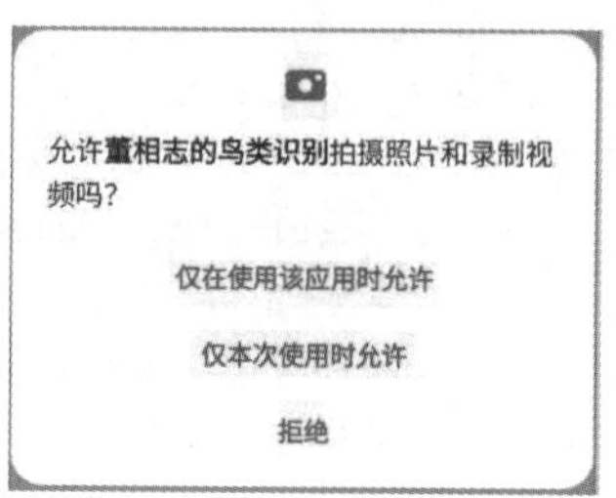

(b) 申请相机权限

图2.39 用户授权界面

图2.40是打开相机,对着屏幕上的美洲金翅雀(AMERICAN GOLDFINCH)照片拍摄后的识别结果,该照片来自测试集,是模型此前没有见过的照片。可信度虽然约为0.44,但是预测结果是正确的。这是在屏幕反光、分辨率低下及存在影响成像质量的诸多情况下取得的结果。

(a) 相机对着屏幕拍照　　(b) 拍照识别结果(正确)

图2.40 相机拍照测试

再来看看从相册中选择图片的测试情况。图2.41(a)给出的是从训练集选择的红麻雀(RED FODY)的实验结果,可信度约为0.92,预测结果正确。图2.41(b)与图2.40使用过的美洲金翅雀为同一幅图片，预测结果正确，但是可信度约为0.6，比图2.40的0.44提高了45%，最可能的解释是图片质量的影响导致预测结果出现差异。

(a) 从训练集选图　　(b) 从测试集选图

图2.41　从相册选图测试(见彩插)

为了对比Android手机与计算机主机的测试效果，图2.42给出了一组实验结果。

(a) 计算机主机上的TFLite模型　　(b) 计算机主机上的原始模型

图2.42　计算机主机上的测试结果

计算机与Android手机采用同一TFLite模型，图2.42(a)显示可信度为0.797，手机上的最好结果约为0.6(见图2.41)。如果换成计算机上的原始训练模型，即转换TFLite之前的MobileNetV3鸟类识别模型，其可信度为0.803。可见，低计算精度计算设备对模型影响较大。

图 2.43 给出了在 Android 手机上的一组有趣的测试对比，同一只鸟的不同姿态或者不同拍摄角度，得到的测试结果可能是不同的。

(a) 从训练集选择的信天翁　　(b) 从测试集选择的信天翁

图 2.43　同一种鸟的不同姿态测试结果

图 2.43 事实上是从训练集和测试集中选出的信天翁(ALBATROSS)的飞行图片，图 2.43(a)可信度接近为 1，预测结果正确。图 2.43(b)可信度虽然约达到 0.84，但是结果并不准确，模型将其预测为美洲反嘴鹬(AMERICAN AVOCET)。查看训练集发现，这两种鸟类具有非常接近的体型和外观，都属于水鸟这一大类。

2.17　小结

本章从康奈尔大学鸟类实验室研发的 Merlin 鸟种识别 App 的演示开始，以对项目的憧憬为动力，深度解读了 MobileNetV1 模型、MobileNetV2 模型、MobileNetV3 模型的技术演进路线，针对鸟类数据集，编程实现了 MobileNetV3 模型的建模、训练、评估，进而将其转换为 MobileNetV3-Lite 版，为 TFLite 模型添加元数据信息后，集成到 Android 手机上，完成了 Android 客户机上的相册与相机两种功能设计与测试。模型在计算机主机和手机上均取得了具有应用推广价值的理想效果。Merlin 鸟种识别 App 从此不再神秘，由此激发的项目愿景终将实现。

2.18　习题

1. 从科学研究等角度谈谈 Merlin 鸟种识别 App 的优点与缺点。
2. 谈谈常见的智能服务模型的部署方式。
3. 什么是深度卷积？什么是标准卷积？二者有何区别？
4. 深度可分离卷积的计算逻辑是什么？

5. 描述 MobileNetV1 模型的结构参数。

6. MobileNetV1 模型的创新点体现在什么地方?

7. MobileNetV2 对 MobileNetV1 的技术改进体现在哪些方面?

8. MobileNetV2 采用 ReLU6 替代 ReLU 的原因是什么?

9. 简述 MobileNetV2 残差块的计算逻辑。有何特点?

10. 描述 MobileNetV2 模型的结构参数。

11. MobileNetV3 的创新点体现在哪些方面?

12. 描述 MobileNetV3 中包含 SE 机制的反向线性残差块的计算逻辑。

13. MobileNetV3 采用 h-swish 函数替代 MobileNetV2 中的 ReLU6 激活函数,目的是什么?

14. 描述 MobileNetV3 模型的结构参数。

15. 简要描述 MobileNetV1、MobileNetV2、MobileNetV3 的技术演进路径。

16. 本章案例基于 MobileNetV3-Large 迁移学习训练鸟类识别模型,你是否有更好的方案?

17. TFLite 模型的转换机制是什么? 本章如何实现 MobileNetV3-Lite 模型的转换?

18. 添加 TFLite 模型元数据的步骤是什么?

19. Android 客户机部署 TFLite 模型的步骤是什么?

20. 描述 Android 鸟类识别 App 的运行流程。

第3章

EfficientDet与美食场景检测

当读完本章时，应该能够：

- 熟悉并理解美食数据集的结构特点。
- 了解解决目标检测问题的技术路线。
- 掌握一种为数据集做标签的方法。
- 理解并掌握 EfficientDet-D0～EfficientDet-D7 模型的体系结构与工作原理。
- 基于 TFLite Model Maker 做迁移学习。
- 基于 TFLite Task Library 在 Android 上部署 TFLite 模型。
- 基于 mAP 指标评价目标检测模型。
- 民以食为天，即刻拥有在美食领域创业的冲动与梦想。

3.1 项目动力

美食是人类追求美好生活的应有之义。美食关系健康，例如，人体必需的八种氨基酸不能体内合成，需要从食物中摄取。在中国数千年的饮食文化岁月里，美食是区域文化符号，体现了区域特色，也体现了人们的创造与追求。中央电视台一度热播的纪录片《舌尖上的中国》将美食与健康、美食与文化、人们对美食的创造与演绎表达得淋漓尽致。

大千世界，美食多姿多彩，美食背后蕴含的知识也是海量的。如果人们在一起聚会聊天时，借助 AI 技术，对着餐桌上的美食拍一下，对那些即便不太熟悉的食材，也能迅速得知其产地习性、历史传承、营养成分、烹饪方法、饮食禁忌等知识，着实令人神往。

基于上述项目初心，本章案例将从零起步，从数据集的采集与标签定义，到 EfficientDet 模型解读，再到模型训练、评估、迁移、部署和应用，实现美食场景检测中最富创造力的一个环节，即自动区分食材类别。

正确界定食材类别是构建手机版美食应用的关键。关于食材的其他相关知识，可以通过构建数据库的方式完成，限于篇幅，数据库的设计不作为本章项目的内容。

3.2　技术路线

目标检测主要有两种技术路线：一种是 Two-Stage 检测方法；另一种是 One-Stage 检测方法。

(1) Two-Stage 检测方法。将检测逻辑划分为两个阶段，首先产生候选区域，然后对候选区域进行校正和分类。这类算法的典型代表是基于候选区域的 R-CNN 系列算法，如 R-CNN、Fast R-CNN、Faster R-CNN、Mask R-CNN 等。

(2) One-Stage 检测方法。不需要产生候选区域(Region Proposal)阶段，直接产生目标的坐标值和类别概率值，经典的算法如 SSD、YOLO 和 EfficientDet 等。

EfficientDet 采用的骨干分类网络是 EfficientNet，正如 EfficientNet 是一个系列模型(EfficientNet-B0～EfficientNet-B7)，同时 EfficientDet 也是一个适应不同规模需求的模型系列，包括 EfficientDet-D0～EfficientDet-D7。

图 3.1 显示了 EfficientDet 系列模型与其他目标检测模型在计算量与准确率两个维度上的对比。

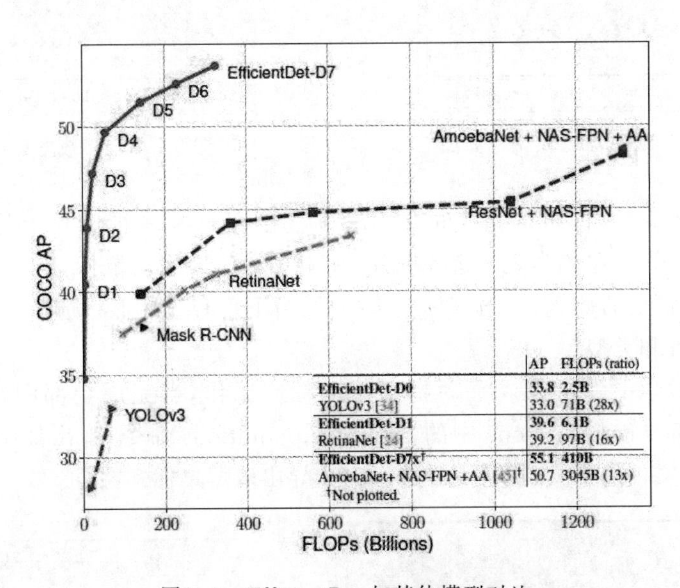

图 3.1　EfficientDet 与其他模型对比

EfficientDet 在计算量与准确率两个指标上，显著领先于之前的其他经典模型。EfficientDet-D0 的准确率比 YOLOv3 稍高，但是计算量只有其 1/28。从 EfficientDet-D4 开始，在计算量相当或较低的情况下，其准确率已经显著领先于 Mask R-CNN、RetinaNet、ResNet＋NAS-FPN 等模型。

3.3 MakeSense 定义标签

本节介绍的数据集标注工具软件 MakeSense 是一款为数据集打标签的免费在线软件，不需要本地安装，入手简单，支持多种数据集格式。

MakeSense 支持分类任务或者目标检测任务。输出的文件格式包括 YOLO、VOC XML、VGG JSON 和 CSV 等。对于目标检测问题，支持的标签类型包括点、线段、矩形框和多边形。官方网站工作地址为 https://www.makesense.ai/。

在官方网站首页右下角有一个名称为 Get Started 的按钮，单击该按钮，打开工作界面，如图 3.2 所示，该界面提供了目标检测和图像识别两种工作模式。

将需要做标注的图片拖放到中央的大矩形框中，单击 Object Detection 按钮，首先会弹出一个询问界面，要求用户给定数据集标签列表，如图 3.3 所示，用户既可以一次性导入数据集的标签列表，也可以单击左上角的"+"按钮，临时定义标签列表。

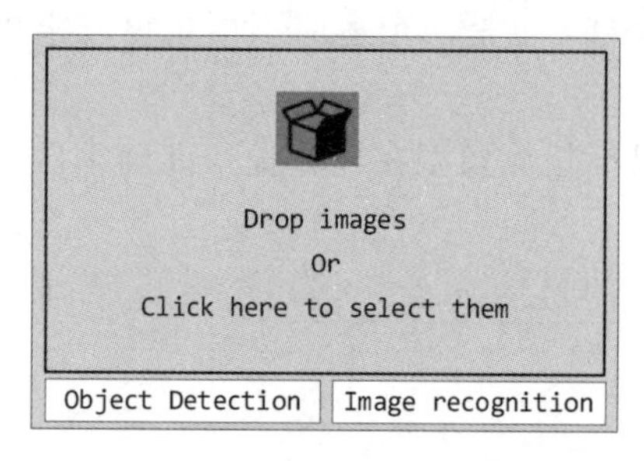

图 3.2 MakeSense 首页工作界面

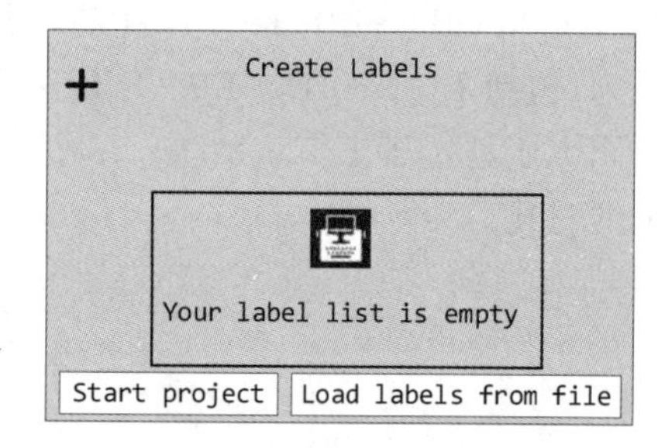

图 3.3 定义数据集标签列表

创建标签列表后，即可为指定的图片做标签。可选择一批图片上传到 MakeSense 中，如图 3.4 所示，从左侧列表中选择图片，在中央工作区拖动鼠标，定义矩形框，框住目标，在中央工作区的右侧，右上角有标签选择栏，右下角有边界形状选择栏，共同确定本次标注内容的位置和类型。

本节视频教学中随机完成了 5 幅图像的标注工作，当完成全部图片标注时，单击 MakeSense 顶部导航栏 Actions 中的 Export Annotations 命令，弹出如图 3.5 所示的对话框，选择导出文件的格式，执行 Export 命令，导出数据集标签文件。

图 3.4 用 MakeSense 定义标签

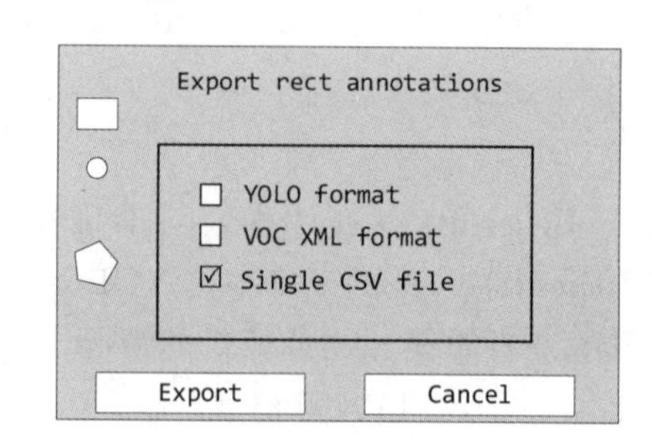

图 3.5 导出数据集标签文件

打开数据集标签文件，内容如图 3.6 所示，其中只包含做过标注的图片，没有做标注的图片不在其中。

标签名称　左上角坐标　右下角坐标　图片宽度和高度

	A	B	C	D	E	F	G	H
1	greensalad	17	268	202	211	25.jpg	640	480
2	rice	267	292	161	173	25.jpg	640	480
3	misosoup	393	185	156	140	25.jpg	640	480
4	eelsonrice	60	33	208	185	100.jpg	313	234
5	beefnoodle	7	3	637	490	2299.jpg	651	493

图 3.6　数据集标签文件结构

A 列为标签的名称，B、C、D、E 4 列依次是矩形框的左上角(x1, y1)与右下角(x2, y2)坐标，F 列表示文件名称，G、H 列分别表示图片的宽度与高度。

显然，当数据量很大时，数据标注是一项耗费人力和时间的工作。

3.4　定义数据集

虽然可以采用 3.3 节的方法为数据集做标签，但是采集足够多的数据是一项富有挑战性的工作，事实上，本项目落地的一个前提即是构建超大的美食数据集。为了演示需要，本章项目采用的美食数据集来自 UEC FOOD 100 数据集，由日本电子通信大学食品识别研究小组发布，数据集下载地址为 http://foodcam.mobi/dataset.html。

UEC FOOD 100 数据集定义了 100 种美食对应的图片和标签。解压下载的数据集文件，目录列表如图 3.7 所示。每一种美食对应一个 Bounding Box 标签。

图 3.7　UEC FOOD 100 数据集目录列表

以目录100为例，其包含的部分图片样本如图3.8所示。每一个目录均有一个名称为bb_info.txt的文件，存储该目录下所有图片的位置标签。文件bb_info.txt包含5列数据，依次是图像的ID(即文件名称)，矩形框的左上角和右下角坐标x1、y1、x2、y2。

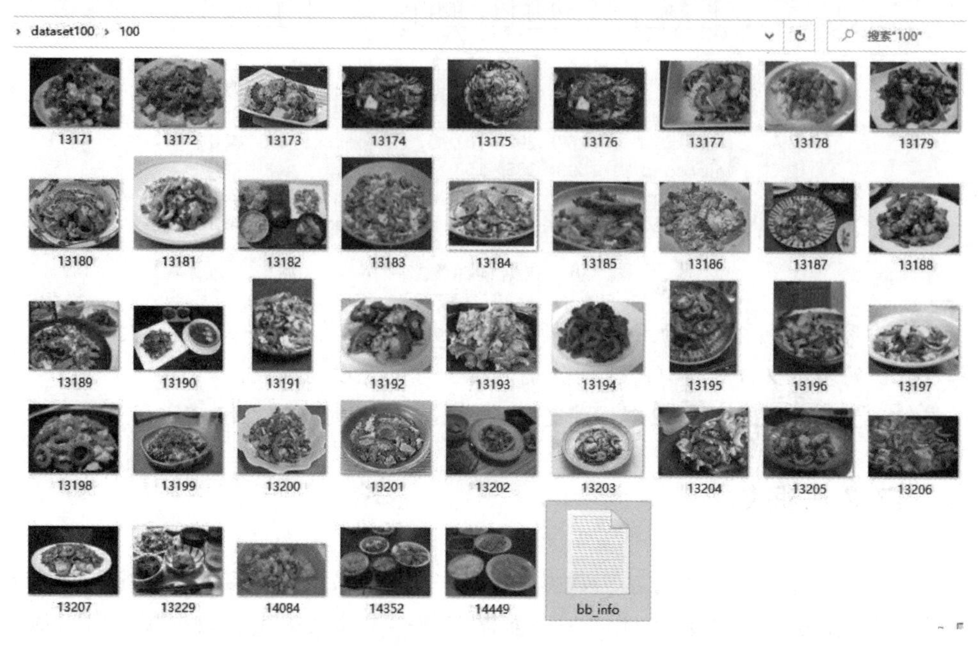

图3.8 目录100包含的部分图片样本

数据集目录结构及功能描述如表3.1所示。

表3.1 数据集目录结构与功能描述

目录或文件名称	功能描述	样本规模
目录1～100	以数字1～100命名的100个目录，每个目录下存放同一种类型的美食图片，图片文件采用数字命名	总样本数量为14 611，类别总数为100
bb_info.txt	存放于每一个目录下，记录该目录下每一幅图片的Bounding Box标签	100个目录，共100个bb_info.txt文件
category.txt	类别标签文件，100种类别对应的数字与英文名称	100种类别的名称与索引
multiple_food.txt	包含多个分类目标的图片id及其标签	共1174幅图片

为了便于后续建模工作，上述数据集需要做进一步的预处理。用PyCharm打开本教材的项目TensorFlow_to_Android，在根目录下创建子目录EfficientDet，将图3.7所示的数据集目录dataset100移动到EfficientDet目录下。

在EfficientDet目录下新建程序dataset.py，完成数据集的划分与标签预处理工作，编码逻辑如程序源码P3.1所示。

程序源码P3.1 dataset.py对数据集做预处理，划分训练集、验证集和测试集

```
1  import numpy as np
2  import pandas as pd
```

```
3   from sklearn.utils import shuffle
4   from PIL import Image
5   all_foods = []                                                   # 存放所有样本标签
6   # 读取所有类别名称
7   category = pd.read_table('./dataset100/category.txt')
8   # 列表中列的顺序
9   column_order = ['type', 'img', 'label', 'x1', 'y1', 'x2', 'y2']
10  # 遍历目录 1～100,读取所有图片的标签信息,汇集到 all_foods 列表
11  for i in range(1,101,1):
12      # 读取当前目录 i 的标签信息
13      foods = pd.read_table(f'./dataset100/{i}/bb_info.txt',
14                            header = 0,
15                            sep = '\s + ')
16      # 将图像 ID 映射为对应的文件路径
17      foods['img'] = foods['img'].apply(lambda x: f'./dataset100/{i}/' + str(x) + '.jpg')
18      # 新增一列 label,标注图片类别名称
19      foods['label'] = foods.apply(lambda x: category['name'][i - 1], axis = 1)
20      foods['type'] = foods.apply(lambda x: '', axis = 1)
21      foods = foods[column_order]
22      # 保存当前类别的标签文件
23      foods.to_csv(f'./dataset100/{i}/label.csv',
24                   index = None,
25                   header = ['type', 'img', 'label', 'x1', 'y1', 'x2', 'y2'])
26      # 汇聚到列表 all_foods
27      all_foods.extend(np.array(foods).tolist())
28  # 保存列表到文件中
29  df_foods = pd.DataFrame(all_foods)
30  df_foods.to_csv('./dataset100/all_foods.csv',
31                  index = None,
32                  header = ['type', 'img', 'label', 'x1', 'y1', 'x2', 'y2'])
33  # 随机洗牌,打乱数据集排列顺序,划分为 TRAIN、VALIDATE、TEST 三部分
34  datasets = pd.read_csv('./dataset100/all_foods.csv')  # 读数据
35  datasets = shuffle(datasets,random_state = 2022)       # 洗牌
36  datasets = pd.DataFrame(datasets).reset_index(drop = True)
37  rows = datasets.shape[0]                                # 总行数
38  test_n = rows //40                                      # 测试集样本数
39  validate_n = rows //5                                   # 验证集样本数
40  train_n = rows - test_n - validate_n                    # 训练集样本数
41  print(f'测试集样本数:{test_n},验证集样本数:{validate_n},训练集样本数:{train_n}')
42  # 按照一定比例对数据集进行划分
43  for row in range(test_n):                               # 标注测试集
44      datasets.iloc[row, 0] = 'TEST'
45  for row in range(validate_n):                           # 标注验证集
46      datasets.iloc[row + test_n, 0] = 'VALIDATE'
47  for row in range(train_n):                              # 标注训练集
48      datasets.iloc[row + test_n + validate_n, 0] = 'TRAIN'
49  # 将 Bounding Box 的坐标改为浮点类型,取值范围为[0,1]
50  print('开始对 BBox 坐标做归一化调整,请耐心等待...')
51  for row in range(rows):
```

```
52        img = Image.open(datasets.iloc[row, 1])          # 读取图像
53        (width, height) = img.size                       # 图像宽度与高度
54        width = float(width)
55        height = float(height)
56        datasets.iloc[row, 3] = round(datasets.iloc[row, 3] / width, 3)
57        datasets.iloc[row, 4] = round(datasets.iloc[row, 4] / height, 3)
58        datasets.iloc[row, 5] = round(datasets.iloc[row, 5] / width, 3 )
59        datasets.iloc[row, 6] = round(datasets.iloc[row, 6] / height, 3)
60        datasets.insert(datasets.shape[1], 'Null1', '')  # 插入空列
61        datasets.insert(datasets.shape[1], 'Null2', '')  # 插入空列
62    # 调整列的顺序,为以后数据集划分做准备
63    order = ['type', 'img', 'label', 'x1', 'y1', 'Null1', 'Null2', 'x2', 'y2']
64    datasets = datasets[order]
65    print(datasets.head())
66    datasets.to_csv('./dataset100/datasets.csv', index = None, header = None)
67    print('数据集构建完毕!')
```

运行程序 dataset.py,查看 dataset100 目录下新生成的数据集文件 datasets.csv,观察测试集样本数、验证集样本数和训练集样本数,可以根据实验环境的计算能力,适当调整数据集规模与比例划分。

程序源码 P3.1 的划分结果：测试集样本数为 365,验证集样本数为 2922,训练集样本数为 11 324。

3.5 EfficientDet 解析

EfficientDet 模型参见论文 *Efficientdet: Scalable and efficient object detection*(TAN M,PANG R,LE Q V. 2020),它是谷歌研究团队借鉴 EfficientNet 分类模型的体系架构,在目标检测领域取得的创新性进展。

EfficientDet 的主要创新点有两个：一是采用双向加权特征金字塔网络(a weighted bidirectional feature pyramid network, BiFPN),实现多尺度特征提取与融合；二是采用复合缩放法,同时对所有主干网络、特征网络、目标定位网络和分类网络的分辨率、深度、宽度统一缩放。基于上述创新点,得到了 EfficientDet 模型系列,即 EfficientDet-D0～EfficientDet-D7。

正如作者所强调的那样,EfficientDet 模型的研发动力来自机器人、自动驾驶等对视觉模型精度和响应速度的严苛要求。机器视觉领域往往关注了速度,就会牺牲精度；或者关注了精度,又会拖累速度。

EfficientDet 的目标是在可伸缩架构和高精度之间取得平衡,开发更为高效的并适应多场景需求的目标检测网络,最终形成独特的网络设计,由主干网络、特征融合网络、定位网络和分类网络构成的 EfficientDet 模型如图 3.9 所示。

EfficientDet 模型从输入层开始,依次经历了主干网络、特征融合网络和分类/定位网络三个阶段,是一个端到端的网络结构。主干网络采用 EfficientNet 网络,特征融合网络采用 BiFPN 网络,分类和定位网络采用卷积网络。

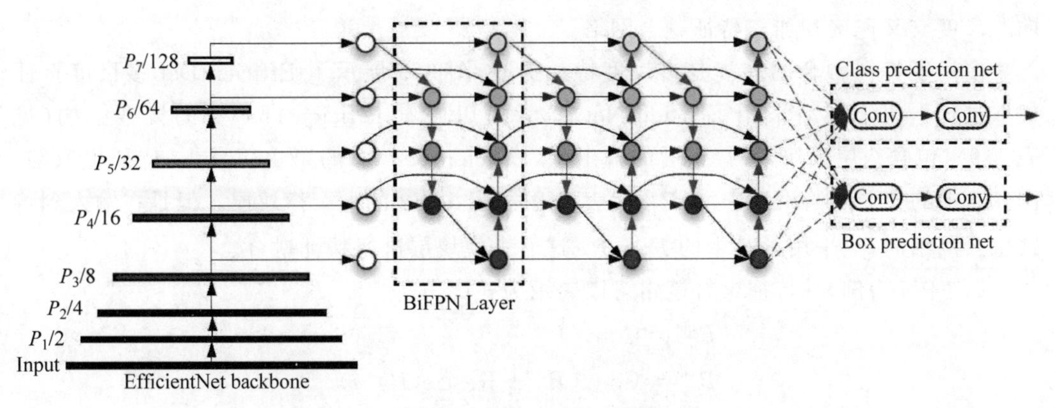

图 3.9 EfficientDet 模型

来自目标检测场景的一个非常现实的问题是,有的目标看起来很大,有的目标看起来很小,同一种类型的目标由于观察距离或者视角的问题也会出现大小差异。如何处理这些大小不一的目标是一个挑战。有的模型可能对大目标识别度好,对小目标识别度差;或者关注了小目标,大目标的误差又会偏大。对此,一种常见的解决方案是采用多尺度特征融合。EfficientDet 在此基础上创新设计出了双向加权特征金字塔网络(BiFPN)并配合 EfficientNet 网络来更好地解决特征提取这个关键问题。

为了寻找最佳网络规模,研究发现,过往的模型只对主干网络和输入图像缩放,事实上对特征网络、定位网络和分类网络缩放也至关重要。对网络整体统一缩放,全局性更强。

EfficientNet 强大的特征提取能力和分类能力及其匹配多种需求的优势,在本书第 1 章已经有系统的描述,此处不再赘述。

下面重点介绍 EfficientDet 的 BiFPN 技术和模型的复合缩放技术。图 3.10 给出了四种特征融合网络设计模式。

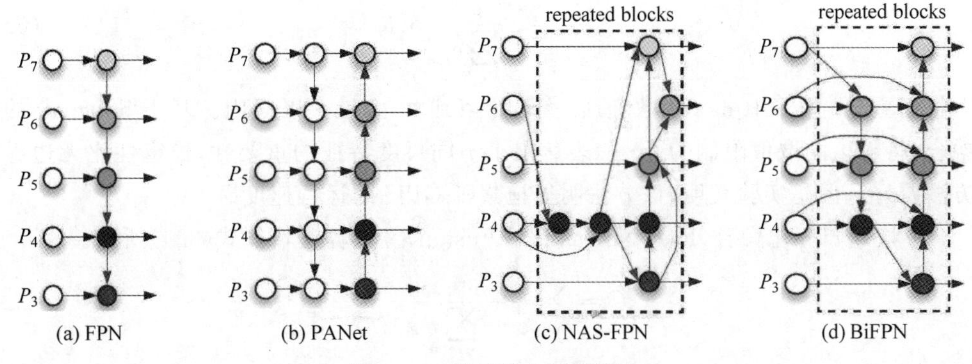

图 3.10 特征融合网络设计

图 3.10(a)展示 FPN,FPN 对来自 $P_3 \sim P_7$ 的多尺度特征进行自顶向下的多尺度特征融合。图 3.10(b)展示 PANet,在 FPN 基础上叠加了自底向上的特征融合路径,即将 FPN 的单向特征融合变为双向特征融合。图 3.10(c)展示 NAS-FPN,它是基于机器自动学习模式搜索一个网络结构用于特征融合。图 3.10(d)展示 BiFPN,它是一种高效的双

向跨尺度交叉连接和加权特征融合网络。

多尺度特征融合的前提是多尺度特征提取,图3.9展示了EfficientDet多尺度特征提取过程。主干网络采用EfficientNet,读者可以回看EfficientNetV2的模型结构(见表1.9),包含八层模块,去掉最后的输出层,EfficientNetV2的第1~7层是特征提取层,图3.9中的主干网给出的$P_1 \sim P_7$,代表EfficientNetV2的七个模块层。但是在输入到特征融合网络时,只采用了其中的$P_3 \sim P_7$这五个模块层进行特征融合。

以FPN为例,其特征融合逻辑可以表示为式(3.1)。

$$\begin{aligned} P_7^{\text{out}} &= \text{Conv}(P_7^{\text{in}}) \\ P_6^{\text{out}} &= \text{Conv}(P_6^{\text{in}} + \text{Resize}(P_7^{\text{out}})) \\ P_5^{\text{out}} &= \text{Conv}(P_5^{\text{in}} + \text{Resize}(P_6^{\text{out}})) \\ P_4^{\text{out}} &= \text{Conv}(P_4^{\text{in}} + \text{Resize}(P_5^{\text{out}})) \\ P_3^{\text{out}} &= \text{Conv}(P_3^{\text{in}} + \text{Resize}(P_4^{\text{out}})) \end{aligned} \tag{3.1}$$

再看BiFPN的特征融合逻辑。对于FPN、PANet而言,跨尺度特征之间叠加时,没有权重分配的问题,认为不同尺度的特征同等重要。而对于BiFPN,则采取了加权叠加方式,即认为不同尺度的特征,在特征融合时所占权重不同。

EfficientDet论文中给出了三种加权方法,分别如下。

(1) 无边界融合(Unbounded Fusion)。计算方法如式(3.2)所示。

$$O = \sum_i w_i \cdot I_i \tag{3.2}$$

其中,w_i表示对每一个输入I_i施加一个可学习的权重参数w_i,区分不同尺度特征I_i的重要性后再叠加在一起,得到输出O。实验表明,这个加权方式缺乏模型稳定性,因为权重w_i的取值自由度过大。

(2) 基于Softmax函数的融合(Softmax-based Fusion)。计算逻辑如式(3.3)所示。

$$O = \sum_i \frac{e^{w_i}}{\sum_j e^{w_j}} \cdot I_i \tag{3.3}$$

将权重w_i用Softmax函数变换一下,约束到0~1这个区间内。基于Softmax的特征融合,将权重的取值限制为0~1,表达出了不同尺度特征的重要性,稳定性比无边界融合方法要好。但是实验表明,该方法明显拖累了GPU的运行速度。

(3) 快速归一化融合(Fast Normalized Fusion)。计算逻辑如式(3.4)所示。

$$O = \sum_i \frac{w_i}{\varepsilon + \sum_j w_j} \cdot I_i \tag{3.4}$$

显然,式(3.4)简化了式(3.3)的计算。实验表明,式(3.4)与式(3.3)在取得相似精度的前提下,GPU的计算速度提升了30%。

以BiFPN中的P_6层的特征融合为例,其计算逻辑如式(3.5)所示。

$$P_6^{\text{td}} = \text{Conv}\left(\frac{w_1 \cdot P_6^{\text{in}} + w_2 \cdot \text{Resize}(P_7^{\text{in}})}{w_1 + w_2 + \varepsilon}\right)$$

$$P_6^{out} = \text{Conv}\left(\frac{w'_1 \cdot P_6^{in} + w'_2 \cdot P_6^{td} + w'_3 \cdot \text{Resize}(P_5^{out})}{w'_1 + w'_2 + w'_3 + \varepsilon}\right) \tag{3.5}$$

其中，P_6^{td} 是 P_6 层的中间计算结果，P_6^{out} 是 P_6 层对应的最终输出结果。

观察图 3.9 的网络模型，不难看出 BiFPN 模块层往往需要重复多次，这就涉及最佳重复次数问题。

现在讨论模型的整体缩放。EfficientDet 首先确定了一个基准模型。

对于主干网络，采用 EfficientNet-B0～EfficientNet-B6 作为基准参照。

对于 BiFPN 网络，其宽度与深度的缩放采用式(3.6)计算。

$$W_{bifpn} = 64 \times (1.35^{\phi}), \quad D_{bifpn} = 3 + \phi \tag{3.6}$$

其中，W_{bifpn} 表示网络宽度(通道数)，D_{bifpn} 表示网络深度(层数)。参数 1.35 是通过对参数列表{1.2，1.25，1.3，1.35，1.4，1.45}做网格搜索得到的最佳值。ϕ 是缩放因子。

对于定位网络和分类网络，采用的缩放方法如式(3.7)所示。

$$D_{box} = D_{class} = 3 + \lfloor \phi/3 \rfloor \tag{3.7}$$

输入图像分辨率的缩放如式(3.8)所示。

$$R_{input} = 512 + 128\phi \tag{3.8}$$

根据式(3.6)～式(3.8)，用一个系数 ϕ 可以完成对整个 EfficientDet 网络的缩放，例如 $\phi=0$ 得到模型 EfficientDet-D0，$\phi=7$ 得到模型 EfficientDet-D7，如表 3.2 所示。

表 3.2 EfficientDet 系列模型参数

模型	输入 R_{input}	主干网络	BiFPN 网络		定位网络和分类网络 D_{class}
			W_{bifpn}	D_{bifpn}	
D0($\phi=0$)	512	B0	64	3	3
D1($\phi=1$)	640	B1	88	4	3
D2($\phi=2$)	768	B2	112	5	3
D3($\phi=3$)	896	B3	160	6	4
D4($\phi=4$)	1024	B4	224	7	4
D5($\phi=5$)	1280	B5	288	7	4
D6($\phi=6$)	1280	B6	384	8	5
D7($\phi=7$)	1536	B6	384	8	5
D7x	1536	B7	384	8	5

关于模型更多解析，参见本节视频教程。

3.6 EfficientDet-Lite 预训练模型

第 2 章的鸟类识别案例采用的是一种传统的 TFLite 建模方法，模型训练与部署路径：MobileNetV3 建模→模型训练→模型评估→用 TFLiteConverter 将模型转换为 TFLite 版→添加 TFLite 元数据→将 TFLite 版模型部署应用到 Android 上。

本章案例尝试一种更为简单的方案，直接基于已经训练好的 EfficientDet-Lite 版模型做迁移学习，完成美食场景检测模型的训练与评估。技术路径：EfficientDet-Lite 版预训练模型→用 TensorFlow Lite Model Maker 完成 TFLite 模型的训练与评估→得到迁移学习后的 TFLite 新模型→将 TF Lite 版模型部署应用到 Android 上。两种技术路径的对比关系如图 3.11 所示。

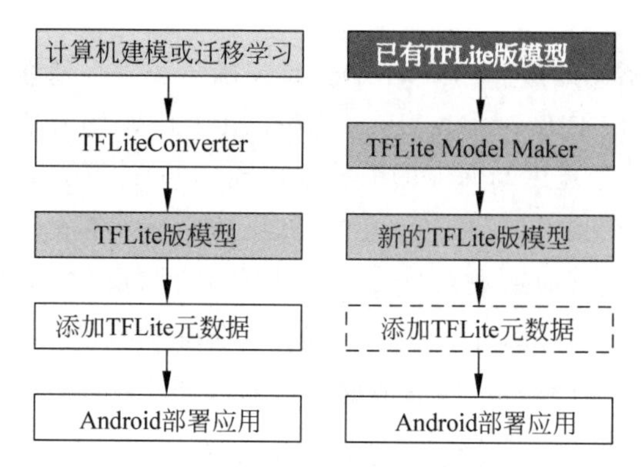

图 3.11　TFLite 版模型建模路径

显然，两种建模路径的起点不同，基于 TensorFlow Lite Model Maker 库的建模路径，要求已经拥有预训练好的 TFLite 模型，而且 TFLite 模型训练完成后，不需要单独添加模型元数据信息，因为此前的 EfficientDet-Lite 预训练模型已经包含相关元数据的结构信息。

本章案例采用的 EfficientDet-Lite 预训练模型全部来自 TensorFlow Hub，模型基于 COCO 2017 数据集训练，其性能表现如表 3.3 所示。

表 3.3　EfficientDet-Lite 模型性能表现

Model Architecture	Size/MB	Latency/ms	Average Precision/%
EfficientDet-Lite0	4.4	37	25.69
EfficientDet-Lite1	5.8	49	30.55
EfficientDet-Lite2	7.2	69	33.97
EfficientDet-Lite3	11.4	116	37.70
EfficientDet-Lite4	19.9	260	41.96

表 3.3 中数据来自 TensorFlow Hub 网站，其中：

Size/MB：表示采用整数量化后的模型大小。

Latency/ms：表示模型在 4 核 CPU 的 Pixel 4 手机上的单幅图像的时间延迟。

Average Precision/%：表示模型在 COCO 2017 验证集上的平均精度(mean Average Precision，mAP)。

以 EfficientDet-Lite2 模型为例，模型对输入图像的尺寸要求是：Height×Width×3，Height=448，Width=448，像素取值范围为[0，255]。

模型输出的内容如下。

(1) num_detections：一次最多可检测的目标对象数量，最大值为 25。

(2) detection-boxes：定位目标的矩形框坐标。

(3) detection-classes：目标分类。

(4) detection-scores：目标置信度。

为了便于读者学习，表 3.3 中的 5 个 EfficientDet-Lite 版预训练模型已经放到了本章项目文件夹 EfficientDet\pretraining 中。读者也可以自行到 TensorFlow Hub 官方网站下载。

3.7 美食版 EfficientDet-Lite 训练

由于案例中使用了 TensorFlow Lite Model Maker 库和 COCO 2017 数据集的标签，因此需要在当前项目环境安装必需的软件包。用 PyCharm 打开当前项目，转到 Terminal 窗口，执行下述两条命令。

```
pip install tflite-model-maker
pip install pycocotools
```

在当前项目 EfficientDet 根目录下创建程序 model. py。基于迁移学习的模型训练逻辑如程序源码 P3.2 所示。

程序源码 P3.2 model. py 美食版 EfficientDet-Lite 迁移学习训练

```
1  import json
2  from absl import logging
3  from tflite_model_maker import model_spec
4  from tflite_model_maker import object_detector
5  import tensorflow as tf
6  assert tf.__version__.startswith('2')
7  tf.get_logger().setLevel('ERROR')
8  logging.set_verbosity(logging.ERROR)
9  spec = model_spec.get('efficientdet_lite0')                    # 指定模型
10 print('数据集划分需要读取 14611 幅图像,可能花费几分钟时间。请耐心等待!')
11 train_data, validation_data, test_data = \
12         object_detector.DataLoader.from_csv('./dataset100/datasets.csv')
13 print('开始模型训练...')
14 # 训练模型,指定训练参数
15 model = object_detector.create(train_data,
16                                model_spec = spec,
17                                epochs = 30,
18                                batch_size = 16,
19                                train_whole_model = True,
20                                validation_data = validation_data)
21 # 将训练好的模型导出为 TFLite 模型并保存到当前工作目录下.默认采用整数量化方法
22 print('正在采用默认优化方法,保存 TFLite 模型...')
23 model.export(export_dir = '.')                                # 保存 TFLite 模型
24 model.summary()
25 # 保存与模型输出一致的标签列表
26 classes = ['???'] * model.model_spec.config.num_classes
27 label_map = model.model_spec.config.label_map
```

```
28  for label_id, label_name in label_map.as_dict().items():
29      classes[label_id - 1] = label_name
30  print(classes)
31  with open('labels.txt', 'w') as f:                              # 模型标签保存到文件
32      for i in range(len(classes)):
33          for label in classes:
34              f.write(label + "\r")
35  # 在测试集上评测训练好的模型
36  dict1 = {}
37  print('开始在测试集上对计算机版模型评估...')
38  dict1 = model.evaluate(test_data, batch_size = 16)
39  print(f'计算机版模型在测试集上评估结果:\n {dict1}')
40  # 加载 TFLite 格式的模型,在测试集上做评估
41  dict2 = {}
42  print('开始在测试集上对优化后的 TFLite 模型评估...')
43  dict2 = model.evaluate_tflite('model.tflite', test_data)
44  print(f'优化后的 TFLite 模型在测试集上评估结果: \n {dict2}')
45  # 保存模型的评估结果
46  for key in dict1:
47      dict1[key] = str(dict1[key])
48      print(f'{key}: {dict1[key]}')
49  with open('dict1.txt','w') as f :
50      f.write(json.dumps(dict1))
51  # 保存优化后的 TFLite 模型在测试集上的评估结果
52  print('真实版的 TFLite 模型测试结果...')
53  for key in dict2:
54      dict2[key] = str(dict2[key])
55      print(f'{key}: {dict2[key]}')
56  with open('dict2.txt','w') as f :
57      f.write(json.dumps(dict2))
```

运行程序 model.py,数据集加载完成后,模型开始训练。注意,第 17 行语句和第 18 行语句指定的 epochs 参数和 batch_size 参数,可以根据配置的计算能力进行修改。如果内存低于 32GB,建议将 batch_size 设置为 8。

本章项目训练采用的主机配置如下。

(1) CPU: Intel Core i7,8 核。

(2) RAM: 32GB。

(3) GPU: NVIDIA GeForce RTX 3070,8GB。

训练 30 代,大约需要 3 小时。读者可根据个人主机配置情况,调整模型训练参数。

训练过程演示及测试指标讲解参见本节视频教程。

3.8 评估指标 mAP

目标检测领域通常采用 mAP 作为模型评价的主要指标,例如 Faster R-CNN、SSD、EfficientDet、YOLO 等算法均采用 mAP 指标作为模型的评价标准。目标检测领域有两

个经典数据集，分别是 Pascal VOC 和 MS COCO。mAP 在这两个数据集上的计算逻辑有所区别，所以，有时会特别指出 mAP 遵循的计算方法，例如 Pascal VOC 的 mAP 指标或者 MS COCO 的 mAP 指标。

在 COCO 数据集关于 mAP 的解释中，通常将 mAP 与 AP(Average Precision，平均精度)不做区分。AP 的含义是当召回率(Recall Rate)在[0,1]这个区间变化时，对应的精确率(Precision Rate)的平均值。

显然，AP 与精确率和召回率有关，那么什么是精确率和召回率呢？

以多分类问题中的类别 A 为例，精确率是预测结果正确的比例。精确率越高，意味着误报率越低，因此，当误报的成本较高时，精确率指标有助于判断模型的好坏。

召回率是正确预测的样本占该类样本总数的比例。召回率越高，意味着模型漏掉的目标越少，当漏掉的目标成本很高时，召回率指标有助于衡量模型的好坏。

$$\text{精确率：Precision} = \frac{\text{预测结果为 A 且正确的数量}}{\text{预测结果为 A 的数量}}$$

$$\text{召回率：Recall} = \frac{\text{预测结果为 A 且正确的数量}}{\text{类别 A 的总数量}}$$

要确定对某个目标对象的预测是否正确，通常采用 IoU 判断。IoU 被定义为预测 Bounding Box 和实际 Bounding Box 的交集除以它们的并集。如果 IoU>阈值，则认为预测正确；如果 IoU≤阈值，则认为预测错误。

当 IoU>0.5 的预测被认为是正确预测时，这意味着 IoU=0.6 或者 IoU=0.9 的两个预测具有相同的权重。因此，固定某个阈值会在评估指标中引入偏差。解决这个问题的一个思路是对一定范围内的 IoU 阈值，计算其 mAP。

以 COCO 数据集上定义的 mAP 为例。当只考虑 IoU 阈值为 0.5 的情况时，平均精度记作 AP50 或者 mAP50。同理，当只考虑 IoU 阈值为 0.75 时，平均精度可以记作 AP75 或者 mAP75。

单个类别的平均精度通常添加一个表示类别名称的后缀。例如，米饭和鸡肉米饭两种美食的平均精度可以分别表示如下。

```
AP_/rice: 0.42938477
AP_/chicken rice: 0.7119283
```

COCO 数据集上，mAP(或者 AP)将 IoU 的阈值以 0.05 为步长，覆盖了[0.5:0.95]的 10 个数值，其计算逻辑如式(3.9)所示。

$$\mathrm{mAP_{COCO}} = \frac{\mathrm{mAP}_{0.50} + \mathrm{mAP}_{0.55} + \cdots + \mathrm{mAP}_{0.95}}{10} \tag{3.9}$$

事实上，mAP 的计算逻辑包含三次平均计算过程。还是以 COCO 数据集采用的 mAP 为例。

步骤 1：对于每个类别(共 80 个类别)，计算不同的 IoU 阈值下的 AP，取它们的平均值，得到该类别的 AP。计算逻辑如式(3.10)所示。

$$\mathrm{AP[class]} = \frac{1}{\#\,\mathrm{thresholds}} \sum_{\mathrm{IoU} \in \mathrm{thresholds}} \mathrm{AP[class, IoU]} \tag{3.10}$$

步骤 2：通过对不同类别的 AP 进行平均来计算最终的 AP，如式(3.11)所示。

$$\mathrm{AP}=\frac{1}{\#\,\mathrm{classes}}\sum_{\mathrm{class}\in\,\mathrm{classes}}\mathrm{AP}[\mathrm{class}] \tag{3.11}$$

除了 AP 指标，COCO 数据集上还定义了其他一些指标，用于反映模型的性能，如表 3.4 所示。

表 3.4 COCO 数据集上反映模型性能的 12 个指标

指标名称	功能描述
AP：平均精度	
AP	最基本的评价指标，在 IoU=0.50:0.05:0.95 区间计算 AP
$\mathrm{AP}^{\mathrm{IoU}=0.50}$	固定 IoU 的阈值为 0.50
$\mathrm{AP}^{\mathrm{IoU}=0.75}$	固定 IoU 的阈值为 0.75
AP Across Scales：不同尺寸目标的平均精度	
$\mathrm{AP}^{\mathrm{small}}$	针对小目标(像素数量<32^2)的平均精度
$\mathrm{AP}^{\mathrm{medium}}$	针对中目标(32^2<像素数量<96^2)的平均精度
$\mathrm{AP}^{\mathrm{large}}$	针对大目标(像素数量>96^2)的平均精度
Average Recall(AR)：平均召回率	
$\mathrm{AR}^{\mathrm{max}=1}$	每幅图像最多给出 1 个检测目标
$\mathrm{AR}^{\mathrm{max}=10}$	每幅图像最多给出 10 个检测目标
$\mathrm{AR}^{\mathrm{max}=100}$	每幅图像最多给出 100 个检测目标
AR Across Scales：不同尺寸目标的平均召回率	
$\mathrm{AR}^{\mathrm{small}}$	针对小目标(像素数量<32^2)的平均召回率
$\mathrm{AR}^{\mathrm{medium}}$	针对中目标(32^2<像素数量<96^2)的平均召回率
$\mathrm{AR}^{\mathrm{large}}$	针对大目标(像素数量>96^2)的平均召回率

3.9 美食版 EfficientDet-Lite 评估

3.7 节模型训练程序 model.py 中已经给出了 12 个综合评价指标(见表 3.4)以及每个类别(共 100 个类别)的平均精度值。

为便于直观观察模型效果，程序 evaluation.py 完成了 EfficientDet-Lite 计算机版与移动版 TFLite 模型之间的对比。

选取了如下三个比较维度：

(1) 计算机版 EfficientDet-Lite 与移动版 EfficientDet-Lite 的 12 项指标对比。

(2) 按照各类别的 AP 排序，前 20 名 AP 对比。

(3) 按照各类别的 AP 排序，后 20 名 AP 对比。

在当前项目中新建程序 evaluation.py，编程逻辑如程序源码 P3.3 所示。

程序源码 P3.3 evaluation.py 美食版 EfficientDet-Lite 模型评估

```
1  import json
2  import pandas as pd
```

```
3	import numpy as np
4	import seaborn as sns
5	import matplotlib.pyplot as plt
6	# 读取计算机版 TFLite 模型评估数据
7	dict1 = [json.loads(line) for line in open(r'dict1.txt','r')]
8	for key in dict1[0]:
9	    dict1[0][key] = float(dict1[0][key])
10	df1 = pd.DataFrame(dict1)
11	print(df1.head())
12	# 读取移动版 TFLite 模型评估数据
13	dict2 = [json.loads(line) for line in open(r'dict2.txt','r')]
14	for key in dict2[0]:
15	    dict2[0][key] = float(dict2[0][key])
16	df2 = pd.DataFrame(dict2)
17	print(df2.head())
18	# 取前 12 项指标
19	columns = ['AP', 'AP50', 'AP75', 'APs', 'APm', 'APl',
20	           'ARmax1', 'ARmax10', 'ARmax100', 'ARs','ARm','ARl']
21	df1_12 = df1.iloc[0, 0:12]
22	df2_12 = df2.iloc[0, 0:12]
23	sns.barplot(x = np.array(df1_12).tolist(), y = columns)       # 计算机版 TFLite
24	plt.show()
25	sns.barplot(x = np.array(df2_12).tolist(), y = columns)       # 移动版 TFLite
26	plt.show()
27	# 100 个类别 mAP 指标的条形图
28	df1.drop(columns = columns, inplace = True, axis = 1)
29	df1 = df1.stack()                                             # 行列互换
30	df1 = df1.unstack(0)
31	df1.sort_values(by = 0, axis = 0, ascending = False, inplace = True)
32	df2.drop(columns = columns, inplace = True, axis = 1)
33	df2 = df2.stack()                                             # 行列互换
34	df2 = df2.unstack(0)
35	df2.sort_values(by = 0, axis = 0, ascending = False, inplace = True)
36	# 根据需要,只显示 mAP 值最高的前 20 个类别
37	sns.barplot(x = df1[0][0:20], y = df1.index[0:20])            # 计算机版 TFLite
38	plt.show()
39	sns.barplot(x = df2[0][0:20], y = df2.index[0:20])            # 移动版 TFLite
40	plt.show()
41	# 只显示 mAP 值最低的 20 个类别
42	sns.barplot(x = df1[0][ - 20:], y = df1.index[ - 20:])        # 计算机版 TFLite
43	plt.show()
44	sns.barplot(x = df2[0][ - 20:], y = df2.index[ - 20:])        # 移动版 TFLite
45	plt.show()
```

执行程序源码 P3.3,观察计算机版 TFLite 模型与移动版 TFLite 模型的对比效果。图 3.12 给出了计算机版模型的 12 项指标条形图分布。各指标含义参见表 3.4。

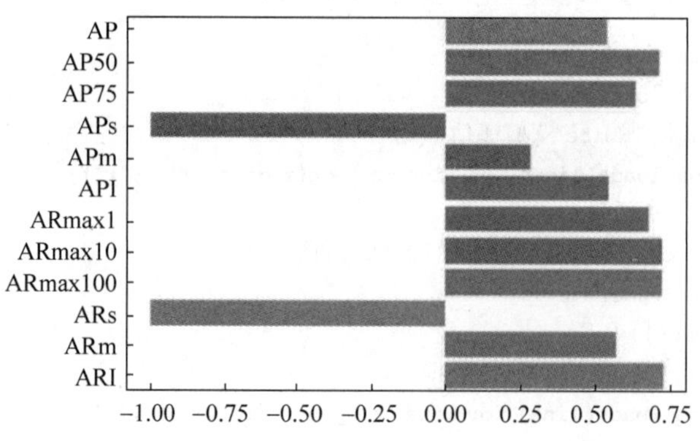

图 3.12　计算机版 TFLite 模型的 12 项指标条形图分布

图 3.13 给出了移动版 TFLite 模型的 12 项指标条形图分布。

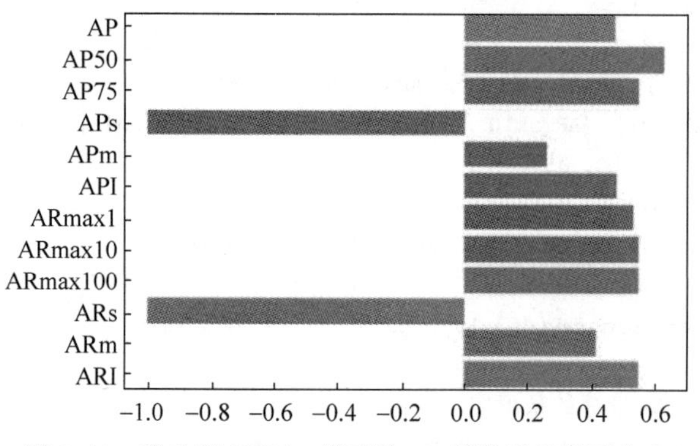

图 3.13　移动版 TFLite 模型的 12 项指标条形图分布

图 3.12 和图 3.13 中，APs(小目标平均精确率)和 ARs(小目标平均召回率)的值均为－1，表示测试集中不存在小目标图像。

不难看出，由于移动版 TFLite 模型做了量化优化，各项指标值均低于计算机版 TFLite 模型。追求计算速度的同时，损失精确率与召回率在所难免。但是移动版 TFLite 模型仍然整体上保持了较高的精确率和召回率，例如其 AP50 超过了 0.6。

图 3.14 给出了计算机版 TFLite 模型前 20 名类别的 AP 条形图分布，AP 值均超过 0.8。

图 3.15 给出了移动 TFLite 模型前 20 名类别的 AP 条形图分布，虽然依旧保持了较高的 AP 值，但是排名顺序发生变化，而且目标对象并不完全一致。

图 3.14 中有 4 种美食 AP_/Japanese-style pancake、AP_/pork cutlet on rice、AP_/sushi、AP_/sashimi bowl 不包括在图 3.15 中，取而代之的是另外 4 种美食 AP_/tempura、AP_/hamburger、AP_/spicy chili-flavored tofu、AP_/dipping noodles。而且即使对于同一种美食，其排名顺序也不一定相同。以 AP_/pizza 为例，在图 3.15 中排在第 20 名，而在图 3.14 中，却排到了第 3 名。

观察前 20 种美食的排名，计算机版 TFLite 模型与移动版 TFLite 模型差异显著。可见，量化优化以后，对模型精度的影响是显著的。

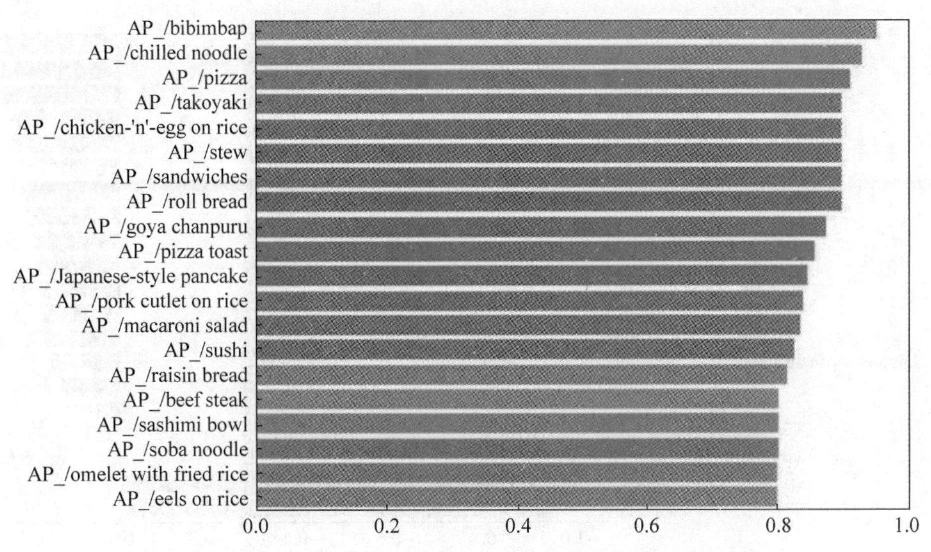

图 3.14 计算机版 TFLite 模型前 20 名类别的 AP 条形图分布

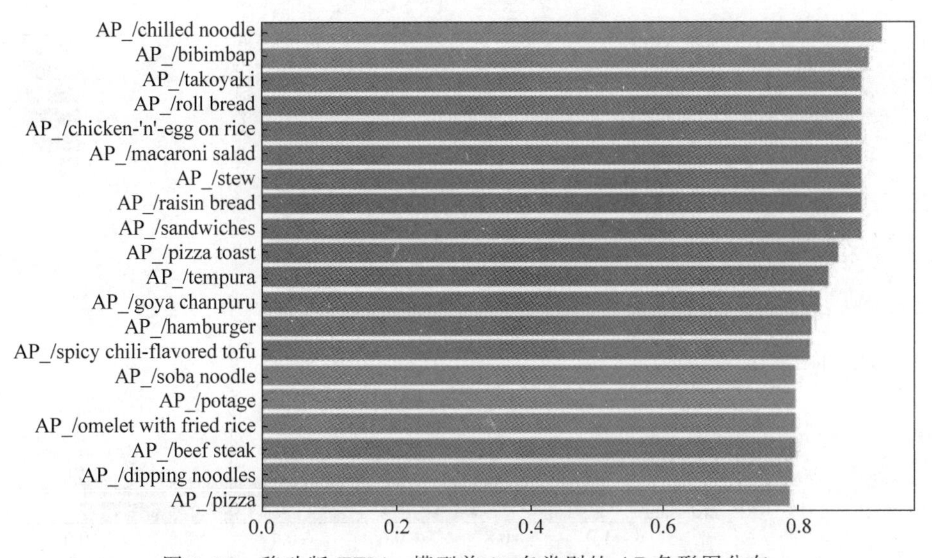

图 3.15 移动版 TFLite 模型前 20 名类别的 AP 条形图分布

图 3.16 给出了计算机版 TFLite 模型后 20 名类别的 AP 条形图分布。检查数据集文件 dataset.csv 发现，AP_/fried fish 在测试集中包含 3 个样本，AP_/vegetable tempura 在测试集中只包含 1 个样本，故其 AP 值非常小。测试集中不包含 AP_/sauteed vegetables 和 AP_/croissant，故其 AP 值为－1。

图 3.17 给出了移动版 TFLite 模型后 20 名类别的 AP 条形图分布。移动版 TFLite 的排名，除了类别列表上的差异，有更多的类别的 AP 值接近于 0，这说明这些类别在测试集中的样本数量过少，同时也说明，对比计算机版 TFLite，移动 TFLite 版在精度上的损失显著增加了。

事实上，程序源码 P3.1 随机划分数据集时，对于 100 个类别来讲，测试集只包含 365

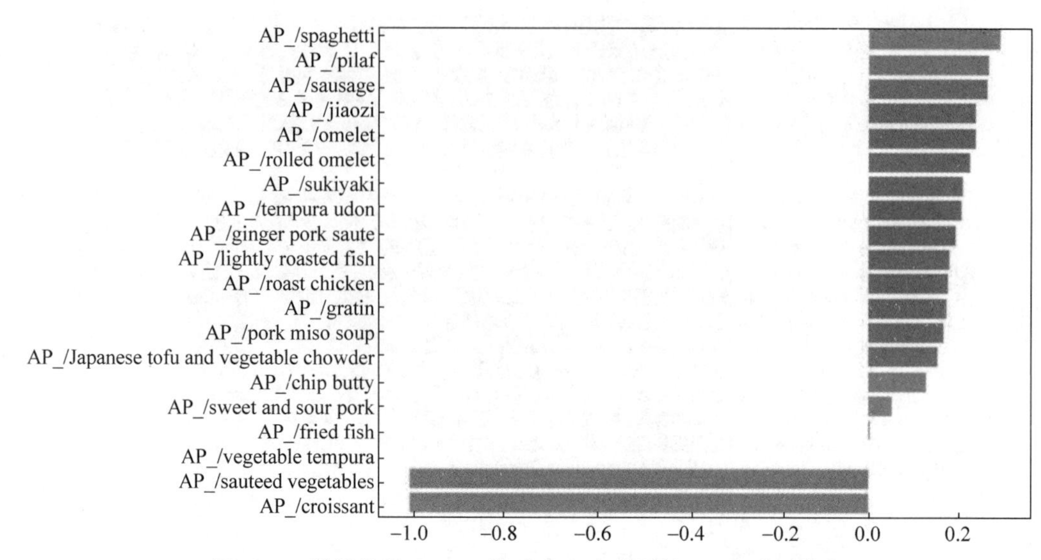

图 3.16　计算机版 TFLite 模型后 20 名类别的 AP 条形图分布

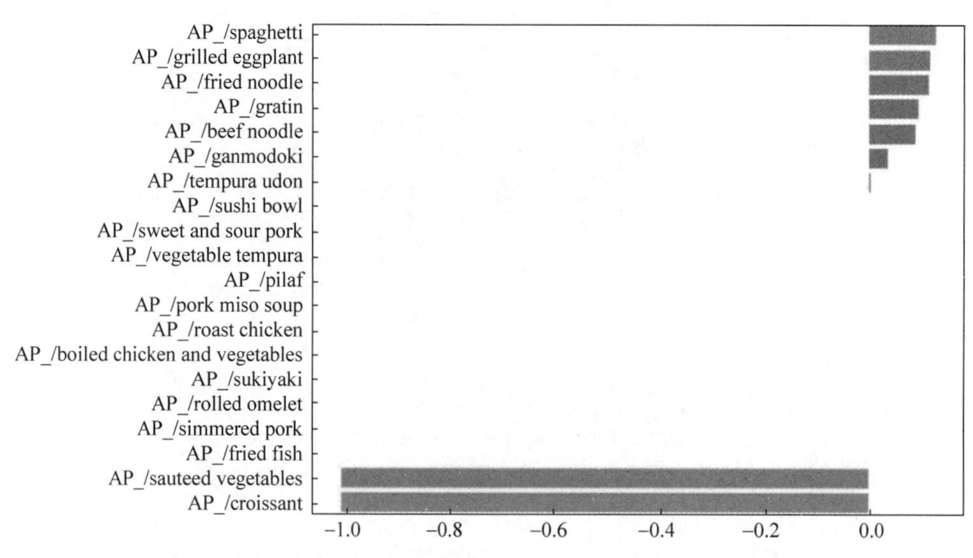

图 3.17　移动版 TFLite 模型后 20 名类别的 AP 条形图分布

个样本,平均每个类别 3.65 个样本,确实太少了。这也是为了增强教学演示效果、说明相关问题而刻意为之的一个举措。就本章案例而言,测试集和验证集的样本数各占 2000 左右,训练集为 10 000 左右比较合理。

3.10　美食版 EfficientDet-Lite 测试

在将移动版 TFLite 模型部署到 Android 手机上之前,首先在计算机里对模型做样本实证观察。在当前项目中新建程序 predict.py,编码逻辑如程序源码 P3.4 所示。

程序源码 P3.4 predict.py 美食版 EfficientDet-Lite 模型测试

```
1   import cv2
2   import tensorflow as tf
3   from PIL import Image
4   import numpy as np
5   model_path = 'model.tflite'                                     # 预训练模型
6   with open('labels.txt','r') as f:                               # 读取模型标签文件
7       classes = f.readlines()
8   for i in range(len(classes)):                                   # 取出标签中的换行符
9       classes[i] = classes[i].replace('\n','')
10  # 图像预处理
11  def preprocess_image(image_path, input_size):
12      img = tf.io.read_file(image_path)                           # 读取指定图像
13      img = tf.io.decode_image(img, channels = 3)                 # 解码
14      img = tf.image.convert_image_dtype(img, tf.uint8)           # 数据类型
15      original_image = img                                        # 原始图像
16      resized_img = tf.image.resize(img, input_size)              # 图像缩放
17      resized_img = resized_img[tf.newaxis, :]                    # 增加维度,表示样本数量
18      resized_img = tf.cast(resized_img, dtype = tf.uint8)        # 数据类型
19      return resized_img, original_image                          # 裁剪后的图像与原始图像
20  def detect_objects(interpreter, image, threshold):
21      """
22      用指定的模型和置信度阈值,对指定的图像检测
23      :param interpreter: 推理模型
24      :param image: 待检测图像
25      :param threshold: 置信度阈值
26      :return: 返回检测结果(字典列表)
27      """
28      # 推理模型解释器
29      signature_fn = interpreter.get_signature_runner()
30      # 对指定图像做目标检测
31      output = signature_fn(images = image)
32      # 解析检测结果
33      count = int(np.squeeze(output['output_0']))                 # 检测到的目标数量
34      scores = np.squeeze(output['output_1'])                     # 置信度
35      class_curr = np.squeeze(output['output_2'])                 # 类别
36      boxes = np.squeeze(output['output_3'])                      # Bounding Box 坐标
37      results = []
38      for i in range(count):                                      # 所有目标组织为列表
39          if scores[i] >= threshold:                              # 只返回超过阈值的目标
40              result = {                  # 以字典格式组织单个检测结果
41                'bounding_box': boxes[i],
42                'class_id': class_curr[i],
43                'score': scores[i]
44              }
45              results.append(result)
46      return results                                              # 返回检测结果(字典列表)
47  def run_odt_and_draw_results(image_path, interpreter, threshold = 0.5):
```

```
48      """
49      用指定模型在指定图片上根据阈值做目标检测并绘制检测结果
50      :param image_path: 待检测图像
51      :param interpreter: 推理模型
52      :param threshold: 置信度阈值
53      :return: 绘制 Bounding Box、类别和置信度的图像数组
54      """
55      # 根据模型获得输入维度
56      _, input_height, input_width, _ = interpreter.get_input_details()[0]['shape']
57      # 加载图像并做预处理
58      preprocessed_image, original_image = preprocess_image(
59          image_path,
60          (input_height, input_width)
61      )
62      # 对图像做目标检测
63      results = detect_objects(interpreter,
64                               preprocessed_image,
65                               threshold = threshold)
66      # 在图像上绘制检测结果(Bounding Box,类别,置信度)
67      original_image_np = original_image.numpy().astype(np.uint8)
68      for obj in results:
69          # 根据原始图像尺寸(高度和宽度),将 Bounding Box 的坐标调整为整数
70          ymin, xmin, ymax, xmax = obj['bounding_box']
71          xmin = int(xmin * original_image_np.shape[1])
72          xmax = int(xmax * original_image_np.shape[1])
73          ymin = int(ymin * original_image_np.shape[0])
74          ymax = int(ymax * original_image_np.shape[0])
75          # 当前类别的 ID
76          class_id = int(obj['class_id'])
77          # 用指定颜色绘制 Bounding Box
78          color = [0,255,0]                              # 颜色
79          cv2.rectangle(original_image_np,
80                        (xmin, ymin),
81                        (xmax, ymax),
82                        color, 1)
83          # 调整类别标签的纵向坐标,保持可见
84          y = ymin - 5 if ymin - 5 > 15 else ymin + 20
85          # 类别标签和置信度显示为字符串
86          label = "{}: {:.0f}%".format(classes[class_id], obj['score'] * 100)
87          color = [255,255,0]                            # 标签文本颜色
88          cv2.putText(original_image_np, label, (xmin + 5, y),
89                      cv2.FONT_ITALIC, 0.5, color, 1)    # 绘制标签
90      # 返回绘制结果的图像
91      original_uint8 = original_image_np.astype(np.uint8)
92      return original_uint8
93  # 随机选择图像进行测试
94  # TEMP_FILE = './dataset100/25.jpg'
95  TEMP_FILE = './dataset100/11156.jpg'
96  DETECTION_THRESHOLD = 0.13                             # 置信度阈值,可以调整
```

```
97   im = Image.open(TEMP_FILE)                                    # 打开图像
98   im.thumbnail((512, 512), Image.ANTIALIAS)                     # 缩放
99   im.save(TEMP_FILE)                                            # 保存缩放后的图像
100  # 加载 TFLite 推理模型
101  interpreter = tf.lite.Interpreter(model_path = model_path)
102  interpreter.allocate_tensors()
103  # 进行目标检测并绘制检测结果
104  detection_result_image = run_odt_and_draw_results(
105      TEMP_FILE,
106      interpreter,
107      threshold = DETECTION_THRESHOLD
108  )
109  # 显示检测结果
110  Image.fromarray(detection_result_image).show()
```

运行程序 predict.py,修改第 96 行语句设定的置信度阈值,观察输出结果。图 3.18 所示为图片 25.jpg 在置信度阈值为 0.13 时的测试结果。

图 3.19 所示为图片 11156.jpg 在置信度阈值为 0.13 时的测试结果。注意,其中的 french fries 检测到了两个目标框,因为其置信度阈值均超过了 0.13。

图 3.18 图片 25.jpg 在置信度阈值为 0.13 时的测试结果(5 种美食全部检出)(见彩插)

图 3.19 图片 11156.jpg 在置信度阈值为 0.13 时的测试结果(检测到 4 种美食)

3.11 新建 Android 项目

新建 Android 项目,项目模板选择 Empty Activity,项目名称为 Foods,项目包可自由定义,本章设置为 cn.edu.ldu.foods,编程语言选择 Kotlin,SDK 最小版本号设置为 API 21: Android 5.0(Lollipop),如图 3.20 所示,单击 Finish 按钮,完成项目创建和初始化。

打开项目资源列表中的 strings.xml 文件,修改 app_name 属性的值为“美食场景检测”:

```
<string name = "app_name">美食场景检测</string>
```

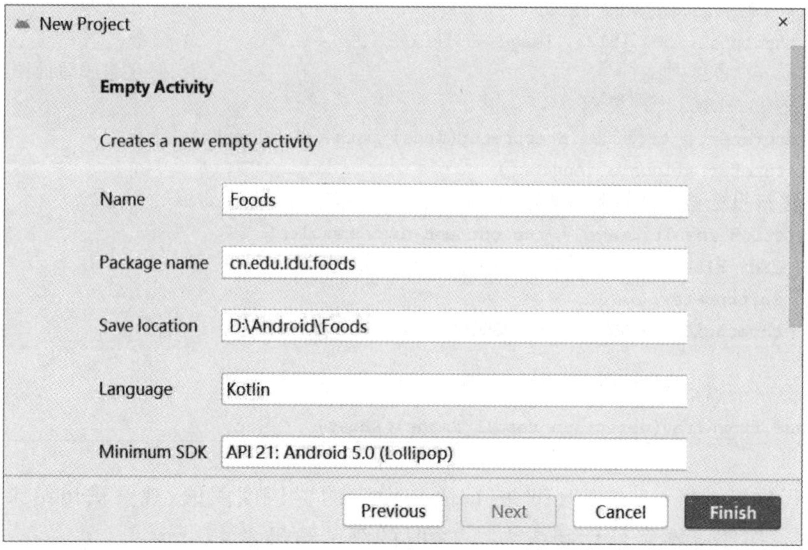

图 3.20 项目初始化与参数配置

右击项目视图中的 app 节点，在弹出的快捷菜单中执行 New→Image Asset 命令，在弹出的对话框中选择一幅素材图片作为程序图标，调整图标大小，完成图标定制，如图 3.21 所示。

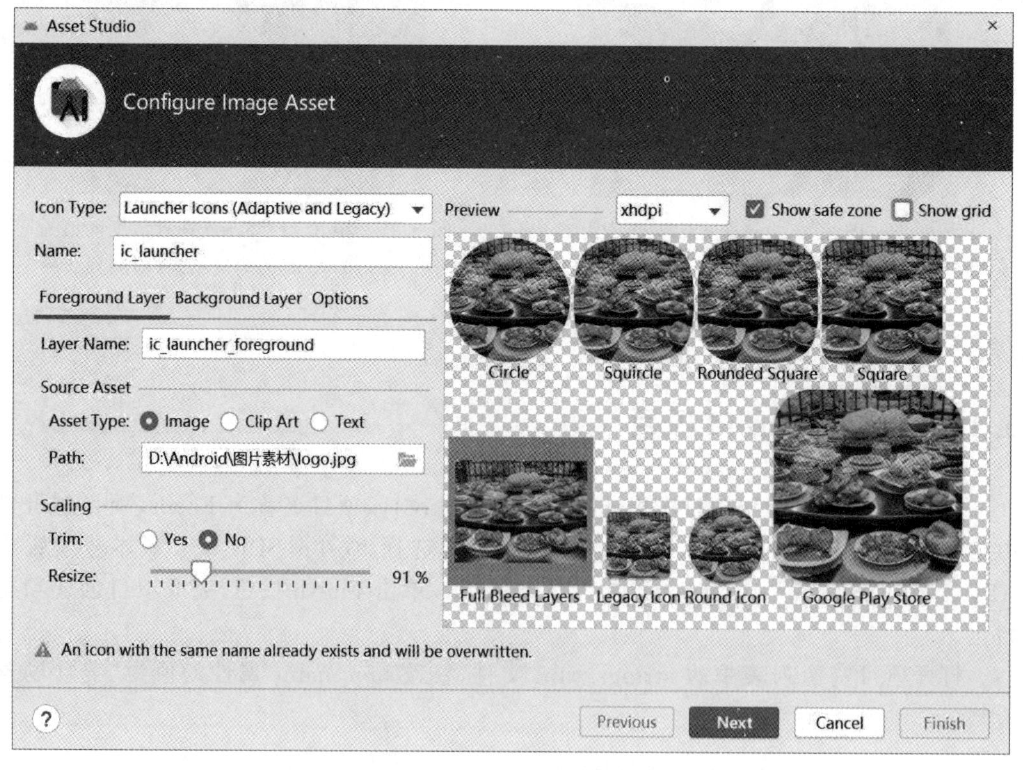

图 3.21 定制项目图标

选择 app 节点，在鼠标右键的快捷菜单中执行 New→Folder→Assets Folder 命令，创建 assets 目录，复制 model. tflite 模型文件到项目的 assets 目录下。

执行 Refactor→Migrate to AndroidX 命令，将项目支持库转变为 AndroidX 模式。

在项目的 build. gradle 文件中，添加 TFLite Task Library 库依赖：

```
implementation 'org.tensorflow:tensorflow-lite-task-vision:0.3.1'
```

在 AndroidManifest. xml 清单文件开启相机拍照功能。

```
<queries>
        <intent>
            <action android:name="android.media.action.IMAGE_CAPTURE" />
        </intent>
</queries>
```

在 AndroidManifest. xml 中添加 provider 元素，定义 FileProvider。

```
<manifest>
    ...
    <application>
        ...
        <provider
            android:name="androidx.core.content.FileProvider"
            android:authorities="cn.edu.ldu.objectdetection.fileprovider"
            android:exported="false"
            android:grantUriPermissions="true">
            <meta-data
                android:name="android.support.FILE_PROVIDER_PATHS"
                android:resource="@xml/file_paths" />
        </provider>
    </application>
</manifest>
```

在 res/xml 节点下创建 file_paths. xml 文件，定义外部存储路径。

```
<?xml version="1.0" encoding="utf-8"?>
<paths xmlns:android="http://schemas.android.com/apk/res/android">
    <external-files-path name="my_images" path="Pictures" />
</paths>
```

此时，项目结构如图 3.22 所示。其中清单文件 AndroidManifest. xml、模块依赖文件 build. gradle、照片存储路径文件 file_paths. xml 和 TFLite 模型文件 model. tflite 已经部署完成。

接下来的工作是完成界面设计和主程序逻辑设计。

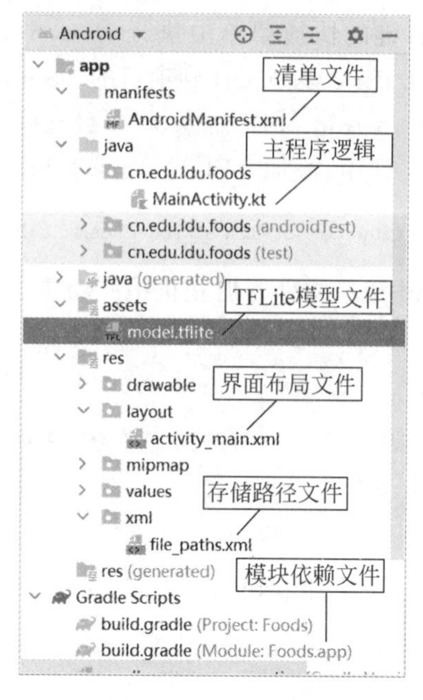

图 3.22　项目结构

3.12　Android 界面设计

打开 activity_main. xml 文件，定义界面布局，如图 3.23 所示。自顶向下包含四个控件，依次是文本提示控件 tvPlaceholder、图像视图控件 imageView、相机控件 btnCapture、相册控件 btnPicture。图 3.24 为模拟器测试的初始界面。

图 3.23　界面布局设计

图 3.24　模拟器测试的初始界面

界面脚本如程序源码 P3.5 所示。

程序源码 P3.5 activity_main.xml 界面布局设计

```
1   <?xml version = "1.0" encoding = "utf - 8"?>
2   < androidx.constraintlayout.widget.ConstraintLayout
3   xmlns:android = "http://schemas.android.com/apk/res/android"
4       xmlns:app = "http://schemas.android.com/apk/res - auto"
5       xmlns:tools = "http://schemas.android.com/tools"
6       android:layout_width = "match_parent"
7       android:layout_height = "match_parent"
8       tools:context = ".MainActivity">
9       < FrameLayout
10          android:layout_width = "match_parent"
11          android:layout_height = "match_parent"
12          android:layout_above = "@ + id/btnCamera"
13          app:layout_constraintStart_toStartOf = "parent"
14          app:layout_constraintTop_toTopOf = "parent">
15          < TextView
16              android:id = "@ + id/tvPlaceholder"
17              android:layout_width = "match_parent"
18              android:layout_height = "wrap_content"
19              android:layout_marginTop = "10dp"
20              android:text = "此处显示检测结果"
21              android:textAlignment = "center"
22              android:textSize = "36sp" />
23          < ImageView
24              android:id = "@ + id/imageView"
25              android:layout_width = "match_parent"
26              android:layout_height = "464dp"
27              android:adjustViewBounds = "true"
28              android:contentDescription = "@null"
29              android:scaleType = "fitCenter"
30              app:srcCompat = "@mipmap/ic_launcher_foreground" />
31      </FrameLayout >
32      < Button
33          android:id = "@ + id/btnCamera"
34          android:layout_width = "100dp"
35          android:layout_height = "80dp"
36          android:layout_marginStart = "60dp"
37          android:layout_marginBottom = "60dp"
38          android:background = "@android:drawable/ic_menu_camera"
39          app:layout_constraintBottom_toBottomOf = "parent"
40          app:layout_constraintStart_toStartOf = "parent"
41          tools:ignore = "SpeakableTextPresentCheck" />
42      < Button
43          android:id = "@ + id/btnPicture"
44          android:layout_width = "90dp"
45          android:layout_height = "70dp"
```

46	android:layout_marginEnd = "60dp"
47	android:layout_marginBottom = "65dp"
48	android:background = "@android:drawable/ic_menu_gallery"
49	app:layout_constraintBottom_toBottomOf = "parent"
50	app:layout_constraintEnd_toEndOf = "parent"
51	tools:ignore = "SpeakableTextPresentCheck" />
52	</androidx.constraintlayout.widget.ConstraintLayout>

在模拟器或者真机上做项目测试，此时，只能看到初始界面，单击“相机”按钮和“相册”按钮，系统没有响应。

3.13 Android 逻辑设计

本节完成主程序 MainActivity.kt 的编程设计，程序逻辑如图 3.25 所示，包括 10 个模块函数和一个实体类，矩形框内为模块函数名称或实体类名称，旁边给出了模块功能的简单描述。

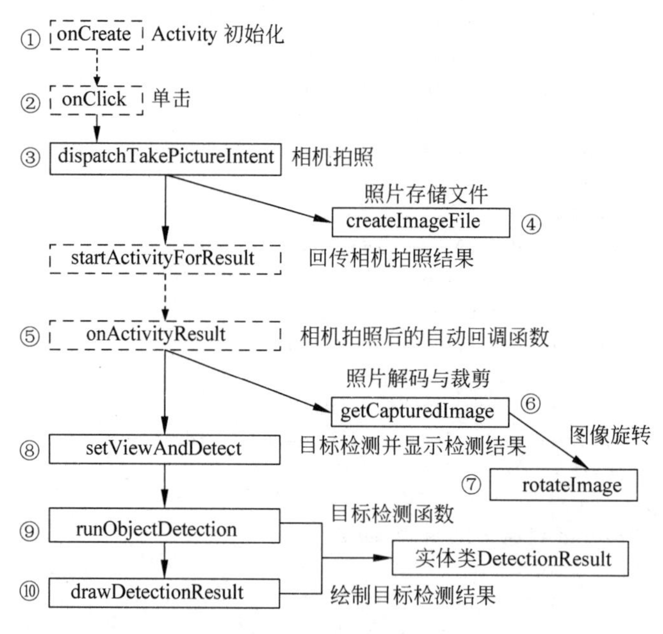

图 3.25 程序逻辑

模块之间的箭头连线表示了其调用关系。虚线箭头表示不是直接调用关系，但存在间接的逻辑关联或者事件关联。

虚线框表示该模块是系统函数模块，需要重写或者调用。实线框表示该模块是由用户新定义完成的模块。

编码逻辑如程序源码 P3.6 所示，其中模块名称和实体类名称加了粗体标注。

程序源码 P3.6 MainActivity.kt 程序主逻辑

```
1  package cn.edu.ldu.foods
2  import android.app.Activity
3  import android.content.ActivityNotFoundException
4  import android.content.Intent
5  import android.graphics.*
6  import android.net.Uri
7  import androidx.appcompat.app.AppCompatActivity
8  import android.os.Bundle
9  import android.os.Environment
10 import android.provider.MediaStore
11 import android.util.Log
12 import android.view.View
13 import android.widget.Button
14 import android.widget.ImageView
15 import android.widget.TextView
16 import androidx.core.content.FileProvider
17 import androidx.exifinterface.media.ExifInterface
18 import androidx.lifecycle.lifecycleScope
19 import kotlinx.coroutines.Dispatchers
20 import kotlinx.coroutines.launch
21 import org.tensorflow.lite.support.image.TensorImage
22 import org.tensorflow.lite.task.vision.detector.Detection
23 import org.tensorflow.lite.task.vision.detector.ObjectDetector
24 import java.io.File
25 import java.io.IOException
26 import java.text.SimpleDateFormat
27 import java.util.*
28 import kotlin.math.max
29 import kotlin.math.min
30 class MainActivity : AppCompatActivity(), View.OnClickListener {
31     companion object {                              //定义常量
32         const val TAG = "TFLite Object Detection"
33         const val REQUEST_IMAGE_CAPTURE: Int = 2022
34         private const val MAX_FONT_SIZE = 96F
35     }
36     private lateinit var btnCamera: Button
37     private lateinit var inputImageView: ImageView
38     private lateinit var tvPlaceholder: TextView
39     private lateinit var currentPhotoPath: String
40     override fun onCreate(savedInstanceState: Bundle?) {
41         super.onCreate(savedInstanceState)
42         setContentView(R.layout.activity_main)
43         btnCamera = findViewById(R.id.btnCamera)
44         inputImageView = findViewById(R.id.imageView)
45         tvPlaceholder = findViewById(R.id.tvPlaceholder)
46         btnCamera.setOnClickListener(this)
47     }
```

```
48      // 相机拍照返回后的回调函数
49      override fun onActivityResult(requestCode: Int, resultCode: Int, data: Intent?) {
50          super.onActivityResult(requestCode, resultCode, data)
51          if (requestCode == REQUEST_IMAGE_CAPTURE &&
52              resultCode == Activity.RESULT_OK
53          ) {
54              setViewAndDetect(getCapturedImage()) // 显示检测结果
55          }
56      }
57      // onClick(v: View?), 检测 Activity 上的单击事件
58      override fun onClick(v: View?) {
59          when (v?.id) {
60              R.id.btnCamera -> {
61                  try {
62                      dispatchTakePictureIntent()
63                  } catch (e: ActivityNotFoundException) {
64                      Log.e(TAG, e.message.toString())
65                  }
66              }
67          }
68      }
69      // 目标检测函数,完成对指定图像的目标检测
70      private fun runObjectDetection(bitmap: Bitmap) {
71          // Step 1: 创建 TFLite's TensorImage 对象
72          val image = TensorImage.fromBitmap(bitmap)
73          // Step 2: 初始化目标检测器对象
74          val options = ObjectDetector.ObjectDetectorOptions.builder()
75              .setMaxResults(5)
76              .setScoreThreshold(0.3f)          // 更改置信度阈值,会影响检测结果
77              .build()
78          val detector = ObjectDetector.createFromFileAndOptions(
79              this,
80              "model.tflite",                   // 此前训练好的 TFLite 模型文件
81              options
82          )
83          // Step 3: TensorImage 格式的图像传给检测器,开始检测
84          val results = detector.detect(image)
85          // Step 4: 分析检测结果并显示
86          val resultToDisplay = results.map {
87              // 获取排名第一的类别,构建显示文本
88              val category = it.categories.first()
89              val text = "${category.label}, ${category.score.times(100).toInt()}%"
90              // 创建数据对象,存储检测结果
91              DetectionResult(it.boundingBox, text)
92          }
93          // 在位图上绘制检测结果
94          val imgWithResult = drawDetectionResult(bitmap, resultToDisplay)
95          // 将检测结果更新到视图
96          runOnUiThread {
```

```
97              inputImageView.setImageBitmap(imgWithResult)
98          }
99      }
100     // 将图像显示到视图中,并对其做目标检测
101     private fun setViewAndDetect(bitmap: Bitmap) {
102         // 显示图像
103         inputImageView.setImageBitmap(bitmap)
104         tvPlaceholder.visibility = View.INVISIBLE    // 隐藏文本提示
105         // 目标检测是一个同步过程,为避免界面阻塞,将检测过程定义为协程模式
106         lifecycleScope.launch(Dispatchers.Default) { runObjectDetection(bitmap) }
107     }
108     // 对相机返回的图像解码并根据图像视图的大小进行裁剪
109     private fun getCapturedImage(): Bitmap {
110         // 视图的宽度与高度
111         val targetW: Int = inputImageView.width
112         val targetH: Int = inputImageView.height
113         val bmOptions = BitmapFactory.Options().apply {
114             inJustDecodeBounds = true
115             BitmapFactory.decodeFile(currentPhotoPath, this)
116             // 图像的宽度与高度
117             val photoW: Int = outWidth
118             val photoH: Int = outHeight
119             // 计算裁剪比例因子
120             val scaleFactor: Int = max(1, min(photoW / targetW, photoH / targetH))
121             inJustDecodeBounds = false
122             inSampleSize = scaleFactor
123             inMutable = true
124         }
125         // 获取照片的属性信息
126         val exifInterface = ExifInterface(currentPhotoPath)
127         val orientation = exifInterface.getAttributeInt(
128             ExifInterface.TAG_ORIENTATION,
129             ExifInterface.ORIENTATION_UNDEFINED
130         )
131         val bitmap = BitmapFactory.decodeFile(currentPhotoPath, bmOptions)
132         return when (orientation) { // 根据照片方向做适当旋转变换
133             ExifInterface.ORIENTATION_ROTATE_90 -> {
134                 rotateImage(bitmap, 90f)
135             }
136             ExifInterface.ORIENTATION_ROTATE_180 -> {
137                 rotateImage(bitmap, 180f)
138             }
139             ExifInterface.ORIENTATION_ROTATE_270 -> {
140                 rotateImage(bitmap, 270f)
141             }
142             else -> {
143                 bitmap
144             }
145         }
```

```
146         }
147         // 对图像进行旋转变换
148         private fun rotateImage(source: Bitmap, angle: Float): Bitmap {
149             val matrix = Matrix()
150             matrix.postRotate(angle)
151             return Bitmap.createBitmap(
152                 source, 0, 0, source.width, source.height,
153                 matrix, true
154             )
155         }
156         // 创建图像文件,为相机拍摄的照片写入做准备
157         @Throws(IOException::class)
158         private fun createImageFile(): File {
159             // 图像文件名称及其路径
160             val timeStamp: String = SimpleDateFormat("yyyyMMdd_HHmmss").format(Date())
161             val storageDir: File? = getExternalFilesDir(Environment.DIRECTORY_PICTURES)
162             return File.createTempFile(
163                 "JPEG_${timeStamp}_", /* prefix */
164                 ".jpg", /* suffix */
165                 storageDir /* directory */
166             ).apply {
167                 // 返回图像文件保存路径
168                 currentPhotoPath = absolutePath
169             }
170         }
171         // 调用相机拍照
172         private fun dispatchTakePictureIntent() {
173             Intent(MediaStore.ACTION_IMAGE_CAPTURE).also { takePictureIntent ->
174                 // 确保有 camera activity 处理 intent
175                 takePictureIntent.resolveActivity(packageManager)?.also {
176                     // 创建存储相机数据的图像文件
177                     val photoFile: File? = try {
178                         createImageFile()
179                     } catch (e: IOException) {
180                         Log.e(TAG, e.message.toString())
181                         null
182                     }
183                     // 如果文件创建成功
184                     photoFile?.also {
185                         val photoURI: Uri = FileProvider.getUriForFile(
186                             this,
187                             "cn.edu.ldu.objectdetection.fileprovider",
188                             it
189                         )
190                         // 保存图像
191                         takePictureIntent.putExtra(MediaStore.EXTRA_OUTPUT, photoURI)
192                         // 回传相机拍照结果
193                         startActivityForResult(takePictureIntent, REQUEST_IMAGE_CAPTURE)
194                     }
```

```
195                 }
196             }
197         }
198         // 绘制检测结果,包括 Bounding Box、类别名称、置信度
199         private fun drawDetectionResult(
200             bitmap: Bitmap,
201             detectionResults: List<DetectionResult>
202         ): Bitmap {
203             val outputBitmap = bitmap.copy(Bitmap.Config.ARGB_8888, true)
204             val canvas = Canvas(outputBitmap)
205             val pen = Paint()
206             pen.textAlign = Paint.Align.LEFT
207             detectionResults.forEach {
208                 // 绘制 Bounding Box
209                 pen.color = Color.GREEN
210                 pen.strokeWidth = 8F
211                 pen.style = Paint.Style.STROKE
212                 val box = it.boundingBox
213                 canvas.drawRect(box, pen)
214                 val tagSize = Rect(0, 0, 0, 0)
215                 // 字体设置
216                 pen.style = Paint.Style.FILL_AND_STROKE
217                 pen.color = Color.YELLOW
218                 pen.strokeWidth = 2F
219                 pen.textSize = MAX_FONT_SIZE
220                 pen.getTextBounds(it.text, 0, it.text.length, tagSize)
221                 val fontSize: Float = pen.textSize * box.width() / tagSize.width()
222                 // 调整字体大小,让文本显示在框内
223                 if (fontSize < pen.textSize) pen.textSize = fontSize
224                 var margin = (box.width() - tagSize.width()) / 2.0F
225                 if (margin < 0F) margin = 0F
226                 canvas.drawText(
227                     it.text, box.left + margin,
228                     box.top + tagSize.height().times(1F), pen
229                 )
230             }
231             return outputBitmap                        // 返回绘制检测结果的图像
232         }
233     }
234     // 实体类,存储检测到的对象的可视化信息
235     data class DetectionResult(val boundingBox: RectF, val text: String)
```

第 70～99 行实现的函数模块 runObjectDetection，基于 TFLite Task Library 编写 Android 目标检测逻辑，通过 4 个步骤轻松完成，确实非常简单。第 96 行语句用线程模式更新界面，第 106 行语句用协程模式完成后台目标检测的推理过程，避免界面阻塞。

程序源码 P3.6 略去了从相册选择图片做目标检测的逻辑设计，该项功能也留到本章的课后习题，读者不难根据照相机的逻辑设计，自行完成相册的目标检测。更多解释参见本节视频讲解。

3.14 Android 手机测试

修改程序源码 P3.6 的第 76 行语句 setScoreThreshold(0.13f)的置信度阈值参数，可以影响返回的检测结果。

为了与 3.10 节的程序源码 P3.4 做对照，这里仍然采用 0.13 的阈值参数，并且选取 25.jpg 和 11156.jpg 作为教学演示图片。使用 Android 真机测试，检测结果分别如图 3.26 和图 3.27 所示。

图 3.26　25.jpg 图像置信度阈值为 0.13 的检测结果

图 3.27　11156.jpg 图像置信度阈值为 0.13 的检测结果

图 3.26 与图 3.18 均采用 25.jpg 图像做目标检测测试。图 3.26 所示的 Android 真机检测只发现了 3 个正确的目标，而在置信度阈值同为 0.13 的情况下，图 3.18 给出的正确检测结果是 5 个。事实上，可以把这种差异归结为手机对着屏幕拍照时屏幕的反光、抖动或其他光影效果对成像质量的影响造成的。

图 3.27 与图 3.19 均采用 11156.jpg 图像做目标检测测试。有意思的是，仍然是对着屏幕拍照，在置信度阈值相同的情况下，图 3.27 的检测效果却更好，显示检出了 5 个目标，比图 3.21 多出了 jiaozi。同时，对于汤品的认定也不同，图 3.27 给出的结果是 chinese soup，而图 3.19 给出的结果是 miso soup。

表 3.5 给出的实证测试对比，从一定程度上说明 EfficientDet 模型的健壮性好，泛化能力强。

表 3.5　两种场景检测效果对比(置信度阈值为 0.13)

类　别	真机对屏幕场景	TFLite 对图片场景
rice	17%，正确检测	37%，正确检测
cold tofu	31%，正确检测	21%，正确检测
miso soup	27%，chinese soup	34%，正确检测
french fries	29%，正确检测	27%，正确检测
jiaozi	19%，正确检测	没有检测到

图 3.28 是将置信度阈值调整为 0.1 后的检测结果，与图 3.26 做对比，虽然多出了 jiaozi 这个目标，然而并不正确，只是说明了阈值对结果的影响。图 3.29 给出了正确的检测结果。

图 3.28 置信度阈值为 0.1 的检测结果

图 3.29 置信度阈值为 0.2 的检测结果

3.15 小结

本章以美食场景中的食材检测为切入点，以 EfficientDet 模型应用于美食场景检测的方法路径为主线，完成了基于 MakeSense 的数据集标注、EfficientDet 论文深度解析、基于 TensorFlow Lite Model Maker 实现 TFLite 模型的训练与评估、基于 TFLite Task Library 实现 Android 版的美食场景检测。

3.16 习题

1. 目标检测常见的技术路线有哪些？
2. 如何为目标检测数据集定义标签？试举例说明。
3. EfficientDet 模型的主要创新点包括哪些？
4. 双向加权特征金字塔网络(BiFPN)与其他特征融合模式相比优势有哪些？
5. EfficientDet 模型的复合缩放方法是如何实现的？
6. EfficientDet 与哪些经典模型做了对比？论文给出的实验结论是什么？
7. 描述 EfficientDet 的结构，解析这种结构的优势。
8. TFLite 版模型建模路径有哪些？
9. 描述 EfficientDet-Lite 版模型做迁移学习的基本步骤。
10. 目标检测问题为什么会选择 mAP 作为评估指标？
11. 描述 mAP 指标的计算逻辑。

12. 计算机版 TFLite 模型与移动版 TFLite 模型的差异说明了什么问题?

13. 结合美食版 EfficientDet-Lite 模型的建模、训练与测试,侧重从健康美食的角度谈谈你对美食类 App 应用前景的瞻望。

14. 结合本章项目设计,谈谈在 Android 上部署应用 TFLite 模型的方法和步骤。

15. 美食版 TFLIte 模型与鸟类版 TFLite 模型部署有何不同?

16. 根据相机拍照的检测逻辑设计,自行完成相册的目标检测设计。

第 4 章

YOLOv5与驾驶场景检测

当读完本章时，应该能够：

- 熟悉并理解自动驾驶场景检测问题。
- 理解并掌握常见的目标检测技术与方法。
- 理解并掌握 YOLOv1 的设计初衷与模型原理。
- 理解并掌握 YOLOv2 的改进逻辑与设计原理。
- 理解并掌握 YOLOv3 的改进逻辑与设计原理。
- 理解并掌握 YOLOv4 的改进逻辑与设计原理。
- 理解并掌握 YOLOv5 的改进逻辑与设计原理。
- 采集驾驶员工作状态数据。
- 基于 LabelImg 为数据集定义标签。
- 实现 YOLOv5 迁移学习，建模、训练与评估。
- 在 Android 上部署 YOLOv5-Lite 实现驾驶场景检测。

4.1 项目动力

自动驾驶(Autonomous Driving 或 Self-driving)是人工智能中非常热门的应用领域之一。自动驾驶分为六个等级(0～5 级)，五级为完全自动驾驶，是最高级别的自动驾驶，目标是能够在任何可行驶条件下持续完成全部驾驶任务。

尽管自动驾驶还没有完全达到与人类驾驶智慧相媲美的程度，无法像人类那样对驾驶行为做出深度预判与预见，但毫无疑问，这个领域取得的快速进展令人欢欣鼓舞，在某些特定场景下，自动驾驶已经可以不知疲倦、安全高效地完全取代人类的工作。

自动驾驶过程中，激光雷达和高速相机相当于汽车的眼睛，能够快速、实时感知并捕获大量外界信息,这些信息成为汽车精准识别和定位外部目标的依据。本章基于 YOLO 算法探讨自动驾驶中的目标分类与对象定位问题。工业化的自动驾驶已经落地,自动驾驶进入日常生活不再是梦想。

自动驾驶的关键技术为感知定位、规划决策和执行控制三部分。感知定位如同驾驶员的眼睛,规划决策相当于驾驶员的大脑,执行控制则好比驾驶员的手脚。本章研究内容聚焦于目标的感知定位,即自动驾驶汽车如何通过深度学习方法从图像数据中识别和定位目标对象。

目前,自动驾驶的视觉设计有两条技术路线:一是纯视觉系统;二是视觉与激光雷达系统结合起来。前者的代表是特斯拉公司,从 2021 年开始,特斯拉公司坚持用纯视觉系统(高速相机)捕获场景目标,这种设计局限性较大,面对大雨、大雾等恶劣天气时,纯视觉系统会受到严重干扰,容易产生误判。多数公司采用第二种方案,相机视觉与雷达系统配合,能更好地应对复杂环境下的目标识别与定位。图 4.1 所示为同时装配了激光雷达和高速相机的 Lyft 自动驾驶汽车布局示意图。

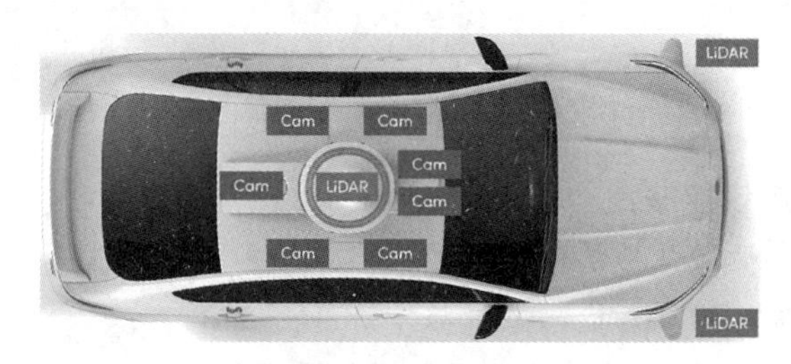

图 4.1 同时装配了激光雷达和高速相机的 Lyft 自动驾驶汽车布局示意

图 4.1 所示的 Lyft 自动驾驶车型配置了 3 个激光雷达(LiDAR)和 7 个高速摄像机。

3 个 LiDAR 中,一个 LiDAR 位于汽车顶部正中位置,另外两个分别位于前保险杠的左右两侧。3 个 LiDAR 同步工作。

7 台高速摄像机中,有 6 台摄像机位于汽车顶部 LiDAR 的四周,均匀覆盖 360°视场。单独有一台长焦距摄像机位于汽车顶部正前方,仰角稍微朝上,主要用于检测交通信号灯。摄像机与 LiDAR 同步工作,摄像机捕获图像时,LiDAR 光束会恰好位于摄像机视场的中心。

本章基于 YOLO 的驾驶场景检测及其教学演示,虽然只是自动驾驶领域的一小步,但意义非凡。因为其他后续决策都要根据视觉检测的结果做出判断和行为控制。同时,本章的案例设计对其他运动场景的目标检测也具有很好的应用示范和迁移价值。

4.2 驾驶场景检测

目标检测是实现计算机视觉任务的基础,也是计算机视觉的热点技术领域。目标分类、目标定位和目标检测对初学者是几个容易混淆的概念。

(1) 目标分类:关注包含哪些目标、目标是什么或不是什么,不关心目标的具体位置。

(2) 目标定位：给出目标在图像中的坐标位置。

(3) 目标检测：在给定的图像中检测判断目标的类型，同时标定目标的位置。

下面通过一个案例说明目标检测到底在检测什么。如图 4.2 所示，图像中出现了多辆汽车。假定现在有一个目标检测任务，需要区分图像中包含的行人(Pedestrian)、汽车(Car)和自行车(Bicycle)及其位置，上述 3 种目标以外的对象标识为背景(Background)。

图 4.2　驾驶场景中的目标检测

为了标识目标的位置，需要定义坐标参照系。如果是三维(3D)目标定位，则需要考虑 z 轴，同时考虑目标的宽度、长度和高度。为简单起见，这里讨论二维(2D)目标定位问题。

二维目标定位常见的做法是设定图像左上角坐标为(0,0)，右下角坐标为(1,1)。根据目标的宽度与高度，用一个矩形框将目标围在其中，这个矩形框称作 Bounding Box，Bounding Box 的几何中心即为目标的坐标。

图 4.2 中左边汽车的坐标为(b_x,b_y)，高度为 b_h，宽度为 b_w。其中 b_h 用汽车高度占整幅图像高度的比例表示，b_w 用汽车宽度占整幅图像的宽度比例表示。

图 4.2 中左侧汽车的目标定位可表示为：$b_x=0.4, b_y=0.7, b_h=0.3, b_w=0.4$。

除了采用坐标、高度、宽度进行定位，也可以采用左上角坐标与右下角坐标的方式表示目标位置。

通常采用向量表示目标检测的结果。以当前假定的检测场景为例，检测结果或者标签可以表示为维度为(8,1)的向量。

$$\text{输出标签：}\hat{\boldsymbol{y}}=\begin{bmatrix}\hat{\boldsymbol{p}}_c\\ \hat{b}_x\\ \hat{b}_y\\ \hat{b}_h\\ \hat{b}_w\\ \hat{c}_1\\ \hat{c}_2\\ \hat{c}_3\end{bmatrix}\text{，真实标签：}\boldsymbol{y}=\begin{bmatrix}\boldsymbol{p}_c\\ b_x\\ b_y\\ b_h\\ b_w\\ c_1\\ c_2\\ c_3\end{bmatrix}\text{，检测到目标：}\begin{bmatrix}\mathbf{1}\\ 0.4\\ 0.7\\ 0.3\\ 0.4\\ 0\\ 1\\ 0\end{bmatrix}\text{，无目标：}\begin{bmatrix}\mathbf{0}\\ ?\\ ?\\ ?\\ ?\\ ?\\ ?\\ ?\end{bmatrix}$$

其中，$p_c=1$，表示检测到目标，c_1、c_2 和 c_3 分别表示三种类别：行人、汽车和自行车。如果 $p_c=0$，则表示此处没有检测到目标，向量其他位置的取值用?表示，没有实际意义。

如果 $p_c=1$，则单样本的损失函数可以表示为：$L(\hat{y},y)=(\hat{p}_c-p_c)^2+(\hat{b}_x-b_x)^2+(\hat{b}_y-b_y)^2+(\hat{b}_h-b_h)^2+(\hat{b}_w-b_w)^2+(\hat{c}_1-c_1)^2+(\hat{c}_2-c_2)^2+(\hat{c}_3-c_3)^2$。

如果 $p_c=0$，则单样本的损失函数可以表示为：$L(\hat{y},y)=(\hat{p}_c-p_c)^2$。

4.3 滑动窗口实现目标检测

在了解了目标定位的表示方法之后，再来学习目标检测算法。以汽车检测为例，图4.3所示的虚线框里有一个已经训练好的用于汽车分类的卷积网络。现在需要检测左上角的图像，判断其中是否包含汽车以及汽车的Bounding Box位置信息。

图4.3 滑动窗口实现目标检测

定义一个滑动窗口(简称滑窗)，窗口大小和滑动步长可以根据需要做出调整，从图像左上角开始向右滑动，到达图像右边界后，按照纵向步长转移到下一行，从下一行的左侧开始重新向右滑动，当滑动到图像右下角的边界时，停止滑动窗口的移动。

图4.3右上角给出了一组滑动之后可能产生的图像切片。将每一步得到的图像切片输入底部的卷积网络，判断该切片是否包含汽车，如果包含汽车，则计算其Bounding Box的坐标，这就是滑动窗口实现目标检测的基本思路。

用滑动窗口实现目标检测，需要注意的问题有：

(1) 滑动窗口的尺寸选择。如果滑动窗口尺寸过小，意味着需要产生更多的切片，计算量增大；同时，切片过小，对于大尺寸的对象，可能被重复切片多次，不能形成准确的Bounding Box输出。

(2) 滑动步长的选择。如果滑动步长过小，意味着计算量大幅增加；如果滑动步长过大，又可能漏掉一些小尺寸目标。

(3) 多次滑动重复计算的问题。即使某个滑动窗口和步长刚好匹配某一幅图像或某些图像，并不意味着可以匹配其他场景，因此经常需要试验多种滑动窗口尺寸，算法的不确定性和计算量都会增大。

总之，如何提高检测效率、降低计算成本是一个需要解决的关键问题，滑动窗口检测的改进设计见4.4节：卷积方法实现滑动窗口。

4.4 卷积方法实现滑动窗口

4.3节介绍的滑动窗口实现目标检测的方法效率低下，本节给出其改进版本：基于卷积方法实现滑动窗口算法。下面首先从探讨卷积网络的结构开始。

卷积层、池化层和全连接层是CNN最为经典的结构要素。图4.4包含两个卷积网络，卷积网络A的第一层为卷积层，后面跟一个池化层，然后是3个全连接层。

图4.4将卷积网络A和B做对照，输入层、第一个卷积层和池化层都是相同的，卷积网络A末尾的3个全连接层对应B网络末尾的3个卷积层。

(1) 卷积网络A的第一个全连接层包含400个单元，与上一层是全连接关系。卷积网络B在池化层之后，用400个5×5×16的过滤器对池化层的输出5×5×16做卷积运算，得到的输出为1×1×400，与上一层是全连接关系。

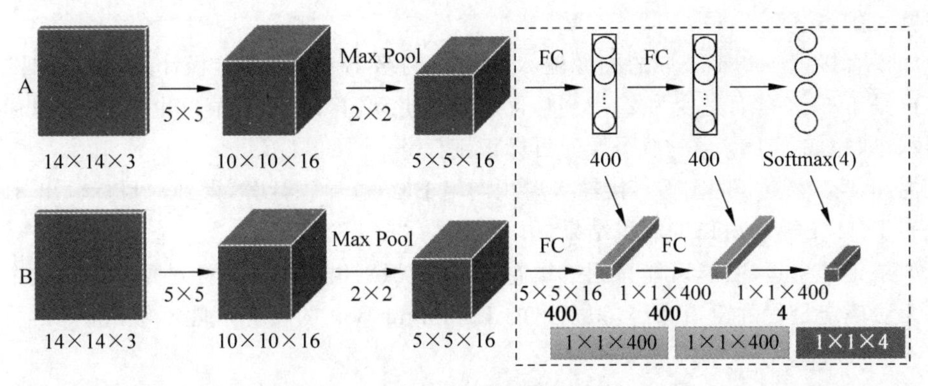

图 4.4　全连接层转化为卷积层

（2）卷积网络 A 的第二个全连接层包含 400 个单元，与上一层是全连接关系。卷积网络 B 用 400 个 1×1×400 的过滤器，对上一层的 1×1×400 特征图做卷积运算，得到的输出为 1×1×400，与上一层是全连接关系。

（3）卷积网络 A 的第三个全连接层 Softmax 包含 4 个单元，与上一层是全连接关系。卷积网络 B 用 4 个 1×1×400 的过滤器，对上一层的 1×1×400 特征图做卷积运算，得到的输出为 1×1×4，与上一层是全连接关系。

显然，卷积网络 A 与卷积网络 B 是一个等价关系。对卷积网络 B 而言，除了其中包含的一个池化层，其他层均为卷积层，可以看作一个全部由卷积运算组成的纯卷积网络。论文 *OverFeat：Integrated Recognition，Localization and Detection using Convolutional Networks*（SERMANET P，EIGEN D，ZHANG X，et al. 2013）提出了用纯卷积网络提高目标检测效率的新方法，算法原理如图 4.5 所示。

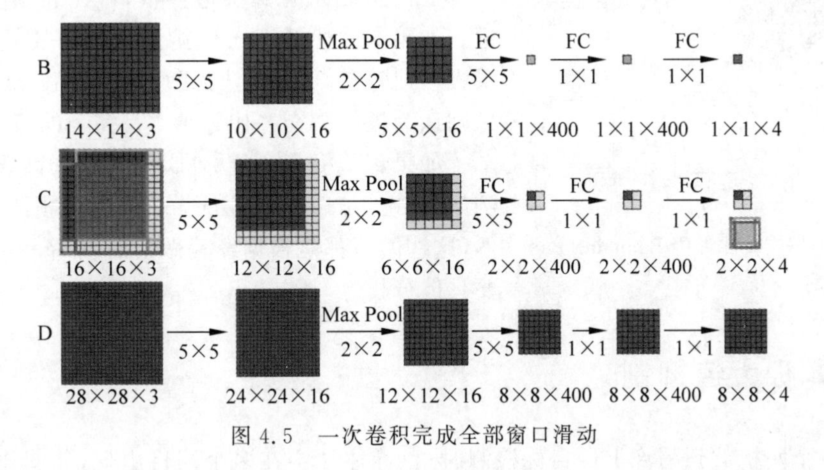

图 4.5　一次卷积完成全部窗口滑动

如图 4.5 所示，有 3 个卷积网络 B、C、D。B 是一个已经训练好的纯卷积网络，输入图像的维度为 14×14×3。

假定有一幅图像的维度为 16×16×3，用步长为 2 的 14×14 的滑动窗口滑动取值，可以取出四幅图像，这四幅图像分别输入 B 网络进行目标识别，需要经过四次卷积运算。事实上，四幅图像重叠的部分，重复进行了四次卷积运算。如果窗口数量很多，计算量无疑是巨大的。

如果直接把 16×16×3 的图像输入到卷积网络 B 中,经过卷积计算,最后的网络输出不再是 1×1×4,而是变为 2×2×4,代表四个滑动窗口的输出值。也就是说,只通过一次卷积,即完成了 16×16×3 图像的目标识别任务。

同理,28×28×3 的图像直接输入卷积网络 B,经过卷积计算,得到的目标输出 8×8×4,代表了 64 个滑动窗口的卷积结果。

如果足够幸运的话,可能只用一次卷积,就能识别出所有的目标对象。不过这个算法仍然无法确定最优的窗口大小,识别出的 Bounding Box 的边界可能不够准确,相关改进参见 YOLO 算法。

4.5 交并比

交并比(Intersection-over-Union,IoU)是目标检测中使用的一个评估指标。第 3 章介绍 mAP 时已有提及,这里做进一步学习。预测产生的候选框(Candidate Bound)与原标记框(Ground Truth Bound)的交叠率,即它们的交集与并集的比值。简单地说,交并比计算的是两个边界框(Bounding Box)交集和并集之比,计算方法如式(4.1)所示。

$$\text{IoU}=\frac{A\cap B}{A\cup B} \tag{4.1}$$

其中,A、B 表示两个边界框的面积。

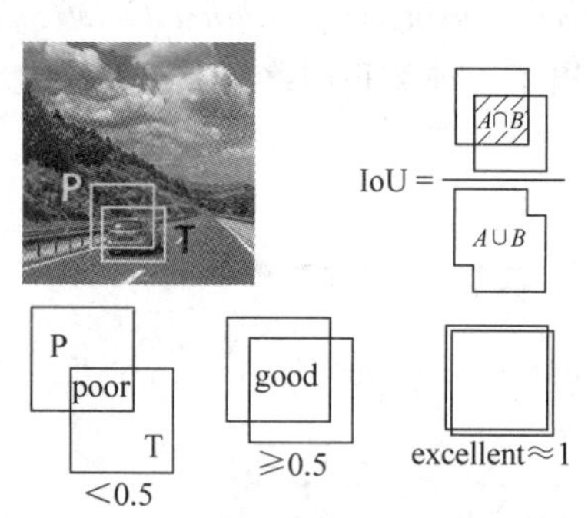

图 4.6 用交并比评价 Bounding Box

交并比可以用来评价 Bounding Box 的预测值与真实值之间的差距,如图 4.6 所示。

T 代表目标的真实边界框,P 代表预测的边界框。如果交并比低于 0.5,则认为预测效果较差;如果大于或等于 0.5,则认为预测效果好;如果接近于 1,则认为极好。交并比等于 1 是完美的情况。

如果希望提高评价标准,则可以提高阈值大小,例如,设定 IoU>0.6 才认为目标定位预测正确。当然,这些阈值都是根据经验做出的判断,具体问题需要具体分析。

4.6 非极大值抑制

将一个网格放到图像上做目标检测时,目标往往会在多个网格出现,如图 4.7 所示。在左边图像上放一个 19×19 的网格,汽车只有一个中心点,应该只有一个网格包含汽车,但是实践中可能会出现多个网格都认为汽车中心点落在自己这里,自己这里检测到了汽车对象,如何解决这个问题?答案是用非极大值抑制方法。

非极大值抑制算法如下。

(1) 舍弃所有 p_c<0.6 的边界框。

图 4.7 非极大值抑制

(2) While 循环,遍历所有剩余的边界框。

① 取一个 p_c 最大的边界框,记作 Max Bounding Box,作为预测输出。

② 删除与 Max Bounding Box 交并比 IoU≥0.5 的边界框(抑制)。

如图 4.7 所示,19×19 个网格中,每一个都会输出对 Bounding Box 的预测。非极大值抑制的算法思想是,首先将 $p_c<0.6$ 的 Bounding Box 舍弃。对于剩下的 Bounding Box,通过一个循环过程进行筛选。

以图 4.7 的右图为例,假定有 3 个滑动窗口均检测到了汽车对象,其 p_c 值分别为 0.6、0.7 和 0.9,则输出 p_c 值最大的那个边界框(Max Bounding Box),然后将与 Max Bounding Box 的 IoU≥0.5 的边界框删除。回到循环开始阶段,重新从剩余 Bounding Box 中选择 p_c 值最大的那个边界框作为参照,通过 IoU 的值再清除(抑制)一批 Bounding Box,周而复始,即可完成所有目标的检测,并且每个目标只输出一次最好的检测结果。

4.7 Anchor Boxes

前面介绍的算法中,一个网格一次只能检测出一个对象。如果希望一个网格可以同时检测出多个对象,需要借助锚框(Anchor Boxes)技术。锚框是根据对象的形状与轮廓特点定义的 Bounding Box,用于辅助对象的分类识别。下面以图 4.8 所示的行人和汽车同框为例。

如图 4.8 所示,用一个 3×3 的网格覆盖图像,巧合的是,行人与汽车的中心点均落在同一个网格中。那么这个网格应该检测出的目标是汽车还是行人?如果用维度为(8,1)的向量表示单个网格的输出标签,显然是不够的。

解决的方法是将输出标签的维度定义为(16,1)的向量,如图 4.9 所示,向量 $\boldsymbol{y}$ 的上半部分表示行人的信息,下半部分表示汽车的信息。那么如何判断检测到的目标是行人还是汽车?方法是定义两个 Bounding Box,名称为 Anchor Box1 的表示行人,名称为 Anchor Box2 的表示汽车,用检测到的对象的 Bounding Box 分别与 Anchor Box1 和 Anchor Box2 计算交并比 IoU,将对象归属于 IoU 值较大的那一类。

图 4.9 给出了多目标标签定义举例。

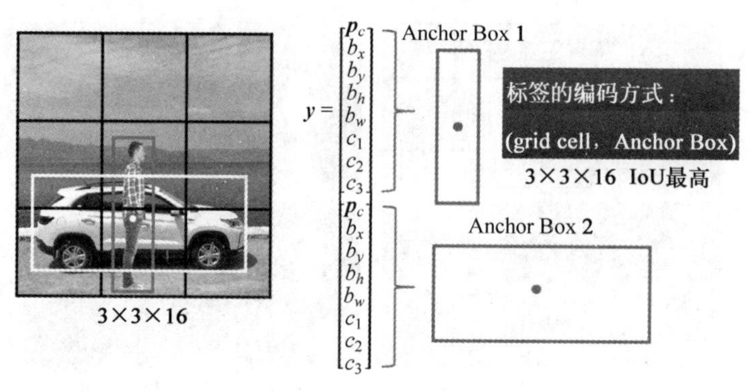

图 4.8 用 Anchor Boxes 协助检测多个对象

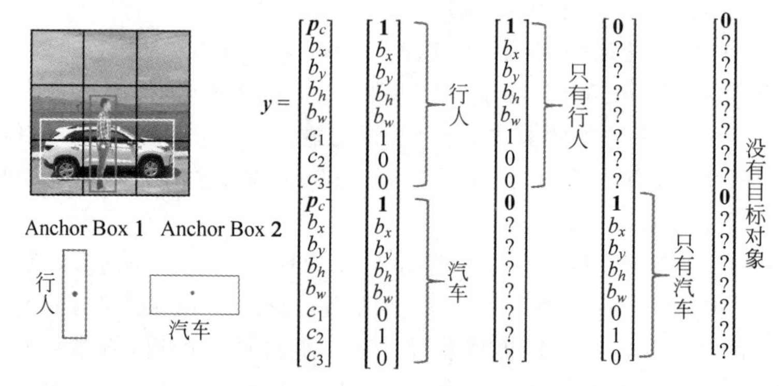

图 4.9 多目标标签定义举例

如果网格同时包含行人和汽车，其输出标签的特点是：两个 p_c 值均为 1，表示这个网格既有行人，也有汽车。而且各自拥有 b_x，b_y，b_h，b_w 以及 c_1，c_2，c_3 的定义。如果网格中只有行人，则只有向量 $\boldsymbol{y}$ 的上半部分取值有意义，下半部分除了 p_c 值为 0 外，其他取值可以忽略。如果网格中只有汽车，则只有向量 $\boldsymbol{y}$ 的下半部分取值有意义，上半部分 p_c 值为 0，其他取值可以忽略。如果网格中没有目标对象，则向量 $\boldsymbol{y}$ 的两处 p_c 值为 0，其他值可以忽略。

这里只讨论了网格包含两种目标对象的情况，对于包含更多的目标对象，显然应该定义更多的 Anchor Boxes。可以手动定义这些 Anchor Boxes，也可以借助 K-means 聚类算法，根据对象的聚类结果实现 Anchor Box 的动态定义。

4.8 定义网格标签

一幅图像上可能存在多个目标，如何给多个目标定义标签呢？一种简单的思路是在图像上放置一个 $S\times S$ 的网格，将图像切分为 $S\times S$ 幅小图像，如图 4.10 所示。

A 图是 5×5 的网格，B 图是 3×3 的网格，C 图是 4×4 的网格，实践中，可以增加网格维度，例如 19×19 等。

A 图中汽车被分到 4 个格子中，C 图也是如此，那么汽车到底属于哪个格子呢？方法

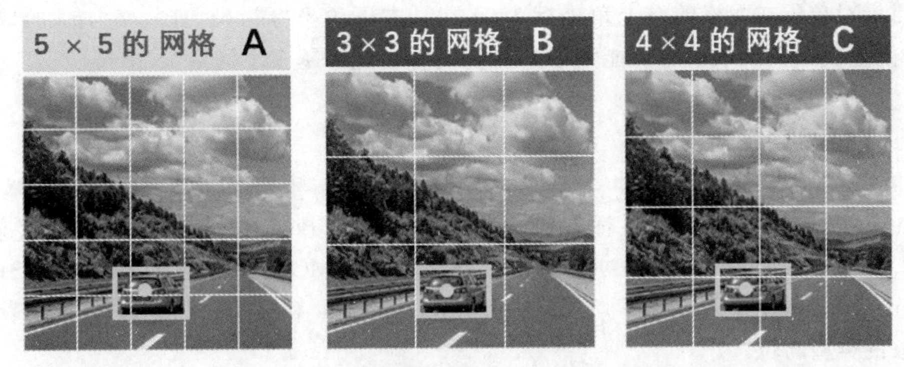

图 4.10 将图像切分为 S×S 个小块

是计算 Bounding Box 的中心点，中心点落在哪个格子中，哪个格子就包含汽车，其他格子则认为不包含目标对象。为此，需要对每个格子定义一个输出标签。

以 B 图的 3×3 的网格为例，假定仍然只检测行人、汽车、自行车三种目标对象，则每个网格对应的标签可以表示为一个(8,1)的向量，整幅图像对应的标签维度为 3×3×8，如图 4.11 所示。每幅图像对应 9 个标签，每个标签是一个维度为(8,1)的向量，每个向量确定当前网格中是否含有目标对象、目标 Bounding Box 坐标以及目标所属的类型。

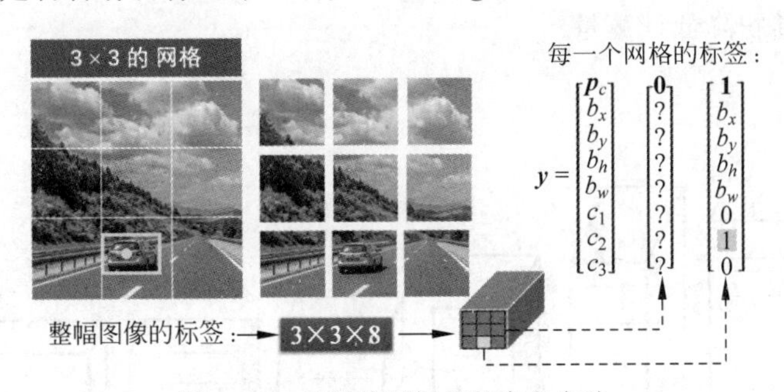

图 4.11 目标检测标签的定义方法

事实上，如果对所有训练样本的标签设计为 3×3×8 的格式，则模型的输出也要设计为 3×3×8 的形式。

单个网格对应的标签向量，其结构可以表示为置信度(Confidence)、Bounding Box 坐标、类别 One-Hot 向量三部分。

Bounding Box 的坐标 b_x，b_y，b_h，b_w 的表示方法如图 4.12 所示。

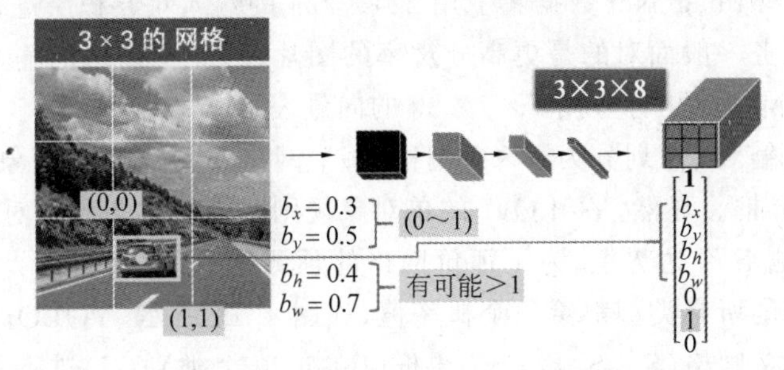

图 4.12 坐标 b_x，b_y，b_h，b_w 的表示方法

目标对象所在网格的左上角坐标为(0，0)，右下角坐标为(1，1)。b_x,b_y 的取值为0～1，但是 b_h,b_w 的取值有可能大于1，因为目标可能跨越多个网格。

4.9 YOLOv1 解析

为了实时、精准地输出目标检测对象的 Bounding Box，Redmon 等人在其论文 *You Only Look Once*：*Unified real-time object detection*（REDMON J，DIVVALA S，GIRSHICK R，et al. 2016）提出了 YOLO 算法，寓意 You Only Look Once，即可实时、精准地获取目标对象的类型与位置。

YOLO 算法迄今已完成五次技术演化，形成了 YOLOv1（2016 年）、YOLOv2（2017 年）、YOLOv3（2018 年）、YOLOv4（2020 年）和 YOLOv5（由 Ultralytics 开源，暂无论文发表，2020 年）五个版本的技术架构。

YOLOv1 的主要创新点在于将目标定位视作回归问题，将目标识别视作分类问题，用一个看起来并不复杂的卷积网络，一次检测即可输出所有目标的位置坐标以及类别名称。与第 3 章介绍的 EfficientDet 网络一样，这些都是端到端的目标检测算法。

YOLOv1 的网络结构如图 4.13 所示，包含 24 个卷积层和 2 个全连接层。模型中多次采用了 1×1 卷积降低计算量。

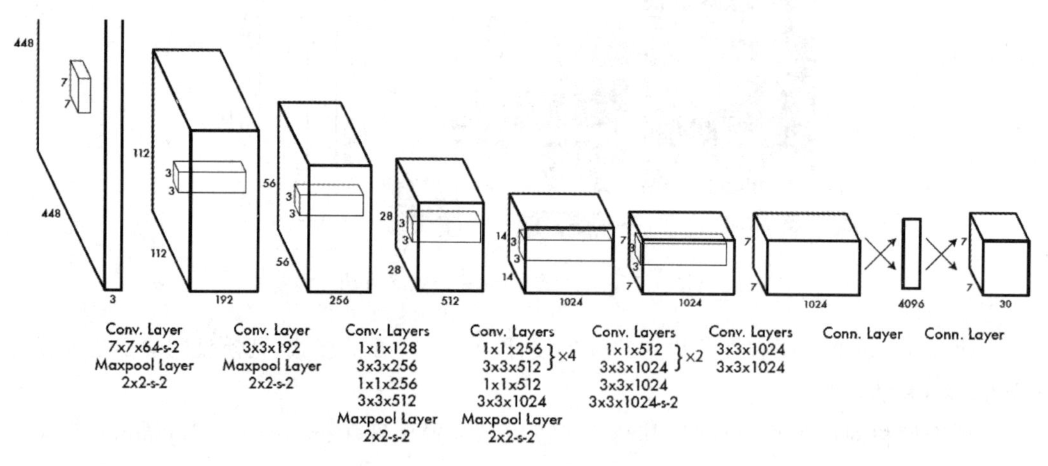

图 4.13 YOLOv1 的网络结构

YOLOv1 先在 ImageNet 数据集上用 224×224 的输入对卷积层进行预训练，预训练之后，由于检测任务一般面对的是更高分辨率的图片，因此将网络的输入从 224×224 增加到 448×448。网络输出标签用 7×7×30 的向量表示。

YOLOv1 将输入图像划分为 $S \times S$ 网格，每个网格仅预测一个对象。每个网格都预测固定数量的边界框。显然，YOLOv1 的单对象规则限制了检测到的对象数量。

每个网格预测 B 个边界框，为了评价网格的预测结果，对每个边界框给一个置信度得分，同时对预测的所有类型都给一个概率值，如图 4.14 所示，YOLOv1 在 Pascal VOC 数据集上采用 7×7 网格($S \times S$)，2 个边界框(B)和 20 个类别(C)进行了目标检测验证。

每个 Bounding Box 的输出维度为(5, 1),包括坐标值(x, y, w, h)和置信度。每个网格需要输出 20 种类别的概率值,所以,每个网格的输出维度为(30, 1)。整幅图像的输出维度为(S,S,$B\times5+C$)=(7,7,2×5+20)=(7,7,30)。

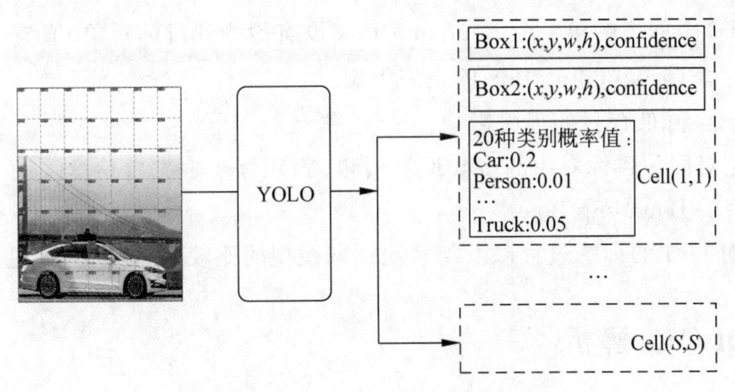

图 4.14 YOLOv1 网格输出维度计算方法

YOLOv1 用置信度衡量网格包含目标的程度以及 Bounding Box 的准确程度,计算方法如式(4.2)所示。

$$\mathrm{Pr}(\mathrm{Object})\times \mathrm{IoU}_{\mathrm{pred}}^{\mathrm{truth}} \tag{4.2}$$

当网格中不包含目标对象时,置信度取值为 0。当网格中包含目标对象时,置信度为预测的 Bounding Box 与真实的 Bounding Box 的 IoU 值。

值得注意的是,YOLOv1 虽然可以针对一个网格输出 B 个 Bounding Box,但是对每一个网格而言,只输出一个分类向量。

当训练好的模型用于推理时,置信度的计算可以简化为式(4.3)所示的逻辑。即置信度既反映了模型对类别的别断,也反映了模型对 Bounding Box 准确性的判断。

$$\mathrm{Pr}(\mathrm{Class}_i \mid \mathrm{Object})\times \mathrm{Pr}(\mathrm{Object})\times \mathrm{IoU}_{\mathrm{pred}}^{\mathrm{truth}}=\mathrm{Pr}(\mathrm{Class}_i)\times \mathrm{IoU}_{\mathrm{pred}}^{\mathrm{truth}} \tag{4.3}$$

其中,Pr(Object)表示网格包含 Object 对象的概率,$\mathrm{Pr}(\mathrm{Class}_i \mid \mathrm{Object})$表示目标 Object 是 Class_i 的概率。

YOLOv1 将 Bounding Box 的定位损失、置信度损失和类别预测损失加在一起形成损失函数,如式(4.4)所示。

$$\begin{aligned}
&\lambda_{\mathrm{coord}}\sum_{i=0}^{s^2}\sum_{j=0}^{B}1_{ij}^{\mathrm{obj}}[(x_i-\hat{x}_i)^2+(y_i-\hat{y}_i)^2]+\\
&\lambda_{\mathrm{coord}}\sum_{i=0}^{s^2}\sum_{j=0}^{B}1_{ij}^{\mathrm{obj}}[(\sqrt{w_i}-\sqrt{\hat{w}_i})^2+(\sqrt{h_i}-\sqrt{\hat{h}_i})^2]+\\
&\sum_{i=0}^{s^2}\sum_{j=0}^{B}1_{ij}^{\mathrm{obj}}(C_i-\hat{C}_i)^2+\\
&\lambda_{\mathrm{noobj}}\sum_{i=0}^{s^2}\sum_{j=0}^{B}1_{ij}^{\mathrm{noobj}}(C_i-\hat{C}_i)^2+\\
&\sum_{i=0}^{s^2}1_{i}^{\mathrm{obj}}\sum_{C\in \mathrm{classes}}(p_i(c)-\hat{p}_i(c))^2
\end{aligned} \tag{4.4}$$

其中

1_i^{obj}：对象是否出现在第 i 个网格，若出现则为1，否则为0。

1_{ij}^{obj}：第 i 个网格的第 j 个 Bounding Box 检测到目标对象，值为1，否则为0。

1_{ij}^{noobj}：第 i 个网格的第 j 个 Bounding Box 没有检测到目标对象，值为1，否则为0。

$\lambda_{coord}=5$：增强 Bounding Box 的损失影响。

$\lambda_{noobj}=0.5$：降低背景的损失影响。

为了避免对同一目标对象的多次重复预测，YOLOv1 根据置信度采用非极大值抑制方法去除多余的 Bounding Box。

关于 YOLOv1 的训练过程以及与其他同期模型的比较，此处不再赘述。

4.10 YOLOv2 解析

YOLOv2 的论文题目是 *YOLO9000：Better，Faster，Stronger*（REDMON J，FARHADI A），寓意 YOLOv2 与 YOLOv1 相比，更快、更好、更健壮。YOLOv2 的主要变化如下。

(1) 重新设计 YOLOv2 主干网络结构。

YOLOv2 采用 Darknet-19 作为主干网络，替换 YOLOv1 的网络结构。Darknet-19 的模型结构参数如表4.1所示，包含19个卷积层和5个最大池化层。

表4.1 Darknet-19 的模型结构参数

Type	Filters	Size/Stride	Output
Convolutional	32	3×3	224×224
Maxpool		2×2/2	112×112
Convolutional	64	3×3	112×112
Maxpool		2×2/2	56×56
Convolutional	128	3×3	56×56
Convolutional	64	1×1	56×56
Convolutional	128	3×3	56×56
Maxpool		2×2/2	28×28
Convolutional	256	3×3	28×28
Convolutional	128	1×1	28×28
Convolutional	256	3×3	28×28
Maxpool		2×2/2	14×14
Convolutional	512	3×3	14×14
Convolutional	256	1×1	14×14
Convolutional	512	3×3	14×14
Convolutional	256	1×1	14×14
Convolutional	512	3×3	14×14
Maxpool		2×2/2	7×7
Convolutional	1024	3×3	7×7

续表

Type	Filters	Size/Stride	Output
Convolutional	512	1×1	7×7
Convolutional	1024	3×3	7×7
Convolutional	512	1×1	7×7
Convolutional	1024	3×3	7×7
Convolutional	1000	1×1	7×7
Avgpool Softmax		Global	1000

Darknet-19 首先用 224×224 的图像在 ImageNet 上进行了分类训练。分类训练完成后，YOLOv2 将 Darknet-19 最后一个卷积层、池化层和 Softmax 层移除，替换为 3 个 3×3 卷积层，每层输出 1024 个通道。然后应用 1×1 卷积层，将 7×7×1024 输出转换为 7×7×125(5 个边界框，每个框具有 4 个坐标参数、1 个置信度分数和 20 个类别概率值)。YOLOv2 网络结构如图 4.15 所示。

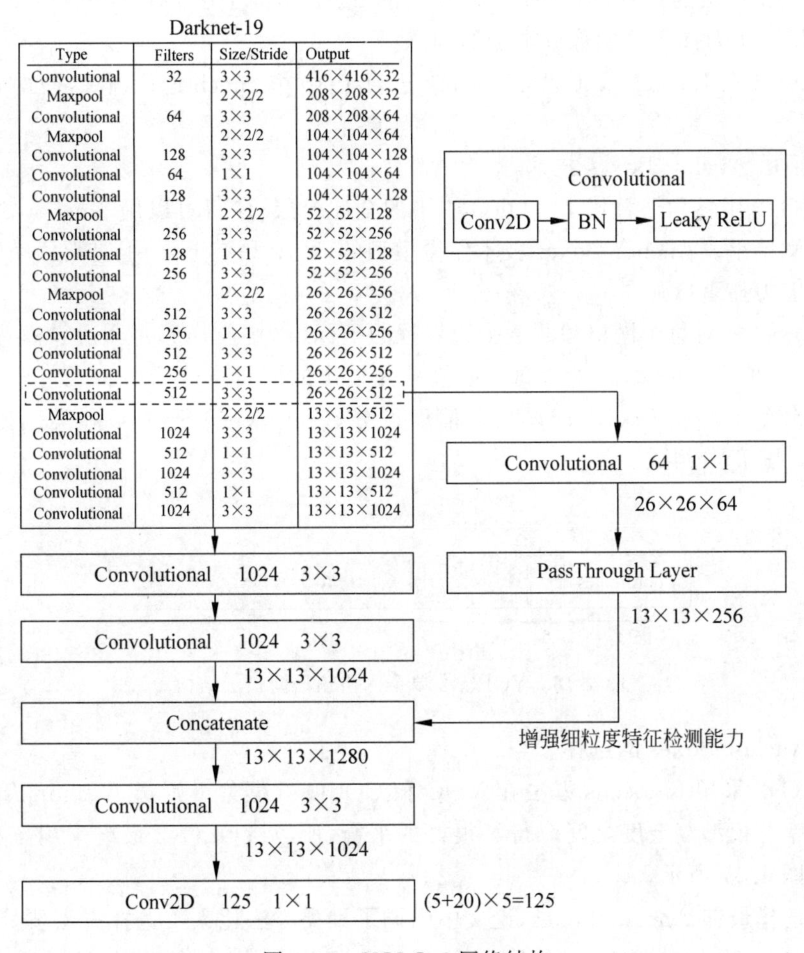

图 4.15 YOLOv2 网络结构

(2) 增强细粒度特征检测能力。

YOLOv2 增加了一条从最后一个 3×3×512 卷积层至倒数第 2 个卷积层的连接，将 26×26×512 的特征图与后面的 13×13×1024 输出堆叠，有效增强了模型对细粒度特征(小目标)的检测能力。论文中给出的 PassThrough Layer 负责特征融合与维度变换，论文中给出的输出为 13×13×2048，实战中多采用图 4.15 所示的 13×13×256。

YOLOv2 的卷积结构，对输入的图像做了 32 倍的下采样，为了让最后的输出尺寸是奇数，YOLOv2 将输入维度从 YOLOv1 的 448×448 调整为 416×416，使得模型输出维度为 13×13。

为了让模型适应多尺度特征提取，模型训练期间每隔 10 个 batch，从{320，352，…，608}中随机选择一个分辨率作为输入尺寸，模型输入尺寸在 320×320 到 608×608 之间变化。

(3) 模型中采用批量标准化(Batch Normalization，BN)技术。

在每一个卷积层后面跟一个批量标准化操作，批量标准化加快模型收敛速度，同时具有替代正则化方法的效果，加入 BN 后，模型的 mAP 提高了 2%以上。

(4) 增强了对高精度图像分类器的训练。

YOLOv2 在 ImageNet 上以 448×448 进行了 10 个 epoch 迭代训练，使得 mAP 提高了近 4%。

(5) 采用 Anchor Boxes 技术。

YOLOv2 用卷积层替代了 YOLOv1 中的全连接层，使得可以用 Anchor Boxes 计算模型的预测结果。Anchor Boxes 技术使得模型的 mAP 稍有下降，但是召回率明显提高，模型检测能力显著增强。

YOLOv2 针对每个网格预测五个边界框的坐标(x，y，w，h)，每个边界框有一个置信度得分和 20 种对象的概率，所以每个网格单元输出的向量维度为(125，1)，如图 4.16 所示，输出向量由坐标(Coordinates)、置信度得分(Confidence Scores)和类别概率(Class Probabilities)三部分组成。

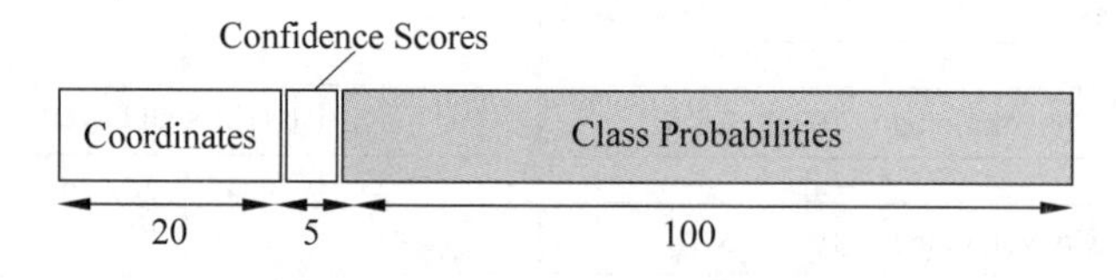

图 4.16 YOLOv2 单个网格输出向量的结构

(6) Anchor Boxes 的选择。

YOLOv2 采用 K-means 方法在 VOC 和 COCO 数据集上筛选 Anchor Boxes，$k=5$ 时在召回率与模型复杂度之间取得了很好的平衡，所以 YOLOv2 最终采用五种 Anchor Boxes，如图 4.17 所示。

如何选择最佳 Anchor Boxes，论文中强调了聚类方法比人工选择方法要好。当采用其他自定义的数据集训练模型时，需要借助聚类方法对数据集重新筛选最佳 Anchor Boxes。

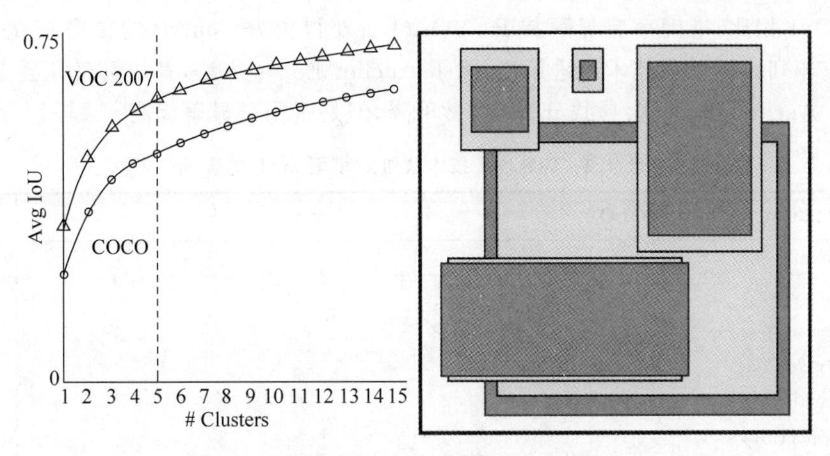

图 4.17 用 K-means 方法筛选 Anchor Boxes

（7）Bounding Box 坐标位置预测方法上的改进。

YOLOv1 中，每个网格只预测一个目标。YOLOv2 中，单个网格可以预测多个目标，而且采用 Anchor Box 技术。有两种计算 Bounding Box 坐标的方案。

一种是基于 Anchor Box 的相对偏移计算 Bounding Box 的坐标，计算方法如式(4.5)所示。

$$\begin{cases} x=(t_x \times w_a)-x_a \\ y=(t_y \times h_a)-y_a \end{cases} \tag{4.5}$$

其中，x_a、y_a、w_a、h_a 分别表示 Anchor Box 的坐标、宽度与高度。t_x、t_y 表示预测的 Bounding Box 相对 Anchor Box 的偏移，x、y 表示 Bounding Box 的中心坐标。

实践证明这种方式导致模型的训练过程极不稳定，模型精度降低。

论文给出的第二种计算方法如式(4.6)所示。

$$\begin{cases} b_x=\sigma(t_x)+c_x \\ b_y=\sigma(t_y)+c_y \\ b_w=p_w e^{t_w} \\ b_h=p_h e^{t_h} \end{cases} \tag{4.6}$$

其中，b_x、b_y、b_w、b_h 分别表示调整计算的 Bounding Box 的坐标、宽度与高度。t_x、t_y 表示模型预测的 Bounding Box 坐标。p_h、p_w 分别表示 Anchor Box 的高度与宽度。c_x、c_y 表示网格左上角的坐标，即相对图像左上角偏移的横向和纵向距离。预测的 Bounding Box 与 Anchor Box 及网格之间的坐标关系如图 4.18 所示。

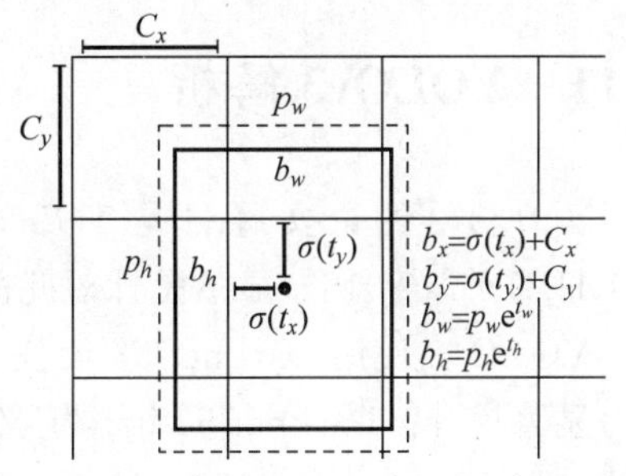

图 4.18 Bounding Box 坐标计算方法

第二种方法不再采用相对 Anchor Box 的偏移，而是直接计算相对网格的偏移，模型更容易训练，而且 mAP 提高了 5%。

在应用了一系列技术改进之后，YOLOv2

与 YOLOv1 相比，准确率有显著提升，YOLOv2 变得更好。mAP 的提升变化如表 4.2 所示。左侧列出了单项技术改进策略，除了 Anchor Boxes 方法，其他策略都会导致 mAP 的提升。Anchor Boxes 会导致 mAP 略微下降，但是召回率显著提高。

表 4.2　YOLOv2 技术改进对模型 mAP 的影响

Method	YOLO	mAP							YOLOv2
batch norm?		√	√	√	√	√	√	√	
hi-res classifier?			√	√	√	√	√	√	
convolutional?				√	√	√	√	√	
anchor boxes?				√	√				
new network?					√	√	√	√	
dimension priors?						√	√	√	
location prediction?						√	√	√	
passthrough?							√	√	
multi-scale?								√	
hi-res detector?									
VOC2007 mAP	**63.4**	65.8	69.5	69.2	69.6	74.4	75.4	76.8	**78.6**

基于 Darknet-19 改造的 YOLOv2 模型，计算量比 YOLOv1 减少了 33%，YOLOv2 变得更快。图 4.19 给出了 YOLOv2 与 YOLOv1、SSD、Faster R-CNN 等模型在 VOC 2007 数据集的准确率与速度比较。YOLOv2 在实时检测速度和准确率方面取得了更好的平衡，优势更明显。

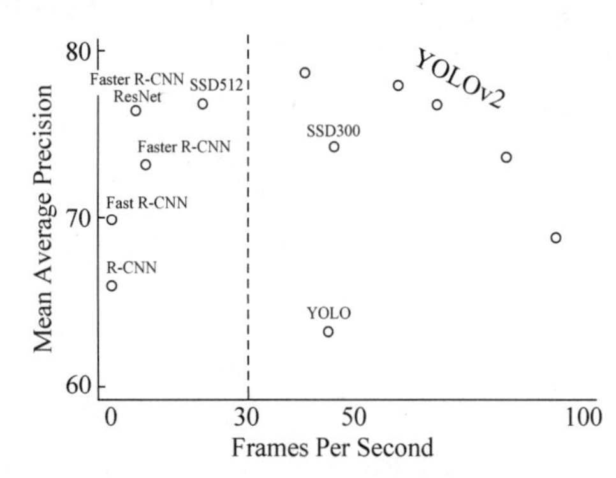

图 4.19　YOLOv2 与其他模型比较

YOLO9000 是在 YOLOv2 的基础上提出的一种可以检测更多类别的实时检测模型。YOLO9000 提出了一种基于分类和基于检测的联合训练策略。在 YOLO 算法中，边界框的预测并不依赖于对象的标签类别，所以 YOLO 可以实现在分类和检测数据集上的联合训练，YOLO9000 使用 WordTree 结合了 COCO 的 80 种类别和 ImageNet 中的 9000 种类别构建联合训练集，能够检测出更多的目标类别，YOLOv2 变得更强。

4.11　YOLOv3 解析

YOLOv3 的论文题目是 *YOLOv3: An Incremental Improvement*（REDMON J，FARHADI A，2018），显然是针对此前的 YOLOv2 的一种改进模型。

YOLOv3 使用 Darknet-53 代替 YOLOv2 的 Darknet-19 作为特征提取器，特征提取能力显著提升。Darknet-53 结构定义如图 4.20 所示。

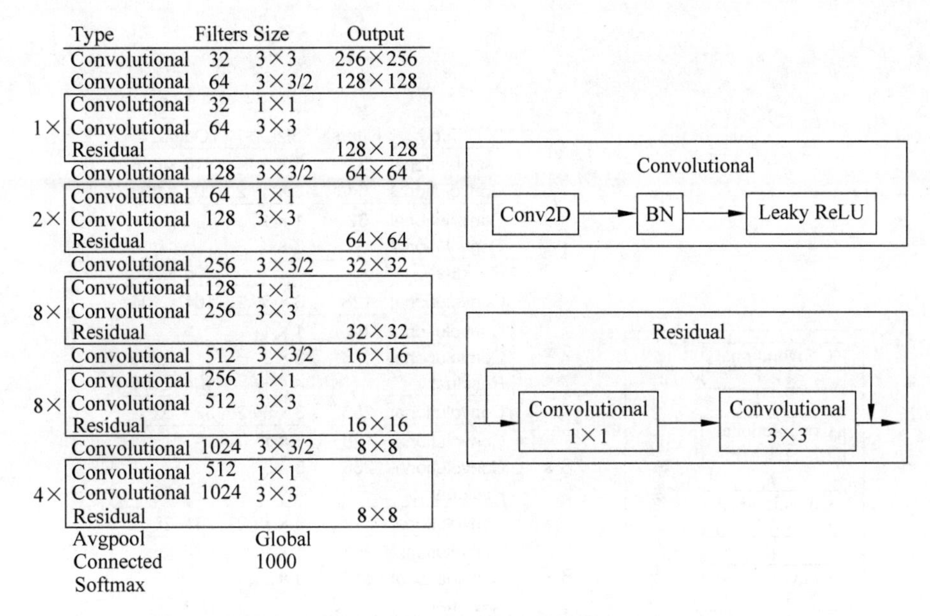

	Type	Filters	Size	Output
	Convolutional	32	3×3	256×256
	Convolutional	64	3×3/2	128×128
1×	Convolutional	32	1×1	
	Convolutional	64	3×3	
	Residual			128×128
	Convolutional	128	3×3/2	64×64
2×	Convolutional	64	1×1	
	Convolutional	128	3×3	
	Residual			64×64
	Convolutional	256	3×3/2	32×32
8×	Convolutional	128	1×1	
	Convolutional	256	3×3	
	Residual			32×32
	Convolutional	512	3×3/2	16×16
8×	Convolutional	256	1×1	
	Convolutional	512	3×3	
	Residual			16×16
	Convolutional	1024	3×3/2	8×8
4×	Convolutional	512	1×1	
	Convolutional	1024	3×3	
	Residual			8×8
	Avgpool		Global	
	Connected		1000	
	Softmax			

图 4.20 Darknet-53 结构定义

Darknet-53 主要由一系列残差(Residual)块组成,每个残差块由 1×1 和 3×3 的卷积层组成。卷积层后跟一个 BN 层和一个 Leaky ReLU 层。

Darknet-53 包含 53 个卷积层。根据图 4.20,得到层数算式:2+1×2+1+2×2+1+8×2+1+8×2+1+4×2+1 = 53。其中最后的 Connected 是全连接层,因用 1×1 卷积实现,也可算作卷积层。

Darknet-53 与 ResNet-152 相比,Darknet-53 具有更少的浮点计算量,用 2 倍于 ResNet-152 的速度实现了同等的分类精度。

YOLOv3 以 Darknet-53 作为网络主干,首先将 Darknet-53 在 ImageNet 上完成训练,然后在 Darknet-53 的基础上,添加若干层,形成目标检测网络,如图 4.21 所示。显然,YOLOv3 是一个全卷积网络,YOLOv2 中的最大池化层已经消失不见。

在 YOLOv2 中,为了增强模型对细粒度对象的检测,采用了一次不同深度模块间的特征融合连接,并且在模型训练期间采用可变尺度的输入图像训练模型。在 YOLOv3 中,为了增强对细粒度目标的检测,专门设置了 3 个预测出口,然后将 3 种规格的预测结果合并在一起。

实践中,YOLOv3 有多种版本,图 4.22 给出了一个包含 106 层卷积的网络结构,主干网络仍然采用 Darknet-53,分别在第 82 层、第 94 层和第 106 层输出 3 种尺度的检测结果。

与 YOLOv2 一样,YOLOv3 也是采用聚类方法寻找最佳 Anchor Boxes。YOLOv3 针对 3 种尺度的输出,筛选出 9 种 Anchor Boxes,每一种对应 3 种规格的 Anchor Boxes,如表 4.3 所示。

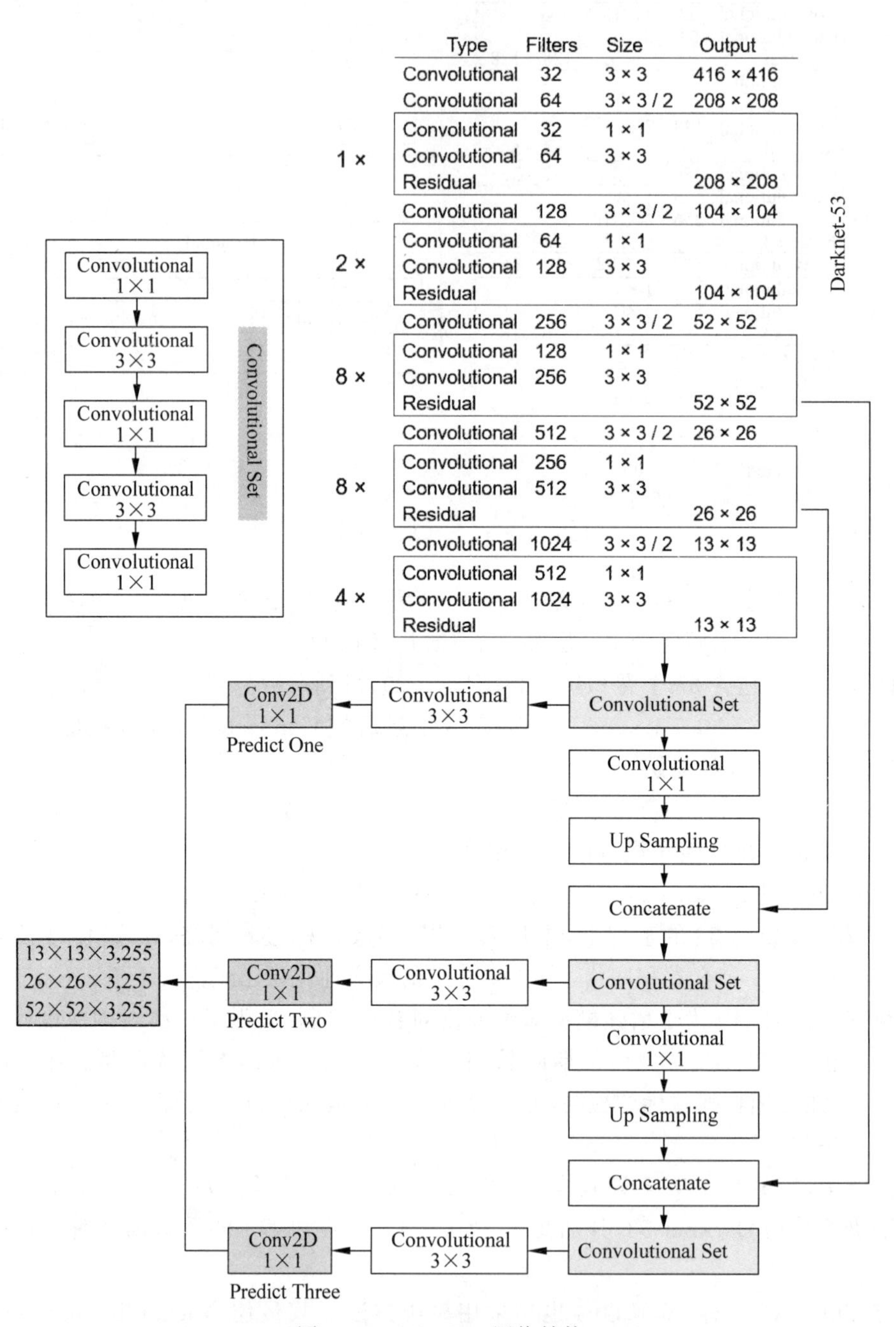

图 4.21 YOLOv3 网络结构

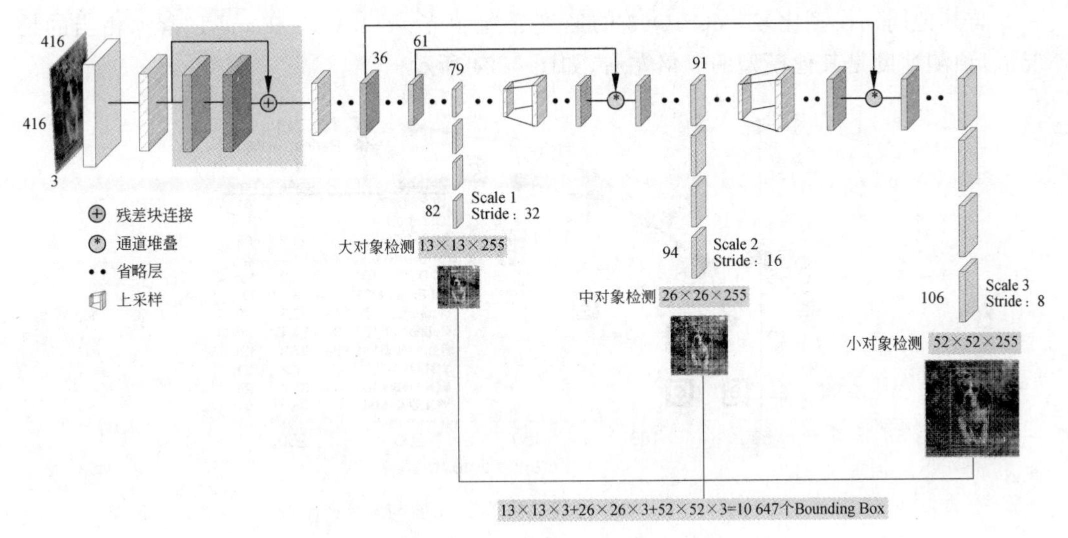

图 4.22　包含 106 个卷积层的 YOLOv3 结构

表 4.3　YOLOv3 的 Anchor Boxes 规格与数量

输 出 规 格	高宽/像素	Anchor Boxes 尺寸/像素	预测框数量
大目标	13×13	116×90,156×198,373×326	13×13×3
中等目标	26×26	30×61,162×45,59×119	26×26×3
小目标	52×52	10×13,16×30,33×23	52×52×3
合　　计			计算 10 647 个预测框

从结构上不难理解，YOLOv3 的准确率比 YOLOv2 高，在检测小目标对象方面有显著改进，但是由于网络结构复杂，每次推理需要计算的预测框多达 10 647 个，因此推理速度不如 YOLOv2 快。

以输出的 13×13 特征图为例，每一个网格需要预测输出 3 个 Bounding Box，每个 Bounding Box 的属性包括坐标、置信度得分和目标类别概率值，向量长度计算逻辑如图 4.23 所示。

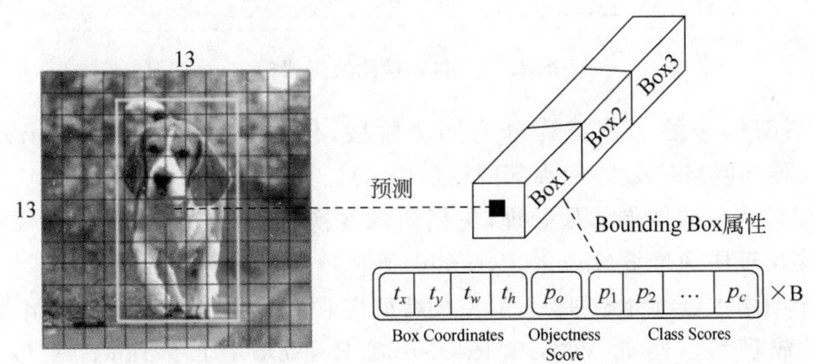

图 4.23　YOLOv3 输出向量长度的计算逻辑

与其他同期模型比较，YOLOv3 的速度遥遥领先，YOLOv3 在 mAP 指标相当的情况下，预测速度是其他模型的 3 倍左右，如图 4.24 所示。

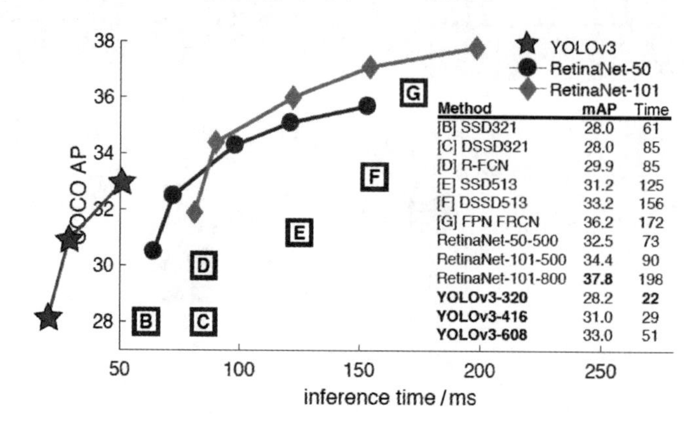

图 4.24 YOLOv3 与其他模型的速度与 mAP 比较

4.12 YOLOv4 解析

YOLO 的前三个版本均是在 Redmon 主导下完成的，而 YOLOv4 则是由 Bochkovskiy 等于 2020 年推出的版本，在速度与精度方面均超越了 YOLOv3。

YOLOv4 论文：*Yolov4*：*Optimal speed and accuracy of object detection*(BOCHKOVSKIY A，WANG C-Y，LIAO H-Y M. 2020)提出了一种通用的目标检测框架，仍然是 One-Stage 与 Two-Stage 两种架构，如图 4.25 所示。

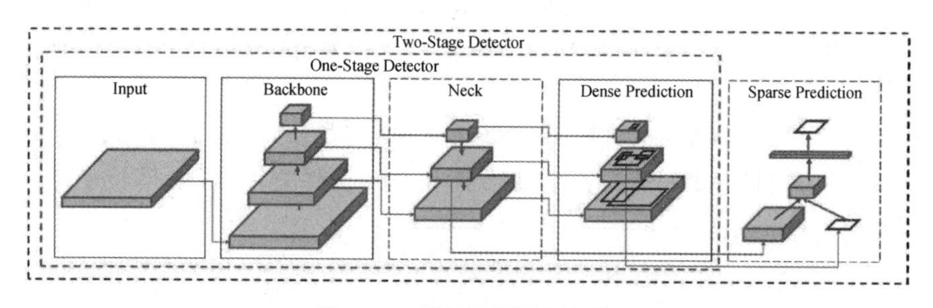

图 4.25 目标检测通用架构

目标检测架构按照工作流程分为四个阶段，依次是网络输入(Input)、主干网络(Backbone)、颈部网络(Neck)和头部网络(Head)。

(1) 网络输入完成图像的预处理，包括图像变换、图像增强等，例如图像的分块切割(Patches)、多尺度图像堆叠(Image Pyramid)等。

(2) 主干网络主要负责各种目标对象的特征提取，一般采用经典分类网络，在 ImageNet 数据集上完成训练。例如 VGG16、ResNet-50、ResNeXt-101、Darknet-53、DenseNet-121、EfficientNet 等。

(3) 颈部网络主要对多层次、多尺度特征进行提取与融合，增强网络的特征表达能力。常用的技术有 FPN、PANet、BiFPN 等。前面第 3 章介绍 EfficientDet 时，其 Neck 层采用了 BiFPN 技术。

(4) 头部网络采用的预测模式可以分为两种：一种称为全连接预测(Dense Prediction)；另一种称为稀疏预测(Sparse Prediction)。两种模式对比如图 4.26 所示。全连接预测以 YOLO、SSD、RetinaNet、EfficientDet 等为代表，这种预测模式输出的预测结果包含了对特征图像所有区域的预测。稀疏预测以 Faster R-CNN、R-FCN、Mask RCNN 等模型为代表，只对模型筛选出的可能区域做预测。

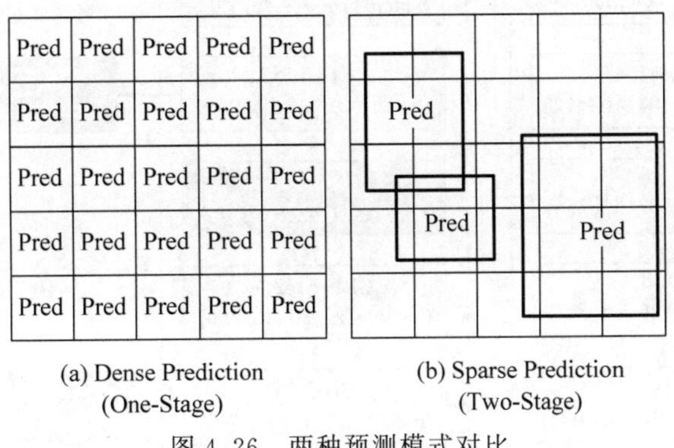

图 4.26　两种预测模式对比

YOLOv4 的主干网络采用 CSPDarknet-53，实验表明 CSPDarknet-53 拥有更快的检测速度。表 4.4 给出了 CSPDarknet-53 与 CSPResNext-50、EfficientNet-B3 的比较结果。尽管 CSPDarknet-53 的参数数量与计算量都超过另外两种模型，但是其推理速度是最快的。

表 4.4　分类网络相关参数比较

Backbone Model	Input Network Resolution	Receptive Field Size	Parameters	Average Size of Layer Output ($W \times H \times C$)	BFLOPs (512×512 network resolution)	FPS(GPU RTX 2070)
CSPResNet150	512×512	425×425	20.6M	**1058K**	(15.5FMA)	62
CSPDarknet-53	512×512	725×725	**27.6M**	950K	(26.0FMA)	**66**
EfficientNet-B3 (ours)	512×512	**1311×1311**	12.0M	668K	(5.5FMA)	26

为了便于观察 YOLOv4 对 YOLOv3 技术改进，图 4.27 与图 4.28 分别以模块的方式，给出了 YOLOv3 和 YOLOv4 的逻辑对照。详情参见本节视频讲解。

YOLOv4 采用的优化技术分为两类。一类仅对模型训练有影响，例如会提高模型精度、增加模型训练成本等，作者将此类优化技术统称为自由套餐(Bag of Freebies，BoF)，包括 CutMix 和 Mosaic 数据增强、DropBlock 正则化、CIoU-loss、CmBN 等。

另一类仅对模型推理测试有影响，例如会稍微增加模型推理成本，但是会显著提高模型精度等，作者将这类优化技术统称为特别套餐(Bag of Specials，BoS)。包括 Mish 激活函数、CSPNet、金字塔池化(Spatial Pyramid Pooling，SPP)、像素注意力机制(SAM)、PAN、DIoU-NMS 等。

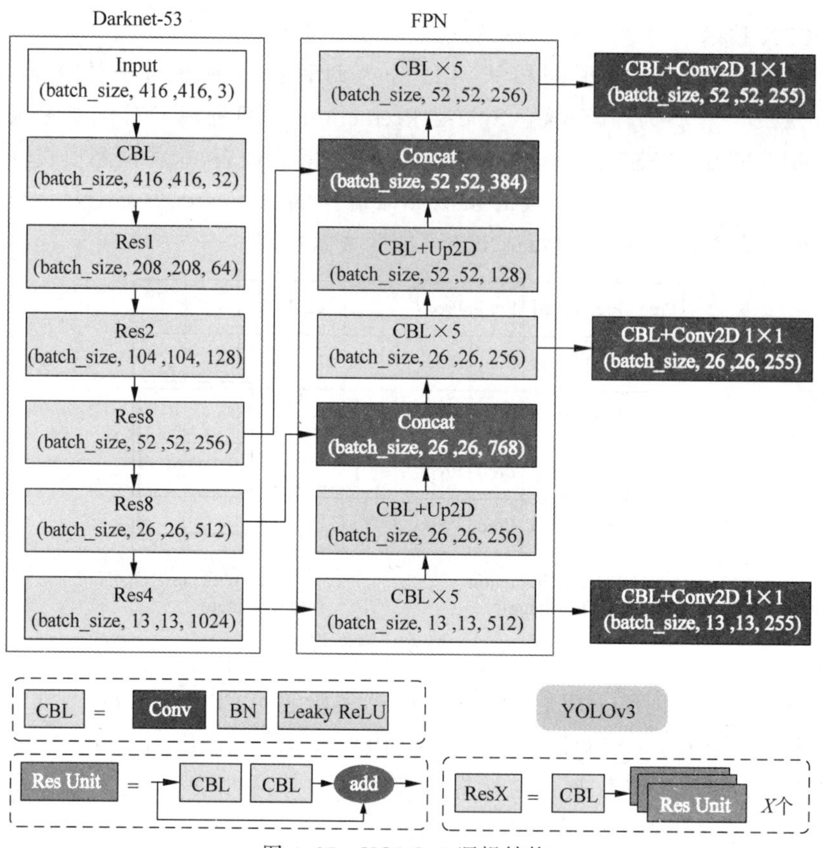

图 4.27 YOLOv3 逻辑结构

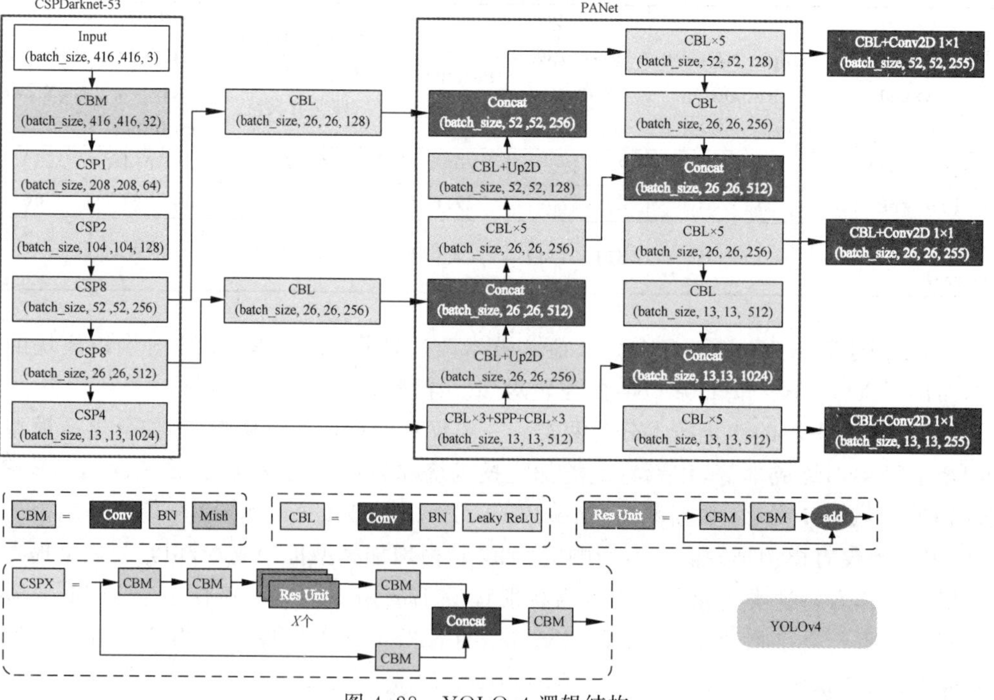

图 4.28 YOLOv4 逻辑结构

梳理 YOLOv4 与 YOLOv3 技术要点，做一番比较，如表 4.5 所示。

表 4.5　YOLOv4 与 YOLOv3 技术要点对照

技术要点	YOLOv3	YOLOv4	变 化 原 因
Backbone	Darknet-53	CSPDarknet-53	参数量减少，计算量减少，推理速度加快
Neck	FPN	PANet+SPP	特征融合能力更好，感受野更大
Head	YOLOv3	YOLOv3	无
激活函数	Leaky ReLU	Leaky ReLU+Mish	Mish 的梯度更平滑，模型泛化能力更好
BBox 损失	MSE Loss	CIoU-Loss	加快模型收敛，提高 Bounding Box 精度
数据增强	Pixel-wise	Mosaic	四幅不同语义信息的图片混合为一幅
正则化	Dropout	DropBlock	随机丢掉一个区域，模型健壮性更好
标准化	BN	CmBN	当 batch-size 较小时，避免了 BN 的失真
注意力机制	无	SAM	像素注意力机制，对不同位置的特征施加权重

YOLOv4 与其他模型的性能比较如图 4.29 所示。

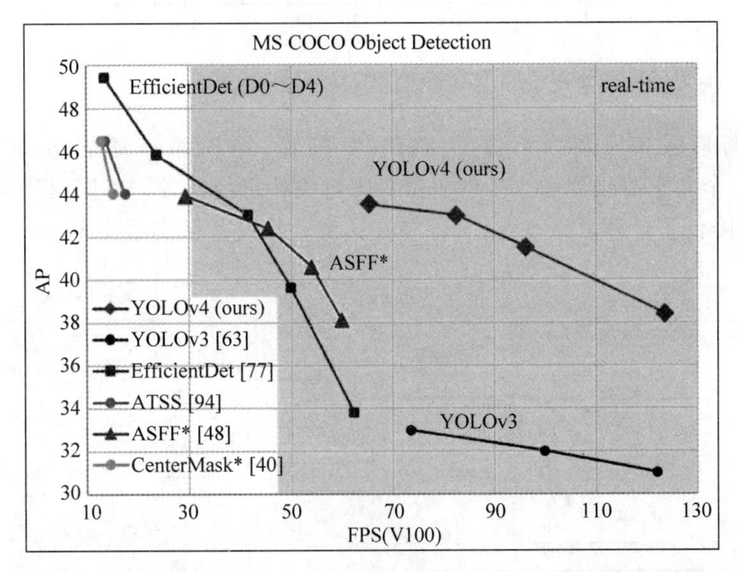

图 4.29　YOLOv4 与其他模型的性能比较

在 COCO 数据集上，YOLOv4 精度达到了 43.5%AP，推理速度达到 65FPS。与 YOLOv3 相比，将 AP 和 FPS 分别提高了 10%和 12%。

YOLOv4 与 EfficientDet 作为聚焦于目标检测领域的热点模型，根据图 4.29 给出的实验结果，同等精度的情况下，YOLOv4 的推理速度大约是 EfficientDet 的 2 倍。

YOLOv4 作者于 2020 年 11 月发布了改进版 Scaled-YOLOv4，在此基础上推出了 YOLOv4-Large 和 YOLOv4-Tiny 以适配不同的应用环境。

值得一提的是，从 YOLOv3 模型开始，YOLO 吸引了众多研究团队的加入，YOLO 家族成员不断增多，衍生了众多性能优异的 YOLO 变体。如 YOLOS(FANG，Y X，LIAO B，WANG X，et al. 2021)、YOLOX(GE Z，LIU S，WANG F，et al. 2021)、YOLOP(WU D，LIAO M，ZHANG W，et al. 2021)等。以百度基于 PaddlePaddle 框架

研发的 PP-YOLO 系列为例，其中的 PP-YOLOE 模型给出的精准率与推理速度两项指标，超过了 YOLOv5 的表现，如图 4.30 所示。

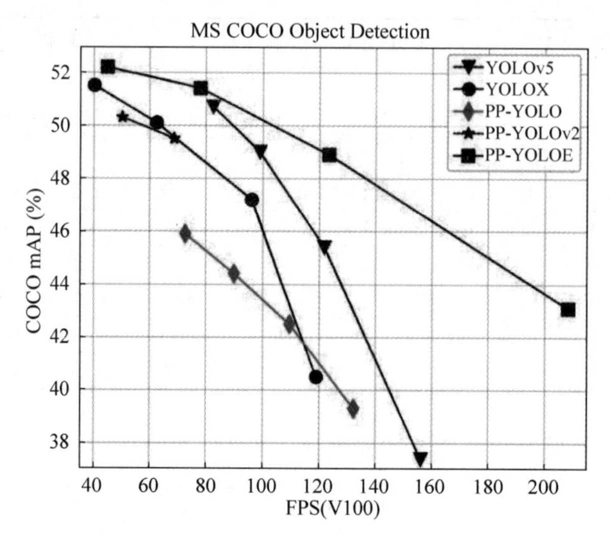

图 4.30　PP-YOLOE 与其他模型的性能比较

以驾驶场景感知识别为目标的 YOLOP 模型，结构并不复杂，如图 4.31 所示。YOLOP 用一个共享编码器和 3 个解码器头来解决特定的任务。不同解码器之间没有复杂的共享块，降低了计算复杂度，适合部署在边缘计算设备做实时检测。

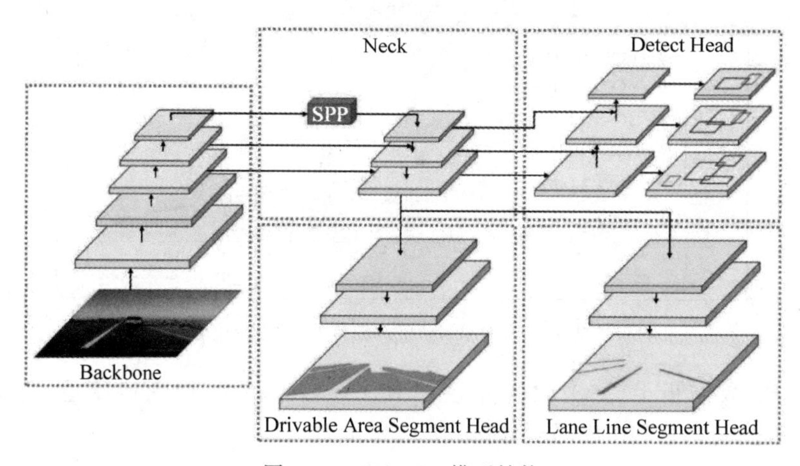

图 4.31　YOLOP 模型结构

4.13　YOLOv5 解析

由 Ultralytics 发布的 YOLOv5 的体系结构完全继承了 YOLOv4 的开放架构，模型的核心技术逻辑与 YOLOv4 如出一辙，可能正是这个原因，关于 YOLOv5 暂时没有独立发表的论文。

YOLOv5 的首次发布比 YOLOv4 晚了几个月，其技术演变与后来的 Scaled-YOLOv4 极为接近。YOLOv5 社区的热度很高，在追求准确率与速度的道路上，YOLOv5 尝试用各种优化技术对模型改良，故模型迭代很快。YOLOv5 是一个兼具开放性、实践性、包容性和发展性的模型。

与 EfficientDet、Scaled-YOLOv4 类似，YOLOv5 也是通过规模缩放得到一系列模型。Ultralytics 团队针对 v6 版发布的五种模型是 YOLOv5n6、YOLOv5s6、YOLOv5m6、YOLOv5l6、YOLOv5x6。Ultralytics 团队将 v6 版的 YOLOv5 与 EfficientDet 在 COCO 数据集上做了性能对比，如图 4.32 所示。

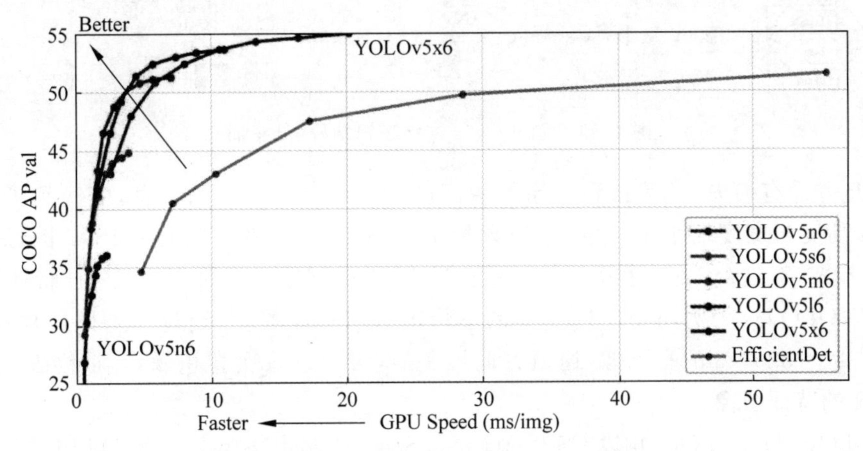

图 4.32 YOLOv5 与 EfficientDet 比较

显然，YOLOv5 在平衡准确率与推理速度方面，优势显著。

YOLOv5 模型缩放参数如表 4.6 所示。

表 4.6 YOLOv5 模型缩放参数

参数类型	YOLOv5s	YOLOv5m	YOLOv5l	YOLOv5x
depth_multiple	0.33	0.67	1.0	1.33
width_multiple	0.50	0.75	1.0	1.25
BCSPn (True)	1,3,3	2,6,6	3,9,9	4,12,12
BCSPn (False)	1	2	3	4
卷积核数	32,64,128,256,512	48,96,192,384,768	64,128,256,512,1024	80,160,320,640,1280

以 YOLOv5s 模型为例，逻辑结构如图 4.33 所示。与 YOLOv4 相比，Backbone 仍然以 CSPDarknet-53 结构为主，但是增加了 Focus 模块和 SPP 模块。Neck 仍然以 PANet 结构为主，但是采用 BCSPn(False)模块替代 YOLOv4 中的卷积模块。Header 部分仍然采用 YOLO 预测结构。

下面对 Focus、CSPNet、SPP、PANet 几个技术要点做进一步解析。

Focus 模块的原理是对图像进行下采样切片操作，如图 4.34 所示。对原图像间隔像素采样，得到 4 幅三通道小图像。四幅小图像表达的信息具有互补性，堆叠起来后，原图

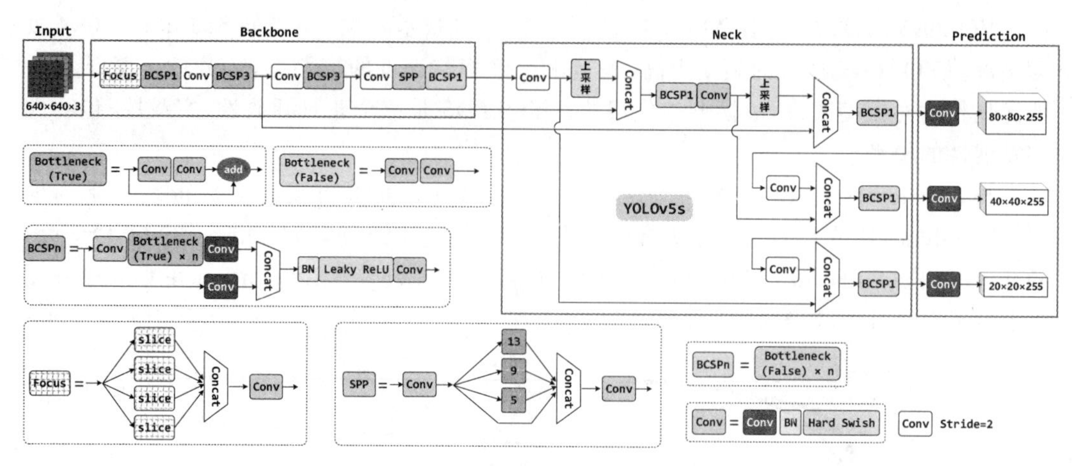

图 4.33　YOLOv5s 网络逻辑结构(见彩插)

像的信息并没有损失,只是相当于原图像高度和宽度方向 3/4 的信息,变换到了通道空间,图像高度与宽度缩小了 1 倍,通道数量扩充到 4 倍,原来的三通道 RGB 图像变成了 12 通道模式,对这个 12 通道特征图做卷积操作,将得到原图像的二倍下采样特征图。

以 YOLOv5s 为例,640×640×3 的图像输入 Focus 模块,经过下采样切片操作,变成 4 幅 320×320×3 的小图像,通道方向堆叠后,再经过一次卷积操作,最终变成 320×320×32 的特征图像。

YOLOv5 与 YOLOv4 均以 CSPNet(Cross Stage Partial Network)为基础构建 Backbone 网络和 Neck 网络,实现更为快速的特征提取与特征融合。例如,如果采用 CSPNet 重构 ResNe(X)t 网络,则其结构变化如图 4.35 所示。图 4.35(a)为原网络的核心结构模块,图 4.35(b)为重构后的 CSPResNe(X)t 模块。

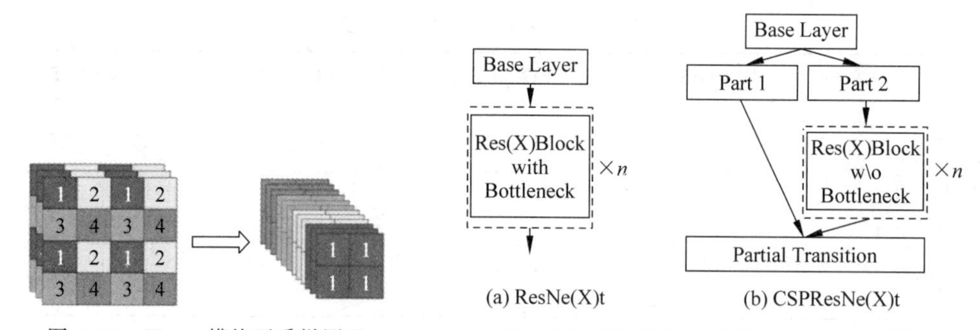

图 4.34　Focus 模块下采样原理

图 4.35　用 CSPNet 重构 ResNe(X)t 网络

模块的输入层按照一定比例一分为二,Part2 继续沿着原有的结构做 n 个阶段的残差计算,Part1 则直接与这 n 个阶段的输出汇合、堆叠、向前传递。CSPNet 技术降低了模型的参数数量,对内存的需求更低,同时加快了模型推理速度。

YOLOv5 与 YOLOv4 均采用空间 SPP 技术。SPP 模块在几乎不影响模型推理速度的前提下显著提升了模型的感受野,进而有助于提高模型的精度。SPP 工作原理如图 4.36 所示。输入的特征图 13×13×512 经过 3 种规格的 Same 模式最大池化(5×5、7×7、

13×13),分别得到 3 个维度为 13×13×512 的输出,与跳连过来的输入堆叠,形成维度为 13×13×2048 的输出。在不增加学习参数数量的前提下,有效实现了多尺度特征提取与融合。

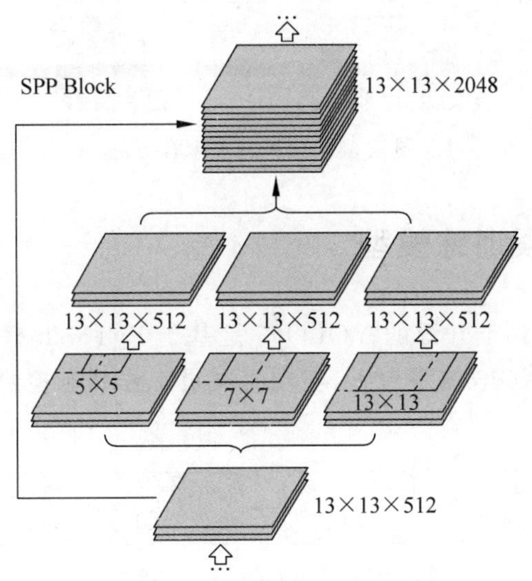

图 4.36 SPP 工作原理

对于深度神经网络而言,低层的特征包含的语义信息虽然比较少,但是目标位置往往准确;高层的特征语义信息比较丰富,但是目标位置会比较粗略。路径聚合网络(Path Aggregation Network,PANet)是在特征金字塔网络(Feature Pyramid Network,FPN)的基础上,自底向上进一步扩充路径的精确定位信息以强化整个特征表达结构。PANet 工作原理如图 4.37 所示。

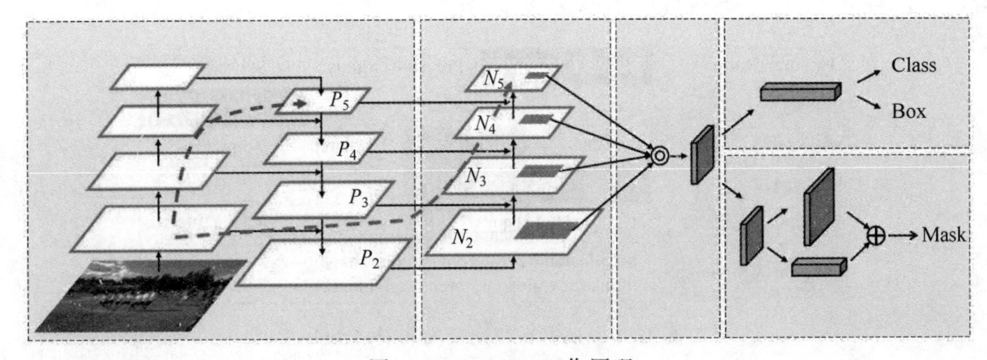

图 4.37 PANet 工作原理

图 4.37 中最左侧的图是 FPN 的工作逻辑,沿着 $P_5 \to P_4 \to P_3 \to P_2$ 上采样的路径进行信息聚合。图 4.37 中左边两个分图联合起来就是 PANet 工作逻辑。PANet 增加了 $N_2 \to N_3 \to N_4 \to N_5$ 下采样的特征聚合路径。显然,PANet 聚合的特征语义信息更为丰富。

特征聚合方法如图 4.38 所示,PANet 论文中采用的是相加求和,YOLOv5 与 YOLOv4 采用的是特征堆叠。

更多内容参见本节视频讲解。

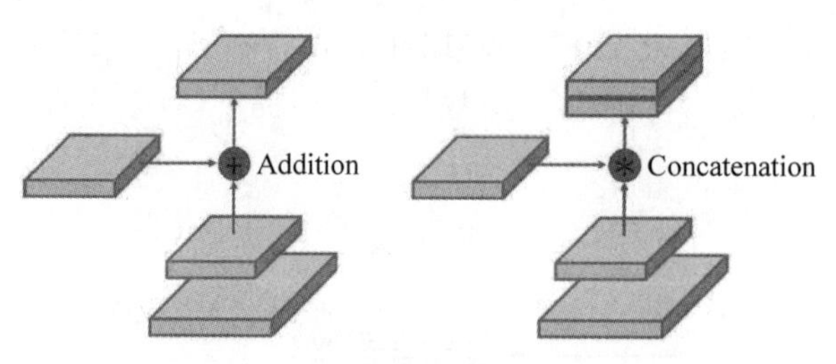

图 4.38 两种特征聚合方法

4.14 YOLOv5 预训练模型

Ultralytics 官方网站上开源的 YOLOv5 是基于 PyTorch 框架设计的，将自定义的 YOLOv5 模型迁移到 Android 平台上，实现驾驶员工作状态检测，项目流程包括六个阶段，如图 4.39 所示。

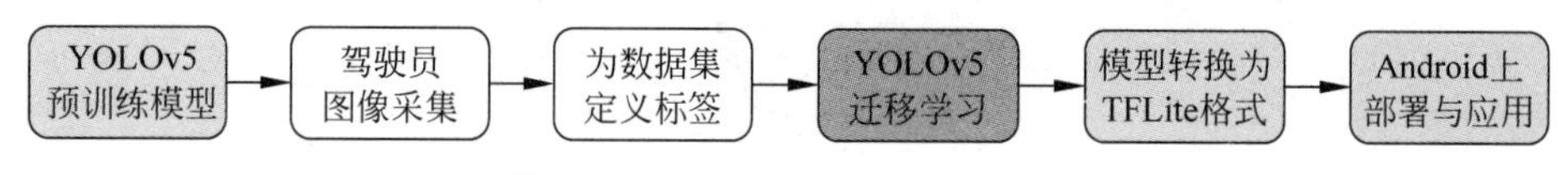

图 4.39 YOLOv5 项目部署流程

本节学习 YOLOv5 预训练模型的下载与测试。后续各小节内容按照图 4.39 所示的流程完成自动驾驶场景下 YOLOv5 模型的训练与部署应用。

打开 Pycharm，在 TensorFlow_to_Android 项目上新建文件夹 YOLOv5。

打开 PyTorch 官方网站，根据环境配置选择 PyTorch 安装参数，如图 4.40 所示，假定操作系统为 Windows，需要配置新版的 CUDA，依次选择版本号、操作系统、安装方式、编程语言、计算平台参数后，自动生成安装命令。

PyTorch Build	Stable(1.11.0)	Preview(Nightly)	LTS(1.8.2)	
Your OS	Linux	Mac	Windows	
Package	Conda	Pip	LibTorch	Source
Language	Python	C++ / Java		
Compute Platform	CUDA 10.2	CUDA 11.3	~~ROCm 4.5.2(beta)~~	CPU
Run this Command:	pip3 install torch torchvision torchaudio--extra-index-url https://download.pytorch.org/whl/cu113			

图 4.40 根据环境配置安装 PyTorch

复制图 4.40 中的安装命令，转到 PyCharm 的 Terminal 窗口，执行 PyTorch 安装命令，在当前项目的虚拟环境中完成 PyTorch 安装。

打开 Ultralytics，在 Github 上发布的 YOLOv5 最新版模型，下载项目到本地，解压后将根目录的内容复制到 YOLOv5 目录中。浏览目录结构，四种版本的名称分别是 YOLOv5s、YOLOv5m、YOLOv5l、YOLOv5x，熟悉 YOLOv5 项目的定义及其用法。

转到 PyCharm 的 Terminal 窗口，执行 cd yolov5 命令将当前目录切换为 YOLOv5，然后执行下面的命令，安装项目依赖库：

```
pip install - r requirements.txt
```

将本章课件中的图片素材复制到 YOLOv5/data/images 目录下，执行下面的命令，完成对图片和视频的批量检测：

```
python detect.py -- source data/images/
```

在 runs/detect 目录下观察检测结果，图 4.41 所示为一幅图片检测之前与检测之后的对比。

(a) 检测之前的原图

(b) 检测之后的结果

图 4.41　用 YOLOv5s 对图片做目标检测

YOLOv5s 模型对图 4.41 的检测结果为：行人，13 个；小汽车，16 辆；摩托车，8 辆；卡车，2 辆；红绿灯，3 个。总用时 0.141s。

测试结果与解析参见视频教程。

4.15　驾驶员图像采集

为了避免驾驶员处于疲劳驾驶状态，或者当驾驶员开车打瞌睡时，系统能够自动予以提醒，本小节编写程序，采集 40 幅驾驶员头部图像，清醒状态与瞌睡状态各占 20 幅，标签分别为 awake 和 drowsy。

在 YOLOv5 目录下新建程序 sample_data.py，数据采集逻辑如程序源码 P4.1 所示。按空格键采集驾驶员图像，按 Esc 键退出分类标签采集。

程序源码 P4.1　sample_data.py 图像采集

```
1   import os
2   import cv2
3   import uuid
4   if not os.path.exists('samples/images'):
5       os.mkdir('samples/images')
6   if not os.path.exists('samples/labels'):
7       os.mkdir('samples/labels')
8   sample_path = './samples/images'               # 存储数据集的目录
9   LABELS = ['awake', 'drowsy']                   # 标签
10  # 打开摄像头或者打开视频文件
11  cap = cv2.VideoCapture(0)                      # 参数设为 0,可以从摄像头实时采集图像
```

```
12 for label in LABELS:
13     print(f'采集驾驶员状态照片,标签:{label}')
14     # 循环读取每一帧,对每一帧做脸部检测,按 Esc 键循环结束
15     count = 0
16     while True:
17         key = cv2.waitKey(1) & 0xFF              # 读键盘
18         ret, frame = cap.read()                  # 从摄像头或者文件中读取一帧
19         if (key == 32):                          # 空格键采集头像
20             count += 1
21             filename = os.path.join(sample_path, label + '.' + str(uuid.uuid1()) + '.jpg')
22             cv2.imwrite(filename, frame)
23             print(f'标签:{label},样本数:{count}')
24         elif (key == 27):                        # 按 Esc 键退出
25             break
26         # 显示单帧
27         cv2.imshow("getting image", frame)
28 print('图像采集完成!')
29 cap.release()
30 cv2.destroyAllWindows()
```

根据视频教程运行程序源码 P4.1,完成 40 幅驾驶员的头部图像采集工作。采集的图像存放于 YOLOv5/samples/images 目录下。

4.16 用 LabelImg 定义图像标签

从 GitHub 上下载 LabelImg,解压后复制到 YOLOv5 目录下。转到 PyCharm 的 Terminal 窗口,将当前工作目录切换到 LabelImg,依次执行以下两条命令,完成 LabelImg 的安装工作:

```
pip install pyqt5 lxml - upgrade
pyrcc5 - o libs/resources.py resources.qrc
```

LabelImg 的工作界面如图 4.42 所示。

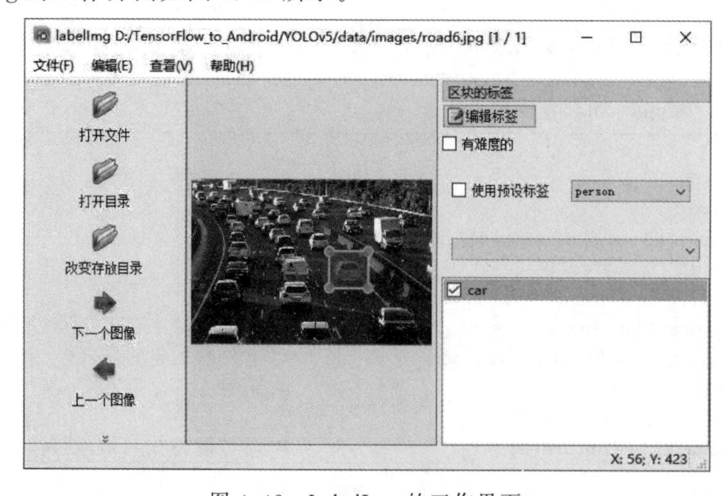

图 4.42 LabelImg 的工作界面

用 LabelImg 对 YOLOv5/samples/images 目录中的 40 幅驾驶员图像定义头部状态标签,清醒状态用 awake,瞌睡状态用 drowsy。生成的标签文件存放于 YOLOv5/samples/labels 目录下。

根据视频教程将 COCO 数据集预定义的 80 种标签与驾驶员状态标签合并起来,构成新的标签集合,定义新的数据集描述文件 dataset. yaml,数据集描述脚本如程序源码 P4.2 所示。

程序源码 P4.2　dataset.yaml 自定义数据集的描述脚本

```
1   path: D:\TensorFlow_to_Android\YOLOv5\samples          # 数据集根目录
2   train: images                                           # 训练集目录
3   val: images                                             # 验证集目录
4   # 标签
5   nc: 82                                                  # 标签类别数量
6   # 标签名称,awake、drowsy 在列表末尾
7   names: [ 'person', 'bicycle', 'car', 'motorcycle', 'airplane', 'bus', 'train', 'truck', 'boat',
8           'traffic light','fire hydrant', 'stop sign', 'parking meter', 'bench', 'bird', 'cat', 'dog',
9           'horse', 'sheep', 'cow','elephant', 'bear', 'zebra', 'giraffe', 'backpack', 'umbrella',
10          'handbag','tie', 'suitcase', 'frisbee','skis', 'snowboard', 'sports ball', 'kite',
11          'baseball bat', 'baseball glove', 'skateboard', 'surfboard','tennis racket', 'bottle',
12          'wine glass', 'cup', 'fork', 'knife', 'spoon', 'bowl', 'banana', 'apple','sandwich', 'orange',
13          'broccoli', 'carrot', 'hot dog', 'pizza', 'donut', 'cake', 'chair', 'couch','potted plant',
14          'bed', 'dining table', 'toilet', 'tv', 'laptop', 'mouse', 'remote', 'keyboard', 'cell phone',
15          'microwave', 'oven', 'toaster', 'sink', 'refrigerator', 'book', 'clock', 'vase', 'sc-
16          issors', 'teddy bear','hair drier', 'toothbrush', 'awake', 'drowsy']
```

如果希望迁移后的模型能够同时检测上述 82 种目标对象,则需要将自定的数据集与 COCO 数据集合并起来,重新训练模型。如果只希望检测 awake 和 drowsy 两种标签,则只做迁移学习即可。详情参见 4.17 节。

4.17　YOLOv5 迁移学习

切换当前目录到 YOLOv5,在 Terminal 窗口中执行下面的命令完成 YOLOv5 版模型的迁移学习。命令行中的参数从左到右依次是输入图像的尺寸、批处理大小、训练代数、自定义数据集脚本描述文件、迁移学习的权重文件和工作线程数量。

```
python train. py -- img 320 -- batch 16 -- epochs 100 -- data dataset. yaml -- weights
yolov5s. pt -- workers 0
```

模型完成 100 个 epoch 的训练,需要 7 分钟左右(以 3.7 节给出的计算机配置为例)。表 4.7 显示了模型达到的主要训练指标。

在识别清醒与瞌睡状态上,模型的平均精确率 P 达到了 99.8%,清醒的精确率为 99.6%,瞌睡的精确率为 1。召回率 R 则均为 1。这是一个非常理想的训练效果。其中 mAP 在[0.5,0.95]的平均精度水平超过 0.7。

表 4.7　模型实现的主要训练指标

Class	Images	Labels	*P*	*R*	mAP@0.5	mAP@0.5：0.95
all	40	40	0.998	1	0.995	0.754
awake	40	40	0.996	1	0.995	0.72
drowsy	40	40	1	1	0.995	0.787

转到 YOLOv5/runs/train 目录，其中最新的 exp 目录存放了最近的训练结果。results.csv 中包含每一代的详细训练参数，包括类别损失、Bounding Box 损失等。

图 4.43 显示了 40 幅图像样本的标签分布、Bounding Box 位置分布和 Bounding Box 的宽高分布。

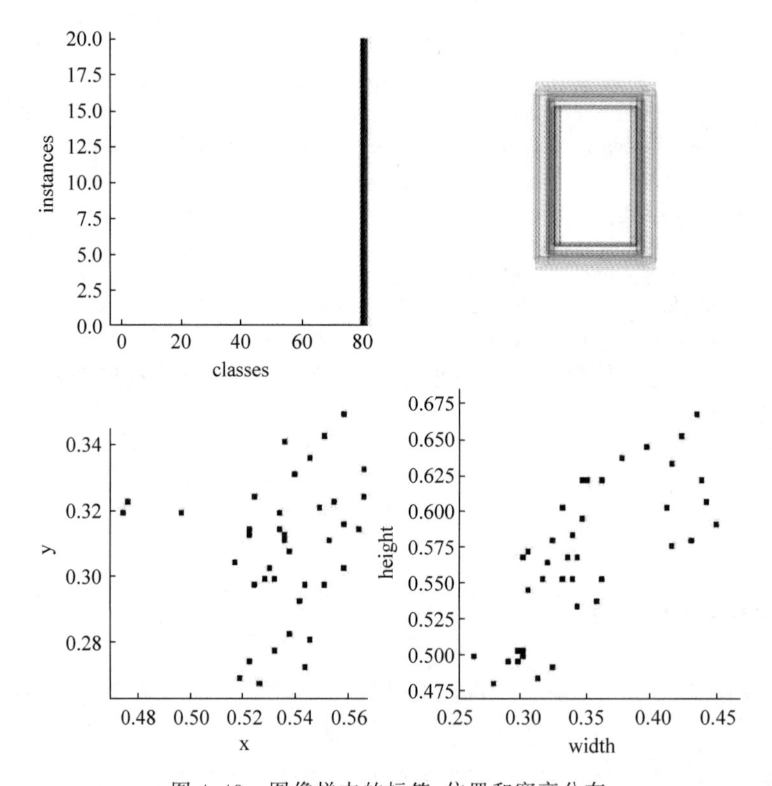

图 4.43　图像样本的标签、位置和宽高分布

观察一个 mini-batch 的训练样本集合，如图 4.44 所示，不难看出，一个 mini-batch 中的 16 幅图像是随机组合的。即 YOLOv5 对训练集的图像采用 Mosaic 数据增强技术，四幅不同语义信息的图片混合为一幅图像参加模型训练。

模型的 F1-Score 曲线如图 4.45 所示。在[0.2,0.7]这个置信区间上，F1-Score 接近于 1。

执行程序源码 P4.3，用训练好的模型对抽样图片做实证观察以及做实时检测。

图 4.44　YOLOv5 采用 Mosaic 数据增强技术

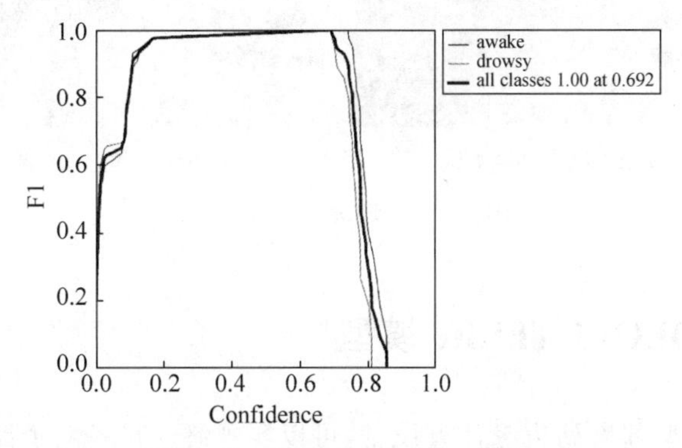

图 4.45　模型的 F1-Score 曲线

程序源码 P4.3　sample_test.py 抽样图片的实证观察

```
1   import cv2
2   import torch
3   import numpy as np
4   model = torch.hub.load('ultralytics/yolov5','custom',
5                          path='./runs/train/exp7/weights/best.pt',
6                          force_reload=True)
7   img = './samples/images/drowsy.7ac2d8b9-bf14-11ec-a93b-90ccdfb5e6fd.jpg'
8   results = model(img)
9   results.print()
10  img = np.squeeze(results.render())
```

```
11  cv2.imwrite('model_test.png', img)
12  # 打开摄像头或者打开视频文件
13  cap = cv2.VideoCapture(0)                # 参数设为 0,可以从摄像头实时采集头像
14  # 循环读取每一帧,对每一帧做脸部检测,按 Esc 键循环结束
15  count = 0
16  while cap.isOpened():
17      ret, frame = cap.read()              # 从摄像头或者文件中读取一帧
18      results = model(frame)               # 驾驶员状态检测
19      # 显示单帧
20      cv2.imshow("detecting", np.squeeze(results.render()))
21      if (cv2.waitKey(1) & 0xFF == 27):    # 按 Esc 键退出
22          break
23  cap.release()
24  cv2.destroyAllWindows()
```

单幅图像抽样测试如图 4.46 所示。摄像头对驾驶员工作状态的实时检测参见视频教程中的讲解与演示。

(a) awake状态抽样测试

(b) drowsy状态抽样测试

图 4.46　模型实证抽样测试

4.18　生成 YOLOv5-TFLite 模型

将 YOLOv5 模型部署到边缘计算设备,可以实现终端设备对道路驾驶场景的实时检测,为此,需要将 YOLOv5 在 COCO 数据集上的预训练模型转换为 TFLite 版。

为了在驾驶室部署终端检测设备,对驾驶员的工作状态实时检测,对疲劳驾驶的情况进行实时有效提醒,需要将 4.17 节完成的 YOLOv5 迁移模型也转换为 TFLite 版。

PyTorch 版的 YOLOv5 模型可以按照 PyTorch→ONNX→TensorFlow→TFlite 的步骤转换为 TFLite 模型。本小节直接采用 YOLOv5 官方网站提供的 export.py 程序完成模型的转换。

打开 PyCharm 的 Terminal 窗口,当前目录切换到 YOLOv5,执行命令:

```
python export.py --weights yolov5s.pt --include tflite --img 640
```

或者执行命令:

```
python export.py --weights yolov5s.pt --include tflite --int8 --img 640
```

上述两条命令可以实现 PyTorch 版模型到 TFLite 版模型的转换,其功能如图 4.47 所示。前一条命令转换为浮点版(Float16)TFLite 模型,后一条命令转换为整数版(Int8) TFLite 模型。

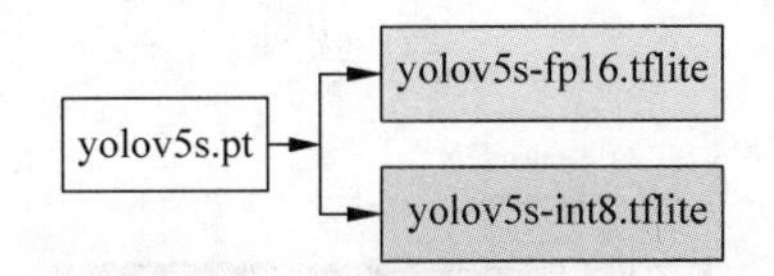

图 4.47 YOLOv5 模型转换为 TFLite 版

可以执行下述两条命令,用 detect.py 程序对转换后的模型进行验证和观察。

```
python detect.py --weights yolov5s-fp16.tflite --img 640
python detect.py --weights yolov5s-int8.tflite --img 640
```

命令行中的参数--img 表示输入图像的分辨率,可以根据实际需要做出调整。

在 YOLOv5 目录下可以观察到转换后的 TFLite 模型文件。在 YOLOv5/runs/detect 目录可以观察到模型的测试结果。

执行下面的命令,将 4.17 节完成的驾驶员状态检测模型转换为 TFLite 版。

```
python export.py --weights runs/train/exp7/weights/best.pt --include tflite --img 640
```

其中,预训练模型路径中的 exp7 子目录中会因实验次数有所变化。得到 best-fp16.tflite 模型。

得到的 TensorFlow 版计算模型,可以直接在 yolov5s_saved_model 或者 last_saved_model 目录中查看。

4.19 在 Android 上部署 YOLOv5

YOLOv5 官方网站的一个 GitHub 分支提供了针对 Android 部署应用的教学案例,网址为 https://github.com/zldrobit/yolov5。

根据本节视频教程,完成 Android 项目 auto-driving 的创建和初始化。项目初始结构如图 4.48 所示。

运行项目,用模拟器测试,其初始运行界面如图 4.49 所示。可以看出,有 CPU、GPU、NNAPI(Android Neural Networks API)3 种运行模式。

将 4.18 节生成的 TFLite 模型文件 yolov5s-fp16.tflite、yolov5s-int8.tflite 和 best-fp16.tflite 复制到 Android 项目的 assets 目录中。

将驾驶员的 classes.txt 文件复制到 assets 目录中。修改 DetectorFactory.java 程序中关于模型调用的内容,如程序源码 P4.4 所示。

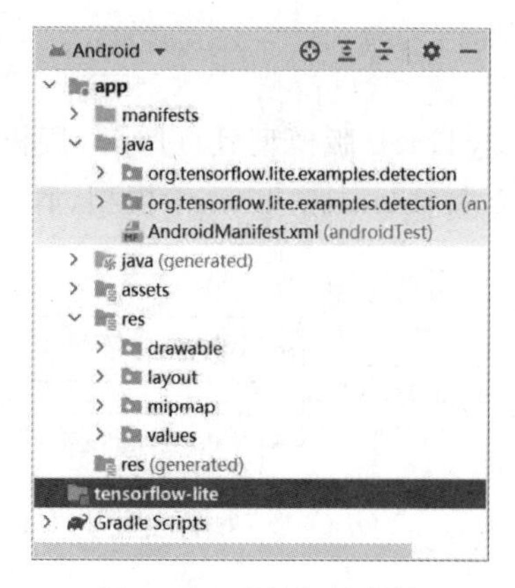

图 4.48　项目初始结构

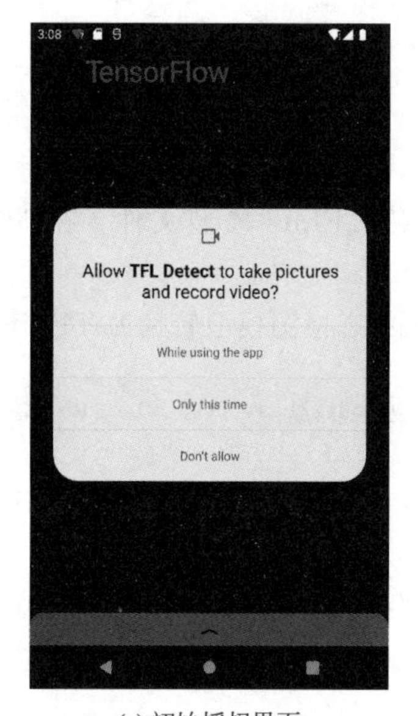

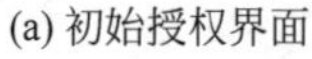
(a) 初始授权界面

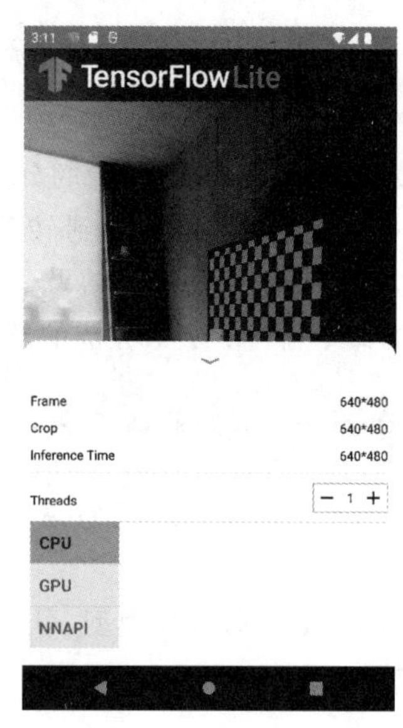

(b) 初始状态检测界面

图 4.49　项目初始状态测试

程序源码 P4.4　DetectorFactory.java 抽样图片的实证观察

```
1   public class DetectorFactory {
2       public static YoloV5Classifier getDetector(
3               final AssetManager assetManager,
4               final String modelFilename)
5               throws IOException {
6           String labelFilename = null;
7           boolean isQuantized = false;
8           int inputSize = 0;
9           int[] output_width = new int[]{0};
10          int[][] masks = new int[][]{{0}};
11          int[] anchors = new int[]{0};
```

```
12          if (modelFilename.equals("best-fp16.tflite")) {          // 驾驶员状态检测
13              labelFilename = "file:///android_asset/classes.txt";
14              isQuantized = false;
15              inputSize = 640;
16              output_width = new int[]{80, 40, 20};
17              masks = new int[][]{{0, 1, 2}, {3, 4, 5}, {6, 7, 8}};
18              anchors = new int[]{
19                      10,13, 16,30, 33,23, 30,61, 62,45, 59,119, 116,90, 156,198, 373,326
20              };
21          }
22          else if (modelFilename.equals("yolov5s-fp16.tflite")) { // 路面驾驶场景检测
23              labelFilename = "file:///android_asset/coco.txt";
24              isQuantized = false;
25              inputSize = 640;
26              output_width = new int[]{80, 40, 20};
27              masks = new int[][]{{0, 1, 2}, {3, 4, 5}, {6, 7, 8}};
28              anchors = new int[]{
29                      10,13, 16,30, 33,23, 30,61, 62,45, 59,119, 116,90, 156,198, 373,326
30              };
31          }
32          else if (modelFilename.equals("yolov5s-int8.tflite")) { // 用量化模型对驾驶场景检测
33              labelFilename = "file:///android_asset/coco.txt";
34              isQuantized = true;
35              inputSize = 640;
36              output_width = new int[]{80, 40, 20};
37              masks = new int[][]{{0, 1, 2}, {3, 4, 5}, {6, 7, 8}};
38              anchors = new int[]{
39                      10,13, 16,30, 33,23, 30,61, 62,45, 59,119, 116,90, 156,198, 373,326
40              };
41          }
42          return YoloV5Classifier.create(assetManager, modelFilename, labelFilename,
43                                         isQuantized, inputSize);
44      }
45  }
```

4.20　场景综合测试

在手机上运行项目，完成照相机授权后，首先对驾驶员工作状态进行测试，图4.50显示了CPU和GPU两种工作模式的推理速度对比。在三星A71手机上的测试结果表明，GPU模式比CPU模式快2.5倍左右。

图4.51给出了多线程与单线程两种工作模式对比，多线程的推理速度比单线程快30%以上。

对道路驾驶场景做测试。图4.52给出了TFLite模型的浮点版(Float16)与整数版(Int8)的推理速度对比，整数版模型在不降低检测的精度的前提下，推理速度稍快。

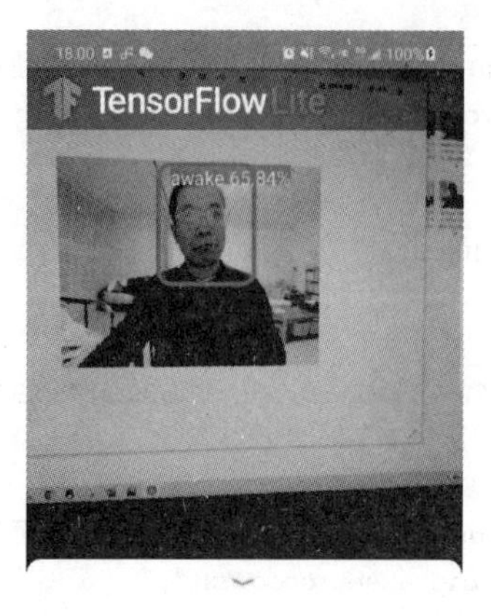

(a) CPU工作模式

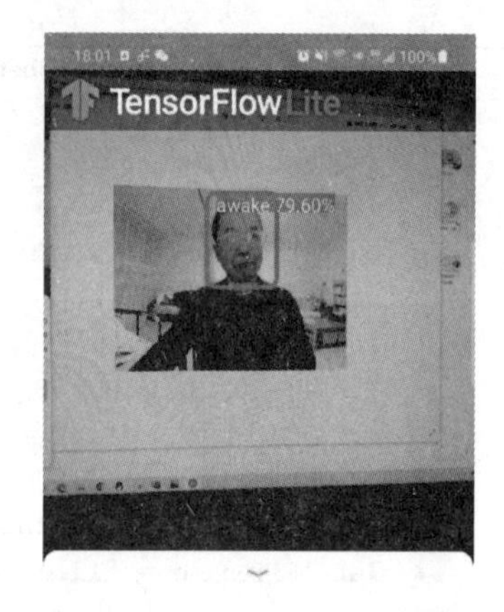

(b) GPU工作模型

图 4.50　CPU 与 GPU 推理速度对比

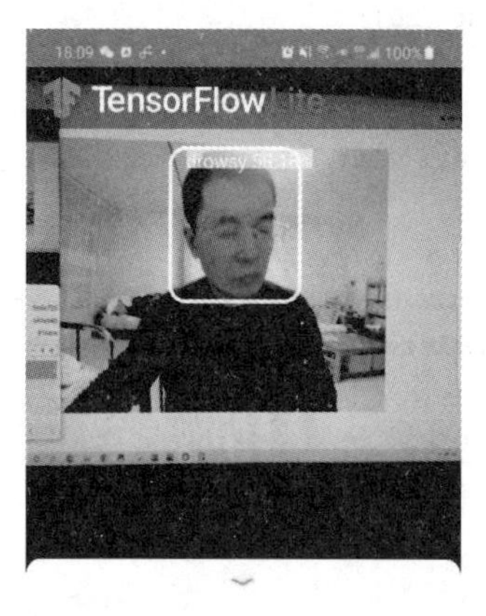

(a) 多线程工作模式

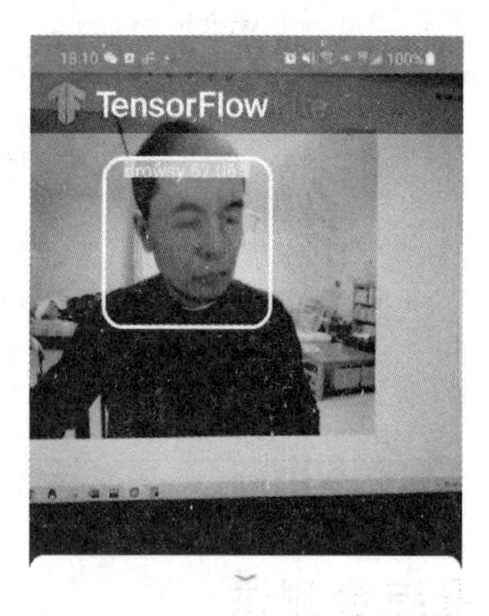

(b) 单线程工作模型

图 4.51　多线程与单线程推理速度对比

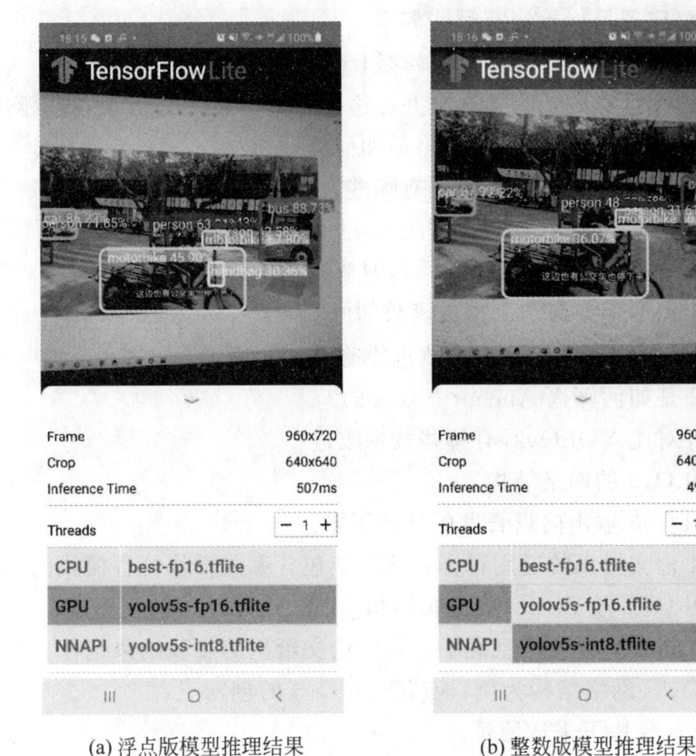

(a) 浮点版模型推理结果　　(b) 整数版模型推理结果

图 4.52　浮点版模型与整数版模型推理效果对比

用 NNAPI 模式测试，与 CPU 模式相比，没有发现显著的速度提升，甚至略有下降，但是预测精度没有受到影响。

现在，可以拿着手机到马路上做实时、实地场景测试。参见本节视频教程中做的几段实地效果演示。

4.21　小结

本章以自动驾驶场景检测问题为切入点，以 YOLOv1～YOLOv5 模型设计为主线，学习了常见的目标检测技术与方法；重点实战了基于 YOLOv5 预训练模型的下载、迁移学习、训练、测试和评估；以驾驶员工作状态检测为例，编程采集驾驶员工作状态数据，用 LabelImg 为数据定义标签，通过 YOLOv5 迁移学习方法完成了驾驶员状态检测模型的训练；最后在 Android 上部署了 TFLite 版的道路场景检测模型与驾驶员状态检测模型，对测试结果做了比较分析。

4.22　习题

1. 自动驾驶分为哪些等级？各有什么特点？
2. 如何定义驾驶场景中的目标对象标签？如何定义损失函数？

3. 用滑动窗口实现目标检测有哪些弊端?

4. 卷积方法实现滑动窗口的计算逻辑是什么?有何优点?

5. 交并比是如何计算的?为什么交并比适合衡量 Bounding Box 的检测精度?

6. 一般情况下,非极大值抑制的策略是如何设计的?

7. 锚框(Anchor Boxes)的技术要点有哪些?目的是什么?

8. 描述基于网格切分的标签定义方法。

9. 简述 YOLOv1 模型的结构特点。其创新点是什么?

10. YOLOv1 模型是如何定义损失函数的?

11. 描述 YOLOv2 对 YOLOv1 的改进措施及其作用。

12. YOLOv2 是如何筛选 Anchor Boxes 的?

13. YOLOv3 对比 YOLOv2,有哪些技术改进?

14. 描述 YOLOv3 的网络结构。

15. 描述 YOLOv3 输出向量长度的计算逻辑。

16. YOLOv4 论文提出的通用目标检测框架包含哪些模块?各模块的作用是什么?

17. 对照 YOLOv3 与 YOLOv4 逻辑结构,谈谈 YOLOv4 的创新点。

18. YOLOv4 与哪些经典模型做了比较?论文给出的实验结果是什么?

19. 以 YOLOv5s 网络结构为例,谈谈 YOLOv5 的创新点。

20. 简述 Focus 模块下采样原理。

21. 简述 SPP 模块的工作原理。

22. 简述 PANet 的工作原理。

23. 结合本章项目中的驾驶员工作状态检测,描述 YOLOv5 项目在 Android 上的部署流程。

24. 简述用 LabelImg 对驾驶员工作状态图像打标签的方法与步骤。

25. 简述 Mosaic 数据增强技术的优点。

26. 简述 YOLOv5 模型转换为 TFLite 版的方法与步骤。

第 5 章

Transformer与人机畅聊

当读完本章时，应该能够：

- 理解机器是如何学习说话和学会说话的。
- 理解机器问答的技术路线。
- 理解机器问答语言模型及评价方法。
- 理解 Transformer 模型的原理与方法。
- 理解 Transformer 独特的注意力机制。
- 理解 Transformer 模型的定义与训练。
- 实战基于腾讯聊天数据集＋Transformer 的聊天机器人设计。
- 实战基于 Web API 的聊天服务器设计。
- 实战 Android 版人机畅聊客户机设计。

5.1 项目动力

机器视觉与自然语言处理是人工智能的两大热点领域。对于机器视觉学习，读者较容易入门，但对于自然语言的处理，特别是对于机器翻译、机器问答、人机聊天等应用的理解与学习，难度较高。究其原因，读者往往很难独立去完成一个上述自然语言处理项目，一旦缺少了亲力亲为的实战体验，理论不能与实践紧密结合，不能相互印证，那么对理论的掌握往往就是空中楼阁。

本章案例将带领读者从零起步，以 Transformer 为建模基础，在腾讯发布的中文聊天数据集上，训练出一款会聊天的机器人程序。聊天机器人除了不知疲倦、有求必应、一对多并发服务的优点外，聊天机器人的未来将兼具多种风格，例如滔滔不绝的机器人、激情演讲的机器人、能做灵魂触碰的机器人、能心有灵犀的机器人、能聊出思想火花的机器人、能与你一起头脑风暴的机器人、能自我学习提高的机器人……

总之，具备强大语言能力的机器人、具备思想能力的机器人，正沿着人类追求的航向，奋力前行。

5.2 机器问答技术路线

机器问答与机器聊天(本书特指人机聊天)都是自然语言处理领域的经典问题，二者并不完全相同。

机器问答一般常见于阅读理解的场景，给定参考语料，要求机器人根据语料回答问题，问题的答案往往是在语料之中做了显式陈述，或者根据语料可以推断的。

对于机器聊天而言，聊天的随机性决定了应答难度更大一些，不但需要及时切换话题，还需要通过简短的交谈揣摩对方的真实意图，否则会答非所问。

机器问答与机器聊天的界限有时也是模糊的，例如，电商平台部署的客服机器人，确实可以解决客户的若干问题，节省了大规模的人力资源。这些客服机器人基于其收集的大量客服会话数据训练而成，兼具机器问答与机器聊天的特点。

经常听到新入门学生询问如何开发一个机器问答或者机器聊天的项目，图 5.1 给出了项目实施路径的四部曲。

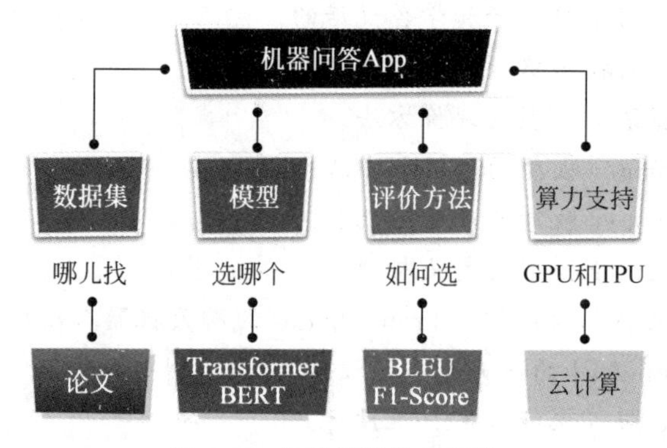

图 5.1 机器问答技术路线

第一步，解决数据集的问题。俗话说，巧妇难为无米之炊，强大的语料数据集对语言建模至关重要。基本原则是根据问题目标，选择适配的语料库。例如斯坦福大学发布的 CoQA、SQuAD 2.0 语料库，华盛顿大学牵头发布的 QuAC 语料库，百度发布的 DuConv 语料库，京东的 JDDC 客服语料库，腾讯的 NaturalConv 聊天语料库，清华大学的 KdConv 语料库等。这些经典的语料库都有论文解析，通过阅读论文可以得知语料库的规模、覆盖的领域、适合解决的问题。如果条件允许，可以考虑自建语料库。或者自建小规模语料库，用迁移学习的方法解决数据量不足的问题。

第二步，选择模型(算法)。工欲善其事，必先利其器。近年来，能够代表自然语言处理领域前沿热点的模型非 Transformer 和 BERT 莫属。研读前沿文献不难发现，活跃在各大语言建模挑战赛排行榜前列的模型，无不是以 Transformer 和 BERT 结构为核心的衍生品。图 5.2 给出了适合自然语言建模的经典技术，自底向上，反映了语言建模技术的变迁与演进。

第三步,理解语言模型的评价方法。之所以强调这一点,是因为学生往往比较熟悉机器视觉领域的分类或回归问题的评价方法,这些方法在自然语言处理领域并不好用。以机器聊天或机器推理为例,可接受的正确答案往往不止一个。如何去评价这些语句长度不一、文字不一的句子,需要新方法。例如 BLEU 即是一种经典方法。

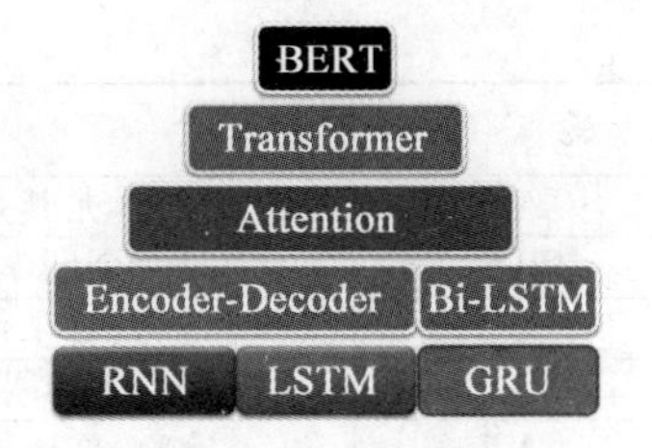

图 5.2 语言建模技术的演进

第四步,解决算力问题。普通的个人计算机,即使对于小规模数据集,也难以胜任模型训练。GPU 性能稍好的工作站,往往也难以满足中等建模问题对算力的需求。对于学生而言,需要寻找免费算力资源,才能不让自己的想法卡在最后一公里。幸运的是,百度、Google 等都提供了免费算力平台。

以本章的机器人聊天项目为例,在 3.7 节给出的计算机配置上,完成 38 个 epoch 的训练,需要 4 小时左右。在 Kaggle 平台提供的免费 TPUv3-8 上,只需要 12 分钟。速度提升 20 倍。

5.3 腾讯聊天数据集

2021 年,腾讯人工智能实验室发布了主题驱动的多轮中文聊天数据集,数据集名称为 NaturalConv,详情参见论文 *Naturalconv: A chinese dialogue dataset towards multi-turn topic-driven conversation*(WANG,X Y,LI C,ZHAO J,et al. 2021)。

NaturalConv 包含体育、娱乐、科技、游戏、教育和健康六个领域的 19.9K 场双人对话,合计 40 万条对话语句,每场对话平均包含 20.1 个句子,即对话双方进行了 10 次左右的表达。为了获取上述数据,腾讯支付了语料库整理人员 5 万美元的信息采集和加工整理费用。现在这个数据集可以在腾讯人工智能实验室官方网站免费下载。

NaturalConv 数据集包含的对话是以 6500 篇网络新闻为背景展开的。对话具备自然性,即对话双方围绕一个共同主题展开话语交流,属于自然情况下的聊天行为。

口语化是聊天的显著特点,这也是 NaturalConv 数据集设计时遵循的原则。表 5.1 给出了 NaturalConv 中的一场对话文本,A、B 两名学生关于当天的一场荷甲球赛展开的话题聊天。

表 5.1 A、B 两人对话样本抽样观察

轮 次	A、B 两人的对话内容
A-1	嗨,你来得挺早啊。
B-1	是啊,你怎么来得这么晚?
A-2	昨晚我看了球赛,所以今早起晚了,也没吃饭。
B-2	现在这个点食堂应该有饭,你看什么球赛啊?篮球吗?
A-3	不是,足球。
B-3	怪不得,足球时间长。
A-4	你知道吗?每次都是普罗梅斯进球。
B-4	这个我刚才也看了新闻了,他好有实力啊。

续表

轮　次	A、B 两人的对话内容
A-5	是啊,尤其是他那个帽子戏法,让我看得太惊心动魄了。
B-5	我一个同学在群里说了,每次聊天都离不开他,可见他的实力有多强大。
A-6	是啊,看来你那个同学和我是一样的想法。
B-6	我好不容易摆脱他的话题,你又来说出他的名字。
A-7	哈哈,你不懂我们对足球有多热爱。
B-7	我知道你热爱,我还记得你参加初中比赛还拿到冠军呢。你功不可没啊。
A-8	哈哈,还是你能记得我当时的辉煌。
B-8	没办法,咱俩从小一起长大的,彼此太了解了。
A-9	嗯,老师来了。
B-9	快打开课本,老师要检查。
A-10	嗯嗯,下课再聊。
B-10	嗯。

话题参照的新闻稿件如下。

新闻稿:北京时间今天凌晨,荷甲第 4 轮进行了两场补赛。阿贾克斯和埃因霍温均在主场取得了胜利,两队 7 轮后同积 17 分,阿贾克斯以 6 个净胜球的优势领跑积分榜。0 点 30 分,埃因霍温与格罗宁根的比赛开战,埃因霍温最终 3∶1 在主场获胜。2 点 45 分,阿贾克斯主场与福图纳锡塔德之战开始。由于埃因霍温已经先获胜了,阿贾克斯必须获胜才能在积分榜上咬住对方。在整个上半场,阿贾克斯得势不得分,双方 0∶0 互交白卷。在下半场中,阿贾克斯突然迎来了大爆发。在短短 33 分钟内,阿贾克斯疯狂打进 5 球,平均每 6 分钟就能取得 1 个进球。在第 50 分钟时,新援普罗梅斯为阿贾克斯打破僵局。塔迪奇左侧送出横传,普罗梅斯后点推射破门。第 53 分钟时亨特拉尔头球补射,内雷斯在门线前头球接力破门。第 68 分钟时,普罗梅斯近距离补射梅开二度。这名 27 岁的前场多面手,跑到场边来了一番尬舞。第 77 分钟时阿贾克斯收获第 4 球,客队后卫哈里斯在防传中时伸腿将球一捅,结果皮球恰好越过门将滚入网窝。在第 83 分钟时,普罗梅斯上演了帽子戏法,比分也最终被定格为 5∶0。在接到塔迪奇直传后,普罗梅斯禁区左侧反越位成功,他的单刀低射从门将裆下入网。普罗梅斯这次的庆祝动作是秀出三根手指,不过他手指从上到下抹过面部时的动作,很有点像是在擦鼻涕。

NaturalConv 数据集与 CMU DoG、Wizard of Wiki、DuConv、KdConv 的对比如表 5.2 所示。NaturalConv 涉及的主题更为广泛,双方对话的回合数更多,语料库规模更大。

表 5.2　与其他数据集对比

Dataset	Language	Document Type	Annotation Level	Topic	Avg. # turns	# uttrs
CMU DoG	English	Text	Sentence	Film	22.6	130k
Wizard of Wiki	English	Text	Sentence	Multiple	9.0	202k
DuConv	Chinese	Text&KG	Dialogue	Film	5.8	91k
KdConv	Chinese	Text&KG	Sentence	Film, Music, Travel	19.0	86k
NaturalConv	**Chinese**	**Text**	**Dialogue**	**Sports, Ent, Tech, Games, Edu, Health**	**20.1**	**400k**

NaturalConv 语料库中各主题的分布情况如表 5.3 所示。可以看到，体育类主题的文档数占比接近一半，健康类主题最少，只有 52 篇背景文档。

表 5.3 主题的分布情况

	Sports	Ent	Tech	Games	Edu	Health	Total
# document	3124	1331	1476	103	414	52	6500
# dialogues	9740	4403	4061	308	1265	142	19 919
# dialogues per document	3.1	3.3	2.8	3.0	3.1	2.7	3.0
# utterances	195 643	88 457	81 587	6180	25 376	2852	400 095
Avg. # utterances per dialogue	20.1	20.1	20.1	20.1	20.1	20.1	20.1
Avg. # tokens per utterance	12.0	12.4	12.3	12.1	12.6	12.5	12.2
Avg. # characters per utterance	17.8	18.1	18.6	17.8	18.1	18.3	18.1
Avg. # tokens per dialogue	241.1	248.2	247.5	242.9	248.3	251.1	244.8
Avg. # characters per dialogue	357.5	363.2	372.8	356.5	356.5	368.0	363.1

每篇文档相关的对话场次平均为 3 场。每场对话包含的语句平均为 20.1 个。平均每场对话包含的字数为 360 个左右。

可见，NaturalConv 语料库的主题分布并不均衡，这也可以解释，为什么后面训练的聊天机器人，偏爱于体育类的话题，或者对体育类的话题更“健谈”一些。语料库相当于语言模型的先天基因，决定了语言模型表现的倾向性。

5.4 Transformer 模型解析

Transformer 模型参见论文 *Attention is all you need*（VASWANI A，SHAZEER N，PARMAR N，et al. 2017）。Transformer 这个词的原意是“变形金刚”，作者用 Transformer 寓意其可伸缩性好，可以胜任的应用领域非常广泛。

Transformer 模型结构如图 5.3 所示。左侧代表编码器，右侧代表解码器。编码器与解码器的结构非常相似。

编码器由 N 个结构重复的单元连接而成。每个单元包含两个残差块：第一个残差块以多头注意力模块为核心；第二个残差块以全连接网络为核心。

解码器的主体是由 N 个结构重复的单元连接而成，最后跟上一个全连接层和 Softmax 分类层。每个单元包含三个残差块：第一个残差块以带掩码的多头注意力模块为核心；第二个残差块是交叉多头注意力模块；第三个模块为全连接网络模块。

注意，Transformer 中用 Linear 表示的全连接网络，不包含激活函数，是一个线性结构。

编码器的输入层需要将序列的嵌入向量与序列的位置编码向量做叠加运算，然后并行输入到三个 Linear 网络，得到 $\boldsymbol{Q}$、$\boldsymbol{K}$、$\boldsymbol{V}$ 三个输入向量。

编码器输出层的输出将直接给到解码器各个单元的第二个残差块。

解码器除了接收来自编码器的输入，还有一个被称作 Output Embedding 的输入。在模型训练期间，Output Embedding 用样本的标签向量表示。在模型推理时，解码器是

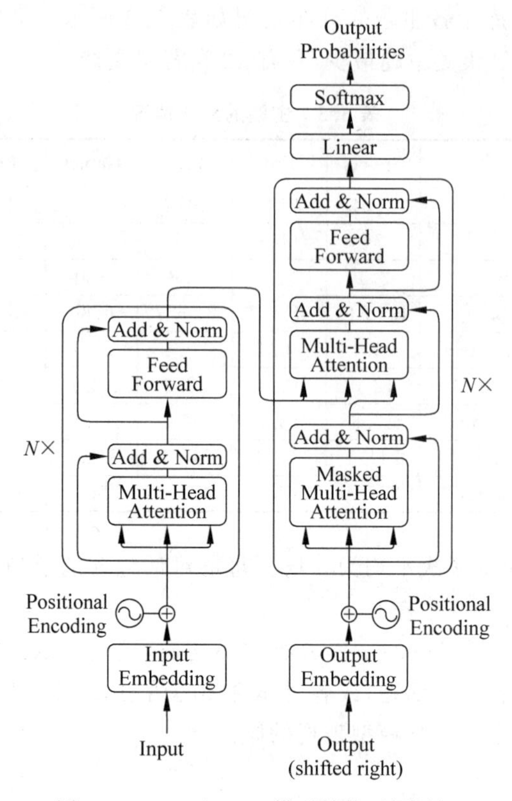

图 5.3　Transformer 模型结构(见彩插)

一个自回归结构,单步推理生成的输出,将回馈给 Output Embedding 作为解码器的输入,参入整个推理过程。

编码器与解码器之间的连接方式有很多,图 5.4 给出了 Transformer 的经典推荐方式。即编码器最后一个单元的输出,给到解码器各个单元的交叉多头注意力模块。

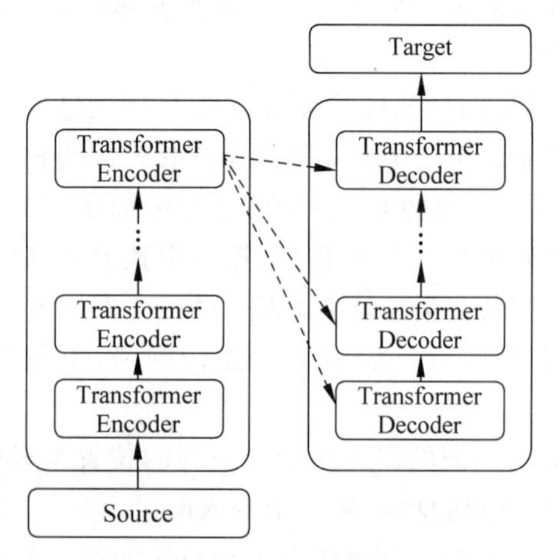

图 5.4　Transformer 的经典推荐方式

事实上,也可以让编码器各个单元的输出,只给到解码器的同层次单元,或者给到解码器的所有单元。

Transformer 的核心运算体现在注意力机制上，图 5.5 给出了 Transformer 的单头注意力机制与多头注意力机制的计算逻辑。

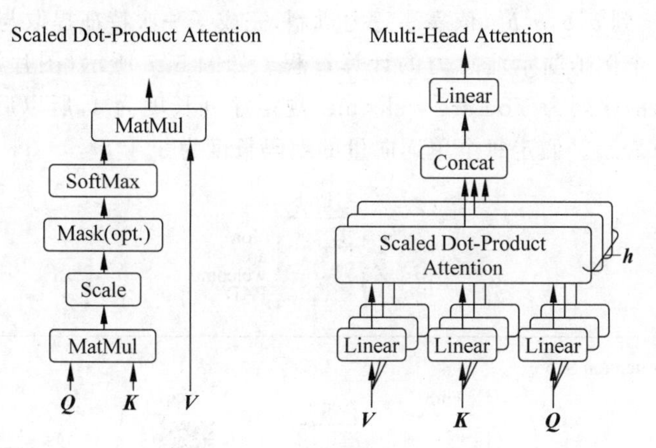

图 5.5 Transformer 的单头注意力机制与多头注意力机制的计算逻辑

Transformer 将编码的输入序列，通过全连接网络学习为 $\boldsymbol{Q}$、$\boldsymbol{K}$、$\boldsymbol{V}$ 三个嵌入向量。左图为基于点积的单头注意力逻辑。右图为 h 个多头注意力并行堆叠、合并计算的逻辑。

$\boldsymbol{Q}$、$\boldsymbol{K}$ 之间完成注意力计算，形成注意力权重，用注意力权重乘以 $\boldsymbol{V}$，得到单个注意力模块的输出。

直观上看，$\boldsymbol{Q}$、$\boldsymbol{K}$ 之间的注意力强度反映了序列中上下文之间的关系强弱，将这种强弱关系映射到向量 $\boldsymbol{V}$ 上，即可实现对输入序列的编码和特征提取。$\boldsymbol{Q}$、$\boldsymbol{K}$、$\boldsymbol{V}$ 之间的计算逻辑与互动关系如图 5.6 所示。

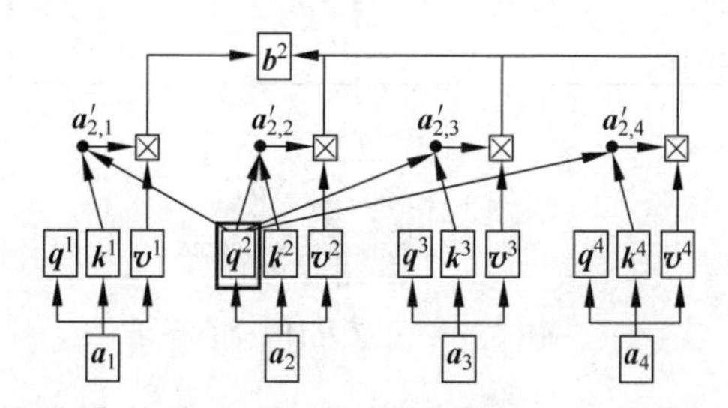

图 5.6 $\boldsymbol{Q}$、$\boldsymbol{K}$、$\boldsymbol{V}$ 之间的计算逻辑与互动关系

假设输入序列为 $\boldsymbol{a}_1\boldsymbol{a}_2\boldsymbol{a}_3\boldsymbol{a}_4$，现在只考虑 $\boldsymbol{a}_2$ 对应的输出 $\boldsymbol{b}^2$，通过注意力计算得到 $\boldsymbol{b}^2$ 的步骤解析如下。

(1) $\boldsymbol{a}_2$ 通过三个独立的全连接网络学习，得到编码 q^2、k^2、v^2，q^2 与 k^2 按照图 5.5 所示的点积注意力计算逻辑，经 Softmax 输出 q^2 与 k^2 之间的归一化关系权重向量 $\boldsymbol{a}'_{2,2}$。

(2) q^2 与 k^1 经注意力计算，Softmax 层输出 q^2 与 k^1 的归一化关系权重向量 $\boldsymbol{a}'_{2,1}$。

(3) 重复步骤(2)，得到 $\boldsymbol{a}'_{2,3}$ 和 $\boldsymbol{a}'_{2,4}$。

至此，$\boldsymbol{a}_2$ 与序列 $\boldsymbol{a}_1\boldsymbol{a}_2\boldsymbol{a}_3\boldsymbol{a}_4$ 中其他单词的关系(包括与自身的关系)，已经通过 q^2 与 k^1、k^2、k^3、k^4 之间的注意力计算得到，表示为四个权重向量 $\boldsymbol{a}'_{2,1}$、$\boldsymbol{a}'_{2,2}$、$\boldsymbol{a}'_{2,3}$ 和 $\boldsymbol{a}'_{2,4}$。

(4) 得到 $\boldsymbol{b}^2=\boldsymbol{a}'_{2,1}\times v^1+\boldsymbol{a}'_{2,2}\times v^2+\boldsymbol{a}'_{2,3}\times v^3+\boldsymbol{a}'_{2,4}\times v^4$。现在,可以认为向量 $\boldsymbol{b}^2$ 是对向量 $\boldsymbol{a}_2$ 施加上下文全局注意力后的新表示。

同样的方法可以得到 $\boldsymbol{b}^1$、$\boldsymbol{b}^3$、$\boldsymbol{b}^4$。

从 $\boldsymbol{a}_1\boldsymbol{a}_2\boldsymbol{a}_3\boldsymbol{a}_4$ 到 $\boldsymbol{b}^1\boldsymbol{b}^2\boldsymbol{b}^3\boldsymbol{b}^4$,依靠注意力机制,完成了一次特征提取与变换。

下面通过一个例子演示注意力的计算过程。如图 5.7 所示(图片源自 Ketan Doshi 博客),假设输入的序列为 You are welcome,规定序列长度为 4,所以后面需要补一个空位,不妨用 PAD 表示。假定每个单词向量的编码长度为 3。

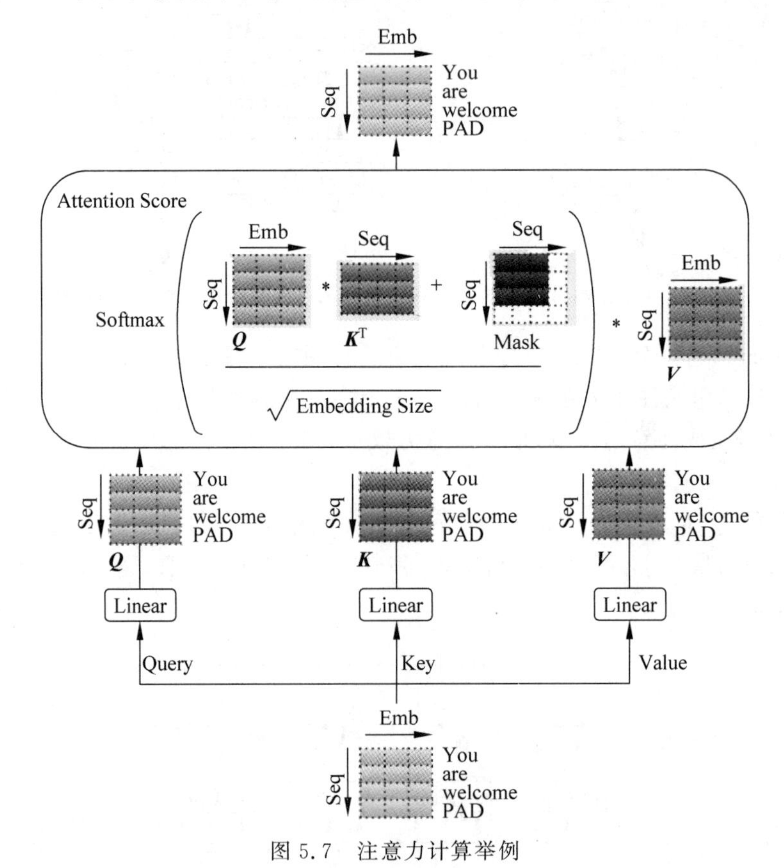

图 5.7 注意力计算举例

You are welcome PAD 构成了一个维度为(4,3)的特征矩阵,分别送入三个 Linear 网络,得到 $\boldsymbol{Q}$、$\boldsymbol{K}$、$\boldsymbol{V}$ 三个特征编码矩阵,维度均为(4,3)。

注意力的计算可以归纳为式(5.1)。

$$\text{Attention}(\boldsymbol{Q},\boldsymbol{K},\boldsymbol{V})=\text{Softmax}\left(\frac{\boldsymbol{Q}\boldsymbol{K}^{\mathrm{T}}}{\sqrt{d_k}}\right)\boldsymbol{V} \tag{5.1}$$

其中,d_k 表示 $\boldsymbol{Q}$、$\boldsymbol{K}$ 序列中单词向量的长度。考虑到 $\boldsymbol{Q}$ 与 $\boldsymbol{K}$ 的点积运算,有可能放大了特征的输出值,所以分母除以 $\sqrt{d_k}$,这也是 Scaled Dot-Product Attention 名称的由来。

Transformer 的相关参数设置如表 5.4 所示。

表 5.4 Transformer 的相关参数设置

参 数 名 称	参 数 值
编码器单元数 N	6
解码器单元数 N	6
输入输出向量的长度 d_{model}	512
注意力头数 h	8
$\boldsymbol{Q}$、$\boldsymbol{K}$、$\boldsymbol{V}$ 的向量长度	$d_k = d_v = d_{model}/h = 64$

5.5 机器人项目初始化

用 PyCharm 在 TensorFlow_to_Android 项目下新建目录 MyRobot。在 MyRobot 目录下新建 models 和 transformer 两个子目录。

models 目录用于存放训练好的聊天机器人模型。transformer 目录用于存放数据集预处理程序和模型定义程序。

在 transformer 目录下新建子目录 dataset。将下载的腾讯自然语言聊天数据集 NaturalConv 解压后存放到 dataset 目录下。

数据集可在腾讯人工智能实验室官方网站免费下载。下载地址为 https://ai.tencent.com/ailab/nlp/dialogue/#datasets。

在 MyRobot 目录下新建主程序 main.py,负责模型的训练、保存、评估和测试。

初始化后的项目结构如图 5.8 所示。

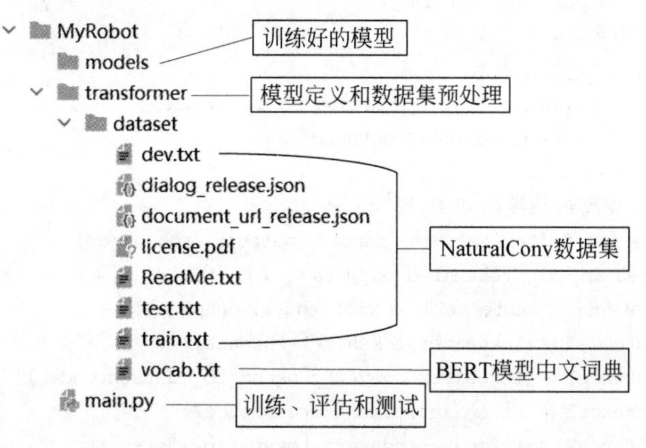

图 5.8 MyRobot 项目初始结构

dataset 目录下的 vocab.txt 是 BERT 中文模型的词典文件。这个文件不属于腾讯自然语言聊天数据集,需要从 BERT 官方网站下载中文模型,从中抽取中文词典文件。

BERT 中文预训练模型可从官方网站下载。下载地址为 https://github.com/google-research/bert。

本章案例采用 BERT 的分词模型对中文语句分词。

5.6 数据集预处理与划分

模型训练之前,需要首先准备好数据,让数据能够直接“喂入”模型进行训练,为了提高模型“喂入”的效率,往往还要设计数据加载模式。

在 transformer 目录下新建 dataset.py 程序,如程序源码 P5.1 所示。

程序源码 P5.1　dataset.py 数据集预处理与划分

```
1  import codecs
2  import json
3  import re
4  import tensorflow as tf
5  from tensorflow.keras.preprocessing.sequence import pad_sequences
6  # 析取数据集(训练集、验证集、测试集),将所有的"问"与"答"分开
7  def extract_conversations(hparams, data_list, dialog_list):
8    inputs, outputs = [], []                          # 问答列表
9    for dialog in dialog_list:
10     if dialog['dialog_id'] in data_list:
11       if len(dialog['content']) % 2 == 0:
12         i = 0
13         for line in dialog['content']:
14           if (i % 2 == 0):
15             inputs.append(line)                      # "问"列表
16           else:
17             outputs.append(line)                     # "答"列表
18           i += 1
19           # 限定样本总数
20           # if len(inputs) >= hparams.total_samples:
21               # return inputs, outputs
22   return inputs, outputs
23 # 分词,过滤掉超过长度的句子,短句补齐
24 def tokenize_and_filter(hparams, inputs, outputs, tokenizer):
25     tokenized_inputs, tokenized_outputs = [], []
26     for (sentence1, sentence2) in zip(inputs, outputs):
27         sentence1 = tokenizer.tokenize(sentence1)                  # 分词
28         sentence1 = tokenizer.convert_tokens_to_ids(sentence1)     # ids
29         sentence2 = tokenizer.tokenize(sentence2)
30         sentence2 = tokenizer.convert_tokens_to_ids(sentence2)
31         sentence1 = hparams.start_token + sentence1 + hparams.end_token
32         sentence2 = hparams.start_token + sentence2 + hparams.end_token
33         if len(sentence1) <= hparams.max_length and len(sentence2) <= hparams.max_
34         length:
35             tokenized_inputs.append(sentence1)
36             tokenized_outputs.append(sentence2)
37     # 补齐
38     tokenized_inputs = pad_sequences(tokenized_inputs, \
39                          maxlen = hparams.max_length, padding = 'post')
```

```
40      tokenized_outputs = pad_sequences(tokenized_outputs, \
41                          maxlen = hparams.max_length, padding = 'post')
42      return tokenized_inputs, tokenized_outputs
43  # 读文件
44  def get_data(datafile):
45      with open(f'{datafile}', 'r') as f:
46          data_list = f.readlines()
47          for i in range(len(data_list)):
48              data_list[i] = re.sub(r'\n', '', data_list[i])
49          return data_list
50  # 返回训练集和验证集
51  def get_dataset(hparams, tokenizer, dialog_file, train_file, valid_file):
52      dialog_list = json.loads(codecs.open(f"{dialog_file}", "r", "utf-8").read())
53      print(dialog_list[0])
54      train_list = get_data(f'{train_file}')
55      train_questions, train_answers = extract_conversations(hparams, train_list, dialog_list)
56      train_questions, train_answers = tokenize_and_filter(hparams, \
57                      list(train_questions), list(train_answers), tokenizer)
58      # 构建训练集
59      train_dataset = tf.data.Dataset.from_tensor_slices((
60        {
61            'inputs': train_questions,
62            # 解码器使用正确的标签作为输入
63            'dec_inputs': train_answers[:, :-1]     # 去掉最后一个元素或 END_TOKEN
64        },
65        {
66            'outputs': train_answers[:, 1:]         # 去掉 START_TOKEN
67        },
68      ))
69      train_dataset = train_dataset.cache()
70      train_dataset = train_dataset.shuffle(len(train_questions))
71      train_dataset = train_dataset.batch(hparams.batchSize)
72      train_dataset = train_dataset.prefetch(tf.data.AUTOTUNE)
73      # 构建验证集
74      valid_list = get_data(f'{valid_file}')
75      valid_questions, valid_answers = extract_conversations( \
76                      hparams,valid_list, dialog_list)
77      valid_questions, valid_answers = tokenize_and_filter(hparams, \
78              list(valid_questions), list(valid_answers), tokenizer)
79      valid_dataset = tf.data.Dataset.from_tensor_slices((
80          {
81              'inputs': valid_questions,
82              # 解码器使用正确的标签作为输入
83              'dec_inputs': valid_answers[:, :-1] # 去掉最后一个元素或 END_TOKEN
84          },
85          {
86              'outputs': valid_answers[:, 1:] # 去掉 START_TOKEN
87          },
88      ))
```

```
89      valid_dataset = valid_dataset.cache()
90      valid_dataset = valid_dataset.shuffle(len(valid_questions))
91      valid_dataset = valid_dataset.batch(hparams.batchSize)
92      valid_dataset = valid_dataset.prefetch(tf.data.AUTOTUNE)
93      return train_dataset, valid_dataset
```

程序源码解析参见本节视频教程。

5.7 定义 Transformer 输入层编码

模型定义的完整流程如图 5.9 所示。本节首先完成输入层的编码定义。后续各节分步完成注意力机制、编码器、解码器的模块定义,最后合成为模型的整体定义。

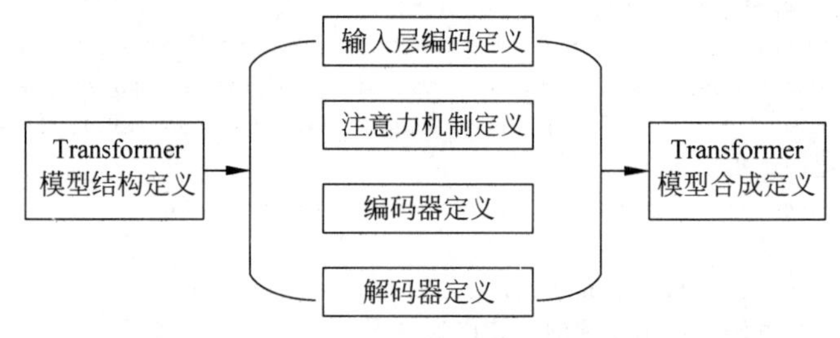

图 5.9 Transformer 模型定义的完整流程

在 transformer 目录下新建模型定义程序 model.py。关于编码器输入层的定义逻辑如程序源码 P5.2 所示。

程序源码 P5.2 model.py 之输入层定义

```
1   import matplotlib.pyplot as plt
2   import tensorflow as tf
3   from tensorflow.keras import Input, Model
4   from tensorflow.keras.layers import Dense, Lambda, Embedding, Dropout, \
5                   add, LayerNormalization
6   from tensorflow.keras.utils import plot_model
7   # 定义掩码矩阵
8   def create_padding_mask(x):
9       # 找出序列中的 padding,设置掩码值为 1
10      mask = tf.cast(tf.math.equal(x, 0), tf.float32)
11      # (batch_size, 1, 1, sequence length)
12      return mask[:, tf.newaxis, tf.newaxis, :]
13  # 测试语句
14  print(create_padding_mask(tf.constant([[1, 2, 0, 3, 0], [0, 0, 0, 4, 5]])))
15  # 解码器的前向掩码
16  def create_look_ahead_mask(x):
17      seq_len = tf.shape(x)[1]
18      look_ahead_mask = 1 - tf.linalg.band_part(tf.ones((seq_len, seq_len)), -1, 0)
19      padding_mask = create_padding_mask(x)
20      return tf.maximum(look_ahead_mask, padding_mask)
```

```
21  # 测试
22  print(create_look_ahead_mask(tf.constant([[1, 2, 0, 4, 5]])))
23  # 位置编码类
24  class PositionalEncoding(tf.keras.layers.Layer):
25      def __init__(self, position, d_model):
26          super(PositionalEncoding, self).__init__()
27          self.pos_encoding = self.positional_encoding(position, d_model)
28      def get_config(self):
29          config = super(PositionalEncoding, self).get_config()
30          config.update({
31              'position': self.position,
32              'd_model': self.d_model,
33          })
34          return config
35      def get_angles(self, position, i, d_model):
36          angles = 1 / tf.pow(10000, (2 * (i //2)) / tf.cast(d_model, tf.float32))
37          return position * angles
38      def positional_encoding(self, position, d_model):
39          angle_rads = self.get_angles( \
40              position = tf.range(position, dtype = tf.float32)[:, tf.newaxis], \
41              i = tf.range(d_model, dtype = tf.float32)[tf.newaxis, :], \
42              d_model = d_model)
43          # 奇数位置用正弦函数
44          sines = tf.math.sin(angle_rads[:, 0::2])
45          # 偶数位置用余弦函数
46          cosines = tf.math.cos(angle_rads[:, 1::2])
47          pos_encoding = tf.concat([sines, cosines], axis = -1)
48          pos_encoding = pos_encoding[tf.newaxis, ...]
49          return tf.cast(pos_encoding, tf.float32)
50      def call(self, inputs):
51          return inputs + self.pos_encoding[:, :tf.shape(inputs)[1], :]
52  # 测试
53  sample_pos_encoding = PositionalEncoding(50, 512)
54  plt.pcolormesh(sample_pos_encoding.pos_encoding.numpy()[0], cmap = 'RdBu')
55  plt.xlabel('Depth')
56  plt.xlim((0, 512))
57  plt.ylabel('Position')
58  plt.colorbar()
59  plt.show()
```

假定输入层向量的维度为(50,512),即序列长度为50(也即有50个单词),每个单词的嵌入向量长度为512,则整个输入层向量的位置编码及其几何分布如图5.10所示。对于中文而言,分词以单个中文字符为单位,所以位置编码是针对单个中文字符而言的。对于英文,分词以英文单词为单位。函数曲线的变化趋势体现了位置编码函数对不同位置编码的差异性。

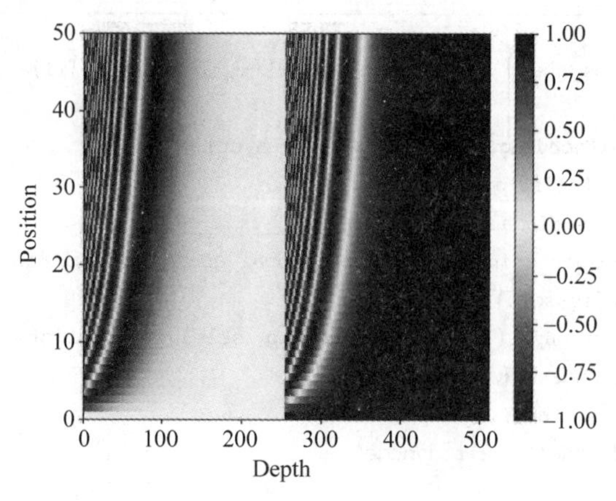

图 5.10　位置编码及其几何分布

5.8　定义 Transformer 注意力机制

先定义单头注意力函数，实现单头注意力机制的计算，然后合成多头注意力计算模块。编码逻辑如程序源码 P5.3 所示。

程序源码 P5.3　model.py 之注意力机制

```
1  # 计算注意力
2  def scaled_dot_product_attention(query, key, value, mask):
3      matmul_qk = tf.matmul(query, key, transpose_b=True)
4      # 计算 qk
5      depth = tf.cast(tf.shape(key)[-1], tf.float32)
6      logits = matmul_qk / tf.math.sqrt(depth)
7      # 添加掩码以将填充标记归零
8      if mask is not None:
9          logits += (mask * -1e9)
10     # 在最后一个轴上实施 softmax
11     attention_weights = tf.nn.softmax(logits, axis=-1)
12     output = tf.matmul(attention_weights, value)
13     return output
14 # 定义多头注意力类,继承了 Layer 类
15 class MultiHeadAttention(tf.keras.layers.Layer):
16     def __init__(self, d_model, num_heads, name="multi_head_attention"):
17         super(MultiHeadAttention, self).__init__(name=name)
18         self.num_heads = num_heads
19         self.d_model = d_model
20         assert d_model % self.num_heads == 0
21         self.depth = d_model //self.num_heads
22         self.query_dense = Dense(units=d_model)
23         self.key_dense = Dense(units=d_model)
24         self.value_dense = Dense(units=d_model)
25         self.dense = Dense(units=d_model)
```

```
26	    def get_config(self):
27	        config = super(MultiHeadAttention, self).get_config()
28	        config.update({
29	            'num_heads':self.num_heads,
30	            'd_model':self.d_model,
31	        })
32	        return config
33	    def split_heads(self, inputs, batch_size):
34	        inputs = Lambda(lambda inputs:tf.reshape(inputs, \
35	                shape=(batch_size, -1, self.num_heads, self.depth)))(inputs)
36	        return Lambda(lambda inputs: tf.transpose(inputs, perm=[0, 2, 1, 3]))(inputs)
37	    def call(self, inputs):
38	        query, key, value, mask = inputs['query'], inputs['key'], inputs[
39	            'value'], inputs['mask']
40	        batch_size = tf.shape(query)[0]
41	        # 线性层变换
42	        query = self.query_dense(query)
43	        key = self.key_dense(key)
44	        value = self.value_dense(value)
45	        # 分头
46	        query = self.split_heads(query, batch_size)
47	        key = self.split_heads(key, batch_size)
48	        value = self.split_heads(value, batch_size)
49	        # 定义缩放的点积注意力
50	        scaled_attention = scaled_dot_product_attention(query, key, value, mask)
51	        scaled_attention = Lambda(lambda scaled_attention: tf.transpose(
52	            scaled_attention, perm=[0, 2, 1, 3]))(scaled_attention)
53	        # 堆叠注意力头
54	        concat_attention = Lambda(lambda scaled_attention: tf.reshape( \
55	            scaled_attention,(batch_size, -1, self.d_model)))(scaled_attention)
56	        # 多头注意力最后一层
57	        outputs = self.dense(concat_attention)
58	        return outputs
```

5.9 定义 Transformer 编码器

先完成编码器一个单元的定义，然后由多个单元合成整个编码器。编码逻辑如程序源码 P5.4 所示。

程序源码 P5.4 model.py 之编码器定义

```
1	# 编码器中的一层,即编码器的一个单元定义
2	def encoder_layer(units, d_model, num_heads, dropout, name="encoder_layer"):
3	    inputs = tf.keras.Input(shape=(None, d_model), name="inputs")
4	    padding_mask = tf.keras.Input(shape=(1, 1, None), name="padding_mask")
5	    attention = MultiHeadAttention( \
6	      d_model, num_heads, name="attention")({ \
```

```
7               'query': inputs,
8               'key': inputs,
9               'value': inputs,
10              'mask': padding_mask
11          })
12      attention = Dropout(rate = dropout)(attention)
13      add_attention = add([inputs,attention])
14      attention = LayerNormalization(epsilon = 1e - 6)(add_attention)
15      outputs = Dense(units = units, activation = 'relu')(attention)
16      outputs = Dense(units = d_model)(outputs)
17      outputs = Dropout(rate = dropout)(outputs)
18      add_attention = add([attention,outputs])
19      outputs = LayerNormalization(epsilon = 1e - 6)(add_attention)
20      return Model(inputs = [inputs, padding_mask], outputs = outputs, name = name)
21  # 测试
22  sample_encoder_layer = encoder_layer(
23      units = 512,
24      d_model = 128,
25      num_heads = 4,
26      dropout = 0.3,
27      name = "sample_encoder_layer")
28  plot_model(sample_encoder_layer, to_file = 'encoder_layer.png', show_shapes = True)
29  # 定义编码器,由多个单元合成编码器
30  def encoder(vocab_size,
31              num_layers,
32              units,
33              d_model,
34              num_heads,
35              dropout,
36              name = "encoder"):
37      inputs = Input(shape = (None,), name = "inputs")
38      padding_mask = Input(shape = (1, 1, None), name = "padding_mask")
39      embeddings = Embedding(vocab_size, d_model)(inputs)
40      embeddings * = Lambda(lambda d_model: tf.math.sqrt(tf.cast(d_model, tf.float32)))(d_model)
41      embeddings = PositionalEncoding(vocab_size,d_model)(embeddings)
42      outputs = Dropout(rate = dropout)(embeddings)
43      for i in range(num_layers):
44          outputs = encoder_layer(
45              units = units,
46              d_model = d_model,
47              num_heads = num_heads,
48              dropout = dropout,
49              name = "encoder_layer_{}".format(i),
50          )([outputs, padding_mask])
51      return Model(inputs = [inputs, padding_mask], outputs = outputs, name = name)
52  # 编码器测试
53  sample_encoder = encoder(
54      vocab_size = 21128,
55      num_layers = 2,
```

```
56        units = 512,
57        d_model = 128,
58        num_heads = 4,
59        dropout = 0.3,
60        name = "sample_encoder")
61    plot_model(sample_encoder, to_file = 'encoder.png', show_shapes = True)
```

测试编码器程序,观察生成的编码器逻辑结构,与 Transformer 论文解析的结构做对照,在实践中灵活配置编码器的相关参数,可得到适配问题需求的编码器。

5.10 定义 Transformer 解码器

解码器的设计思路与编码器类似。先完成解码器一个单元的定义,然后由多个单元合成整个解码器。编码逻辑如程序源码 P5.5 所示。

程序源码 P5.5 model.py 之解码器定义

```
1   # 定义解码器中的一层,一个解码单元
2   def decoder_layer(units, d_model, num_heads, dropout, name = "decoder_layer"):
3       inputs = Input(shape = (None, d_model), name = "inputs")
4       enc_outputs = Input(shape = (None, d_model), name = "encoder_outputs")
5       look_ahead_mask = Input(shape = (1, None, None), name = "look_ahead_mask")
6       padding_mask = Input(shape = (1, 1, None), name = 'padding_mask')
7       attention1 = MultiHeadAttention(
8         d_model, num_heads, name = "attention_1")(inputs = {
9             'query': inputs,
10            'key': inputs,
11            'value': inputs,
12            'mask': look_ahead_mask
13        })
14      add_attention = tf.keras.layers.add([attention1, inputs])
15      attention1 = tf.keras.layers.LayerNormalization(epsilon = 1e - 6)(add_attention)
16      attention2 = MultiHeadAttention(
17        d_model, num_heads, name = "attention_2")(inputs = {
18            'query': attention1,
19            'key': enc_outputs,
20            'value': enc_outputs,
21            'mask': padding_mask
22        })
23      attention2 = Dropout(rate = dropout)(attention2)
24      add_attention = add([attention2, attention1])
25      attention2 = LayerNormalization(epsilon = 1e - 6)(add_attention)
26      outputs = Dense(units = units, activation = 'relu')(attention2)
27      outputs = Dense(units = d_model)(outputs)
28      outputs = Dropout(rate = dropout)(outputs)
29      add_attention = add([outputs, attention2])
30      outputs = LayerNormalization(epsilon = 1e - 6)(add_attention)
```

```
31        return Model(
32            inputs = [inputs, enc_outputs, look_ahead_mask, padding_mask],
33            outputs = outputs,
34            name = name)
35    # 测试
36    sample_decoder_layer = decoder_layer(
37        units = 512,
38        d_model = 128,
39        num_heads = 4,
40        dropout = 0.3,
41        name = "sample_decoder_layer")
42    plot_model(sample_decoder_layer, to_file = 'decoder_layer.png', show_shapes = True)
43    # 定义解码器,合成多个解码单元
44    def decoder(vocab_size,
45                num_layers,
46                units,
47                d_model,
48                num_heads,
49                dropout,
50                name = 'decoder'):
51        inputs = Input(shape = (None,), name = 'inputs')
52        enc_outputs = Input(shape = (None, d_model), name = 'encoder_outputs')
53        look_ahead_mask = Input(shape = (1, None, None), name = 'look_ahead_mask')
54        padding_mask = Input(shape = (1, 1, None), name = 'padding_mask')
55        embeddings = Embedding(vocab_size, d_model)(inputs)
56        embeddings *= Lambda(lambda d_model: tf.math.sqrt( \
57                        tf.cast(d_model, tf.float32)))(d_model)
58        embeddings = PositionalEncoding(vocab_size, d_model)(embeddings)
59        outputs = Dropout(rate = dropout)(embeddings)
60        for i in range(num_layers):
61            outputs = decoder_layer(
62                units = units,
63                d_model = d_model,
64                num_heads = num_heads,
65                dropout = dropout,
66                name = 'decoder_layer_{}'.format(i),
67            )(inputs = [outputs, enc_outputs, look_ahead_mask, padding_mask])
68        return Model(
69            inputs = [inputs, enc_outputs, look_ahead_mask, padding_mask],
70            outputs = outputs,
71            name = name)
72    # 解码器测试
73    sample_decoder = decoder(
74        vocab_size = 21128,
75        num_layers = 2,
76        units = 512,
77        d_model = 128,
78        num_heads = 4,
79        dropout = 0.3,
```

```
80          name = "sample_decoder")
81      plot_model(sample_decoder, to_file = 'decoder.png', show_shapes = True)
```

测试解码器程序,观察生成的解码器逻辑结构,与 Transformer 论文解析的结构做对照,在实践中灵活配置解码器的相关参数,可得到适配问题需求的解码器。

5.11 Transformer 模型合成

在前面分步完成的各个模块的基础上,定义 Transformer 的完整模型。编程逻辑如程序源码 P5.6 所示。

程序源码 P5.6 model.py 之 Transformer 定义

```
1    # 定义 Transformer 模型
2    def transformer(vocab_size,
3                    num_layers,
4                    units,
5                    d_model,
6                    num_heads,
7                    dropout,
8                    name = "transformer"):
9        inputs = Input(shape = (None,), name = "inputs")
10       dec_inputs = Input(shape = (None,), name = "dec_inputs")
11       enc_padding_mask = Lambda(
12         create_padding_mask, output_shape = (1, 1, None),
13         name = 'enc_padding_mask')(inputs)
14       # 解码器第一个注意力块的前向掩码
15       look_ahead_mask = Lambda(
16         create_look_ahead_mask,
17         output_shape = (1, None, None),
18         name = 'look_ahead_mask')(dec_inputs)
19       # 对编码器输出到解码器第二个注意力块的内容掩码
20       dec_padding_mask = Lambda(
21         create_padding_mask, output_shape = (1, 1, None),
22         name = 'dec_padding_mask')(inputs)
23       enc_outputs = encoder(
24           vocab_size = vocab_size,
25           num_layers = num_layers,
26           units = units,
27           d_model = d_model,
28           num_heads = num_heads,
29           dropout = dropout,
30       )(inputs = [inputs, enc_padding_mask])
31       dec_outputs = decoder(
32           vocab_size = vocab_size,
33           num_layers = num_layers,
34           units = units,
```

```
35                d_model = d_model,
36                num_heads = num_heads,
37                dropout = dropout,
38            )(inputs = [dec_inputs, enc_outputs, look_ahead_mask, dec_padding_mask])
39        outputs = Dense(units = vocab_size, name = "outputs")(dec_outputs)
40        return Model(inputs = [inputs, dec_inputs], outputs = outputs, name = name)
41    # 测试
42    sample_transformer = transformer(
43        vocab_size = 21128,
44        num_layers = 4,
45        units = 512,
46        d_model = 128,
47        num_heads = 4,
48        dropout = 0.3,
49        name = "sample_transformer")
50    plot_model(sample_transformer, to_file = 'transformer.png', show_shapes = True)
```

查看生成的 Transformer 结构图,理解 Transformer 的逻辑运算过程。实践中可灵活调整相关参数配置,以与目标问题相适配。

Transformer 模型定义期间,为了测试各模块程序的逻辑,在每一个模块后面都编写了测试语句。模型程序 model. py 可以迭代运行,观察测试语句的输出结果,加强对模型的理解。其中的 plot_model 函数可以绘制模型结构图,但是需要安装图形支持包 graphviz,根据程序运行时的相关提示,完成环境配置。

Transformer 各模块的逻辑解析及其测试,参见视频教程。

5.12 模型结构与参数配置

从本节到 5.16 节,分步完成聊天机器人模型的训练与评估。打开 5.5 节创建的主程序 main. py,首先完成库的导入和 Transformer 聊天机器人的参数配置和结构定义。编程逻辑如程序源码 P5.7 所示。

程序源码 P5.7 main.py 之模型结构与参数配置

```
1    from tensorflow.keras.callbacks import ModelCheckpoint, EarlyStopping
2    from tensorflow.keras.losses import SparseCategoricalCrossentropy
3    from tensorflow import multiply, minimum
4    from tensorflow.keras.optimizers.schedules import LearningRateSchedule
5    from tensorflow.keras.metrics import sparse_categorical_accuracy
6    from tensorflow.python.ops.math_ops import rsqrt
7    from tensorflow.keras.optimizers import Adam
8    from bert.tokenization.bert_tokenization import FullTokenizer
9    import numpy as np
10   # 用 BLEU 方法评估模型
11   from nltk.translate.bleu_score import sentence_bleu
12   from transformer.model import *
```

```
13  from transformer.dataset import *
14  if __name__ == "__main__":
15      dialog_list = json.loads( \
16          codecs.open("transformer/dataset/dialog_release.json", \
17          "r", "utf-8").read())
18      print(dialog_list[0])                 # 第一条数据
19      # 以下参数可根据需要调整,为了演示,可以将相关参数调低一些
20      # 最大句子长度
21      MAX_LENGTH = 40
22      # 最大样本数量
23      MAX_SAMPLES = 120000                  # 可根据需要调节
24      BATCH_SIZE = 64                       # 批处理大小
25      # Transformer 参数定义
26      NUM_LAYERS = 2                        # 编码器解码器 block 重复数,论文中是 6
27      D_MODEL = 128                         # 编码器解码器宽度,论文中是 512
28      NUM_HEADS = 4                         # 注意力头数,论文中是 8
29      UNITS = 512                           # 全连接网络宽度,论文中输入输出为 512
30      DROPOUT = 0.1                         # 与论文一致
31      VOCAB_SIZE = 21128                    # BERT 词典长度
32      START_TOKEN = [VOCAB_SIZE]            # 序列起始标志
33      END_TOKEN = [VOCAB_SIZE + 1]          # 序列结束标志
34      VOCAB_SIZE = VOCAB_SIZE + 2           # 加上开始与结束标志后的词典长度
35      EPOCHS = 50                           # 训练代数
36      bert_vocab_file = 'transformer/dataset/vocab.txt'
37      tokenizer = FullTokenizer(bert_vocab_file)
38      # 聊天模型参数配置与结构定义
39      model = transformer(
40          vocab_size = VOCAB_SIZE,
41          num_layers = NUM_LAYERS,
42          units = UNITS,
43          d_model = D_MODEL,
44          num_heads = NUM_HEADS,
45          dropout = DROPOUT)
46      model.summary()
```

为了满足教学演示需要,程序源码 P5.7 中将 Transformer 编码器与解码器的单元数均缩减为 2,其他参数也有相应缩减,模型可训练参数总量为 9 060 746 个。

模型采用了 BERT 分词方法,故需要安装 BERT 模型库。安装命令为:

```
pip install bert-for-tf2
```

模型采用了两种评价方法:一是计算模型的回归损失;二是计算 BLEU 得分。需要安装 BLEU 函数库。安装命令为:

```
pip install nltk
```

5.13 学习率动态调整

为了优化模型训练过程，加快模型收敛速度，指定了学习率动态调整策略，编码逻辑如程序源码 P5.8 所示。

程序源码 P5.8 main.py 之学习率动态调整

```
1  # 学习率动态调整
2  class CustomSchedule(LearningRateSchedule):
3      def __init__(self, d_model, warmup_steps = 4000):
4          super(CustomSchedule, self).__init__()
5          self.d_model = tf.constant(d_model, dtype = tf.float32)
6          self.warmup_steps = warmup_steps
7      def get_config(self):
8          return {"d_model": self.d_model, "warmup_steps": self.warmup_steps}
9      def __call__(self, step):
10         arg1 = rsqrt(step)
11         arg2 = step * (self.warmup_steps ** -1.5)
12         return multiply(rsqrt(self.d_model), minimum(arg1, arg2))
13 # 测试
14 sample_learning_rate = CustomSchedule(d_model = 256)
15 plt.plot(sample_learning_rate(tf.range(200000, dtype = tf.float32)))
16 plt.ylabel("Learning Rate")
17 plt.xlabel("Train Step")
18 plt.show()
19 learning_rate = CustomSchedule(D_MODEL)          # 学习率
```

学习率变化曲线如图 5.11 所示，训练初期学习率采取上升策略以加快训练速度，训练中期保持学习率为一个稳定值，训练后期对学习率采取衰减策略，以期寻找最优解。

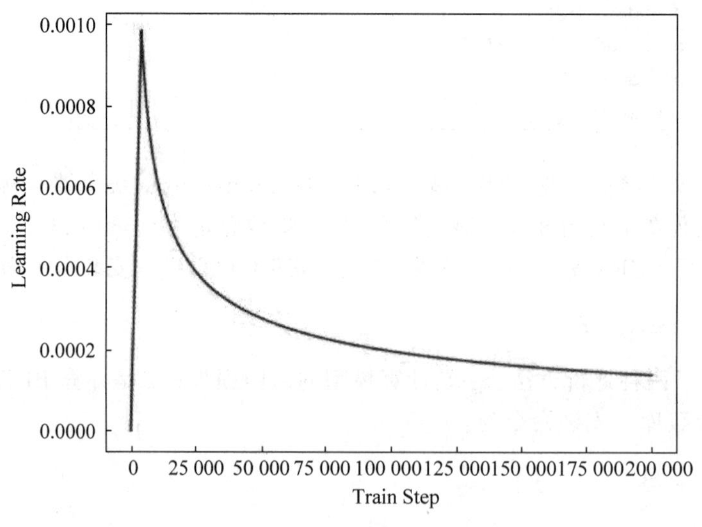

图 5.11 学习率变化曲线

当然,图 5.11 显示本案例跳过了学习率恒定的阶段,在达到最高值后直接开始衰减。

5.14 模型训练过程

模型训练之前,指定模型采用的优化算法为 Adam,定义分类交叉熵损失函数,并定义准确率评价标准,完成模型编译。训练过程中,保存可能取得的最优模型的权重,用提前终止回调函数控制模型训练进程。编码逻辑如程序源码 P5.9 所示。

程序源码 P5.9 main.py 之模型训练过程

```
1   # 定义损失函数
2   def loss_function(y_true, y_pred):
3       y_true = tf.reshape(y_true, shape = ( - 1, MAX_LENGTH - 1))
4       loss = SparseCategoricalCrossentropy(
5           from_logits = True, reduction = 'none')(y_true, y_pred)
6       mask = tf.cast(tf.not_equal(y_true, 0), tf.float32)
7       loss = tf.multiply(loss, mask)
8       return tf.reduce_mean(loss)
9   # 自定义准确率函数
10  def accuracy(y_true, y_pred):
11      # 调整标签的维度为:(batch_size, MAX_LENGTH - 1)
12      y_true = tf.reshape(y_true, shape = ( - 1, MAX_LENGTH - 1))
13      return sparse_categorical_accuracy(y_true, y_pred)
14  # 优化算法
15  optimizer = Adam(learning_rate, beta_1 = 0.9, beta_2 = 0.98, epsilon = 1e - 9)
16  model.compile(optimizer = optimizer, loss = loss_function, metrics = [accuracy])
17  # 定义回调函数:保存最优模型
18  checkpoint = ModelCheckpoint("robot_weights.h5",
19                               monitor = "val_loss",
20                               mode = "min",
21                               save_best_only = True,
22                               save_weights_only = True,
23                               verbose = 1)
24  # 定义回调函数:提前终止训练
25  earlystop = EarlyStopping(monitor = 'val_loss',
26                            min_delta = 0,
27                            patience = 10,
28                            verbose = 1,
29                            restore_best_weights = True)
30  # 将回调函数组织为回调列表
31  callbacks = [earlystop, checkpoint]
32  dialog_file = 'transformer/dataset/dialog_release.json'
33  train_file = 'transformer/dataset/train.txt'
34  valid_file = 'transformer/dataset/dev.txt'
35  class Hparams() :
36      def __init__(self,start_token,end_token,batchSize,total_samples,max_length):
```

```
37            self.start_token = start_token
38            self.end_token = end_token
39            self.batchSize = batchSize
40            self.total_samples = total_samples
41            self.max_length = max_length
42    hparams = Hparams
43    hparams.start_token = START_TOKEN
44    hparams.end_token = END_TOKEN
45    hparams.total_samples = MAX_SAMPLES
46    hparams.batchSize = BATCH_SIZE
47    hparams.max_length = MAX_LENGTH
48    # 加载并划分数据集
49    train_dataset, valid_dataset = get_dataset(hparams, tokenizer, dialog_file,
50    train_file, valid_file)
51    # 模型训练
52    history = model.fit(train_dataset, epochs = EPOCHS, validation_data = valid_dataset,
53    callbacks = callbacks)
```

执行程序源码 P5.9，开始模型训练。训练结束后，在当前目录下会保存最佳模型的权重文件 robot_weights.h5。

如果计算机配置不够，可以先不要考虑模型可用性，适当降低模型参数配置，先运行并通过项目逻辑。

本项目在 Kaggle 服务器上的训练结果可以参见链接 https://www.kaggle.com/code/upsunny/naturalconv-chatbot/notebook。

如果训练模型的计算机配置过低，无法完成模型训练时，可以先将本书素材包中的 robot_weights_l2.h5 模型复制到 MyRobot 的 models 目录下。按照视频教程演示的方法，调用预训练模型完成后续测试任务。

5.15 损失函数与准确率曲线

绘制模型损失函数曲线与准确率曲线，有助于观察模型的过拟合情况，判断模型的泛化能力。编码逻辑如程序源码 P5.10 所示。

程序源码 P5.10　main.py 之损失函数与准确率曲线

```
1    # 损失函数曲线
2    plt.figure(figsize = (12, 6))
3    x = range(1, len(history.history['loss']) + 1)
4    plt.plot(x, history.history['loss'])
5    plt.plot(x, history.history['val_loss'])
6    plt.xticks(x)
7    plt.ylabel('Loss')
8    plt.xlabel('Epoch')
9    plt.legend(['train', 'test'])
```

```
10    plt.title('Loss over training epochs')
11    plt.savefig('loss.png')
12    plt.show()
13    # 准确率曲线
14    plt.figure(figsize = (12, 6))
15    plt.plot(x, history.history['accuracy'])
16    plt.plot(x, history.history['val_accuracy'])
17    plt.ylabel('Accuracy')
18    plt.xlabel('Epoch')
19    plt.xticks(x)
20    plt.legend(['train', 'test'])
21    plt.title('Accuracy over training epochs')
22    plt.savefig('acc.png')
23    plt.show()
```

损失函数曲线如图 5.12 所示。模型在第 14 代之前,损失保持了较快的下降速度。从第 20 代开始,模型优化的幅度不明显,逐渐呈现过拟合趋势。

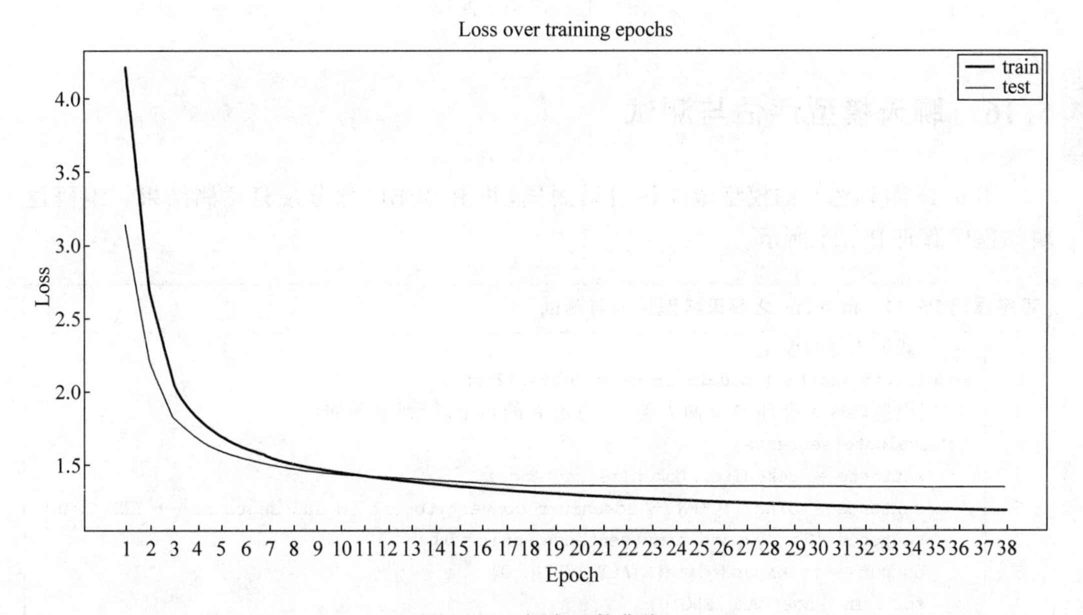

图 5.12 损失函数曲线

准确率曲线如图 5.13 所示,与损失函数曲线基本保持了一致的判断。在第 14 代之前,模型准确率保持较快的增长,第 20 代之后,训练集上的准确率仍保持缓慢增长,验证集上的准确率则几乎保持不变,模型逐渐呈现过拟合趋势。

模型设置了提前结束的条件,如果连续 10 代的损失函数不下降,则提前终止模型训练。这就是为什么设置了 50 代的训练,却在第 38 代终止训练的原因。

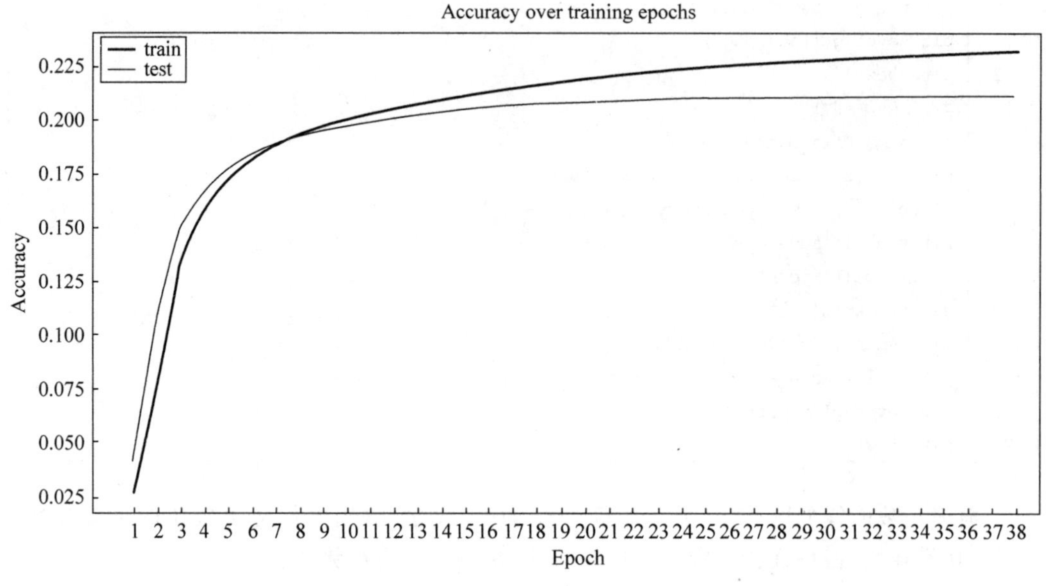

图 5.13 准确率曲线

5.16 聊天模型评估与测试

用 5.15 节训练好的模型做随机对话测试,并用 BLEU 评分观察预测结果。编码逻辑如程序源码 P5.11 所示。

程序源码 P5.11 main.py 之聊天模型评估与测试

```
1  # 加载训练好的模型
2  model.load_weights('models/robot_weights_12.h5')
3  # 用模型做聊天推理,A、B 两人聊天,输入 A 的句子,得到 B 的回应
4  def evaluate(sentence):
5      sentence = tokenizer.tokenize(sentence)
6      sentence = START_TOKEN + tokenizer.convert_tokens_to_ids(sentence) + END_TOKEN
7      sentence = tf.expand_dims(sentence, axis = 0)
8      output = tf.expand_dims(START_TOKEN, 0)
9      for i in range(MAX_LENGTH):
10         predictions = model(inputs = [sentence, output], training = False)
11         # 选择最后一个输出
12         predictions = predictions[:, -1:, :]
13         predicted_id = tf.cast(tf.argmax(predictions, axis = -1), tf.int32)
14         # 如果是 END_TOKEN 则结束预测
15         if tf.equal(predicted_id, END_TOKEN[0]):
16             break
17         # 把已经得到的预测值串联起来,作为解码器的新输入
18         output = tf.concat([output, predicted_id], axis = -1)
19     return tf.squeeze(output, axis = 0)
20 # 模拟聊天间的问答,输入问话,输出回答
```

```
21  def predict(question):
22      prediction = evaluate(question)                              # 调用模型推理
23      predicted_answer = tokenizer.convert_ids_to_tokens(
24          np.array([i for i in prediction if i < VOCAB_SIZE - 2]))
25      print(f'问话者: {question}')
26      print(f'答话者: {"".join(predicted_answer)}')
27      return predicted_answer
28  # 几组随机测试
29  output1 = predict('嗨,你好呀.')                                  # 训练集中的样本
30  print("")
31  output2 = predict('昨晚的比赛你看了吗?')                          # 随机问话 1
32  print("")
33  output3 = predict('你最喜欢的人是谁?')                            # 随机问话 2
34  print("")
35  output4 = predict('真热,下点儿雨就好了')                          # 随机问话 3
36  print("")
37  output5 = predict('这个老师讲课怎么样?')                          # 随机问话 4
38  print("")
39  output6 = predict('今天收获大吗?')                                # 随机问话 5
40  print("")
41  # 多轮对话测试,自问自答
42  sentence = '你最近听说过«中国女排»这部电影吗?'
43  for _ in range(5):
44      sentence = "".join(predict(sentence))
45      print("")
46  reference = '是呀,我觉得这部«中国女排»应该能有很高的收视率.'
47  pred_sentence = predict(reference)
48  reference = tokenizer.tokenize(reference)
49  # 1-gram BLEU 计算
50  BLEU_1 = sentence_bleu([reference], pred_sentence, weights=(1, 0, 0, 0))
51  print(f"\n BLEU-1 评分: {BLEU_1}")
52  # 2-gram BLEU 计算
53  BLEU_2 = sentence_bleu([reference], pred_sentence, weights=(0.5, 0.5, 0, 0))
54  print(f"\n BLEU-2 评分: {BLEU_2}")
55  # 3-gram BLEU 计算
56  BLEU_3 = sentence_bleu([reference], pred_sentence, weights=(0.33, 0.33, 0.33, 0))
57  print(f"\n BLEU-3 评分:: {BLEU_3}")
58  # 4-gram BLEU 计算
59  BLEU_4 = sentence_bleu([reference], pred_sentence, weights=(0.25, 0.25, 0.25, 0.25))
60  print(f"\n BLEU-4 评分:: {BLEU_4}")
61  # 5-gram BLEU 计算
62  BLEU_5 = sentence_bleu([reference], pred_sentence, weights=(0.2, 0.2, 0.2, 0.2, 0.2))
63  print(f"\n BLEU-5 评分:: {BLEU_5}")
```

程序源码 P5.11 测试结果如表 5.5 所示。假定问话者由人扮演,答话者由机器扮演。自问自答部分由机器同时扮演两个角色。

表 5.5 聊天模型推理抽样观察

简单问答：(一问一答模式)
问话者：嗨，你好呀。
答话者：你好。
问话者：昨晚的比赛你看了吗？
答话者：看了，昨天我看了，昨天晚上的比赛，我看了。
问话者：你最喜欢的人是谁？
答话者：我喜欢的就是那个梅西，他的球技也很好。
问话者：真热，下点儿雨就好了。
答话者：是啊，我也是刚刚看到这个新闻，你看了吗？
问话者：这个老师讲课怎么样？
答话者：我们学校的教师，学校也是很重要的。
问话者：今天收获大吗？
答话者：今天休班。
自问自答：(连续推理测试)
问话者：你最近听说过《中国女排》这部电影吗？
答话者：没有哎，我最近没怎么关注电影。
问话者：没有哎，我最近没怎么关注电影。
答话者：你看了吗？
问话者：你看了吗？
答话者：看了，这部电影的预告片很好看。
问话者：看了，这部电影的预告片很好看。
答话者：是啊，这部电影的主演是谁啊？
问话者：是啊，这部电影的主演是谁啊？
答话者：这部电影是《中国机长》，叫《我的祖国》。

注意：表中的对话解析参见视频教程。

模型还对下面这组问答给出了 BLEU 评分。

问话者：是呀，我觉得这部《中国女排》应该能拿下很高的收视率。

答话者：是呀，这次的世界杯的表现也是非常不错的。

BLEU-1 评分：0.22517932221294598

BLEU-2 评分：0.1332178835716084

BLEU-3 评分：0.09227103858589292

BLEU-4 评分：1.8955151000606497e−78

BLEU-5 评分：1.8662507507148366e−124

事实上，受限于答话句子的长度，BLEU-4 与 BLEU-5 评分没有实际意义。BLEU-1 的得分值表明模型具备一定的可用性与参考性。

直观看，机器的回答是有些跑题，甚至答非所问。但是似乎前后又有一定联系。因为前者说收视率很高，是一个正面评价。后者给出的是对世界杯的正面评价。或许，机器人并不知道如何理解和接续问话者的表达，只是根据自己建模得到的经验做了一个力所能及的回答。

至于为什么这个回答与世界杯有关，而不是与电影有关，一是问话者的语言中包含“中国女排”，这可以理解为体育相关的话题；二是在5.3节已经指明，给定的数据集偏重体育语料，会使得训练的模型偏爱体育表达。

事实上，对人类之间的交流而言，这完全不是问题，因为其中的“这部”“收视率”等字眼表明谈论的《中国女排》是一部电影。

5.17 聊天模型部署到服务器

将训练好的Transformer聊天模型部署到Web服务器上，可以实现一对多的聊天服务。在第1章已经搭建了一个基于Flask的Web API服务框架。在此基础上，迭代追加支持机器人聊天的Web API设计。

打开Server目录下的app.py程序，追加聊天机器人的服务逻辑，如程序源码P5.12所示。

程序源码 P5.12　app.py之聊天模型部署到服务器

```
1   # Transformer 参数定义
2   # 最大句子长度
3   MAX_LENGTH = 40
4   NUM_LAYERS = 2                          # 编码器解码器 block 重复数,论文中是 6
5   D_MODEL = 128                           # 编码器解码器宽度,论文中是 512
6   NUM_HEADS = 4                           # 注意力头数,论文中是 8
7   UNITS = 512                             # 全连接网络宽度,论文中输入输出为 512
8   DROPOUT = 0.1                           # 与论文一致
9   VOCAB_SIZE = 21128                      # 词典长度
10  START_TOKEN = [VOCAB_SIZE]              # 序列起始标志
11  END_TOKEN = [VOCAB_SIZE + 1]            # 序列结束标志
12  VOCAB_SIZE = VOCAB_SIZE + 2             # 加上开始与结束标志后的词典长度
13  # 分词器
14  bert_vocab_file = '../MyRobot/transformer/dataset/vocab.txt'
15  tokenizer = FullTokenizer(bert_vocab_file)
16  # 模型
17  robot_model = transformer(
18      vocab_size = VOCAB_SIZE,
19      num_layers = NUM_LAYERS,
20      units = UNITS,
21      d_model = D_MODEL,
22      num_heads = NUM_HEADS,
23      dropout = DROPOUT)
24  # 加载权重文件.注意,上面的模型参数必须与权重文件对应的结构一致
25  robot_model.load_weights('../MyRobot/models/robot_weights_12.h5')
26  # 用模型做聊天推理,A、B两人聊天,输入 A 的句子,得到 B 的回应
27  def robot_evaluate(sentence):
28      sentence = tokenizer.tokenize(sentence)
29      sentence = START_TOKEN + tokenizer.convert_tokens_to_ids(sentence) + END_TOKEN
30      sentence = tf.expand_dims(sentence, axis = 0)
```

```
31        output = tf.expand_dims(START_TOKEN, 0)
32        for i in range(MAX_LENGTH):
33            predictions = robot_model(inputs = [sentence, output], training = False)
34            # 选择最后一个输出
35            predictions = predictions[:, -1:, :]
36            predicted_id = tf.cast(tf.argmax(predictions, axis = -1), tf.int32)
37            # 如果是 END_TOKEN 则结束预测
38            if tf.equal(predicted_id, END_TOKEN[0]):
39                break
40            # 把已经得到的预测值串联起来,作为解码器的新输入
41            output = tf.concat([output, predicted_id], axis = -1)
42        return tf.squeeze(output, axis = 0)
43    # 输入问话,输出回答
44    def robot_predict(question):
45        prediction = robot_evaluate(question)
46        predicted_answer = tokenizer.convert_ids_to_tokens(
47                            np.array([i for i in prediction if i < VOCAB_SIZE - 2]))
48        return "".join(predicted_answer)
49    # 机器人聊天 API
50    @app.route('/robot', methods = ['post'])
51    def robot():
52        message = request.get_json(force = True)
53        question = message['question']
54        answer = robot_predict(question)
55        response = {
56            'answer': answer
57        }
58        print(response)
59        return jsonify(response), 200
```

待完成 Android 客户机后,再与服务器做联合测试。

5.18 Android 项目初始化

新建 Android 项目,模板选择 Empty Activity,项目参数设定如图 5.14 所示。项目

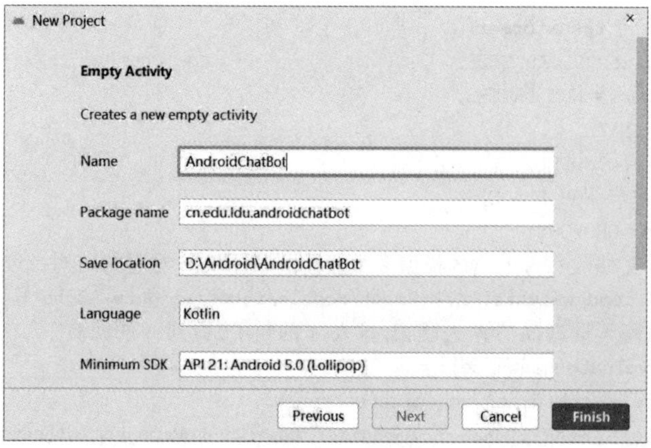

图 5.14 项目参数设定

名称为 AndroidChatBot，包名称为 cn.edu.ldu.androidchatbot，编程语言为 Kotlin，SDK 最小版本号设置为 API 21：Android 5.0(Lollipop)，单击 Finish，完成项目初始化。

选择项目根目录，右击，借助快捷菜单命令 New→Package 分别新建 ui、utils、network、data 四个子目录。各子目录的功能及其包含的程序如表 5.6 所示。

表 5.6　项目各子目录的功能及其包含的程序

子目录名	程序名	功能
ui	MainActivity	主控界面逻辑控制
	MessagingAdapter	主控界面数据适配器
utils	Constant	定义全局性常量对象
	Time	定义时间戳对象
network	ApiService	定义网络访问服务接口
data	Answer	匹配服务器应答消息结构的实体类
	Message	消息实体类

依照表 5.6 的提示，依次完成各个程序模块的创建。MainActivity 在项目初始化时已自动生成，将其移动到 ui 目录下即可。项目初始结构如图 5.15 所示。

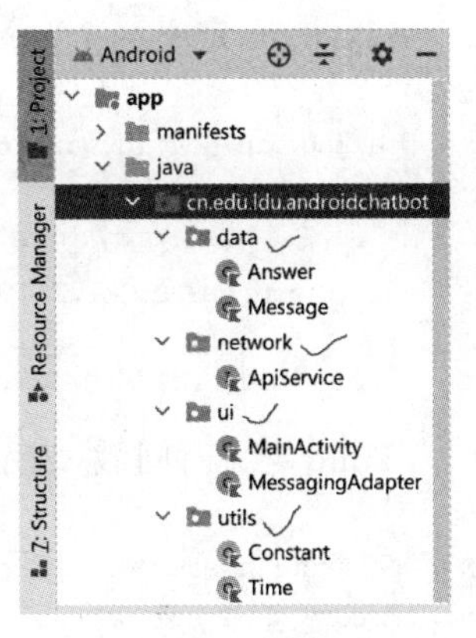

图 5.15　项目初始结构

其他一些简单的初始化工作包括：

(1) 定义实体类 Answer。

```
data class Answer(val answer:String)
```

(2) 定义实体类 Message。

```
data class Message(val message:String, val id:String, val
time:String)
```

(3) 在清单文件中声明 Internet 访问权限。

```
<uses-permission android:name="android.permission.INTERNET" />
```

(4) 支持 HTTP 通信。

考虑到本案例采用 HTTP 通信，还需要在 appliacation 节点中添加支持 HTTP 的属性。

```
android:usesCleartextTraffic="true"
```

(5) 添加模块依赖。

在模块配置文件开头的 plugins{}节点后面添加 Kotlin 扩展语句。

```
apply plugin: 'kotlin-android-extensions'
```

在末尾的 dependencies{}节点中追加以下依赖库：

```
// RecyclerView
implementation("androidx.recyclerview:recyclerview:1.2.1")
```

```
// For control over item selection of both touch and mouse driven selection
implementation("androidx.recyclerview:recyclerview-selection:1.1.0")
// Coroutines
implementation 'org.jetbrains.kotlinx:kotlinx-coroutines-core:1.5.0'
implementation 'org.jetbrains.kotlinx:kotlinx-coroutines-android:1.5.0'
// Retrofit2
implementation "com.squareup.retrofit2:retrofit:2.9.0"
implementation "com.squareup.retrofit2:converter-scalars:2.9.0"
implementation 'com.squareup.retrofit2:converter-gson:2.9.0'
// Glide
implementation 'com.github.bumptech.glide:glide:4.11.0'
annotationProcessor 'com.github.bumptech.glide:compiler:4.11.0'
```

注意,修改 build.gradle 文件之后,需要同步更新项目配置。系统设计过程中,可根据需要,随时为模块引入相关依赖库。

(6) 定义工具性对象类。

Constant 定义两个常量标识符,用于区别消息发送者和接收者。

```
package cn.edu.ldu.androidchatbot.utils
object Constant {
    const val SEND_ID = "SEND_ID"
    const val RECEIVE_ID = "RECEIVE_ID"
}
```

Time 定义时间戳,表示消息收发时间。

```
package cn.edu.ldu.androidchatbot.utils
import java.sql.Date
import java.sql.Timestamp
import java.text.SimpleDateFormat
object Time {
    fun timeStamp(): String {
        val timeStamp = Timestamp(System.currentTimeMillis())
        val sdf = SimpleDateFormat("HH:mm")
        val time = sdf.format(Date(timeStamp.time))
        return time.toString()
    }
}
```

(7) 定义网络通信模块。

```
package cn.edu.ldu.androidchatbot.network
import okhttp3.RequestBody
import okhttp3.ResponseBody
import retrofit2.Response
import retrofit2.http.Body
```

```
import retrofit2.http.POST
interface ApiService {
    @POST("/robot")
    suspend fun getAnswer(@Body body: RequestBody): Response < ResponseBody >
}
```

修改程序名称为“我的聊天机器人”。接下来,转入界面设计和主控逻辑设计。

5.19 Android 聊天界面设计

聊天界面是程序的主控界面,核心控件是构建聊天列表的 RecyclerView。主控界面由布局文件 activity_main.xml 定义。RecyclerView 中的单行布局由 message_item.xml 定义。

为了美化界面风格,定义两个形状控件,用于渲染聊天消息的背景。send_box.xml 定义的形状用于衬托和突出用户发送的消息。round_box.xml 定义的形状作为发送按钮的背景轮廓。receive_box.xml 定义的形状用于衬托和突出用户收到的消息。

相关资源列表如图 5.16 所示。

选择 drawable 目录,右击,在弹出的快捷菜单中执行 New→Drawable Recourse File 命令,设置文件名称为 receive_box,根元素为 shape,如图 5.17 所示,单击 OK 按钮,创建形状资源文件。

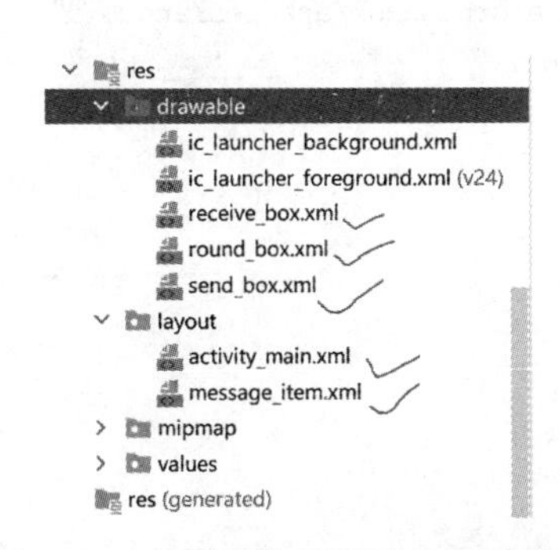

图 5.16 与界面布局相关的资源列表

图 5.17 创建 receive_box.xml 文件

替换 receive_box.xml 文件内容。

```
<?xml version = "1.0" encoding = "utf - 8"?>
< shape xmlns:android = "http://schemas.android.com/apk/res/android">
    < corners android:topLeftRadius = "0dp"
        android:topRightRadius = "20dp"
        android:bottomLeftRadius = "20dp"
        android:bottomRightRadius = "20dp"/>
</shape >
```

这是一个左上角为直角、其他三个角为圆角的矩形框。

用类似的方法定义 send_box.xml。

```
<?xml version = "1.0" encoding = "utf - 8"?>
< shape xmlns:android = "http://schemas.android.com/apk/res/android">
    < corners android:topLeftRadius = "20dp"
        android:topRightRadius = "20dp"
        android:bottomLeftRadius = "20dp"
        android:bottomRightRadius = "0dp"/>
</shape >
```

这是一个右下角为直角、其他三个角为圆角的矩形框。

再定义 round_box.xml，这是一个四个角都是圆角的矩形框，用于修饰主界面下方文本框和按钮所在的区域。

```
<?xml version = "1.0" encoding = "utf - 8"?>
< shape xmlns:android = "http://schemas.android.com/apk/res/android">
    < corners android:radius = "20dp"></corners >
</shape >
```

用程序源码 P5.13 所示的脚本，完成主控界面布局。

程序源码 P5.13　activity_main.xml 主控界面布局脚本

```
1   <?xml version = "1.0" encoding = "utf - 8"?>
2   < RelativeLayout xmlns:android = "http://schemas.android.com/apk/res/android"
3       xmlns:tools = "http://schemas.android.com/tools"
4       android:layout_width = "match_parent"
5       android:layout_height = "match_parent"
6       tools:context = ".ui.MainActivity">
7       < LinearLayout
8           android:id = "@ + id/ll_layout_bar"
9           android:layout_width = "match_parent"
10          android:layout_height = "wrap_content"
11          android:layout_alignParentBottom = "true"
12          android:background = "#E4E4E4"
13          android:orientation = "horizontal">
14          < EditText
15              android:id = "@ + id/input_box"
16              android:inputType = "textShortMessage"
17              android:layout_width = "match_parent"
18              android:layout_height = "wrap_content"
19              android:layout_margin = "10dp"
20              android:layout_weight = ".5"
21              android:background = "@drawable/round_box"
22              android:backgroundTint = "@android:color/white"
23              android:hint = "输入消息..."
24              android:padding = "10dp"
```

25	android:singleLine = "true" />
26	< Button
27	android:id = "@ + id/**btn_send**"
28	android:layout_width = "match_parent"
29	android:layout_height = "match_parent"
30	android:layout_margin = "10dp"
31	android:layout_weight = "1"
32	android:background = "@drawable/round_box"
33	android:backgroundTint = "#26A69A"
34	android:text = "发 送"
35	android:textColor = "@android:color/white" />
36	</LinearLayout>
37	< androidx.recyclerview.widget.**RecyclerView**
38	android:id = "@ + id/**chat_view**"
39	android:layout_width = "match_parent"
40	android:layout_height = "match_parent"
41	android:layout_above = "@id/ll_layout_bar"
42	android:layout_below = "@ + id/dark_divider"
43	tools:itemCount = "20"
44	tools:listitem = "@layout/**message_item**" />
45	< View
46	android:layout_width = "match_parent"
47	android:layout_height = "10dp"
48	android:background = "#42A5F5"
49	android:id = "@ + id/dark_divider" />
50	</RelativeLayout>

还有最后一项工作,定义 RecyclerView 中每一行的结构。

选择 layout 目录,右击,在弹出的快捷菜单中执行 New→Layout Resource File 命令,如图 5.18 所示,设定文件名称为 message_item,单击 OK 按钮。

图 5.18 创建单行布局文件

用程序源码 P5.14 所示的脚本程序,定义单行布局。

程序源码 P5.14 message_item.xml 单行布局文件	
1	<?xml version = "1.0" encoding = "utf - 8"?>
2	< RelativeLayout xmlns:android = "http://schemas.android.com/apk/res/android"

3	android:layout_width = "match_parent"
4	android:layout_height = "wrap_content">
5	< TextView
6	android:id = "@ + id/**tv_message**"
7	android:layout_width = "200dp"
8	android:layout_height = "wrap_content"
9	android:layout_margin = "4dp"
10	android:background = "@drawable/send_box"
11	android:backgroundTint = " # 26A69A"
12	android:padding = "14dp"
13	android:text = "发出的消息"
14	android:textColor = "@android:color/white"
15	android:textSize = "18sp"
16	android:layout_alignParentEnd = "true" />
17	< TextView
18	android:visibility = "visible"
19	android:id = "@ + id/**tv_bot_message**"
20	android:layout_width = "200dp"
21	android:layout_height = "wrap_content"
22	android:layout_margin = "4dp"
23	android:background = "@drawable/receive_box"
24	android:backgroundTint = " # FF7043"
25	android:padding = "14dp"
26	android:text = "收到的消息"
27	android:textColor = "@android:color/white"
28	android:textSize = "18sp"
29	android:layout_alignParentStart = "true" />
30	</RelativeLayout >

运行主程序,观察主控界面效果。

5.20 Android 聊天逻辑设计

主控逻辑包括两部分：一部分放在 ActivityMain 中；另一部分放在 MessagingAdapter 中。在 ui 包目录下新建消息适配器程序 MessagingAdapter，编码逻辑如程序源码 P5.15 所示。

程序源码 P5.15　MessagingAdapter 消息适配器	
1	package cn.edu.ldu.androidchatbot.ui
2	import android.view.LayoutInflater
3	import android.view.View
4	import android.view.ViewGroup
5	import androidx.recyclerview.widget.RecyclerView
6	import cn.edu.ldu.androidchatbot.R
7	import cn.edu.ldu.androidchatbot.data.Message
8	import cn.edu.ldu.androidchatbot.utils.Constant.RECEIVE_ID

```
9   import cn.edu.ldu.androidchatbot.utils.Constant.SEND_ID
10  import kotlinx.android.synthetic.main.message_item.view.*
11  class MessagingAdapter: RecyclerView.Adapter<MessagingAdapter.MessageViewHolder>() {
12      var messageList = mutableListOf<Message>()
13      inner class MessageViewHolder(itemView: View): RecyclerView.ViewHolder(itemView) {
14          init {
15              itemView.setOnClickListener {
16                  messageList.removeAt(adapterPosition)
17                  notifyItemRemoved(adapterPosition)
18              }
19          }
20      }
21      override fun onCreateViewHolder(parent: ViewGroup,
22                                      viewType: Int): MessageViewHolder {
23          return MessageViewHolder(
24              LayoutInflater.from(parent.context).inflate(
25                  R.layout.message_item, parent, false))
26      }
27      override fun onBindViewHolder(holder: MessageViewHolder, position: Int) {
28          val currentMessage = messageList[position]
29          when (currentMessage.id) {
30              SEND_ID -> {
31                  holder.itemView.tv_message.apply {
32                      text = currentMessage.message
33                      visibility = View.VISIBLE
34                  }
35                  holder.itemView.tv_bot_message.visibility = View.GONE
36              }
37              RECEIVE_ID -> {
38                  holder.itemView.tv_bot_message.apply {
39                      text = currentMessage.message
40                      visibility = View.VISIBLE
41                  }
42                  holder.itemView.tv_message.visibility = View.GONE
43              }
44          }
45      }
46      override fun getItemCount(): Int {
47          return messageList.size
48      }
49      fun insertMessage(message:Message) {
50          this.messageList.add(message)
51          notifyItemInserted(messageList.size)
52          notifyDataSetChanged()
53      }
54  }
```

ActivityMain 编码逻辑如程序源码 P5.16 所示，负责与用户的交互，包括收发消息及界面滚动。收发消息均通过后台协程实现。

程序源码 P5.16 ActivityMain 主控逻辑

```
1   package cn.edu.ldu.androidchatbot.ui
2   import androidx.appcompat.app.AppCompatActivity
3   import android.os.Bundle
4   import androidx.recyclerview.widget.LinearLayoutManager
5   import cn.edu.ldu.androidchatbot.R
6   import cn.edu.ldu.androidchatbot.data.Answer
7   import cn.edu.ldu.androidchatbot.data.Message
8   import cn.edu.ldu.androidchatbot.network.ApiService
9   import cn.edu.ldu.androidchatbot.utils.Constant.RECEIVE_ID
10  import cn.edu.ldu.androidchatbot.utils.Constant.SEND_ID
11  import cn.edu.ldu.androidchatbot.utils.Time
12  import com.google.gson.Gson
13  import kotlinx.android.synthetic.main.activity_main.*
14  import kotlinx.coroutines.Dispatchers
15  import kotlinx.coroutines.GlobalScope
16  import kotlinx.coroutines.launch
17  import kotlinx.coroutines.withContext
18  import okhttp3.MediaType
19  import okhttp3.RequestBody
20  import org.json.JSONObject
21  import retrofit2.Retrofit
22  import retrofit2.converter.gson.GsonConverterFactory
23  class MainActivity : AppCompatActivity() {
24      //腾讯服务器教学演示地址
25      private val BASE_URL = "http://120.53.107.28"
26      // private val BASE_URL = "http://192.168.0.103:5000"    //本地服务器地址
27      private val retrofit = Retrofit.Builder()               //初始化 Retrofit 框架
28          .addConverterFactory(GsonConverterFactory.create())
29          .baseUrl(BASE_URL)
30          .build()
31          .create(ApiService::class.java)
32      private lateinit var adapter:MessagingAdapter
33      var messageList = mutableListOf<Message>()               //消息列表
34      override fun onCreate(savedInstanceState: Bundle?) {
35          super.onCreate(savedInstanceState)
36          setContentView(R.layout.activity_main)
37          recyclerView()                                        //列表视图
38          clickEvents()                                         //单击事件
39          customMessage("你好,很高兴见到你!")                    //欢迎语
40      }
41      private fun clickEvents() {
42          btn_send.setOnClickListener {                         //发送消息单击事件
43              sendMessage()
44          }
45          input_box.setOnClickListener {                        //输入消息事件
46              GlobalScope.launch {
47                  withContext(Dispatchers.Main){
```

```
48                  chat_view.scrollToPosition(adapter.itemCount - 1)
49              }
50          }
51      }
52  }
53  override fun onStart() {
54      super.onStart()
55      GlobalScope.launch {
56          withContext(Dispatchers.Main) {
57              chat_view.scrollToPosition(adapter.itemCount - 1)
58          }
59      }
60  }
61  private fun recyclerView() {                              // 视图绑定到消息适配器
62      adapter = MessagingAdapter()
63      chat_view.adapter = adapter
64      chat_view.layoutManager = LinearLayoutManager(applicationContext)
65  }
66  private fun sendMessage() {                               // 发送消息
67      val message = input_box.text.toString()
68      val timeStamp = Time.timeStamp()
69      if (message.isNotEmpty()) {
70          messageList.add(Message(message,SEND_ID,timeStamp))
71          input_box.setText("")
72          adapter.insertMessage(Message(message,SEND_ID,timeStamp))
73          chat_view.scrollToPosition(adapter.itemCount - 1)
74          botResponse(message)
75      }
76  }
77  private fun botResponse(message: String) {                // 接收消息
78      val timeStamp = Time.timeStamp()
79      GlobalScope.launch(Dispatchers.Main) {
80          val request = JSONObject()
81          request.put("question", message)
82          val body: RequestBody =
83              RequestBody.create(
84                  MediaType.parse("application/json"),
85                  request.toString()
86              )
87          val response = retrofit.getAnswer(body)
88          if (response.isSuccessful) {
89              val json: String = response.body()!!.string()
90              var gson = Gson()
91              var reply = gson.fromJson(
92                  json,
93                  Answer::class.java
94              )
95              messageList.add(Message(reply.answer,RECEIVE_ID,timeStamp))
96              adapter.insertMessage(Message(reply.answer,RECEIVE_ID,timeStamp))
97              chat_view.scrollToPosition(adapter.itemCount - 1)
98          }else{ }
99      }
```

```
100         }
101         private fun customMessage(message: String) {              //自定义欢迎消息
102             GlobalScope.launch {
103                 val timeStamp = Time.timeStamp()
104                 withContext(Dispatchers.Main){
105                     messageList.add(Message(message,RECEIVE_ID,timeStamp))
106                     adapter.insertMessage(Message(message,RECEIVE_ID,timeStamp))
107                     chat_view.scrollToPosition(adapter.itemCount - 1)
108                 }
109             }
110         }
111     }
```

程序解析参见本节视频教程。

5.21 客户机与服务器联合测试

现在可以开始项目联合测试了。先运行 Web 服务器,再运行客户机。可以用模拟器测试,也可以用真机测试。既可以本地测试,也可以远程测试。

如果做本地测试,首先运行 Server 目录下的服务器程序 app.py,观察控制台上输出的服务器地址,将程序源码 P5.16 中第 26 行语句中的地址修改为 Web API 运行的地址,注释掉第 25 行中的远程服务器地址,然后做客户机与服务器的本地联合测试。

如果做远程测试,可以采用书中的腾讯服务器地址,直接运行 Android 客户机程序,在模拟器与真机上与远程服务器做人机畅聊测试。图 5.19 给出了一组随机对话,显示了

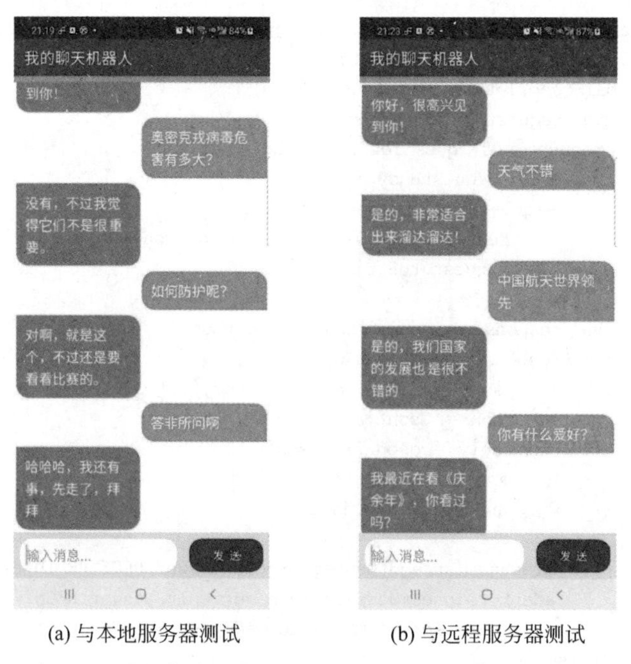

(a) 与本地服务器测试　　(b) 与远程服务器测试

图 5.19 真机与本地服务器和远程服务器通信的测试效果

用真机分别与本地服务器和远程服务器通信的测试效果。

至此,本章实现的聊天机器人已经初露锋芒。无论其聊天水平怎么样,对于一个仅有900万训练参数的小模型,依靠一个超小规模语料库,实现的语言对答还是令人惊讶的。今天的一小步,孕育着未来的一大步。

事实上,图5.19展示的人机聊天,是故意增加了难度的。首先,语料库中关于健康和航天类的语料是偏少的。其次,对于第一组聊天,涉及奥密克戎这个新生词汇,超过了模型的"知识范畴";对于第二组聊天,航天的话题无疑也超过了模型的"知识范畴"。

可以试试体育类的话题,机器人的回答则会生动得多,有趣得多。做完这个项目,逗着自己缔造的机器人玩玩,成就感与幸福感如期而至。原来,是如此容易让机器说话的呀。更多测试细节,参见本节视频教程。

5.22 小结

本章以人机畅聊的境界追求为动力,遵循机器问答的技术设计路线,完成了Transformer聊天模型+Web API+Android聊天客户机的项目设计。本章项目对于提升读者在自然语言智能领域的理论水平和实践能力,具备非常好的教学示范效果。

沿着语料库分析,Transformer模型解析,聊天模型建模、训练、评估,Web服务器模型部署以及Android客户机设计这些环环相扣的步骤,读者可以体验到学习过程中的循序渐进,体验到量变到质变,体验到从混沌到顿悟、从顿悟到彻悟的华丽蜕变。

机器是如何学习说话的?机器是如何学会说话的?机器说话的本质是什么?现阶段的局限是什么?所有这些不再是秘密。

5.23 习题

1. 简要描述机器问答与机器聊天的不同。
2. 简要描述实施机器问答项目的方法与步骤。
3. 腾讯自然语言聊天数据集NaturalConv有哪些特点?
4. Transformer的创新点有哪些?
5. 简要解析Transformer单头注意力的计算逻辑。
6. Transformer模型适合哪些场景的应用?
7. 结合项目实战,谈谈为什么本章实现的聊天模型偏爱体育方面的表达。
8. 根据Transformer多头注意力机制的编程设计,绘制其计算逻辑流程图。
9. 绘制Transformer单层编码器的工作流程图。
10. 绘制Transformer单层解码器的工作流程图。
11. 模型训练期间,采用动态学习率调整策略有何优势?
12. Transformer聊天机器人中的损失函数是如何定义的?

13. 描述 Transformer 聊天机器人在 Web 服务器上的部署流程。

14. 简述 Android 聊天机器人的客户机界面布局设计。

15. 绘图说明 Android 聊天机器人的客户机运行逻辑。

16. 为什么 Android 客户机的收发消息流程需要定义到协程中?

17. 结合本章项目实战,谈谈机器是如何学习说话的、机器是如何学会说话的、机器说话的本质是什么。

第 6 章

StyleGAN与人脸生成

当读完本章时，应该能够：

- 理解并掌握 GAN 的理论与方法。
- 理解并掌握 Progressive GAN 的理论与方法。
- 理解并掌握 StyleGAN 的技术演进逻辑。
- 理解并掌握 StyleGAN2 的技术演进逻辑。
- 理解并掌握 StyleGAN2-ADA 的技术演进逻辑。
- 理解并掌握 StyleGAN3 的技术演进逻辑。
- 基于 StyleGAN2 预训练模型实战人脸生成器。
- 基于 Socket 搭建人脸生成服务器。
- 桌面版人脸生成客户机实战和 Android 版人脸生成客户机实战。

6.1 项目动力

生成对抗网络（GAN）模型参见论文 *Generative adversarial nets*（GOODFELLOW I，POUGEFABADIE J，MIRZA M，et al. 2014），由 Ian Goodfellow 等于 2014 年发布，旨在生成高度逼真的图像。

GAN 引领了图像生成领域的变革，一系列改进模型相继涌现。其中 NVIDIA 公司研究人员发布的一系列高质量图像生成方法尤为著名，包括 Progressive GAN（2017）、StyleGAN（2018）、StyleGAN2（2019）、StyleGAN2-ADA（2020）和 StyleGAN3（2021）5 个经典模型。

NVIDIA 公司公布了一个人脸生成网站，用户每刷新一次页面，可以看到一幅不同的人脸高清图像，网址为 https://thispersondoesnotexist.com/。

这个网站采用的人脸生成模型为 StyleGAN2,随机从网站上刷几幅人脸图像,效果如图 6.1 所示。这些都是假脸,因为世界上并不存在真人与之匹配。

图 6.1 StyleGAN2 随机生成的人脸图像

很多首次体验这个网站的读者都被震撼到了。眨眼之间一个虚拟的人在世界上就诞生了,关键是这个人具备高度欺骗性,很容易被误认为这是一个真实的人,男女老少、各种年龄、各种肤色、各种表情、各种背景、各种装饰,层出不穷。

当然,既然是假的,而且做到了以假乱真,如果这种技术用于欺骗等"恶"的行为,应予坚决禁止和取缔。

同时也要看到这种技术大有作为的一面。例如需要对近海漂浮的塑料垃圾进行检测,采集样本的困难有两个:一是大面积拍照采样,成本高昂;二是海面上可能没有充足的拍摄样本。此时,采用 GAN 技术,可以人为制造出大量高度逼真的垃圾场景。此外,GAN 技术在艺术塑造、风格迁移、图像修复等领域作用日益凸显。

GAN 不仅可以生成人脸图像,只要有充足的图像参照库和计算能力,花鸟虫鱼、山海云天皆可仿造。GAN 不仅用于图像生成,也可用于序列生成。

本章理论教学目标是探索 StyleGAN 系列模型的工作原理,实践教学目标是参照 NVIDIA 的生成人脸网站,用 StyleGAN2 搭建一款基于 Socket 服务器和 Android 客户机的应用,展示 GAN 的技术魅力。

6.2 GAN 解析

GAN 的经典结构包括生成器(Generator)与判别器(Discriminator)两部分,如图 6.2 所示。神经网络是生成器与判别器最常见的结构形式,二者既相互独立,又相互联系。生成器的目标是产生让判别器难以区分真假的对象。以生成人脸图像为例,生成器负责生产假的人脸,判别器负责识别。GAN 模型训练的目标是让生成器与判别器达到纳什均衡。纳什均衡是 GAN 模型的理想状态,此时,判别器无法识别由生成器生成的人脸图像,真正做到了以假乱真。

生成器的输入是一个来自低纬度空间的随机向量,输出的是高纬度的人脸图像。生成器学习的是真实人脸的数据分布。生成器输入的是随机向量,如何学习到真实人脸分

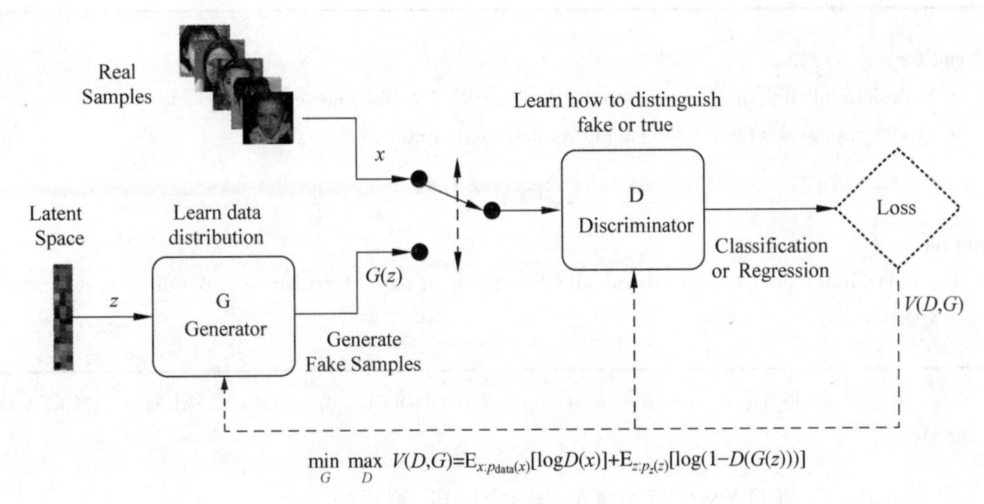

图 6.2 GAN 结构解析

布呢？这需要判别器的配合。

判别器以真实人脸样本(正样本)与假的人脸样本(负样本)为输入,学习的是如何区分正负样本。

判别器输出的可以是一个回归值或者二分类向量。如果是回归值,对于正样本,输出的值越大越好;对于负样本,输出的值越小越好。如果采用分类模式,则正样本的输出越接近 1 越好,负样本的输出越接近 0 越好。

判别器的判别能力用函数 $V(D,G)$ 的数学期望进行评价,如式(6.1)所示。判别器希望 $V(D,G)$ 值越大越好。

$$\max_D V(D,G)=\mathrm{E}_{x:p_{\text{data}}(x)}[\log D(x)]+\mathrm{E}_{z:p_z(z)}[\log(1-D(G(z)))] \tag{6.1}$$

生成器的好坏用损失函数表示,如式(6.2)所示。生成器希望这个值越小越好,即生成器希望判别器输出的 $D(G(z))$ 越大越好。

$$\min_G = \mathrm{E}_{z:p_z(z)}[\log(1-D(G(z)))] \tag{6.2}$$

Ian Goodfellow 在 GAN 论文中给出的训练算法如 Algorithm 1 所示。

Algorithm 1 Minibatch stochastic gradient descent training of generative adversarial nets. The number of steps to apply to the discriminator, k, is a hyperparameter. We used $k=1$, the least expensive option, in our experiments.

---

for number of training iterations **do**

  for k steps **do**

- Sample minibatch of m noise samples $\{z^{(1)},\cdots,z^{(m)}\}$ from noise prior $p_g(z)$.
- Sample minibatch of m examples $\{x^{(1)},\cdots,x^{(m)}\}$ from data generating distribution $p_{\text{data}}(x)$.
- Update the discriminator by ascending its stochastic gradient:

$$\nabla_{\theta_d}\frac{1}{m}\sum_{i=1}^{m}[\log D(x^{(i)})+\log(1-D(G(z^{i})))]$$

---

end for

- Sample minibatch of m noise samples $\{z^{(1)}, \cdots, z^{(m)}\}$ from noise prior $p_g(z)$.
- Update the generator by descending its stochastic gradient:

$$\nabla_{\theta_g} \frac{1}{m} \sum_{i=1}^{m} \log(1 - D(G(z^{(i)})))$$

end for

The gradient-based updates can use any standard gradient-based learning rule. We used momentum in our experiments.

注：Algorithm 1 源自论文 *Generative adversarial nets*(GOODFELLOW I,POUGET-ABADIE J,MIRZA M,et al. 2014)

Algorithm 1 将 GAN 模型训练分为两个阶段，解析如下。

阶段 1：固定生成器的参数，更新判别器，随机抽取正负样本输入判别器，判别器根据价值函数 $V(D,G)$ 做梯度上升更新参数。实践中可对 $V(D,G)$ 取负值，转换为梯度下降问题。

阶段 2：固定判别器的参数，更新生成器。生成器采用梯度下降更新参数。

判别器与生成器的初始化参数是随机的，无论是判别器还是生成器，训练的初期阶段其表现都不会太好，随着 GAN 模型的持续训练，判别器与生成器相互促进，相互成就。当任何一方不再提升时，另一方也将无法得到有效提升。

6.3 Progressive GAN 解析

Progressive GAN 模型参见论文 *Progressive growing of gans for improved quality, stability, and variation*(KARRAS T,AILA T,LAINE S,et al. 2017)。

Progressive GAN 提出了一种新的 GAN 结构与训练方法，关键创新点是逐步增加生成器(G 网络)和鉴别器(D 网络)的结构规模，既加快了模型的训练速度，又提升了模型的训练质量。论文中采用一系列优化技巧，保障模型训练的稳定性和输出图像的多样性。

Progressive GAN 从简单卷积神经网络模型和低分辨率图像开始，逐渐增加网络模型层数并同步提高图像分辨率，最终实现高质量、高分辨率图像的生成，工作原理如图 6.3 所示。

Progressive GAN 的训练过程需要经历 9 个阶段。

(1) G 网络只包含一个 4×4 卷积模块，接受来自 Latent 空间的随机向量，输出分辨率为 4×4 像素的图像。这些图像混合真实图像后，被送入只包含一个 4×4 卷积模块的 D 网络，然后根据损失函数进行若干迭代训练。可以这样理解初始阶段的训练意义，由于图像分辨率较低，此时 G 网络和 D 网络能够处理的是图像中那些较宏观的粗粒度特征。Progressive GAN 使得主要训练工作在图像的低分辨率阶段完成。

(2) G 网络在原有基础上叠加一个新的 8×8 卷积模块，输出分辨率为 8×8 像素的

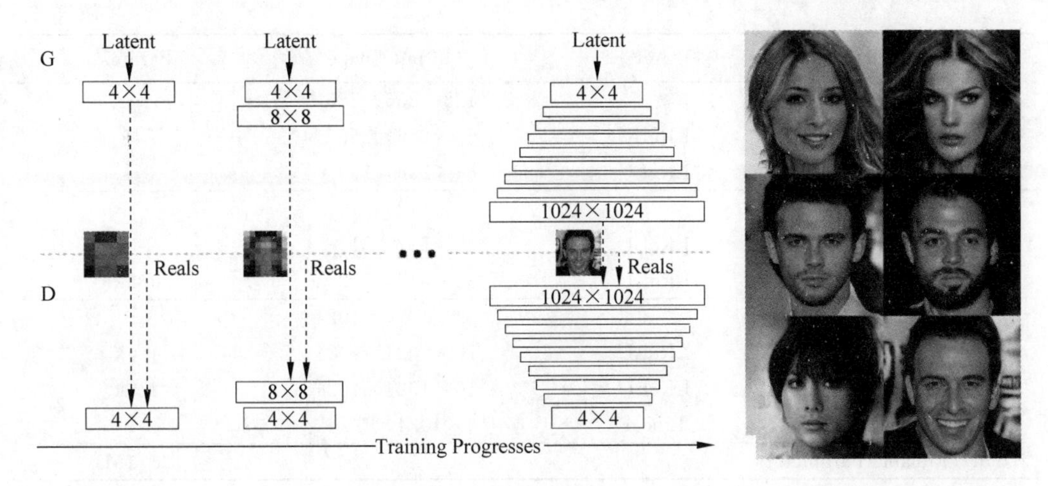

图 6.3　Progressive GAN 工作原理

图像,混合真实图像后,送入同步增加了 8×8 卷积模块的 D 网络,保持当前网络状态反复迭代训练。

(3)～(9)阶段：类似(1)、(2)两个阶段的做法,对 G 网络与 D 网络依次同步增加 16×16、32×32、64×64、128×128、256×256、512×512、1024×1024 卷积模块。

G 网络模型演变过程与各阶段模型结构参数如表 6.1 所示,D 网络模型演变过程与各阶段模型结构参数如表 6.2 所示。演变过程及参数解析参见本节视频教程。

表 6.1　G 网络模型演变过程与各阶段模型结构参数

Generator	Act	Output Shape	Params
Latent Vector	—	512×1×1	—
Conv 4×4	LReLU	512×4×4	4.2M
Conv 3×3	LReLU	512×4×4	2.4M
Upsample	—	512×8×8	—
Conv 3×3	LReLU	512×8×8	2.4M
Conv 3×3	LReLU	512×8×8	2.4M
Upsample	—	512×16×16	—
Conv 3×3	LReLU	512×16×16	2.4M
Conv 3×3	LReLU	512×16×16	2.4M
Upsample	—	512×32×32	—
Conv 3×3	LReLU	512×32×32	2.4M
Conv 3×3	LReLU	512×32×32	2.4M
Upsample	—	512×64×64	—
Conv 3×3	LReLU	256×64×64	1.2M
Conv 3×3	LReLU	256×64×64	590k
Upsample	—	256×128×128	—
Conv 3×3	LReLU	128×128×128	295k
Conv 3×3	LReLU	128×128×128	148k

续表

Generator	Act	Output Shape	Params
Upsample	—	128×256×256	—
Conv 3×3	LReLU	64×256×256	74k
Conv 3×3	LReLU	64×256×256	37k
Upsample	—	64×512×512	—
Conv 3×3	LReLU	32×512×512	18k
Conv 3×3	LReLU	32×512×512	9.2k
Upsample	—	32×1024×1024	—
Conv 3×3	LReLU	16×1024×1024	4.6k
Conv 3×3	LReLU	16×1024×1024	2.3k
Conv 1×1	Linear	3×1024×1024	51
Total Trainable Parameters			**23.1M**

表 6.2 D网络模型演变过程与各阶段模型结构参数

Discriminator	Act	Output Shape	Params
Input Image	—	3×1024×1024	—
Conv 1×1	LReLU	16×1024×1024	64
Conv 3×3	LReLU	16×1024×1024	2.3k
Conv 3×3	LReLU	32×1024×1024	4.6k
Downsample	—	32×512×512	—
Conv 3×3	LReLU	32×512×512	9.2k
Conv 3×3	LReLU	64×512×512	18k
Downsample	—	32×256×256	—
Conv 3×3	LReLU	64×256×256	37k
Conv 3×3	LReLU	128×256×256	14k
Downsample	—	128×128×128	—
Conv 3×3	LReLU	128×128×128	148k
Conv 3×3	LReLU	256×128×128	295k
Downsample	—	256×64×64	—
Conv 3×3	LReLU	256×64×64	590k
Conv 3×3	LReLU	512×64×64	1.2M
Downsample	—	512×32×32	—
Conv 3×3	LReLU	512×32×32	2.4M
Conv 3×3	LReLU	512×32×32	2.4M
Downsample	—	512×16×16	—
Conv 3×3	LReLU	512×16×16	2.4M
Conv 3×3	LReLU	512×16×16	2.4M
Downsample	—	512×8×8	—
Conv 3×3	LReLU	512×8×8	2.4M
Conv 3×3	LReLU	512×8×8	2.4M
Downsample	—	512×4×4	—

续表

Discriminator	Act	Output Shape	Params
Minibatch Stddev	—	513×4×4	—
Conv 3×3	LReLU	512×4×4	2.4M
Conv 4×4	LReLU	512×1×1	4.2M
Fully-connected	Linear	1×1×1	513
Total Trainable Parameters			**23.1M**

新叠加的卷积模块此前没有任何训练经验，为了继承原有卷积模块的训练效果，论文中采用了类似残差块的结构实现平滑过渡，如图 6.4 所示。以图 6.4(a)为例，此时 G 网络与 D 网络处于 16×16 的结构水平，演进逻辑遵循图 6.4(b)所示的转换过程。其下一个演进目标为图 6.4(c)所示的 32×32 的结构水平。

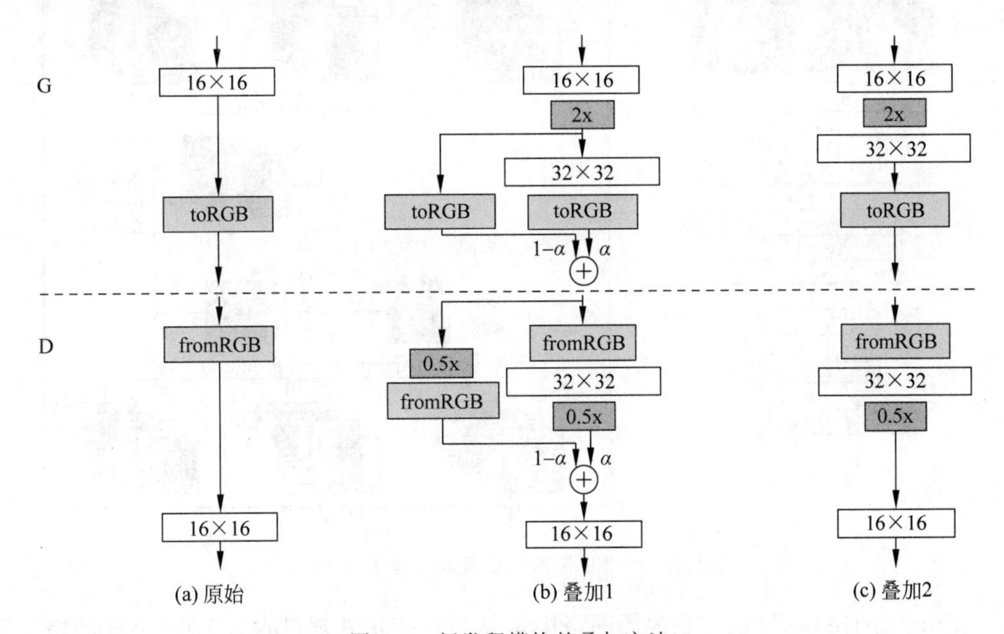

图 6.4 新卷积模块的叠加方法

先看 G 网络的演进过程。16×16 的输出图像以 2 倍的上采样，得到 32×32 的特征图，该特征图除了输入到下一个卷积模块，即 32×32 的卷积模块，还需要同时跳连，与 32×32 卷积模块的输出汇合叠加。叠加权重用 α 因子控制，α 取值范围为[0,1]。事实上，两路 RGB 图像的叠加过程是一个新卷积模块淡入、跳连的卷积模块淡出的过程。

D 网络的演进过程与 G 网络正好相反。由于 D 网络中的 32×32 卷积模块也是新增的，故对 D 网络输入的 RGB 图像，同时跳连到 32×32 卷积模块输出上，两路分支叠加时仍然采用 α 因子控制，实现新卷积模块淡入、跳连的卷积模块淡出的效果。D 网络采用平均池化做 0.5 倍率的下采样。

其中的 toRGB 模块是将多通道的特征图通过 1×1 卷积转换为 RGB 图像。fromRGB 模块正好相反。

新卷积模块按照以下两个步骤完成训练。

(1) G网络与D网络加入新卷积模块后，在D网络完成800k真实图像训练期间，新卷积模块淡入，跳连卷积模块淡出。

(2) D网络继续完成800k真实图像的训练，以增强新卷积模块的稳定性。

Progressive GAN在D网络末端的模块层，添加一个小批量标准差层MbStdev，目的是增加输出的多样性，如图6.5所示。MbStdev对输入的特征图在mini-batch水平上计算标准差，通过标准差调整原来的输入得到图①所示的特征图，对图①的所有通道计算均值得到图②所示的单通道特征图，对图②的所有像素计算均值得到图③，将图③作为新增的通道添加到原有的特征图上，得到新特征图④。相当于每一个特征图多了一个变化层，每一步迭代的mini-batch是随机变化的，所以新增的特征图也是变化的。

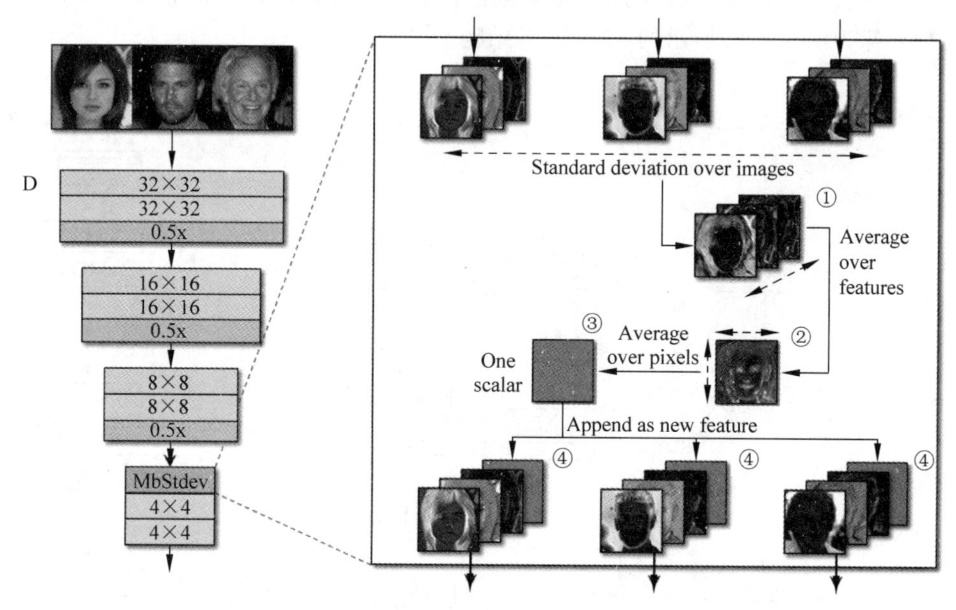

图6.5 小批量标准差层提高了输出的多样性

Progressive GAN认为在神经网络中常见的标准化处理(BN层)对GAN网络意义不大。与此前多数GAN网络采用标准化层的做法不同，Progressive GAN在G网络上采用像素级标准化(Pixelwise Normalization)，在G网络与D网络上采用均衡学习率(Equalized Learning Rate)，以保障模型的稳定性。

G网络的像素级标准化如图6.6所示。在每一层激活函数之后，对特征图各通道同一位置的像素值做标准化处理，该操作可以理解为屏蔽异常特征点，保障像素分布的平滑性与稳定性。

像素级标准化的计算逻辑如式(6.3)所示。

$$b_{x,y} = a_{x,y} \Big/ \sqrt{\frac{1}{N}\sum_{j=0}^{N-1}(a_{x,y}^{j})^2 + \varepsilon} \tag{6.3}$$

其中：

(1) $\varepsilon = 10^{-8}$；

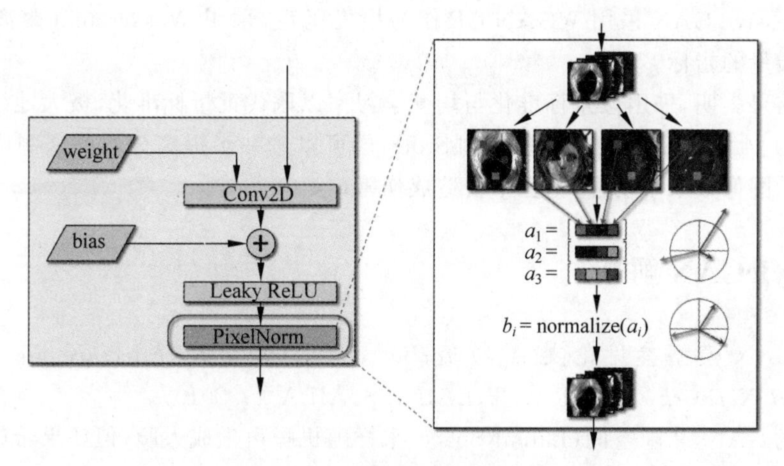

图 6.6 G 网络的像素级标准化

(2) N 表示通道数量；

(3) $a_{x,y}$ 表示像素(x,y)的原始向量值；

(4) $b_{x,y}$ 表示像素(x,y)标准化后的向量值。

Progressive GAN 在区间[0,1]上采用标准正态分布初始化网络的 w 参数，在网络训练期间，则按照 $w=w\times c$ 动态缩放每一层的 w 参数。其中 $c=\sqrt{2/\text{fade_in}}$是一个常数，fade_in 表示当前层的输入维度。

如图 6.7 所示，以 G 网络中的一个 16×16 卷积层为例，如果不做 w 动态调整，即去掉其中的常数 c 或者令 $c=1$，则输入特征①经 16×16 卷积层最终输出的是特征信号④。而乘以系数 c 后，最后输出的是特征信号③。常数 c 使得每一步迭代，w 参数都在原有基础上动态调整。

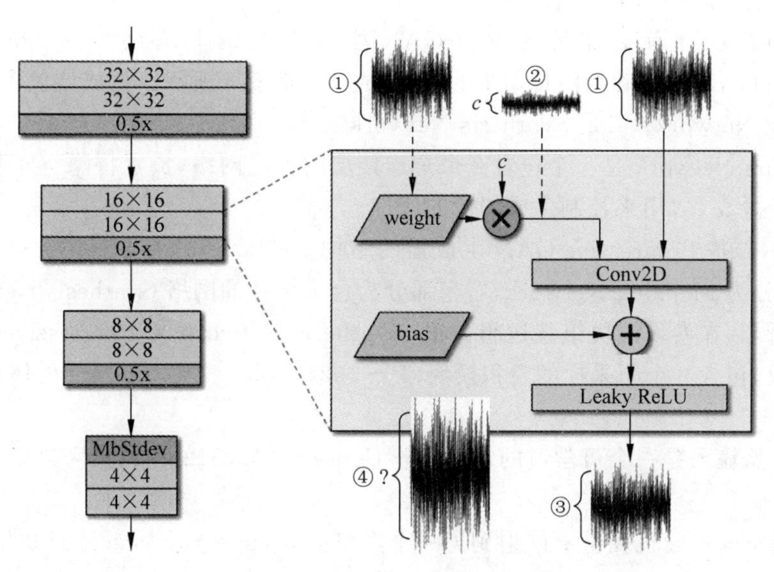

图 6.7 动态调整每一层的 w 参数

Progressive GAN 采用 WGAN-GP 作为损失函数,采用 Wasserstein 距离作为评估生成图像质量的指标。

实验结果表明,采用像素标准化与均衡学习率以取代批量标准化,极大地改善了模型表现。在 D 网络中添加一个小批量 MbStdev 层可以进一步提高分数。这些优化措施对低分辨率的图像效果不明显,但也不会造成伤害。

6.4 StyleGAN 解析

StyleGAN 模型参见论文 *A Style-Based Generator Architecture for Generative Adversarial Networks*(KARRAS T,LAINE S,AILA T. 2019)。

传统的 GAN,从隐空间(Latent Space)采样随机噪声生成人脸,但如果希望控制人脸的某些属性,例如具备长发、佩戴眼镜等,传统的 GAN 很难做到。解决该问题的一系列研究,称为特征解耦(Feature Disentanglement)。

特征解耦希望隐空间能够较为清晰地被划分为若干线性子空间,每个子空间代表特定的图像特征,例如人脸角度、发色、性别、眼镜等,同时,从这个空间中采样的向量是可插值的,通过给隐空间编码(Latent Code)中间插值,生成的图像应该具有中间特征,例如对向左侧和向右侧的人脸图像的隐空间编码插值,应该得到正面的人脸图像。

与之前诸多 GAN 方法中关注判别器的优化设计不同,StyleGAN 将注意力放在了生成器的优化设计上。StyleGAN 从特征解耦的目标出发,让生成器控制人脸表现的样式属性,例如年龄、性别、姿态、脸型、朝向、表情、发型、光照、肤色、纹理、皱纹、雀斑、装饰等,从而实现人脸的风格转换,创新点主要体现在如下两个方面。

(1) 关注人脸样式属性的生成方法,使生成的过程可控。

(2) 隐空间解耦及采用新的评价方法。

这些创新设计首选体现为 StyleGAN 生成器结构上的创新。StyleGAN 是在 Progressive GAN 的基础上演化而来的,其生成器如图 6.8 所示。生成器包含两部分:一是 Mapping Network;二是 Synthesis Network。

Mapping Network 是一个包含 8 个全连接层的神经网络,负责将隐空间变量 z 映射到隐空间变量 w,w 用来控制生成图像的属性。

图 6.8(a)是 Progressive GAN 生成器的结构。图 6.8(b)为 StyleGAN 生成器的结构,左半部分为 Mapping Network,右半部分为合成图像的网络 Synthesis Network。

不难看出,在卷积模块组装逻辑方面,Synthesis Network 与 Progressive GAN 生成器高度一致,包含 9 个上采样的卷积模块($4^2 \sim 1024^2$),共 18 层。不同之处体现在如下四个方面。

(1) 初始输入是一个可学习的常量矩阵 Const $4\times4\times512$,不再是来自隐空间的随机变量 z。

(2) 隐空间的随机变量 z 映射到另一个隐空间 w,$w=f(z)$,w 经过仿射变换 A 生成 Style 参与到每一个卷积层之后的图像合成。

(3) 高斯噪声经噪声广播模块 B 参与每一个特征层的图像合成。

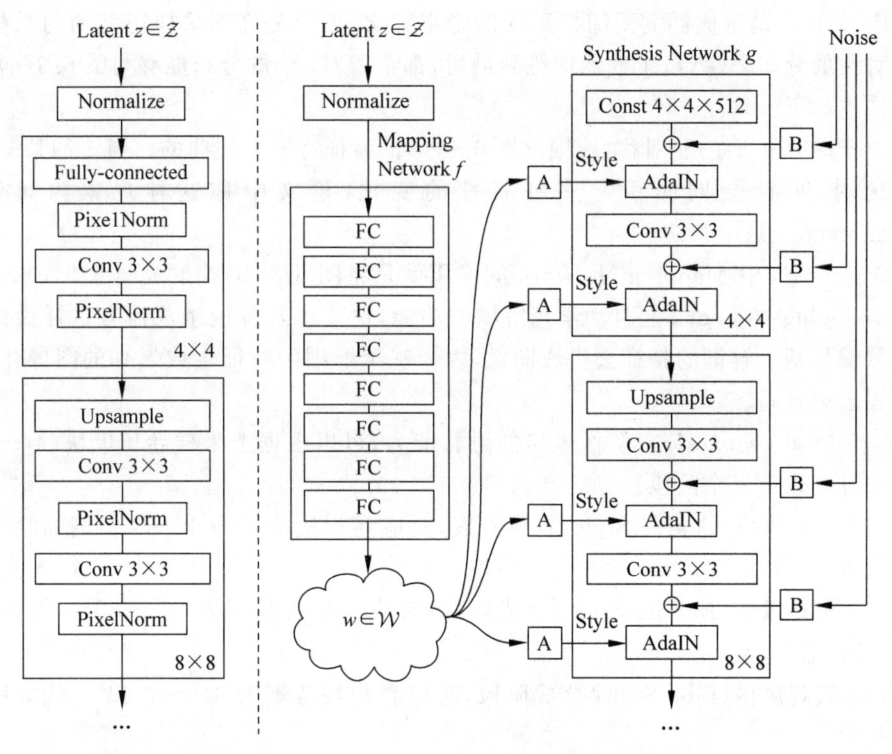

图 6.8　StyleGAN 生成器逻辑结构

(4) 在每一个卷积层之后添加 AdaIN(Adaptive Instance Normalization)模块。

为什么 Mapping Network 可以实现隐空间解耦？论文给出了如图 6.9 所示的解析。

Mapping Network 把 $z \in Z$ 映射到 $w \in W$。z 来自传统的隐空间 Z，其采样通常采用高斯分布或者均匀分布。W 是经过特征解耦的隐空间。

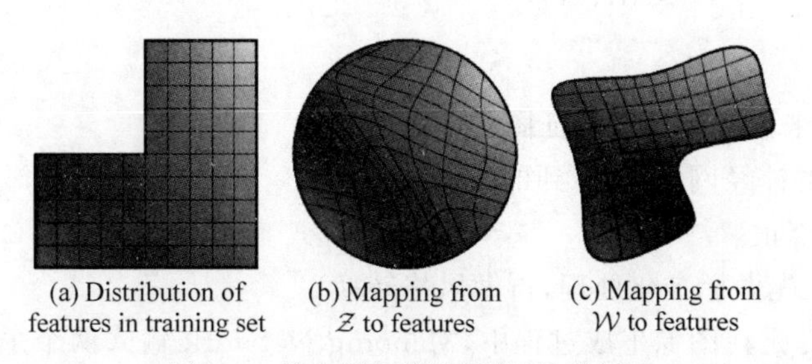

图 6.9　隐空间解耦的逻辑(见彩插)

图 6.9 可以看作来自三个不同隐空间的分布。

假设图 6.9(a)表示真实人脸样本构成的训练集，每个像素代表一个样本，颜色的变化代表着输出的属性的变化，实线表示某一属性在众多样本中体现为共性。为了便于说明问题，不妨假定横线代表头发长度，越往上越长，竖线代表一个人男子气的程度，越往左越男性化。那么左下角粉红色的区域就可以代表猛男，右上角黄色区域可以代表女神。左上角的区域代表长发飘飘的猛男，这种样本通常不存在或者少见，因此是空缺的。

图 6.9(b)是生成器需要随机采样的隐空间 Z,无论是高斯采样还是均匀采样,都是一个对称的分布。GAN 生成器训练到最后,都希望 $G(Z)$的分布能够与图 6.9(a)表示的真实样本趋于一致。

由于图 6.9(a)的非对称性,因此图 6.9(b)的特征空间是扭曲的。当 z 的某一维度发生变化时,可能会同时引起多种属性的变化,论文中称这种现象为属性纠缠(Entanglement)。

StyleGAN 中 Mapping Network 的作用就是将图 6.9(b)映射成图 6.9(c)。至于为什么 Mapping Network 能自动学到解耦的功能,论文中解释说生成器有这样做的压力,生成器偏好基于解耦的特征去生成图像,因为基于解耦的特征生成逼真的图像比基于纠缠的表示更容易。

Synthesis Network 对图像风格的融合能力,可以根据上采样卷积模块($4^2 \sim 1024^2$)的层次分为以下三个阶段。

(1) 宏观风格(Coarse Style)合成阶段,对应卷积块范围为 $4^2 \sim 8^2$。例如脸型、姿势的变化等。

(2) 中观风格(Middle Style)合成阶段,对应卷积块范围为 $16^2 \sim 32^2$。例如五官变化、眼睛闭合等。

(3) 微观风格(Fine Style)合成阶段,对应卷积块范围为 $64^2 \sim 1024^2$。例如肤色、纹理变化等。

Synthesis Network 通过三个技术要点实现上述图像风格融合,即:

(1) AdaIN 模块风格融合。

(2) Style Mixing 风格融合。

(3) Stochastic Variation 风格融合。

AdaIN 模块计算逻辑如式(6.4)所示。

$$\text{AdaIN}(x_i, y) = y_{s,i} \frac{x_i - \mu(x_i)}{\sigma(x_i)} + y_{b,i} \tag{6.4}$$

其中:

(1) x_i 表示来自上一层的特征图像。

(2) y 表示由神经网络 A 得到的 Style,包括 $y_{s,i}$ 和 $y_{b,i}$ 两部分,分别用于对特征图像的缩放和偏差修正。

特征图像 x_i 先做标准化处理,再做风格转换。

Style Mixing 是在图像生成过程中,Mapping Network 输入两个采样 z_1 和 z_2,从而得到两种风格 w_1 和 w_2。Synthesis Network 的前半段采用 w_1,后半段采用 w_2,这样得到的图像就是两种风格的混合。

如图 6.10 所示,纵轴代表 Source A 风格(w_1),横轴代表 Source B 风格(w_2)。纵向代表 w 风格的切换时间。可以观察到,早期切换有助于改变宏观粗粒度的特征,如脸型、姿势等;中期切换有助于改变中观中粒度特征,如面部五官等;后期切换有助于改变微观细粒度特征,如肤色和一些更细微的特征等。

论文作者又将 Style Mixing 称为 Mixing Regularization,具备正则化效果。因为不

图 6.10　两种风格混合的叠加效果

同层采用不同的 Style，有助于 Style 与 Style 之间的解耦。

Stochastic Variation 是在每层之后，在 AddIN 模块之前，对特征图像加入独立的噪声，效果是可以产生一些随机变化，丰富生成图像的多样性，例如头发的摆放、雀斑、毛孔、胡须等。噪声对成像效果的影响如图 6.11 所示。

图 6.11(a)是在所有层中都加入噪声，图 6.11(b)是无噪声，图 6.11(c)是在后面的层加入噪声(细粒度)，图 6.11(d)是在前面的层加入噪声(粗粒度)。不难看出，随机噪声影响的是局部特征，添加噪声的图像效果更为逼真，无噪声的图 6.11(b)的发型部分看起来很虚，甚至是残缺的。

(a) 在所有层中加入噪声

(b) 无噪声

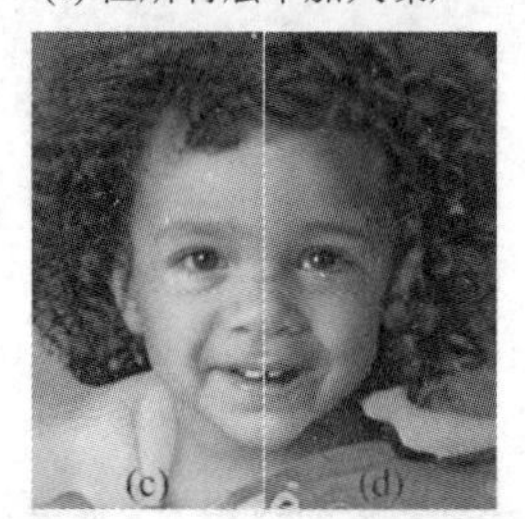

(c) 在后面的层加入噪声(细粒度)　(d) 在前面的层加入噪声(粗粒度)

图 6.11　噪声对成像效果的影响

StyleGAN 采用高清人脸数据集(Flickr-Faces-HQ,FFHQ),取得了 SOTA 的生成效果,如表 6.3 所示,论文中计算了从训练集中随机抽取 50 000 幅图像得到的最小弗雷歇距离(Fréchet Inception Distance,FID),表中数值越小,表示模型越好。

表 6.3　StyleGAN 生成器效果评估

Method	CelebA-HQ	FFHQ
A Baseline Progressive GAN	7.79	8.04
B +Tuning(incl. bilinear up/down)	6.11	5.25
C +Add mapping and styles	5.34	4.85
D +Remove traditional input	5.07	4.88
E +Add noise inputs	**5.06**	4.42
F +Mixing regularization	5.17	**4.40**

论文给出了两个模型解耦性能评价指标:感知路径长度(Perceptual Path Length,PPL)和线性可分性(Linear Separability)。

分析图像之间高级特征的相似度,一般采用感知损失(Perceptual Loss),或者称为感知距离(Perceptual Distance)。主要方法是将两个待分析的图像送进一个预训练的模型里,得到各自的高级特征,随后计算特征之间的损失。通常该模型使用 VGG 架构,故又称为 VGG Loss。与 MSE 指标不同,VGG Loss 更关注高级特征,而不是像素之间的差别。图 6.12 可以用来形象地解释 PPL 的作用。

如果一个 Latent Space 解耦效果好,那么随便在空间里抽样两个 Latent Code z_1 和 z_2,取它们的一个插值 $t \in U(0,1)$,对应地生成图像 $G(z_1)$、$G(z_2)$和 $G(t)$之间应该具备较小的感知距离。图 6.12 中蓝色的直线路径显然比绿色的曲线路径要好。

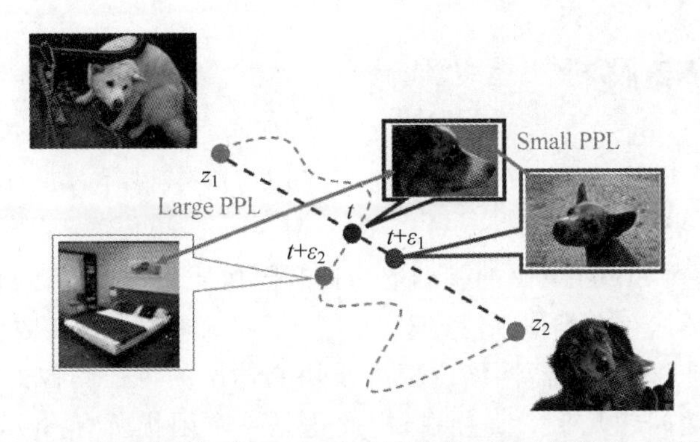

图 6.12 感知路径长度(PPL)反映了图像之间的相似度(见彩插)

对隐空间 W 采用 Truncation Trick 优化。如果考虑训练集数据的分布,生成器对低概率密度的数据样本往往难以学习其特征,这是所有模型中存在的共性问题。但是如果对隐空间 W 做些截断或收缩,虽然会造成一定的数据多样性损失,但可以提高数据分布的整体密度,提高生成图像的平均质量。

对隐空间 W 的截断策略很简单,首先找到数据的平均点,以平均点为几何中心,然后计算其他点到这个平均点的距离,对每个距离按照统一标准缩小,这样数据样本点都向平均点聚拢,又不改变点与点之间的相对距离关系。

以 FFHQ 数据集为例,计算 W 的中心点 $\bar{w}=\mathrm{E}_{z:p(z)}[f(z)]$,围绕中心点重构隐空间 W,得到 $w'=\bar{w}+\psi(w-\bar{w})$,$|\psi|\leqslant 1$。可以认为 $\bar{w}$ 会生成一幅具备平均风格属性的人脸,如图 6.13 所示,$\psi=0$ 时对应平均值人脸。

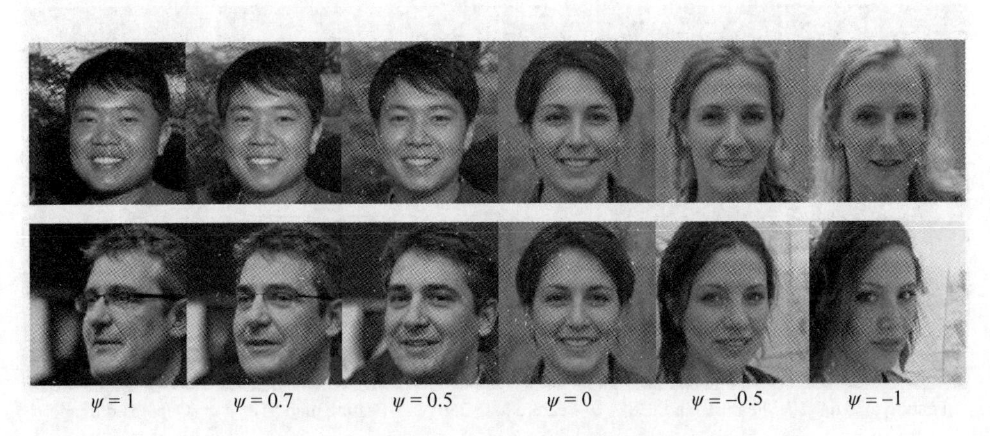

图 6.13 截断隐空间 W 对图像风格的影响

显然截断技巧可以影响图像的风格,当 $\psi\to 0$ 时,FFHQ 中所有人脸的分布都向"平均"人脸收敛。这张"平均"人脸对于所有训练好的网络都是相似的,观察到的以"平均"人脸为中心的图像插值效果非常好。当 ψ 取负值时,往往会得到"翻转"的属性,例如人脸朝向的角度、佩戴眼镜与否、年龄、肤色、性别、头发长短等。

关于 StyleGAN 的更多技术细节,参见本节视频教程。

6.5 StyleGAN2 解析

StyleGAN2 模型参见论文 *Analyzing and Improving the Image Quality of StyleGAN*(KARRAS T,LAINE S,AITIALA M,et al. 2020)。

StyleGAN2 是在 StyleGAN 的基础上为提升图像质量所做的改进模型。研究发现,StyleGAN 生成的图像存在类似水渍(或水滴)形状的瑕疵,或许多数情况下这些瑕疵特征并不显著,但是通过对生成器网络内部各模块层输出的特征图像的观察,发现从 64×64 分辨率以后,水渍问题几乎一直存在,因此这是一个困扰所有 StyleGAN 图像的系统性问题。图 6.14 给出了一组观察实例。

图 6.14 水渍瑕疵观察实例

甚至即使输出的图像不存在水渍问题,但是演化期间经历的特征图像也会存在水渍问题。即使低分辨率阶段无水渍问题,但是在高分辨率阶段,往往会出现多个水滴状峰值区域,破坏图像的结构,图 6.15 是一组实例观察。

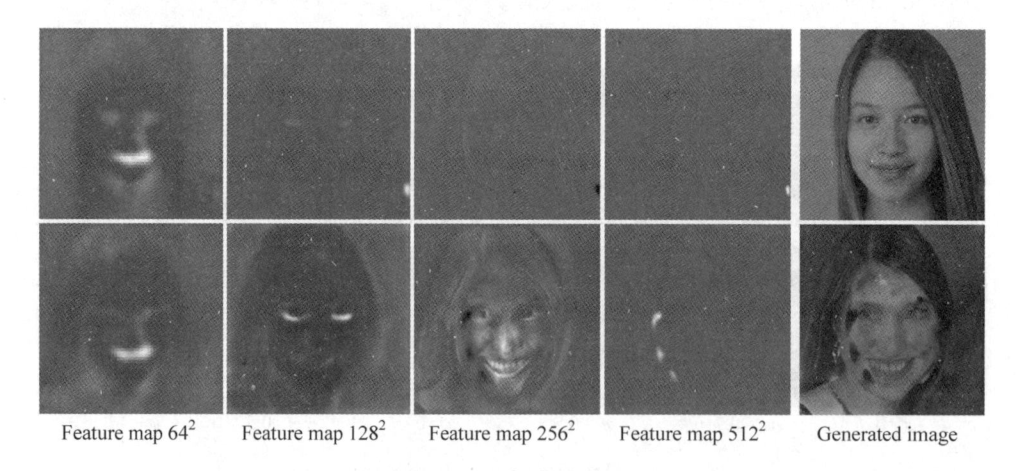

图 6.15 水滴观察实例

图 6.15 中生成的两幅图像,上图比较成功,下图则比较失败。上图的水滴在 64^2 分辨率下可见,在 128^2 分辨率下更加清晰,一直影响到了最终的输出图像。

下图在 256^2 分辨率上的水滴状斑点突然显著增多、增强,最终严重破坏了输出图像。

作者认为 StyleGAN 中的 AdaIN 模块的运算逻辑存在瑕疵,是导致水渍斑点的主要原因,为此,重构了生成器的结构,通过实验验证了该判断的正确性。

StyleGAN2 是在 StyleGAN 基础上做了若干技术细节修改,其结构演变如图 6.16 所示。

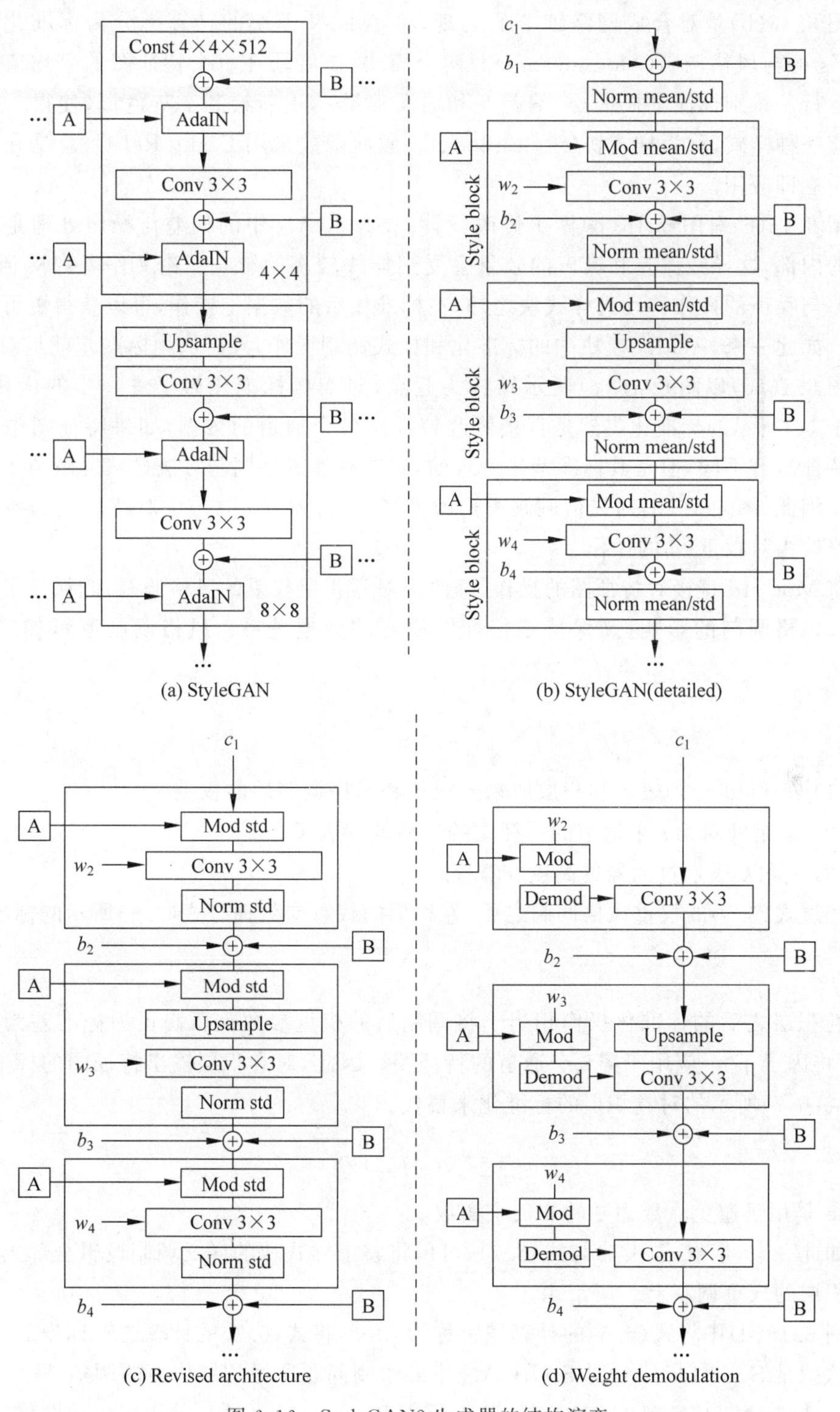

(a) StyleGAN (b) StyleGAN(detailed)

(c) Revised architecture (d) Weight demodulation

图 6.16 StyleGAN2 生成器的结构演变

图 6.16(a)是 StyleGAN 合成网络的经典结构，其中 A 表示对隐空间 W 的仿射变换形成风格，B 是噪声广播操作。

图 6.16(b)是对合成网络细节的展现，将 AdaIN 模块的计算拆分为标准化(Norm mean/std)与风格调制(Mod mean/std)两个模块，二者均在每个特征图的平均值和标准差上运行。特别标注了权重 w、偏差 b 和输入常量 c，重新绘制了灰色框，使得一个灰色框对应一种样式，称为样式块(Style Block)。激活函数采用 Leaky ReLU，总是在添加偏差 b 后立即应用。

图 6.16(c)对图 6.16(b)做了修改设计。StyleGAN 中的偏差与噪声处理是放在样式块的内部，这导致偏差和噪声的效果会受到样式较多的影响。论文作者观察到：如果将偏差与噪声的操作移动到样式块之外，在标准化后的数据上操作，可以获得更可预见的结果。如此一来，AdaIN 模块中的标准化和样式调制操作，只需依赖标准差就足够了。

图 6.16(d)以图 6.16(c)所示结构为起点，对实例标准化做了进一步的优化设计。图 6.16(c)所示的标准化仍然是直接修改特征图各个通道的数据，如果特征图中两个通道的特征显著不同，但是其标准差是一致的，则原有的风格调制方法显然屏蔽掉了这种差异性。因此，图 6.16(d)对风格调制逻辑做了修改，将图 6.16(c)中对特征图的所有操作全部修改为对权重 w 的操作。

将 Mod std 直接对特征图的操作，修改为对卷积层权重的风格调制，既保证了对特征图施加风格调制的影响，又保持了特征图原有的数据关系。风格调制逻辑如式(6.5)所示。

$$w'_{ijk}=s_i \cdot w_{ijk} \tag{6.5}$$

其中：

(1) w 和 w' 分别表示卷积层原来的权重和风格调制后的权重。

(2) s_i 是针对第 i 个通道的特征图的风格调制因子。

(3) j 和 k 表示过滤器的高度与宽度。

经过式(6.5)的权重风格调制之后，卷积层的权重参数拥有式(6.6)所示的标准差。

$$\sigma_i=\sqrt{\sum_{j,k} w'^2_{ijk}} \tag{6.6}$$

卷积层之后的标准化操作相当于将调制后的权重参数重新修正为标准差为 1 的分布，即将因子 $1/\sigma_i$ 应用于第 i 个通道的特征图。因此，对卷积层输出特征图的标准化，可以用式(6.7)所示的对卷积层的标准化来替代。

$$w''_{ijk}=w'_{ijk} \Big/ \sqrt{\sum_{j,k} w'^2_{ijk}+\varepsilon} \tag{6.7}$$

其中，ε 是用于避免除数为 0 的非负小实数。

如此一来，依靠式(6.5)与式(6.7)，可以将整个样式块的样式调制逻辑全部集中到单个卷积层的权重调制上。

图 6.16(d)中将式(6.5)的计算逻辑称为 Mod，将式(6.7)的计算逻辑称为 Demod。

这就是 StyleGAN2 针对 StyleGAN 中的水滴问题所做的结构上的调整。

StyleGAN2 与 StyleGAN 一样，都继承了 Progressive GAN 的逐级生成图像的方法。

首先训练分辨率较低的图像，再在这个稳定的模型上训练较高分辨率的图像。但这会导致某些特征的变化不连续。如图 6.17 所示，观察隐空间变量的插值图像发现，虽然人脸在变换方向，但是牙齿并没有跟随同步转动。这是由于模型在逐级训练时，某些特征的属性值会服从于出现频率较高的属性，如正脸的牙齿，而代表侧脸牙齿的属性值则没法体现出来。

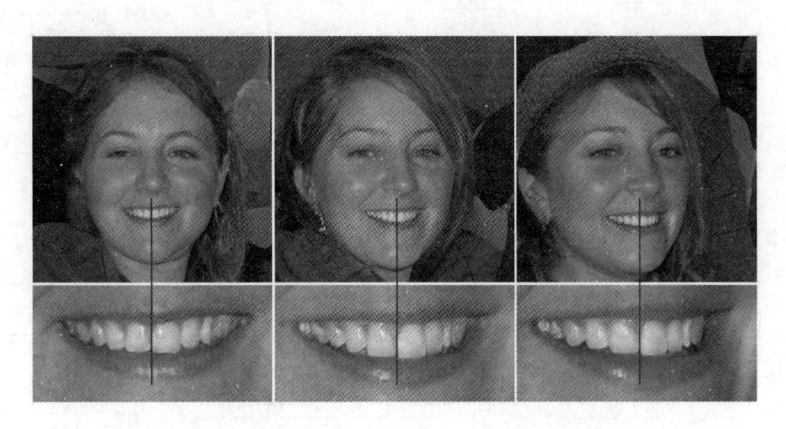

图 6.17 渐进式增长训练方法导致的伪影瑕疵

采用 Progressive Growing 训练方法，是因为大分辨率图像不容易训练。既然图 6.17 所代表的问题是由于某些特征没有得到充分表达造成的，那么对生成器和判别器的结构做一些调整，采用跳连方法增强特征的传递并减少训练参数则变得可行，论文给出了如图 6.18 所示的三种网络结构，并进行了实验评估。不再采用 Progressive Growing 逐级训练结构。

虚线以上为生成器结构，虚线以下为判别器结构。Up 和 Down 分别表示上采样与下采样，采用双线性滤波算法。tRGB 表示特征图转换为 RGB 图，fRGB 表示从 RGB 图转换为特征图。

图 6.18(a)采用了 MSG-GAN 的结构，MSG-GAN 生成器不再输出独立的 RGB 图像，而是各层直接将输出的特征图跳连到判别器的同分辨率层作为输入，即分层跳连，实现跨尺度特征融合传递。

图 6.18(b)中每次上采样的数据不仅有特征图，还将该分辨率下的特征图转换为 RGB 图做上采样，逐级叠加，将各个分辨率模块输出的 RGB 图像通过上采样累加起来再输入判别器中，实现了生成器对跨尺度特征的融合传递。判别器通过下采样让输入的图像匹配各个分辨率模块后实现跨尺度特征融合传递。

图 6.18(c)采用残差块结构，生成器分别将特征图上采样和卷积，然后再叠加，生成器只输出一个特征图，特征图转换为 RGB 图只发生在最后一步。判别器将特征图下采样和卷积，然后叠加。

实验结果表明，跳连结构及残差块结构会使得 PPL 显著下降。作者指出，残差块结构可能对判别器效果更好，因为判别器本质上是分类器，而此前若干实验证明残差块结构对分类器确实有帮助。但是残差块结构对生成器却有负面影响。为此，论文中采用了

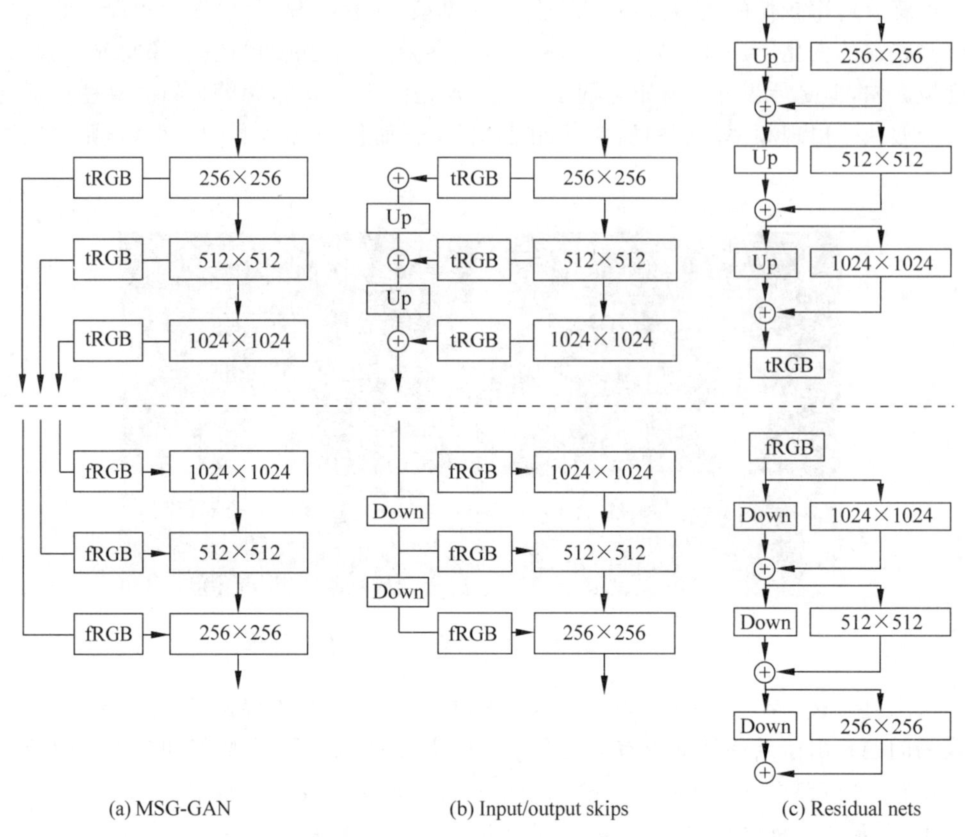

图 6.18 重构生成器与判别器网络结构

图 6.18(b)所示的跳连生成器和图 6.18(c)所示的残差块判别器组合，对应表 6.4 中的模型 E，在 FID 和 PPL 两个指标上取得了理想效果。

表 6.4 StyleGAN2 技术演进实验效果对比

Configuration	FFHQ，1024×1024				LSUN Car，512×384			
	FID↓	Path length↓	Precision↑	Recall↑	FID↓	Path length↓	Precision↑	Recall↑
A Baseline StyleGAN	4.40	212.1	**0.721**	0.399	3.27	1484.5	**0.701**	0.435
B +Weight demodulation	4.39	175.4	0.702	0.425	3.04	862.4	0.685	0.488
C +Lazy regularization	4.38	158.0	0.719	0.427	2.83	981.6	0.688	0.493
D +Path length regularization	4.34	**122.5**	0.715	0.418	3.43	651.2	0.697	0.452
E + No growing，new G&D arch.	3.31	124.5	0.705	0.449	3.19	471.2	0.690	0.454
F + Large networks (StyleGAN2)	**2.84**	145.0	0.689	**0.492**	**2.32**	**415.5**	0.678	**0.514**
Config A with large networks	3.98	199.2	0.716	0.422	—	—	—	—

更多细节解析参见视频教程。

6.6 StyleGAN2-ADA 解析

StyleGAN2-ADA 模型参见论文 *Training Generative Adversarial Networks with Limited Data*（KARREAS T，AITTALA M，HELLSTEN J，et al. 2020）。

GAN 训练的目标是找到一个生成函数 G，对于特定隐空间的随机输入，其输出概率分布 x 与给定的目标分布 y 相匹配。StyleGAN、StyleGAN2 的生成效果好，原因之一是 FFHQ 有 7 万幅高清人脸图像，做水平翻转后有 14 万幅图像，数据集规模足够大。图 6.19 对比了不同数据规模对模型的影响。

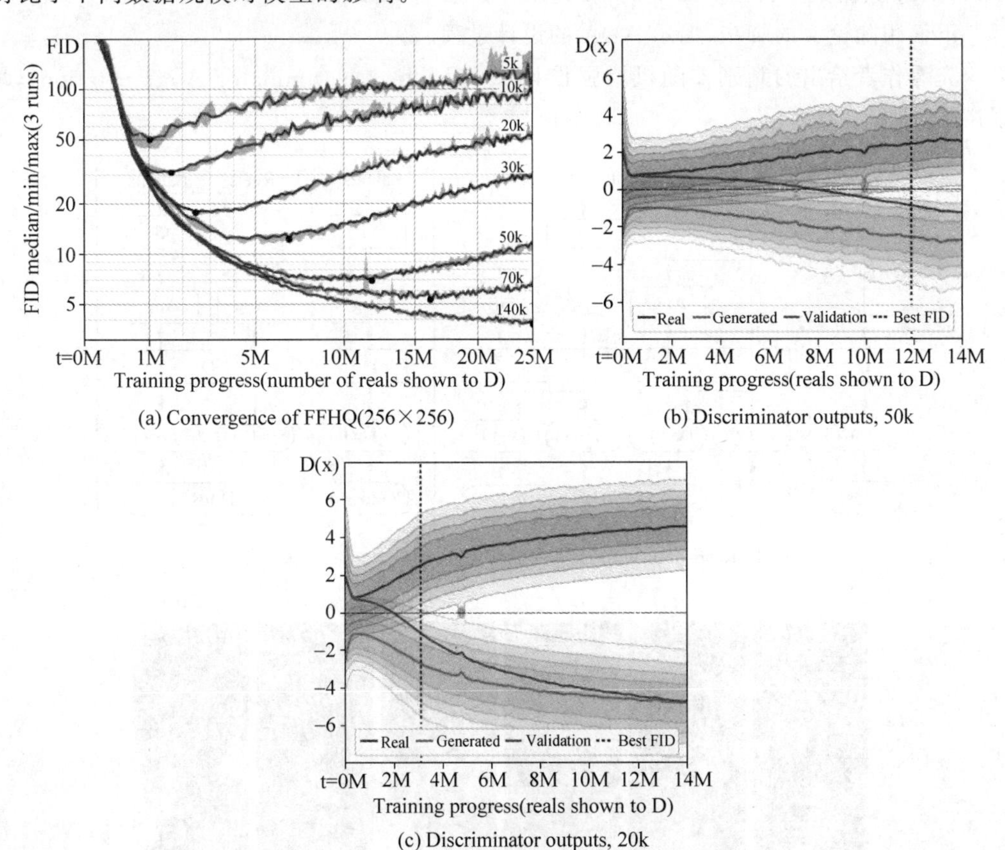

(a) Convergence of FFHQ(256×256)

(b) Discriminator outputs, 50k

(c) Discriminator outputs, 20k

图 6.19 数据规模对模型的影响

图 6.19(a)对比了 FFHQ 的 5k、10k、20k、30k、50k、70k、140k 共 7 种规模数据集的比较，当 FID 开始升高时，意味着过拟合的开始。显然 140k 的效果最好。FFHQ 数据集只有 70k 图像，140k 数据集是对 70k 图像做水平翻转后扩增了一倍得到的。

图 6.19(b)和图 6.19(c)对比了 50k 与 20k 数据集情况下，判别器训练期间输出的真实图像和生成图像的分布。分布最初是重叠的，但随着判别器变得越来越“自信”，真实图像与生成图像的轨迹会逐渐分开。其中的垂直虚线表示 FID 取值最低的时刻，也是过拟

合的分界线。判别器在验证集上的表现与生成器数据集趋于一致,也是过拟合的表现。

然而大规模数据集采集成本高昂,小数据集能否训练出理想的模型呢?

实践证明,数据量偏少的情况下,判别器会过拟合。如果采用数据增强的方法扩充数据集,如裁剪、翻转、加噪声、扭曲、变色调等,这些效果往往也会传导到生成的图像上,即增强泄漏(Leak Augmentations)。原图加入了噪声或扭曲,会导致生成的图像也有噪声或扭曲,这不是所期望的。

StyleGAN2-ADA(Adaptive Discriminator Augmentation)在不更改损失函数和网络架构的前提下,提出了一种自适应判别器增强机制,即使面对小规模数据集(数千个样本),也能取得匹配 StyleGAN2 的生成效果。而且这种方法适用于迁移学习的场景。在 CIFAR-10 数据集上将当时最好的 FID 从 5.59 提升为 2.42。

下面跟随论文的脚步,揭示 ADA 的设计过程。

先看作者给出的判别器随机增强设计(Stochastic Discriminator Augmentation),增强逻辑如图 6.20 所示。

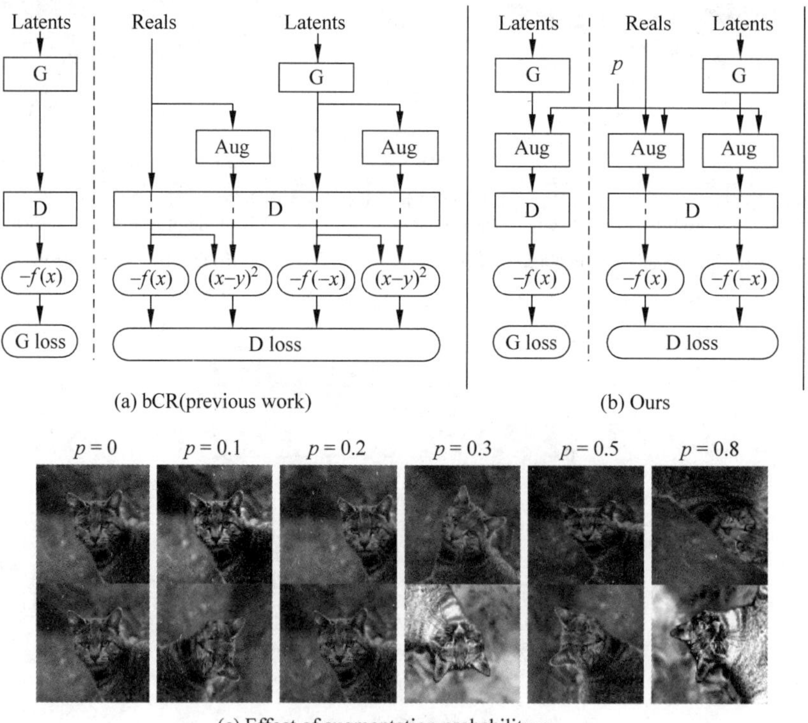

图 6.20 判别器随机增强

图 6.20(a)给出的是平衡一致性正则化 bCR(balanced Consistency Regularization)的设计方案。训练判别器时,输入的真实图像和生成的图像均做数据增强。同一输入图像的两组增强应产生相同输出,为此重新设计了判别器损失函数,将数据增强产生的损失叠加到判别器原有的损失函数上以约束判别器的训练。然而生成器的训练逻辑不包括做数据增强。这为增强泄漏打开了大门,因为生成器有机会生成数据增强类型的图像送给

判别器而不受任何惩罚。

图 6.20(b)是论文作者在 bCR 基础上给出的判别器随机增强设计。与 bCR 不同的是，训练判别器时，对所有输入判别器的图像做数据增强，不修改判别器原有的损失函数，不考虑同一图像的两组增强之间产生的损失。同时，生成器的训练过程也加入了数据增强。为了体现随机性，数据增强用超参数 p 来控制。实验表明，只要 p 小于 0.8，增强泄漏就很难在实际操作中出现，通过对 p 的调整，有效解决了增强泄漏问题。

关于只要数据增强在数据空间上的概率分布是可逆变换，即为非泄漏变换，论文作者使用一组预定义的变换以固定顺序增强送给判别器的图像。这组变换定义了 18 个操作，包括 7 个几何变换、5 个颜色变换、4 个滤波变换和 2 个污损变换。图 6.21 给出了对 3 种数据增强变换的泄漏观察。

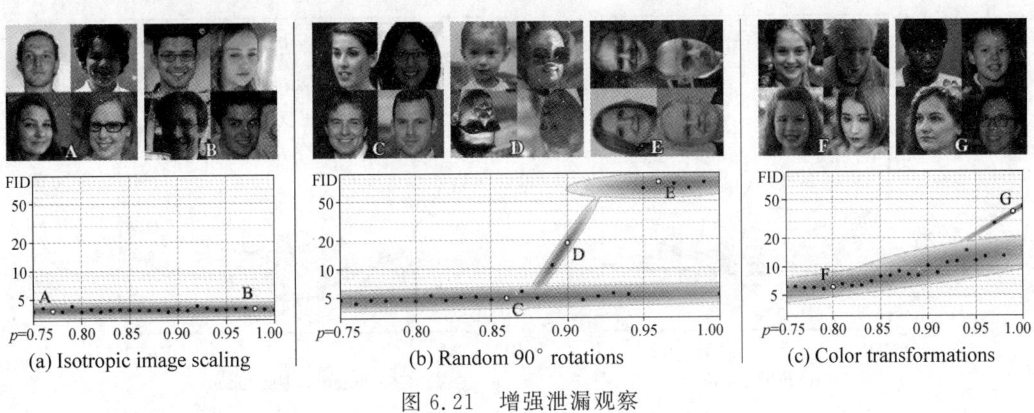

(a) Isotropic image scaling　(b) Random 90° rotations　(c) Color transformations

图 6.21　增强泄漏观察

图 6.21 中的小圆点代表 GAN 完成一次训练迭代。图 6.21(a)采用等比例缩放，可以看到生成器输出结果是非泄漏的，生成器对不同的 p 取得一致效果。图 6.21(b)采用 90°旋转，当 $p>0.85$ 时，抽样结果是泄漏的。图 6.20(c)采用颜色变换，当 $p>0.8$ 时，开始出现泄漏现象。

训练过程中用 $p\in[0,1]$控制数据增强的强度，换言之，每一次的训练，数据增强的概率为 p，不增强的概率为 $1-p$。训练过程中 p 的取值是固定的，考虑到每一个 mini-batch 中的样本是随机变换的，而且多达 18 种增强变换，所以，判别器能够看到干净(无变换)图像的概率很低。尽管如此，只要 p 保持在合理的安全限制以下，生成器就会被引导只生成干净的图像。

图 6.22 给出了不同的 p 值、不同的增强方法与不同的数据规模对模型的影响。实验表明，不同的增强方法对模型的影响存在差异。图 6.22(a)是一个规模为 2k 的小数据集，表现最好的是像素变换(水平翻转、90°旋转、整数平移)和几何变换，但是几何变换在 $p>0.8$ 时显著泄漏。颜色变换、滤波变换、噪声变换和切除变换对小数据集影响不大。而且最好的效果出现在 $p\geqslant 0.8$ 以后。当然，$p\to 1$ 时，几何变换存在泄漏。

图 6.22(b)数据集规模为 10k，当 $p>0.8$ 时，像素变换与几何变换均存在严重的增强泄漏。

图 6.22(c)的数据集规模为 140k，此时数据集规模较大。几乎所有的数据增强方法

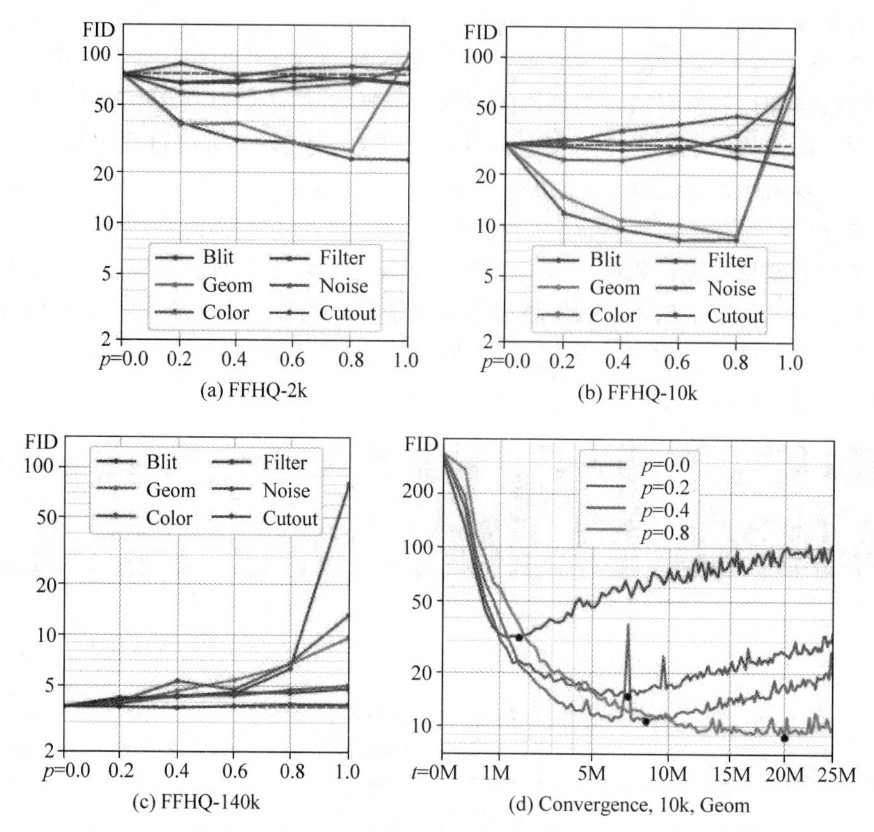

图 6.22　不同的 p 值、不同的增强方法与不同的数据规模对模型的影响

都是有害的，当 $p>0.8$ 时，增强泄漏尤为显著。

图 6.22(d)数据集规模为 10k，采用几何变换，随着 p 的增强，过拟合性下降，但是模型的收敛速度变慢。

可见，将超参数 p 固定为某一个值并不是最佳选择，因为 p 对数据集规模和增强方法都是敏感的，如果进行网格搜索，则计算代价往往过大。为此，作者提出了根据过拟合的程度动态调整 p 值的方案，即 ADA 解决方案。

设置单独的验证集，观察判别器在训练集和验证集上的表现，是衡量过拟合与否的一种常见做法。图 6.19(b)和图 6.19(c)给出的实验结果表明，当过拟合发生时，生成器输出的图像会越来越与验证集中的图像趋于一致。

当数据集规模偏小时，单独拿出一部分数据作为验证集并不是一个理想的方案，因为这会使得训练集的数据规模更为紧张。观察图 6.19(b)和图 6.19(c)，可以看到一种现象，由于 StyleGAN2 使用了非饱和损失函数，随着过拟合情况的出现，判别器输出的真实图像和生成图像围绕零轴对称发散。这使得可以在没有单独设置验证集的情况下量化过拟合的情况。

基于上述考虑，式(6.8)给出了两种衡量判别器过拟合的方法。当存在验证集时，假定判别器在训练集、验证集和生成图像上的输出分别用 D_{train}、$D_{\text{validation}}$ 和 $D_{\text{generated}}$ 表示，判别器用连续 N 个 mini-batch 训练的平均值记作 $E[\gamma]$。

$$r_v = \frac{E[D_{\text{train}}] - E[D_{\text{validation}}]}{E[D_{\text{train}}] - E[D_{\text{generated}}]} \quad r_t = E[\text{sign}(D_{\text{train}})] \tag{6.8}$$

当 $r_v=0$ 或者 $r_t=0$ 时，表示判别器没有过拟合；当 $r_v=1$ 或者 $r_t=1$ 时，表示判别器完全过拟合。因此，可以根据式(6.8)的过拟合程度，选择增强因子 p 的值。

r_v 的计算需要验证集，r_t 不需验证集，仅凭统计判别器在训练集上输出正值的比例即可判断过拟合程度。实验表明二者在控制过拟合方面同样富有效率。

基于上述工作，论文中给出了控制增强因子 p 的策略：

(1) 初始化 p 值为 0。

(2) 间隔 4 个 mini-batch，计算 r_v 或者 r_t，根据过拟合程度，调整 p 的值。

① 如果 r_t 较大→判别器过拟合→增加 p 的值(加大数据增强力度)。

② 如果 r_t 较小→判别器不过拟合→降低 p 的值(减弱数据增强力度)。

该策略称作自适应判别器增强策略，又称 ADA 策略。

6.7 StyleGAN3 解析

StyleGAN3 模型参见论文 *Alias-Free Generative Adversarial Networks*(KARRAS T, AITTALA M, LAINE S, et al. 2021)。

StyleGAN 的目的是合成逼真或高保真图像。StyleGAN2 的主要目的是解决 StyleGAN 图像中出现的水滴瑕疵。StyleGAN2-ADA 用小规模数据集训练 StyleGAN2。StyleGAN3 让动画之间的过渡更自然，解决了 StyleGAN2 变形过渡中发生的"纹理粘连"现象。图 6.23 给出了一组对比，左侧的人脸在用 StyleGAN2 做插值变形时，会发生胡须和头发粘连屏幕的问题，右侧用 StyleGAN3 则不存在这个问题。

图 6.23 纹理粘连屏幕的问题

图 6.24 给出了像素粘连的一组对比。对上层图像中心点周围的小邻域隐空间生成的图像计算平均值，得到下层图像。预期的结果应该是整体模糊的，因为所有细节都应该一起变形移动。然而，StyleGAN2 生成的图像的许多细节（毛皮）的平均值比较尖锐，说明许多像素的坐标仍然停留在原有位置。

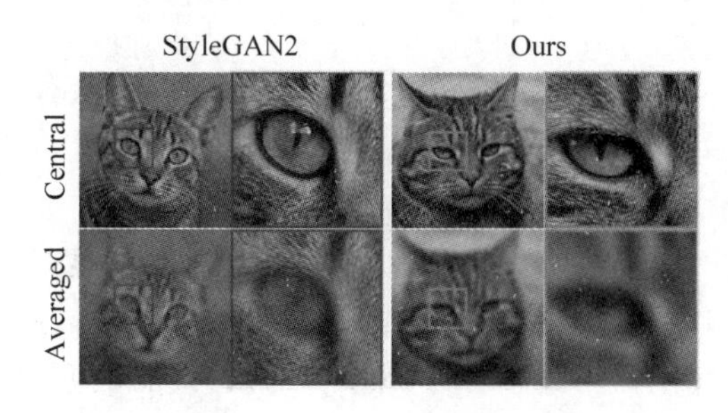

图 6.24　像素粘连的问题

图 6.25 的实验再次表明，像素粘连是 StyleGAN2 等模型中普遍存在的问题。从三幅相邻的插值图像中各取一个短的垂直像素段并将它们水平排列，StyleGAN3 保持了发丝的自然变化移动，而 StyleGAN2 的水平条纹说明发丝像素的坐标没有同步自然变化。

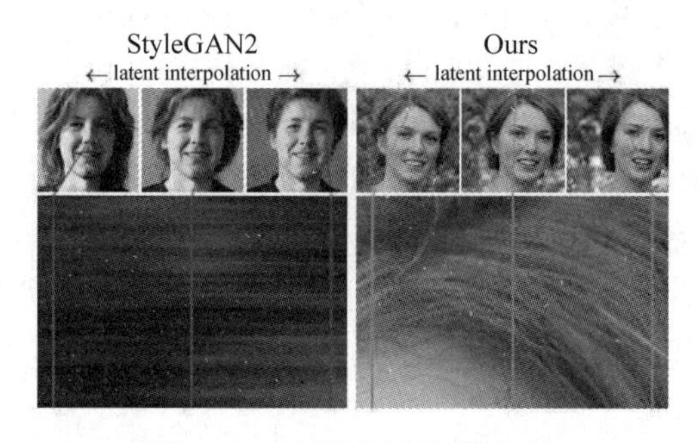

图 6.25　用插值图像做对比

研究表明，造成纹理粘连的根源在于图像合成过程中，网络模型中间层会做一些无意义的位置特征处理。影响像素坐标的因素主要包括以下四个方面：

(1) 图片边框；

(2) 像素噪声输入；

(3) 位置编码；

(4) 混叠。

其中，混叠是最难识别和修复的。例如将 4×4 的图像上采样合成 8×8 的图像，原有的像素（粗粒度）将清晰可见，混叠增加的像素（细粒度），则会相对固定于粗粒度像素规定的区间。

采样时不同的信号彼此混合、交织和叠加在一起，导致难以区分的现象称作混叠。

GAN 中产生混叠的主要操作有：

(1) 上采样滤波器（例如最近邻、双线性或跨步卷积）产生的像素混叠。

(2) 非线性变换（例如 ReLU、swish 等激活函数）引起的像素混叠。

即使只发生极少量的混叠，网络本身的工作机制也会倾向于不断放大混叠信号，导致某些像素的坐标相对固定。

论文认为图像合成过程中，应该消除所有与位置引用相关的操作，即图像细节的合成与像素坐标无关。为了去除位置引用，论文提出对网络做等效变换。

考虑一个操作 f（例如卷积、上采样、ReLU 等）和一个空间变换 t（例如平移、旋转）。如果 $t\circ f=f\circ t$，则 f 关于 t 是等变的。

换句话说，网络中的计算操作（例如 ReLU）不应插入任何位置编码或引用，因为这会影响其转换过程的等变性。

然而，这在传统的神经网络中很难实现，因为传统的神经网络在离散采样的特征图上运行。论文作者发现借助经典的奈奎斯特-香农（Nyquist-Shannon）信号处理框架处理混叠现象是一种非常自然的选择。因此，将网络中的所有操作从离散域切换到连续域，必须重新设计所有的操作层，包括：

（1）卷积操作；

（2）上采样/下采样操作；

（3）非线性操作（例如 ReLU）。

讨论如何重新设计网络层之前，不妨先看看如何在离散信号和连续信号之间进行转换，图 6.26 给出了离散信号与连续信号之间的转换。

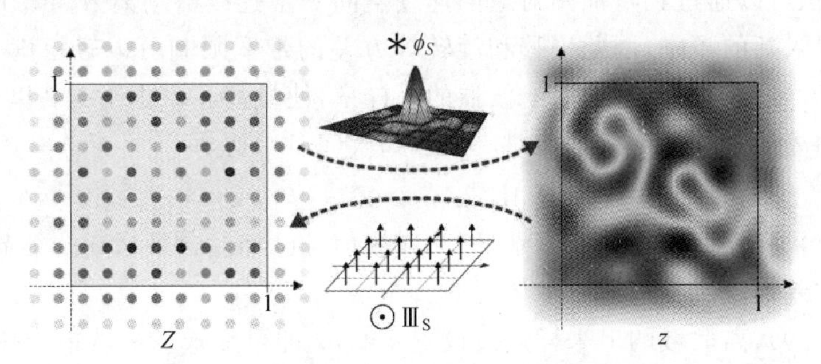

图 6.26 离散信号与连续信号之间的转换

ϕ_S：低通滤波器。一个复杂的连续信号可以使用傅里叶变换将其分解为多个正弦曲线的混合，然后用低通滤波器对其滤波，去除导致混叠的有问题的频率。

III_S：间隔均匀的狄拉克函数 δ。

如图 6.26 所示，从连续空间 z 映射到离散空间 Z，对 z 做 εIII_S 运算，其中：

（1）$\text{III}_S(x)=\sum\limits_{X\in\phi^2}\delta\left(x-\left(X+\dfrac{1}{2}\right)/S\right)$，$S$ 表示采样率。

（2）ε 表示矩阵元素相乘。

从离散空间 Z 映射到连续空间 z，用 ϕ_S 对 Z 做连续卷积运算，其中：

（1）$z(x)=(\phi_S * Z)(x)$。

（2）$*$ 表示连续卷积，S 表示采样率。

故网络模型中，离散空间与连续空间的相互转化可用式(6.9)表示，在一个域中进行的操作在另一个域中总有匹配的操作与之对应。

$$f(z)=\phi_{S'}*F(\mathrm{III}_{S}\varepsilon z),\quad F(Z)=\mathrm{III}_{S'}\varepsilon f(\phi_{S}*Z) \tag{6.9}$$

其中：

(1) F 表示网络中对离散空间的特征图的操作，$Z'=F(Z)$，如卷积运算、非激活函数计算、上采样/下采样等。

(2) 根据图 6.26 的分析，所有离散空间的特征图都可以映射到一个连续空间 z，同样，离散空间的 F 可以映射为连续空间的 f，$z'=f(z)$。

(3) ε 表示矩阵素相乘。

(4) S 和 S'分别表示输入与输出的采样率。

(5) 根据奈奎斯特-香农采样定理，如果采样率为 s，则所有小于 $s/2$ 的频率都不会混叠。由于 ϕ_S 在水平和垂直维度上的频带限制为 $s/2$，因此它生成的连续信号相当于用采样率 s 捕获。

基于上述分析，下面将卷积层、采样层和非激活函数层的操作逻辑映射到连续空间。

先看卷积层。假定一个标准的卷积层，卷积核为 K，采样率为 s，则卷积变换可以简单地表示为 $F_{\mathrm{conv}}(Z)=K*Z$，根据式(6.9)，可以得到与之对应的连续空间上的卷积变换，如式(6.10)所示。

$$f_{\mathrm{conv}}(z)=\phi_S*(K*(\mathrm{III}_S\varepsilon z))=K*(\phi_S*(\mathrm{III}_S\varepsilon z))=K*z \tag{6.10}$$

显然，卷积可以通过在特征图对应的连续空间 z 上连续滑动离散内核 K 来实现。这个卷积没有引入新的频率，因此平移和旋转等方差的带宽限制可以轻松满足。如果操作引入了新频率，可能需要调整低通滤波器的采样率，使最高频率小于 $s/2$ 以避免混叠。

上采样的离散操作与连续操作对应关系如式(6.11)所示。

$$F_{\mathrm{up}}(Z)=\mathrm{III}_{S'}\varepsilon(\phi_S*Z)\quad f_{\mathrm{up}}(z)=z \tag{6.11}$$

理想的上采样不会修改连续表示，因为连续信号已经包含最精细的细节。因此，平移和旋转的等方差性直接在连续域中体现。

根据式(6.9)，离散域的上采样通过设置 $s'=ns$ 即可完成。n 是一个整数，意味着在每个维度上对特征图进行 n 倍上采样。

下采样离散域与连续域的对应关系如式(6.12)所示。

$$\begin{aligned}F_{\mathrm{down}}(Z)&=\mathrm{III}_{S'}\varepsilon(\psi_{S'}*(\phi_S*Z))\\&=1/s^2\cdot\mathrm{III}_{S'}\varepsilon(\psi_{S'}*\psi_S*Z)\\&=(s'/s)^2\cdot\mathrm{III}_{S'}\varepsilon(\phi_{S'}*Z)\\f_{\mathrm{down}}(z)&=\psi_{S'}*z\end{aligned} \tag{6.12}$$

其中：

(1) $\psi_S=s^2\cdot\phi_S$，连续域中的低通滤波器，去除高于输出频带限制的频率，避免混叠，使得可以在更粗略的离散域中忠实地表示信号。

(2) $\psi_S*\psi_{S'}=\psi_{\min(S,S')}$，根据式(6.9)获得离散域下采样，$ns'=s$。

平移变换自动具备等方差性。为了实现旋转变换的等方差，必须用径向对称滤波器 $\phi_{S'}$。

非线性变换在离散域与连续域上的等价操作如式(6.13)所示。

$$\begin{cases} F_{\sigma}(Z) = s^2 \cdot \text{III}_S \varepsilon(\phi_S * \sigma(\phi_S * Z)) \\ f_{\sigma}(z) = \psi_S * \sigma(z) = s^2 \cdot \phi_S * \sigma(z) \end{cases} \tag{6.13}$$

连续域中的非线性变换(如 ReLU 等)可能引入无法在输出中表示的高频率(混叠现象)。解决方案是通过低通滤波器 $\psi_S = s^2 \cdot \phi_S$ 进行卷积来消除有害的高频内容。

经过上述理论准备,StyleGAN3 对 StyleGAN2-ADA 的生成器结构做了新的演进,通过离散域与连续域的自由切换,其目标是使生成器每一层的操作都是等变的,进而实现生成器的整体等变性,网络结构如图 6.27 所示。

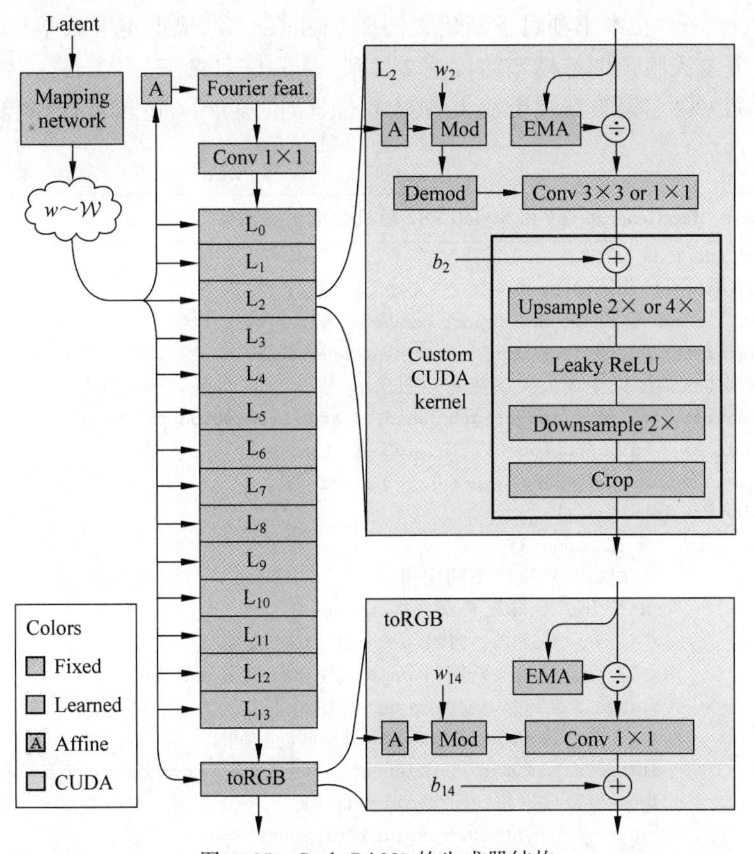

图 6.27 StyleGAN3 的生成器结构

新结构的主要变化有:

(1) 用傅里叶特征替换 StyleGAN2-ADA 输入的常数矩阵,有助于精确的表示连续平移和旋转。

(2) 删除了针对每一像素的噪声引入,以消除其位置参考带来的混叠影响。

(3) 根据 StyleGAN2-ADA 的建议,将映射网络深度从 8 减少到 2。

(4) 消除了为避免梯度消失的跳连结构,取而代之的是在每个卷积之前使用简单的指数移动平均(Exponential Moving Average,EMA)做标准化操作。实践中是对卷积层权重做标准化操作。

(5) 在每一层输出的目标画布周围保持固定大小的边距。

（6）用更理想的近似低通滤波器替换了双线性的2倍上采样滤波器。

（7）将 Leaky ReLU 封装在 m 个上采样和 m 个下采样之间。

6.8 人脸生成测试

NVIDIA 官方提供的 StyleGAN3、StyleGAN2 的预训练模型都是基于 GPU 模式运行的。考虑读者学习的需要，这里采用 GitHub 上的一个非官方教学演示版，可以在 CPU 模式下运行。

打开 Pycharm，在本书项目下新建文件夹 StyleGAN2，根据本节教学视频，完成项目的初始化。复制人脸预训练模型的权重文件到 weights 目录下。

在 StyleGAN2 目录下新建生成人脸程序 faceGenerate.py，逻辑设计如程序源码 P6.1 所示。

程序源码 P6.1 faceGenerate.py 用 StyleGAN2 随机生成人脸图像

```
1   import numpy as np
2   import matplotlib.pyplot as plt
3   from utils.utils_stylegan2 import convert_images_to_uint8
4   from stylegan2_generator import StyleGan2Generator
5   # 调用生成器随机生成人脸图像并绘图显示
6   def generate_and_plot_images(gen, seed, w_avg, truncation_psi = 1):
7       fig, ax = plt.subplots(2, 3, figsize = (15, 15))
8       plt.subplots_adjust(wspace = 0.1, hspace = 0)
9       for row in range(2):
10          for col in range(3):
11              # 初始化随机隐空间向量 z
12              rnd = np.random.RandomState(seed)
13              z = rnd.randn(1, 512).astype('float32')
14              # 运行隐空间映射网络 mapping network,将 z 映射为 w
15              dlatents = gen.mapping_network(z)
16              # 根据参数 truncation_psi 调整截断空间
17              dlatents = w_avg + (dlatents - w_avg) * truncation_psi
18              # 运行合成网络 synthesis network
19              out = gen.synthesis_network(dlatents)
20              # 将图像数据转换为 uint8 类型,以便于显示
21              img = convert_images_to_uint8(out, nchw_to_nhwc = True, uint8_cast = True)
22              # 绘制图像
23              ax[row,col].axis('off')
24              img_plot = ax[row,col].imshow(img.numpy()[0])
25              seed += np.random.randint(0,10000) # 更新 seed,保证每幅图像的随机隐向量 z 不同
26      plt.show()
27  impl = 'ref'                    # 如果配置了 cuda,则用 'cuda'替代
28  gpu = False                     # 如果用 GPU,设置为 True
29  # 加载 ffhq stylegan2 预训练模型
30  weights_name = 'ffhq'           # NVIDIA 发布的人脸预训练模型
31  # 初始化生成器网络
```

```
32  generator = StyleGan2Generator(weights = weights_name, impl = impl, gpu = gpu)
33  # 加载权重 w 的平均权重
34  w_average = np.load('weights/{}_dlatent_avg.npy'.format(weights_name))
35  seed = np.random.randint(0,100000)
36  # 不使用截断参数,生成人脸
37  generate_and_plot_images(generator, seed = seed, w_avg = w_average)
38  # 设置截断参数为 0.5,生成人脸
39  generate_and_plot_images(generator, seed = seed, w_avg = w_average, truncation_psi = 0.5)
```

运行程序源码 P6.1,观察输出结果。图 6.28 为截断参数 $w=1$ 时随机生成的一组人脸图像。

图 6.28　截断参数 $w=1$ 时随机生成的图像

程序第 39 行采用截断参数 $w=0.5$,输出的随机图像如图 6.29 所示。截断参数有助于改善输出图像的平滑性,同时,由于采用了平均权重作为参照,图像之间的风格相对接近。对比 $w=1$ 的情况不难发现,图 6.28 展示的图像之间的风格变动幅度较大。

图 6.29　截断参数 $w=0.5$ 时随机生成的图像

6.9 客户机与服务器通信逻辑

考虑到 StyleGAN 生成器需要较多的计算资源,所以将其部署到服务器上。客户机可以通过网络远程获取服务器随机生成的照片。客户机与服务器的通信逻辑如图 6.30 所示,服务器是多线程会话模式,支持客户机并发访问。

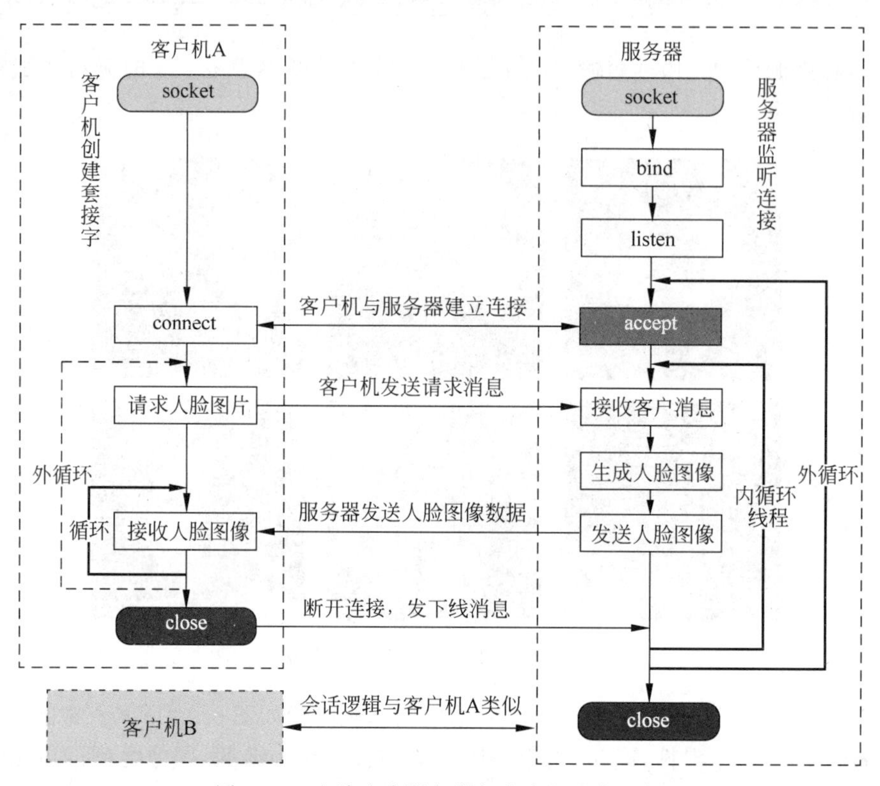

图 6.30 人脸生成服务器与客户机通信逻辑

服务器运行逻辑主要包含如下三部分。

(1) 启动服务器,绑定地址,处于监听模式。

(2) 服务器进入无限循环,以 accept 函数为核心,处理来自各类客户机的连接。

(3) 与客户机连接建立后,进入会话线程,这是一个循环。根据客户机消息,随机生成人脸图像,并将其发送给客户机。反复进行,直到客户机断开连接。

其中,步骤(2)与步骤(3)是并发进行的。

客户机运行逻辑包含如下四部分。

(1) 启动客户机,创建会话套接字,连接服务器。

(2) 向服务器发送请求人脸图像消息。

(3) 接收服务器回送的人脸图像并呈现。考虑到图像文件较大,接收过程用循环模块实现。

(4) 客户机断开连接时,向服务器发送下线消息,以便于服务器端释放会话线程。

客户机的外循环表示步骤(2)和步骤(3)可以反复进行。可以将步骤(2)和步骤(3)放到一个循环里面,实现批量任务处理;也可以设计为事件驱动模式,实现与服务器的自由会话。

6.10 人脸生成服务器

人脸生成服务器的核心逻辑在于会话线程。会话线程接收客户机请求,并为客户生成人脸图片,然后发送人脸图片,其逻辑如图 6.31 所示。

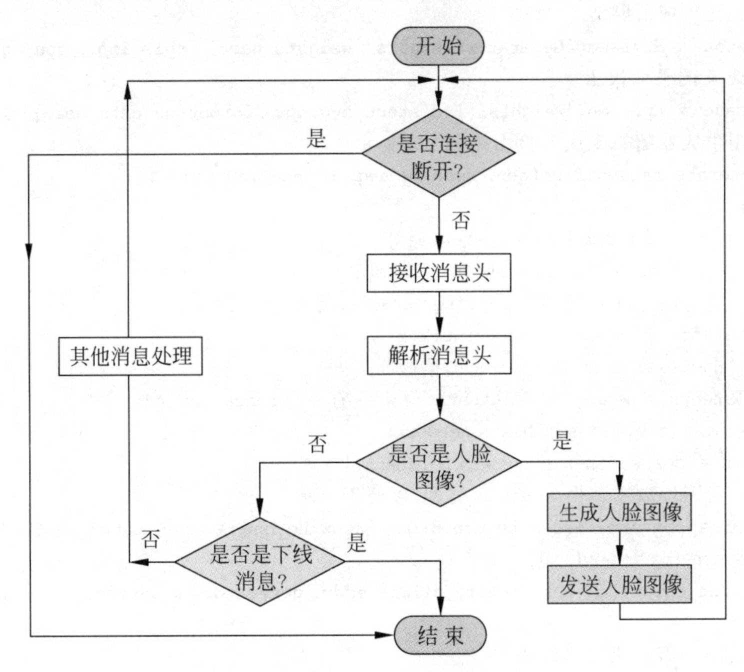

图 6.31 服务器会话线程运行逻辑

综合图 6.30 和图 6.31 展示的服务器运行逻辑,完成服务器程序的设计。在 StyleGAN2 目录下新建人脸生成的服务器程序 faceServer. py。编码逻辑如程序源码 P6.2 所示。

程序源码 P6.2 faceServer.py StyleGAN2 人脸生成服务器

```
1   import json                                                    # 消息头用 json 格式
2   import socket
3   import threading
4   import numpy as np
5   from utils.utils_stylegan2 import convert_images_to_uint8
6   from stylegan2_generator import StyleGan2Generator
7   MSG_HEADER_LEN = 128                                           # 用 128 字节定义消息的长度
8   # 启动服务器
9   server_ip = socket.gethostbyname(socket.gethostname()) # 获取本机 IP
10  server_port = 50050
```

```
11  server_addr = (server_ip, server_port)
12  # 创建 TCP 通信套接字
13  server_socket = socket.socket(socket.AF_INET, socket.SOCK_STREAM)
14  server_socket.bind(server_addr)                    # 绑定到工作地址
15  server_socket.listen()                             # 开始侦听
16  print(f'服务器开始在{server_addr}侦听...')
17  impl = 'ref'                                       # 如果配置了 cuda,则用 'cuda'替代
18  gpu = False                                        # 如果用 GPU,设置为 True
19  # 加载 ffhq stylegan2 预训练模型
20  weights_name = 'ffhq'                              # NVIDIA 发布的人脸预训练模型
21  # 初始化生成器网络
22  generator = StyleGan2Generator(weights = weights_name, impl = impl, gpu = gpu)
23  # 加载 w 的平均权重
24  w_average = np.load('weights/{}_dlatent_avg.npy'.format(weights_name))
25  # 调用生成器随机生成人脸图像并绘图显示
26  def generate_random_face(gen, seed, w_avg, truncation_psi = 1):
27      # 初始化随机隐空间向量 z
28      rnd = np.random.RandomState(seed)
29      z = rnd.randn(1, 512).astype('float32')
30      # 运行隐空间映射网络 mapping network,将 z 映射为 w
31      dlatents = gen.mapping_network(z)
32      # 根据参数 truncation_psi 调整截断空间
33      dlatents = w_avg + (dlatents - w_avg) * truncation_psi
34      # 运行合成网络 synthesis network
35      out = gen.synthesis_network(dlatents)
36      # 将图像数据转换为 uint8 类型,以便于显示
37      img = convert_images_to_uint8(out, nchw_to_nhwc = True, uint8_cast = True)
38      return img.numpy()[0]
39  def handle_client(client_socket, client_addr, generator, w_average):
40      """
41      功能:与客户机会话线程
42      :param client_socket: 会话套接字
43      :param client_addr: 客户机地址
44      :param model: 预测模型
45      """
46      print(f'新连接建立,远程客户机地址是:{client_addr}')
47      connected = True
48      k = 0                               # 统计此次会话向客户发送的图像数量
49      while connected:
50          # 接收消息
51          try:
52              msg = client_socket.recv(MSG_HEADER_LEN).decode('utf-8')
53              # 解析消息头
54              msg_header = json.loads(msg)
55              msg_type = msg_header['msg_type']
56          except:
57              print(f'客户机 {client_addr} 连接异常!')
58              break
59          # 生成图像
```

```
60          seed = np.random.randint(0, 10000000)
61          # 设置截断参数为 0.5,生成人脸
62          face = generate_random_face(generator,
63                                      seed = seed,
64                                      w_avg = w_average,
65                                      truncation_psi = 0.5)
66          face = face.flatten()                        # 变一维数组
67          if msg_type == 'GET_FACE':                   # 收到人脸请求消息
68              # 定义消息头
69              size = len(face)
70              header = {"msg_type": "FACE_IMAGE", "msg_len": size}
71              header_byte = bytes(json.dumps(header), encoding = 'utf-8')
72              header_byte += b' ' * (MSG_HEADER_LEN - len(header_byte))  # 消息头补空格
73              client_socket.sendall(header_byte)       # 发送消息头
74              client_socket.sendall(face)              # 发送消息内容
75              k += 1
76              print(f"向客户机:{client_addr} 随机发送了第 {k} 幅人脸图像!")
77          elif msg_type == 'SHUT_DOWN':                # 收到客户机下线消息
78              break
79      print(f"客户机:{client_addr} 关闭了连接!")
80      client_socket.close()                            # 关闭会话连接
81  while True:
82      new_socket, new_addr = server_socket.accept()  # 处理连接
83      # 建立与客户机会话的线程,一个客户占用一个线程
84      client_thread = threading.Thread(target = handle_client,
85                                       args = (new_socket, new_addr, generator, w_average))
86      client_thread.start()                            # 启动线程
```

6.11 桌面版客户机设计与测试

6.10 节基于 Socket 编程完成了服务器的设计，本节基于 Socket 编程完成桌面版的客户机设计，验证客户机与服务器逻辑正确后，再做 Android 客户机设计。

客户机运行逻辑参见图 6.30 的描述，在 StyleGAN2 目录下新建客户机程序 faceClient.py，编程逻辑如程序源码 P6.3 所示。

程序源码 P6.3 faceClient.py 桌面版客户机程序

```
1   import json                                        # 消息头用 json 格式
2   import socket
3   import numpy as np
4   import matplotlib.pyplot as plt
5   MSG_HEADER_LEN = 128                               # 用 128 字节定义消息头的长度
6   # 服务器地址
7   server_ip = socket.gethostbyname(socket.gethostname())        # 获取本机 IP
8   server_port = 50050
9   server_addr = (server_ip, server_port)
```

```
10  # 创建 TCP 通信套接字
11  client_socket = socket.socket(socket.AF_INET, socket.SOCK_STREAM)
12  client_socket.connect(server_addr)                       # 连接服务器
13  for i in range(20):                                      # 随机测试 20 幅图片
14      header = {'msg_type':'GET_FACE','msg_len':1}         # 请求图片消息
15      header_byte = bytes(json.dumps(header), encoding = 'utf - 8')
16      header_byte += b' ' * (MSG_HEADER_LEN - len(header_byte))     # 消息头补空格
17      client_socket.sendall(header_byte)                   # 发送消息头
18      # 接收来自服务器的消息头
19      msg_header = client_socket.recv(MSG_HEADER_LEN).decode('utf - 8')
20      # 解析头部
21      header = json.loads(msg_header)                      # 字符串转换为字典
22      msg_len = header['msg_len']                          # 消息长度
23      data = bytearray()
24      while len(data) < msg_len:                           # 接收图像数据
25          bytes_read = client_socket.recv(msg_len - len(data))
26          if not bytes_read:
27              break
28          data.extend(bytes_read)
29      # 图像转换
30      image = np.array(data).reshape(1024,1024,3)
31      plt.imshow(image)
32      plt.show()
33  # 发送下线消息
34  header = {'msg_type':'SHUT_DOWN','msg_len':1}                 # 请求图片消息
35  header_byte = bytes(json.dumps(header), encoding = 'utf - 8')
36  header_byte += b' ' * (MSG_HEADER_LEN - len(header_byte))     # 消息头补空格
37  client_socket.sendall(header_byte)                            # 发送下线消息头
```

程序源码 P6.3 采用批量任务模式，连续随机生成 20 幅人脸图像。首先启动服务器程序源码 P6.2，然后启动客户机程序源码 P6.3，进行观察与分析。测试效果参见本节视频教程。

6.12 新建 Android 项目

打开 Android Studio，根据图 6.32 所示的参数设置，完成 Android 项目的创建和初始化。项目名称设置为 Face_Generate，项目包设置为 cn.edu.ldu.face_generate，项目存储位置可以根据个人计算机环境设定，编程语言用 Kotlin，SDK 最小版本号设置为 API 21：Android 5.0(Lollipop)。

项目初始化完成后，首先在清单文件中声明网络通信权限。

```
<uses-permission android:name="android.permission.INTERNET"/>
```

然后在模块配置文件 build.gradle 中添加关于 Kotlin 协程的依赖库，设置视图绑定参数为 true。

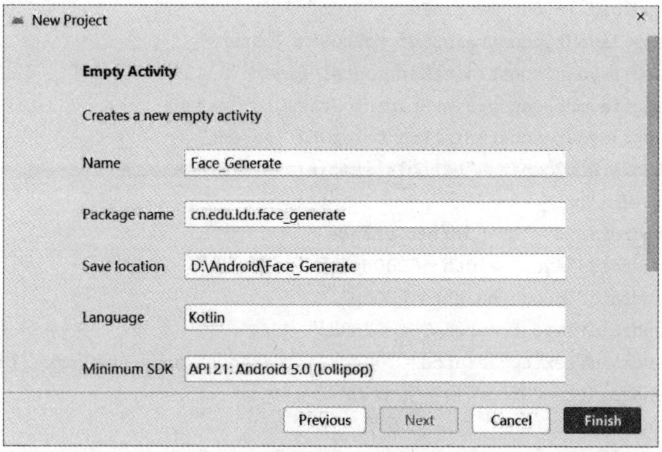

图 6.32 Android 项目的初始参数配置

```
implementation "org.jetbrains.kotlinx:kotlinx-coroutines-core:1.3.9"
implementation "org.jetbrains.kotlinx:kotlinx-coroutines-android:1.3.9"
viewBinding {   enabled = true   }
```

执行同步(sync now)命令,完成项目同步。

在 strings.xml 文件中将项目名称修改为"人脸随机生成"。

运行项目,此时模拟器的主活动窗体上只会显示 Hello World 的欢迎信息。

6.13 Android 界面设计

打开 activity_main.xml 布局文件,删除原有的 Hello World 文本控件,在屏幕上方添加一个 ImageView 控件,在下方添加一个按钮控件。控件的相关参数配置如脚本程序源码 P6.4 所示。

程序源码 P6.4 activity_main.xml 布局文件

```
1   <?xml version="1.0" encoding="utf-8"?>
2   <androidx.constraintlayout.widget.ConstraintLayout
3   xmlns:android="http://schemas.android.com/apk/res/android"
4       xmlns:app="http://schemas.android.com/apk/res-auto"
5       xmlns:tools="http://schemas.android.com/tools"
6       android:layout_width="match_parent"
7       android:layout_height="match_parent"
8       tools:context=".MainActivity">
9       <ImageView
10          android:id="@+id/faceView"
11          android:layout_width="375dp"
12          android:layout_height="375dp"
13          android:layout_marginStart="30dp"
14          android:layout_marginTop="60dp"
```

```
15            android:layout_marginEnd = "30dp"
16            app:layout_constraintEnd_toEndOf = "parent"
17            app:layout_constraintHorizontal_bias = "0.498"
18            app:layout_constraintStart_toStartOf = "parent"
19            app:layout_constraintTop_toTopOf = "parent"
20            tools:srcCompat = "@tools:sample/avatars" />
21        < ToggleButton
22            android:id = "@ + id/btnGetFace"
23            android:layout_width = "200dp"
24            android:layout_height = "80dp"
25            android:layout_marginTop = "60dp"
26            android:textAppearance = "@style/TextAppearance.AppCompat.Display1"
27            android:textOff = "换一张看看"
28            android:textOn = "换一张看看"
29            app:layout_constraintEnd_toEndOf = "parent"
30            app:layout_constraintStart_toStartOf = "parent"
31            app:layout_constraintTop_toBottomOf = "@ + id/faceView" />
32    </androidx.constraintlayout.widget.ConstraintLayout >
```

界面布局如图 6.33 所示。ImageView 的 ID 为 faceView,按钮的 ID 为 btnGetFace,用户单击按钮,触发按钮单击事件,向服务器发人脸图像请求,服务器回送的图像显示在 ImageView 中。

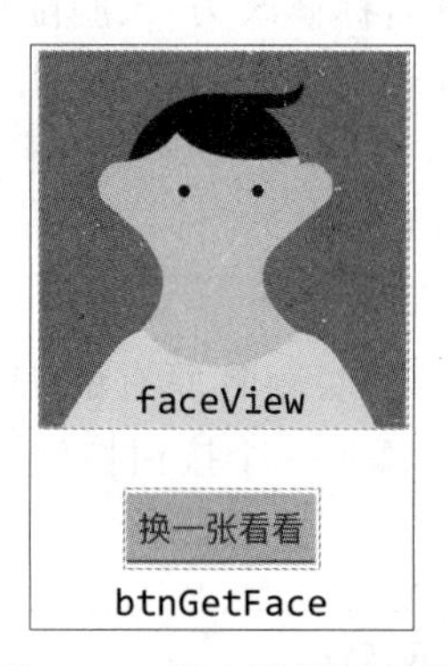

图 6.33　客户机界面布局

运行客户机项目,此时只能看到界面的基本布局,单击按钮,没有可供的逻辑调用。客户机与服务器的通信逻辑参见 6.14 节。

6.14　Android 客户机逻辑设计

Android 客户机虽然也基于 Socket 编程实现与服务器的通信,但与桌面版客户机不同,Android 客户机需要将网络通信过程设置为后台工作线程,与界面线程分离。对于来自服务器的图像数据,重新合成为位图图像的逻辑也比桌面版多了一些步骤。客户机与服务器的通信逻辑如图 6.34 所示。

客户机逻辑全部封装在 MainActivity.kt 中,编码如程序源码 P6.5 所示。

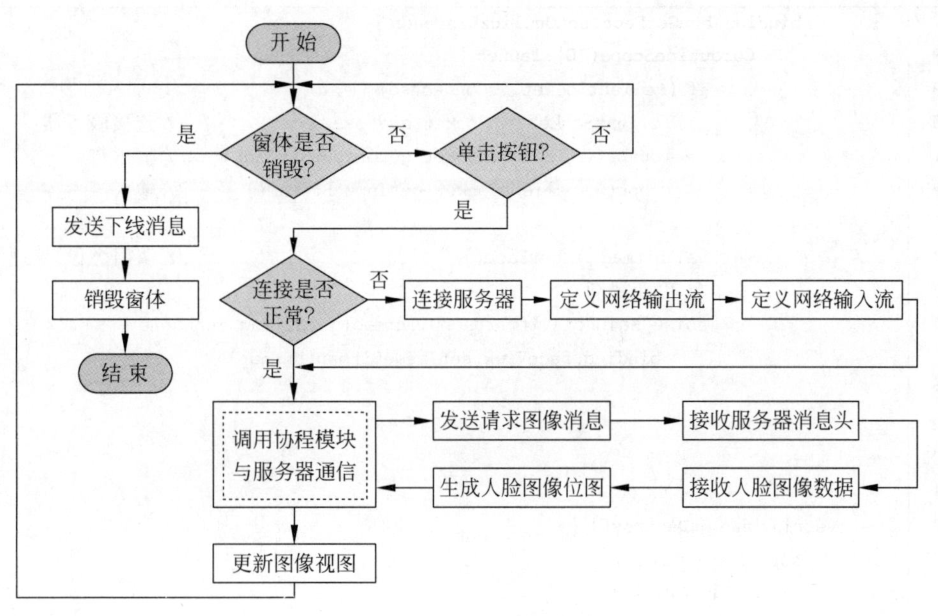

图 6.34 客户机与服务器的通信逻辑

程序源码 P6.5 MainActivity.kt 客户机主活动窗体编程逻辑

```
1   package cn.edu.ldu.face_generate
2   import android.graphics.Bitmap
3   import android.graphics.Color
4   import android.os.Bundle
5   import androidx.appcompat.app.AppCompatActivity
6   import cn.edu.ldu.face_generate.databinding.ActivityMainBinding
7   import kotlinx.coroutines.CoroutineScope
8   import kotlinx.coroutines.Dispatchers.IO
9   import kotlinx.coroutines.launch
10  import org.json.JSONObject
11  import java.io.InputStream
12  import java.io.OutputStream
13  import java.net.Socket
14  class MainActivity : AppCompatActivity() {
15      private lateinit var binding : ActivityMainBinding
16      private val MSG_HEADER_LEN = 128
17      var clientSocket:Socket = Socket()
18      lateinit var output:OutputStream
19      lateinit var input:InputStream
20      override fun onCreate(savedInstanceState: Bundle?) {
21          super.onCreate(savedInstanceState)
22          binding = ActivityMainBinding.inflate(layoutInflater)
23          setContentView(binding.root)
24          // 连接服务器
25          val address = "192.168.0.1"        // 服务器地址,改成自己测试计算机的地址
26          val port = 50050                   // 服务器端口
```

```
27            binding.btnGetFace.setOnClickListener {
28                CoroutineScope(IO).launch {
29                    if (!clientSocket.isConnected) {
30                        clientSocket = Socket(address, port)       // 连接服务器
31                        output = clientSocket.getOutputStream()    // 输出流
32                        input = clientSocket.getInputStream()      // 输入流
33                    }
34                    val bitmap = getFace()                         // 调用协程,处理图像
35                    // 更新视图
36                    this@MainActivity.runOnUiThread(java.lang.Runnable {
37                        binding.faceView.setImageBitmap(bitmap)
38                    })
39                }
40            }
41        }
42        override fun onDestroy() {
43            super.onDestroy()
44            // 发送下线消息
45            var msg_header = JSONObject()
46            msg_header.put("msg_type","SHUT_DOWN")
47            msg_header.put("msg_len",1)
48            var out_header = msg_header.toString().toByteArray()
49            output.write(out_header)
50            clientSocket.close()
51        }
52        private suspend fun getFace() : Bitmap {
53            // 定义消息头
54            var msg_header = JSONObject()
55            msg_header.put("msg_type","GET_FACE")
56            msg_header.put("msg_len",1)
57            var out_header = msg_header.toString().toByteArray()
58            // 向服务器发送请求
59            output.write(out_header)
60            // 接收服务器回送的消息头
61            var in_header:ByteArray = ByteArray(MSG_HEADER_LEN)
62            input.read(in_header)
63            msg_header = JSONObject(String(in_header))             // 解析消息头
64            val face_size:Int = msg_header.getString("msg_len").toInt()
65            // 接收服务器回送的图像数据
66            var image = ByteArray(face_size)
67            var len:Int = 0
68            var start = 0
69            while (start < face_size) {                            // 循环接收完整图像
70                len = input.read(image,start,face_size - start)
71                start += len
72            }
```

```
73          var img = image.toUByteArray()                    // 转换为非负字节数组
74          val numPixels = face_size / 3                     // 像素数
75          var pixels = IntArray(numPixels)                  // 像素数组
76          // 重构图像矩阵
77          var k : Int = 0
78          for(i in 0 until face_size - 3 step 3) {
79              var r = img[i].toInt()
80              var g = img[i + 1].toInt()
81              var b = img[i + 2].toInt()
82              k += 1
83              pixels[k] = Color.rgb(r,g,b)                  // RGB 图像合成
84          }
85          // 生成位图
86          val bitmap: Bitmap = Bitmap.createBitmap(pixels, 1024, 1024,
87                                                   Bitmap.Config.ARGB_8888)
88          return bitmap
89      }
90  }
```

6.15 Android 版客户机测试

首先运行服务器程序 faceServer.py，然后运行 Android 客户机，多次单击“换一张看看”按钮，观察模拟器上呈现的人脸图像，同步用真机测试。观察客户机与服务器两端的表现，特别是注意观察服务器控制台上输出的提示信息，理解其并发服务模式。

图像默认传输的分辨率为 1024×1024 像素，单幅图像数据量超过 3MB，图 6.35 和图 6.36 给出模拟器的两组图片效果。图 6.37 给出了一组真机测试效果。

图 6.35　模拟器生成人脸抽样观察(欧美人面孔)

图 6.35 这一组整体看是偏欧美白种人的面孔，但是头发的随意性，使得画面更具混血感。

图 6.36 模拟器生成人脸抽样观察(亚洲人面孔)

图 6.36 这一组以亚洲人面孔的特征为主,体现在眼睛、鼻子、头发、肤色、脸型等方面。

图 6.37 这一组整体形象以亚洲人为主。实测时,更多图像体现的是欧美人为主,这完全是由数据集 FFHQ 中包含的样本决定的。同时不难发现,生成人脸的混血特征概率很高,因为生成器可以在数据集给出的隐性参考空间上任意连续拟合。

图 6.37 真机生成人脸抽样观察(亚洲人面孔)

服务器控制台输出的监控信息,如图 6.38 所示,先后有 3 个客户机访问,其中客户机 2 与客户机 3 做了若干交叉并行访问。

更多分析参见本节视频教程。

服务器开始在('192.168.0.104', 50050)侦听... 新连接建立，远程客户机地址是：**('192.168.0.100', 57326)** 向客户机：('192.168.0.100', 57326) 随机发送了第 1 幅人脸图像！ 客户机：('192.168.0.100', **57326)** 关闭了连接！	客户机 1 来了 客户机1接收了1幅图像 客户机 1 走了
新连接建立，远程客户机地址是：**('192.168.0.100', 57350)** 向客户机：('192.168.0.100', 57350) 随机发送了第 1 幅人脸图像！ ……… 向客户机：('192.168.0.100', 57350) 随机发送了第 137 幅人脸图像！	客户机 2 来了 客户机 2 连续接收了137幅图像
新连接建立，远程客户机地址是：**('192.168.0.104', 62289)** 向客户机：('192.168.0.104', 62289) 随机发送了第 1 幅人脸图像！	客户机 3 来了 接收了1 幅图像
向客户机：('192.168.0.100', 57350) 随机发送了第 138 幅人脸图像！ ……… 向客户机：('192.168.0.100', 57350) 随机发送了第 143 幅人脸图像！	客户机 2 连续接收了6幅图像
向客户机：('192.168.0.104', 62289) 随机发送了第 2 幅人脸图像！	客户机3接收了1幅图像
向客户机：('192.168.0.100', 57350) 随机发送了第 144 幅人脸图像！ 向客户机：('192.168.0.100', 57350) 随机发送了第 145 幅人脸图像！	客户机2接收了2幅图像
向客户机：('192.168.0.104', 62289) 随机发送了第 3 幅人脸图像！ ……… 向客户机：('192.168.0.104', 62289) 随机发送了第 28 幅人脸图像！	客户机3接收了26幅图像
向客户机：('192.168.0.100', 57350) 随机发送了第 146 幅人脸图像！ ……… 向客户机：('192.168.0.100', 57350) 随机发送了第 233 幅人脸图像！ ………	客户机2接收了87幅图像
客户机：('192.168.0.100', **57350)** 关闭了连接！	客户机 2 走了
客户机：('192.168.0.104', **62289)** 关闭了连接！	客户机 3 走了

图 6.38 服务器并发访问分析

6.16 小结

本章对图像生成领域前沿经典论文 GAN、Progressive GAN、StyleGAN、StyleGAN2、StyleGAN2-ADA 和 StyleGAN3 的理论与方法做了深度解读解析。在实践方面，基于 Socket 编程技术，借助 StyleGAN2 的预训练模型构建了人脸生成服务器，并同时实现了桌面版的客户机与 Android 版的客户机两种设计。

本章虽然是围绕人脸研究图像生成技术，但事实上本章的所有理论方法皆可应用于其他类型的图像生成，因为生成的图像是由训练集样本类型决定的：提供花草的数据集，产生的就是奇花异草；提供山川河流等自然景观的数据集，产生的就是高山仰止，水流花开。

6.17 习题

1. 结合 GAN 模型结构及其损失函数描述其工作原理。
2. 描述 GAN 模型的训练逻辑。

3. Progressive GAN 的创新点有哪些？描述模型的工作逻辑。
4. 描述 Progressive GAN 的训练过程。
5. 描述 Progressive GAN 模型的结构参数。
6. 为什么说 Progressive GAN 模型的小批量标准差层提高了输出的多样性？
7. 解析网络的像素级标准化的计算方法。
8. StyleGAN 的创新点有哪些？
9. 描述 StyleGAN 生成器逻辑结构及其工作原理。
10. StyleGAN 生成器如何实现了隐空间解耦的逻辑设计？
11. 给出 AdaIN 模块的计算逻辑。
12. 描述 StyleGAN 实现风格混合叠加效果的方法。
13. 描述 StyleGAN 中的噪声机制对图像效果的影响。
14. 为什么说感知路径长度(PPL)反映了图像之间的相似度？
15. 解析截断隐空间 W 对图像风格的影响。
16. StyleGAN2 对 StyleGAN 有哪些改进？
17. StyleGAN2 消除水滴瑕疵的策略是什么？
18. 描述 StyleGAN2-ADA 自适应判别器增强机制的工作逻辑。
19. 描述 StyleGAN2-ADA 的两种衡量判别器过拟合方法的异同。
20. StyleGAN3 是如何解决 StyleGAN2 变形过渡中发生的“纹理粘连”问题的？
21. 概述 StyleGAN3 的创新点。描述离散信号与连续信号之间的转换逻辑。
22. 解析 StyleGAN3 生成器的结构特点。
23. 解析基于 Socket 的人脸生成服务器的设计逻辑。
24. 解析基于 Socket 的桌面版人脸生成客户机设计逻辑。
25. 解析基于 Socket 的 Android 版人脸生成客户机设计逻辑。

第 7 章

FaceNet与人脸识别

当读完本章时,应该能够:

- 理解人脸检测与人脸识别。
- 自定义人脸数据集。
- 自定义人脸识别模型。
- 理解并掌握 FaceNet 人脸识别模型体系结构与原理。
- 基于 VGG-Face 构建人脸识别门禁模拟系统。
- 基于 FaceNet 构建人脸识别服务器。
- 实战基于 Android 的人脸识别客户机设计。
- 实战活体检测与活体数据采集。
- 实战活体检测模型定义、训练与评估。

7.1 项目动力

人脸识别作为融入现代社会生活的一项技术应用,在一些重要行业领域,如身份认证、刷脸支付、交通安防等已实现规模化发展。

人工智能课堂上,曾有学生提问:“老师,为什么我只给学校交了一张个人照片,就可以通过学校的刷脸门禁系统了?人脸识别的原理是什么?”近年来,越来越多的学生选择人脸识别作为毕业设计的研究方向。人脸识别还远未达到理想中的完美程度,这是一个仍在蓬勃发展的热点技术领域。

为了更好地回答学生的上述疑问,同时也给做毕业设计的学生提供参考,本章将以人脸识别为主线,演示 3 种人脸检测方法,带领读者自己采集数据集、自己定义网络模型、自己独立完成一个人脸识别实时检测案例,从而建立对人脸识别的完整认知。

在此基础上,结合牛津大学计算机视觉组发布的 VGG-Face 人脸识别模型和 Google 发布的 FaceNet 人脸识别模型,完成实战化的应用部署。结合这些经典模型的学习,从更高的维度理解人脸识别,回答为什么向服务器提交一张照片即可完成人脸识别。

人脸识别模块可以直接部署于边缘计算设备,也可以部署于中央服务器,终端设备负责数据的实时采集。本章演示了人脸识别服务器和 Android 客户机的设计,可以帮助读者提高实战化能力。同时基于 mediapipe 活体动作检测框架,完成对人体动作序列的数据采集、建模和训练,实现对人体动作序列的检测与识别,为实现人脸活体检测的系统集成奠定基础。

7.2 人脸检测

人脸检测是从图像中识别和定位人脸所在的位置。传统的方法包括方向梯度直方图(Histogram of Oriented Gradients,HOG)方法和 Haar Cascades 方法。基于深度学习的方法包括 SSD(Single Shot MultiBox Detector)、MTCNN(Multi-Task Cascaded Convolutional Networks)等。这里对 HOG 和 Haar Cascades 方法做简要介绍,本章案例中会用 MTCNN 方法完成人脸检测。

HOG 方法检测人脸的原理如图 7.1 所示。基于 HOG 算法的检测函数可以生成图像的方向梯度直方图(步骤①),在此基础上,用通用的人脸的 HOG 模式图去匹配(步骤②)和定位人脸的位置,完成人脸目标检测,得到框住人脸的 Bounding Box(步骤③)。

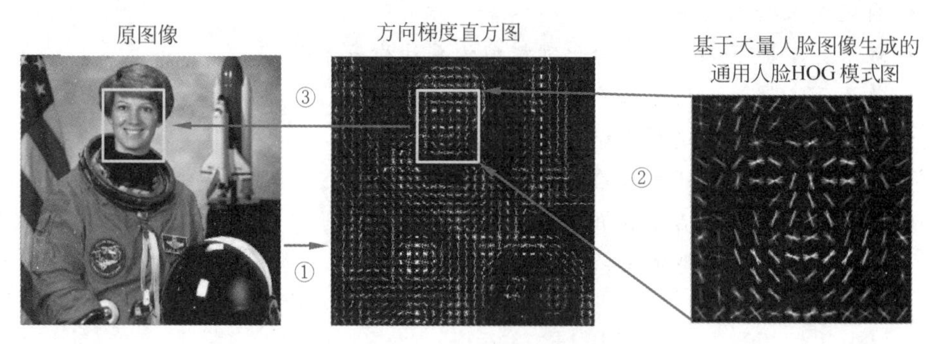

图 7.1 HOG 方法检测的人脸原理

2001 年,Viola 和 Jones 在其论文 *Rapid Object Detection using a Boosted Cascade of Simple Features*(VIOLA P,MICHAEL J. 2021)中提出了 Haar Cascades 方法,实现了一个人脸实时检测的框架。论文的第一个贡献是引入了 Haar 特征,依靠 Haar 特征,很容易找出图像中的边缘或线条,或者选择像素强度突然变化的区域,论文中使用的 Haar 特征核示例如图 7.2 所示。

Haar 特征提取与计算逻辑如图 7.3 所示。左侧的矩形表示像素值为 0.0~1.0 的图像。中心的矩形是一个 Haar 特征核,类似图 7.2(b)中的结构,左边区域表示亮像素,右边区域表示暗像素。Haar 特征提取逻辑是:

(1) 计算 Haar 特征核较暗区域覆盖的像素值的平均值。

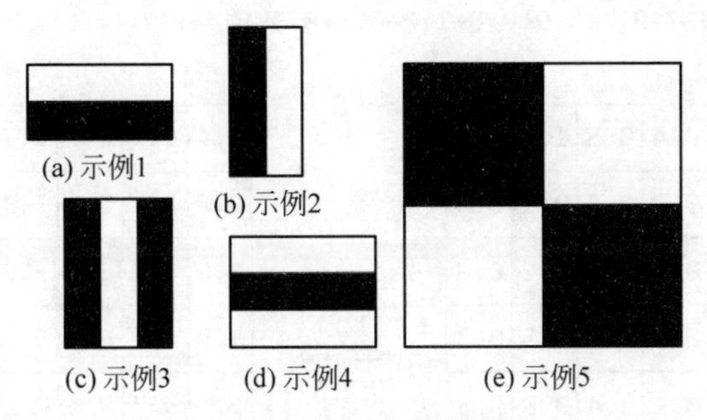

图 7.2 Haar 特征核示例

0.4	0.7	0.9	0.7	0.4	0.5	1.0	0.3
0.3	1.0	0.5	0.8	0.7	0.4	0.1	0.4
0.9	0.4	0.1	0.2	0.5	0.8	0.2	0.9
0.3	0.6	0.8	1.0	0.3	0.7	0.5	0.3
0.2	0.9	0.1	0.5	0.1	0.4	0.8	0.8
0.5	0.1	0.3	0.7	0.9	0.6	1.0	0.2
0.8	0.4	1.0	0.2	0.7	0.3	0.1	0.4
0.4	0.9	0.6	0.6	0.2	1.0	0.5	0.9

0	0	0	1	1	1
0	0	0	1	1	1
0	0	0	1	1	1
0	0	0	1	1	1
0	0	0	1	1	1
0	0	0	1	1	1

暗色区域像素值之和/暗色区域像素数量—亮色区域像素值之和/亮色区域像素数量

(0.7+0.4+0.1+0.5+0.8+0.2+0.3+0.7+0.5+0.1+0.4+0.8+0.9+0.6+1.0+0.7+0.3+0.1)/18-(1.0+0.5+0.8+0.4+0.1+0.2+0.6+0.8+1.0+0.9+0.1+0.5+0.1+0.3+0.7+0.4=10+0.2)/18=0.51-0.53=-0.02

图 7.3 Haar 特征提取与计算逻辑

(2) 计算 Haar 特征核较亮区域覆盖的像素值的平均值。

(3) 计算二者的差值。如果差值接近 1,则表明 Haar 特征核检测到边缘或直线,否则无边缘或直线。

这里只举例了对垂直边缘的检测,对其他特征的检测,可以借助其他 Haar 特征核。Haar 特征核需要从图像的左上角不断地遍历到右下角来搜索特定的特征。这将涉及大量数学计算。为此,论文中提出了积分图像(Integral Image)的概念,将原图像首先转换为积分图像,然后基于积分图像做特征提取,如图 7.4 所示。

积分图像是根据原始图像计算得出的,其中的每个像素都是原始图像中位于其左侧和上方的所有像素的总和。积分图像右下角的最后一个像素是原始图像中所有像素的总和。积分图像简化了 Haar 特征计算逻辑,如图 7.5 所示。

基于积分图像的 Haar 特征提取,不管 Haar 特征大小,每次只需要 4 个数值做加减运算,这大大降低了计算复杂度,计算量与 Haar 特征包含的像素数无关。

众多的 Haar 特征可以组合起来,捕捉人脸面部结构,如眉毛、眼睛、鼻子、嘴角等。论文指出,基于 24×24 分辨率的 Haar 特征空间大约包含 180 000 个特征,但是这些特征并不像图 7.2 所示的基本的 Haar 特征那样有效,所以作者用了一种称为 AdaBoost 的 Boosting 技术,优化 Haar 特征空间,得到一个缩小版的 Haar 特征子集,包含大约 6000 个 Haar 特征。

6000 个特征也不是都拿来做检测,在 Viola-Jones 的研究中,总共设定了 38 个检测

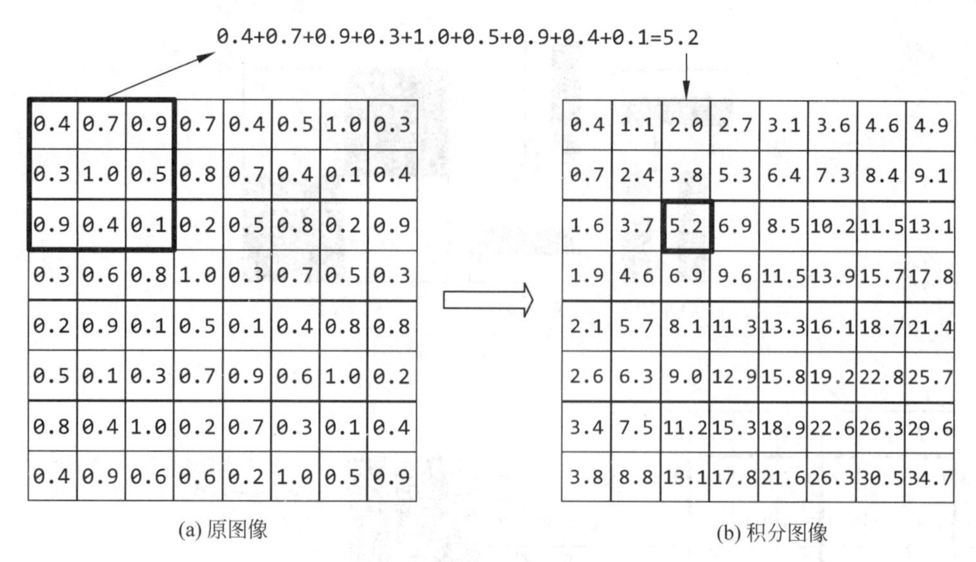

图 7.4 积分图像的计算逻辑

0.4	0.7	0.9	0.7	0.4	0.5	1.0	0.3
0.3	1.0	0.5	0.8	0.7	0.4	0.1	0.4
0.9	0.4	0.1	0.2	0.5	0.8	0.2	0.9
0.3	0.6	0.8	1.0	0.3	0.7	0.5	0.3
0.2	0.9	0.1	0.5	0.1	0.4	0.8	0.8
0.5	0.1	0.3	0.7	0.9	0.6	1.0	0.2
0.8	0.4	1.0	0.2	0.7	0.3	0.1	0.4
0.4	0.9	0.6	0.6	0.2	1.0	0.5	0.9

0	0	0	1	1	1
0	0	0	1	1	1
0	0	0	1	1	1
0	0	0	1	1	1
0	0	0	1	1	1
0	0	0	1	1	1

0.4	1.1	2.0	2.7	3.1	3.6	4.6	4.9
0.7	2.4	3.8	5.3	6.4	7.3	8.4	9.1
1.6	3.7	5.2	6.9	8.5	10.2	11.5	13.1
1.9	4.6	6.9	9.6	11.5	13.9	15.7	17.8
2.1	5.7	8.1	11.3	13.3	16.1	18.7	21.4
2.6	6.3	9.0	12.9	15.8	19.2	22.8	25.7
3.4	7.5	11.2	15.3	18.9	22.6	26.3	29.6
3.8	8.8	13.1	17.8	21.6	26.3	30.5	34.7

暗色区域：(26.3−15.3−4.6+2.7)/18=9.1/18=0.51　　亮色区域：(15.3−3.4−2.7+0.4)/18=9.6/18=0.53

图 7.5 积分图像简化 Haar 特征计算逻辑

阶段。前 5 个阶段的特征数量分别为 1、10、25、25 和 50，后续阶段的特征数量逐步增加。初始阶段用较少数量的特征可以筛选掉绝大多数的非人脸区域，从而大幅度降低计算量，后续阶段则用更多的特征提高准确率。

MTCNN 检测模型参见论文 *Joint Face Detection and Alignment using Multi Task Cascaded Convolutional Networks*(ZHANG K，ZHANG Z，LI Z，et al. 2016)。这是由中国科学院深圳先进技术研究院多媒体实验室领衔发布的一款完全基于深度学习的人脸检测模型。

MTCNN 提出了一个深度级联多任务框架，该框架利用模块之间的内在相关性来应对因姿势、光照和遮挡等因素带来的人脸检测挑战。

MTCNN 包含三个精心设计的深度卷积网络，从粗粒度特征到细粒度特征递进的方式预测人脸和关键特征的位置。该模型在富有挑战性的 FDDB 和 Wider Face 人脸检测基准数据集以及 AFLW 人脸对齐基准数据集上实现了 SOTA 精度，同时保持了模型的实时性能。

MTCNN 的级联框架包含三个阶段,分别由 P-Net、R-Net 和 O-Net 三个网络结构实现,三者之间是一种级联关系,如图 7.6 所示。

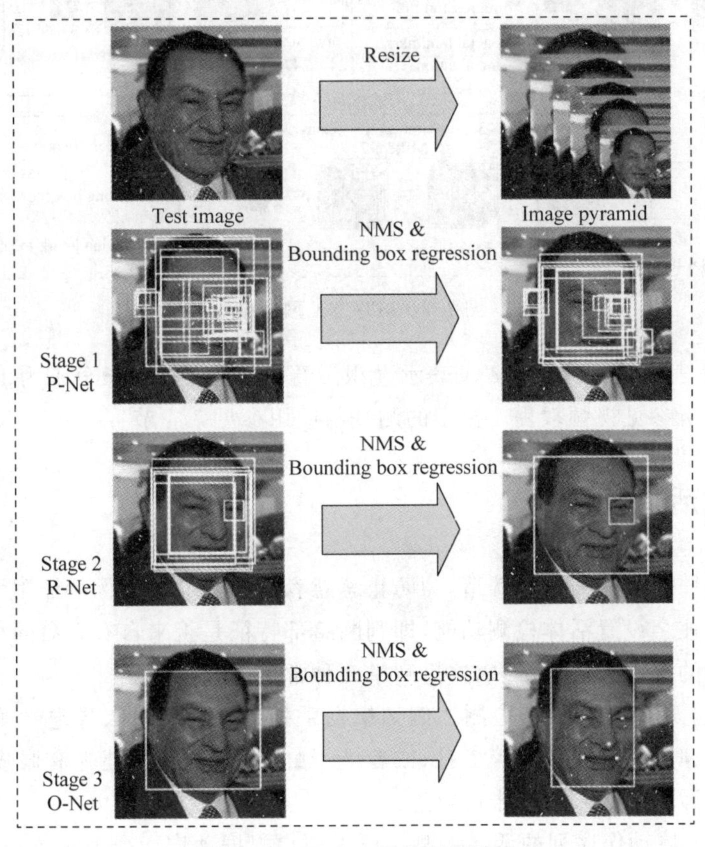

图 7.6 MTCNN 网络级联逻辑

给定一幅图像,MTCNN 首先对其进行不同比例的缩放,以构建图像金字塔,作为级联框架的输入。

第 1 阶段(Stage 1):利用完全卷积网络 P-Net 获得候选窗口及其边界框回归向量,采用非极大值抑制(NMS)舍弃高度重叠的候选窗口。

第 2 阶段(Stage 2):第 1 阶段产生的所有候选窗口都被馈送到另一个称为 R-Net 的精调卷积网络,仍然采用 NMS 方法进一步筛选掉大量错误的候选窗口。

第 3 阶段(Stage 3):与第 2 阶段的方法类似,但其目标是更精准地定位人脸,特别是给出了面部的五个关键特征位置。

MTCNN 网络结构如图 7.7 所示。MTCNN 作者指出,与其他多类别的目标检测和分类任务相比,人脸检测是一项具有挑战性的二元分类任务,因此它可能需要更少的过滤器,但需要更多的区分能力。为此,MTCNN 在网络结构设计上减少了过滤器的数量,并将 5×5 的过滤器更改为 3×3 的过滤器,以减少计算量,同时增加网络深度以获得更好的模型性能。

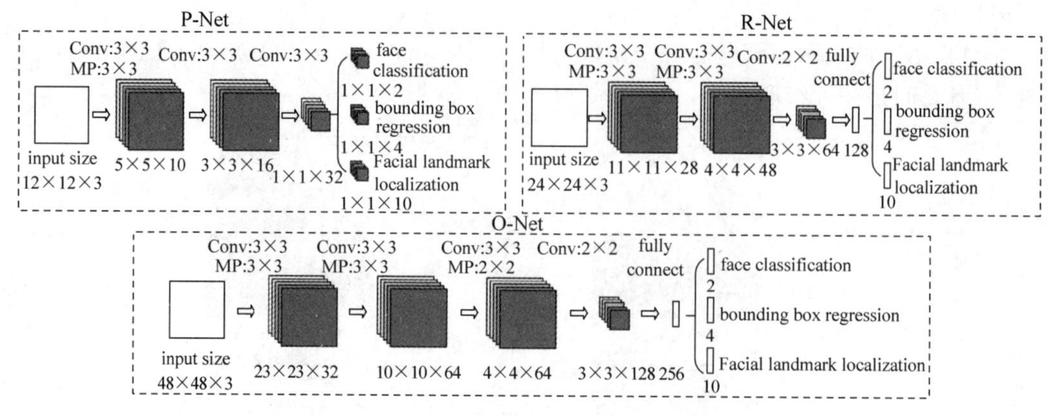

图 7.7　MTCNN 网络结构

其中，MP 表示最大池化，Conv 表示卷积。卷积和池化的步长分别为 1 和 2。关于模型的进一步解析参见视频教程。模型的测试与应用参见 7.4 节。

7.3　人脸活体检测

由于人脸照片极易复制和伪造，为防止恶意者窃取他人的肖像特征用于身份认证，人脸识别系统往往会设置活体检测功能，即判断脸部特征是否来自有生命的个体。

活体检测的技术路径非常多，这里列举几种常见的方法。

(1) 基于生理特征的活体检测。例如根据手指的温度、排汗、导电性等信息，或者基于头部的移动、呼吸、红眼效应等信息，或者基于虹膜震颤特性、睫毛和眼皮的运动信息、瞳孔因光源刺激引起的收缩扩张反应等。

(2) 基于人体动作序列的活体检测。要求用户根据动作指令去完成一些规定的动作序列，例如主动眨眼睛、转头部、调整站位等。

(3) 近红外人脸活体检测。光流场对物体运动比较敏感，利用光流场可以统一检测眼球移动和眨眼。光流法利用图像序列中的像素强度数据的时域变化和相关性来确定各自像素位置的"运动"，从图像序列中得到各个像素点的动态信息。这种活体检测可以在无须用户配合的情况下实现盲测，检测成功率较高。

(4) 3D 人脸活体检测。利用 3D 摄像头，得到人脸的 3D 数据，然后用预训练好的人脸 3D 分类器做特征提取，判断人脸来自于活体还是非活体。非活体的来源比较广泛，包括各种媒体上的照片、视频、面具以及非活体人脸的 3D 模型等。

7.4　三种方法做人脸检测

本节基于 Dlib 的 HOG 方法、OpenCV 的 Haar Cascades 方法和 MTCNN 方法，演示如何做人脸检测。

打开 PyCharm，在本书设定的项目根目录 TensorFlow_to_Android 下面新建子目录

FaceServer。在 FaceServer 下新建子目录 face_found。

根据本节视频教程分别完成 dlib_face_found. py、Haar_face_found. py 和 mtcnn_face_found. py 三个程序的设计。

dlib_face_found. py 程序源码如 P7.1 所示，测试结果如图 7.8 所示。

程序源码 P7.1 dlib_face_found.py 基于 Dlib HOG 方法

```
1   import cv2
2   import face_recognition
3   img_path = './test.jpg'                                    # 测试图片
4   image = face_recognition.load_image_file(img_path)         # 加载
5   # 检测人脸
6   face_locations = face_recognition.face_locations(image)
7   print(f'发现:{len(face_locations)} 张人脸')
8   image = cv2.imread(img_path)                               # 读取图片
9   # 对检测到的人脸加绿色边框
10  for (top,right,bottom,left) in face_locations:
11      cv2.rectangle(image,(left,top),(right,bottom),(0,255,0),2)
12  cv2.putText(image, f'Dlib Found Faces:{len(face_locations)}',(10,40),
13              cv2.FONT_HERSHEY_SIMPLEX, 1.2, (0, 255, 0),3)
14  cv2.imshow('Dlib',image)
15  cv2.waitKey(0)
```

图 7.8 基于 Dlib 的 HOG 方法做人脸检测的结果

haar_face_found. py 程序源码如 P7.2 所示，测试结果如图 7.9 所示。

程序源码 P7.2 haar_face_found.py 基于 Haar Cascades 方法

```
1   import cv2
2   img_path = './test.jpg'                                    # 测试图片
3   # 模板匹配文件
4   cascade_path = './face_detection/haarcascade_frontalface_default.xml'
5   faceCascade = cv2.CascadeClassifier(cascade_path)
6   image = cv2.imread(img_path)                               # 读取图像
```

```
7   gray = cv2.cvtColor(image,cv2.COLOR_BGR2GRAY)
8   # 人脸检测
9   faces = faceCascade.detectMultiScale(
10      gray,
11      scaleFactor = 1.1,
12      minNeighbors = 4,
13      minSize = (15,15)                                   # (20,20) -> 16
14  )
15  print(f'发现:{len(faces)} 张脸')
16  for(x,y,w,h) in faces:                                  # 画绿色框边界
17      cv2.rectangle(image,(x,y),(x+w,y+h),(0,255,0),2)
18  cv2.putText(image, f'Haar Found Faces:{len(faces)}',(10,40),
19              cv2.FONT_HERSHEY_SIMPLEX, 1.2, (0, 255, 0),3)
20  cv2.imshow('Haar',image)
21  cv2.waitKey(0)
```

图 7.9　基于 Haar Cascades 方法做人脸检测的结果

mtcnn_face_found.py 程序源码如 P7.3 所示,测试结果如图 7.10 所示。

程序源码 P7.3　mtcnn_face_found.py 基于 MTCNN 方法

```
1   import cv2
2   from mtcnn import MTCNN                                 # pip install mtcnn
3   detector = MTCNN()
4   image = cv2.imread("test.jpg")
5   result = detector.detect_faces(image)
6   print(result[0])
7   bounding_box = result[0]['box']
8   keypoints = result[0]['keypoints']
9   for person in result:
10      bounding_box = person['box']
11      keypoints = person['keypoints']
12      cv2.rectangle(image,
13                    (bounding_box[0], bounding_box[1]),
```

```
14                          (bounding_box[0] + bounding_box[2],
15                           bounding_box[1] + bounding_box[3]),
16                          (0,255,0), 2)
17          cv2.circle(image,(keypoints['left_eye']), 2, (0,255,0), 2)
18          cv2.circle(image,(keypoints['right_eye']), 2, (0,255,0), 2)
19          cv2.circle(image,(keypoints['nose']), 2, (0,255,0), 3)
20          cv2.circle(image,(keypoints['mouth_left']), 2, (0,255,0), 2)
21          cv2.circle(image,(keypoints['mouth_right']), 2, (0,255,0), 2)
22      cv2.putText(image, f'MTCNN Found Faces:{len(result)}',(10,40),
23                  cv2.FONT_HERSHEY_SIMPLEX, 1.2, (0, 255, 0),3)
24      cv2.imwrite("test_drawn.jpg", image)
25      cv2.namedWindow("MTCNN")
26      cv2.imshow("MTCNN",image)
27      cv2.waitKey(0)
```

图 7.10 基于 MTCNN 方法做人脸检测的结果

三种测试方法看起来大同小异，实际上对不同尺度人脸做检测时，差异比较明显。为了观察实时检测效果，以 MTCNN 方法为例，新建程序 mtcnn_real_time_face_found.py，逻辑设计如程序源码 P7.4 所示。

程序源码 P7.4 mtcnn_real_time_face_found.py 基于 MTCNN 的人脸实时检测

```
1       import cv2
2       from mtcnn import MTCNN
3       detector = MTCNN()
4       cap = cv2.VideoCapture(0)
5       # 逐帧检测
6       while True:
7           __, frame = cap.read()
8           # 用 MTCNN 检测人脸
9           result = detector.detect_faces(frame)
10          if result != []:
```

```
11            for person in result:
12                bounding_box = person['box']
13                keypoints = person['keypoints']
14                cv2.rectangle(frame, (bounding_box[0], bounding_box[1]),
15                            (bounding_box[0] + bounding_box[2],
16                            bounding_box[1] + bounding_box[3]), (0, 255, 0), 2)
17                cv2.circle(frame, (keypoints['left_eye']), 2, (0, 255, 0), 3)
18                cv2.circle(frame, (keypoints['right_eye']), 2, (0, 255, 0), 3)
19                cv2.circle(frame, (keypoints['nose']), 2, (0, 255, 0), 3)
20                cv2.circle(frame, (keypoints['mouth_left']), 2, (0, 255, 0), 3)
21                cv2.circle(frame, (keypoints['mouth_right']), 2, (0, 255, 0), 3)
22        cv2.imshow('frame', frame)
23        if cv2.waitKey(1) & 0xFF == 27:
24            break
25    cap.release()
26    cv2.destroyAllWindows()
```

7.5 人脸识别

人脸检测的目标是从图像中找出人脸所在的位置,人脸识别是在人脸检测的基础上,用于验证身份,判断人脸代表什么人,或者比对两张人脸照片是否属于同一人。人脸识别的基本流程如图 7.11 所示。

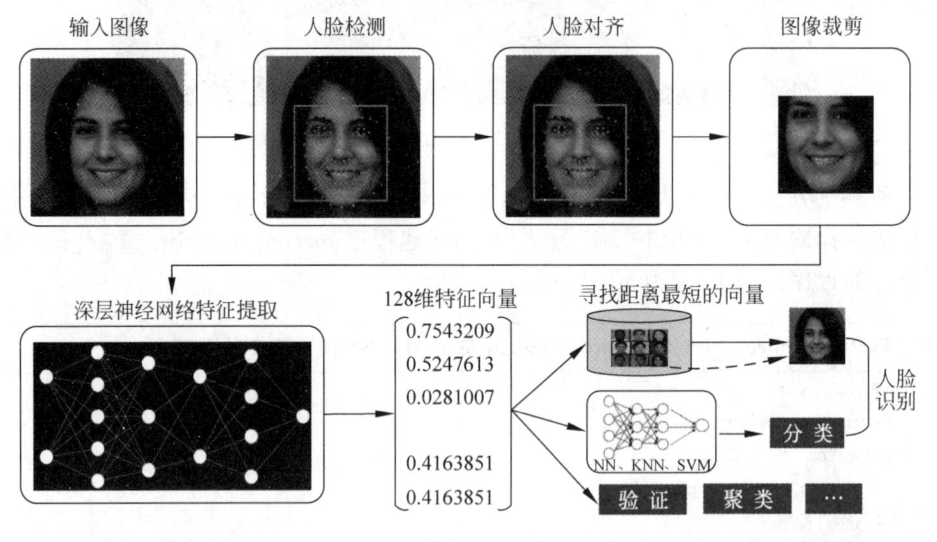

图 7.11 人脸识别的基本流程

基于人脸识别,可以衍生很多行业应用。常见的人脸识别算法及经典应用如图 7.12 所示。

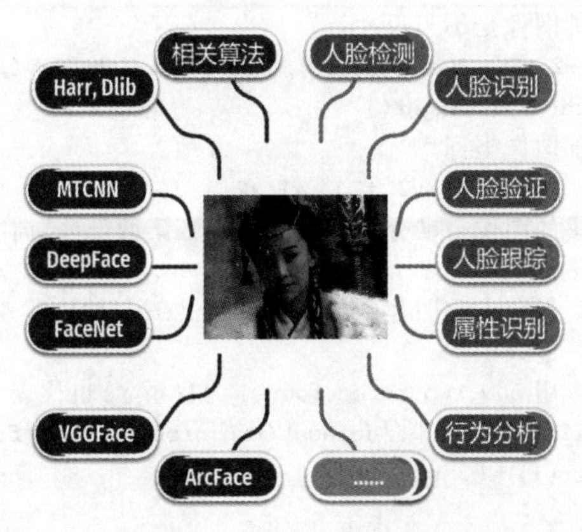

图 7.12 常见的人脸识别算法及经典应用

7.6 人脸数据采集

为了便于做一些互动教学,7.6 节～7.11 节的内容用 Jupyter Notebook 完成。根据本节视频教程,完成自定义模型项目的初始化工作。

人脸数据集采集程序 Face_Data_Collection.ipynb 逻辑设计如程序源码 P7.5 所示,运行程序,完成 4 名同学的人脸数据采集工作。采集的图像自动分为训练集和验证集两部分,训练集占 75%,验证集占 25%。

程序源码 P7.5 Face_Data_Collection.ipynb 人脸数据集采集

```
1  import cv2
2  import dlib                                  # 用 Dlib 做人脸检测
3  import numpy as np
4  # 定义面部正面探测器
5  detector = dlib.get_frontal_face_detector()
6  # 打开摄像头或者打开视频文件
7  cap = cv2.VideoCapture(0)                    # 参数设为 0,可以从摄像头实时采集头像
8  frame_count = 0                              # 帧计数
9  face_count = 0                               # 脸部计数
10 font = cv2.FONT_HERSHEY_SIMPLEX
11 # 循环读取每一帧,对每一帧做脸部检测,按 Esc 键循环结束
12 while True:
13     ret, frame = cap.read()                  # 从摄像头或者文件中读取一帧
14     if (ret != True):
15         print('没有捕获图像,数据采集结束或者检查摄像头是否工作正常!')
16         break
17     frame_count += 1                         # 帧计数
18     detected = detector(frame, 1)            # 对当前帧检测,参数 1 表示上采样 1 次
19     faces = []                               # 脸部图像列表
20     if len(detected) > 0:                    # 当前帧检测到人脸图像
21         for i, d in enumerate(detected):     # 遍历
22             face_count += 1                  # 人脸计数
```

```
23                  # 脸部图像坐标与尺寸
24                  x1,y1,x2,y2,w,h = d.left(),d.top(),d.right() + 1,d.bottom() + 1,
25                  d.width(), d.height()
26                  # 脸部图像坐标
27                  face = frame[y1:y2 + 1, x1:x2 + 1, :]
28                  # 采集的图像自动分为训练集和验证集两部分,训练集占 75 %,验证集占 25 %
29                  if (frame_count % 4 != 0):
30                      # 保存人脸图片到./dataset/train/目录,改变 one 目录,可保存采集的其
31                      # 他人图像
32                      # 用 one、two、three、four 作为目录名,也代表人名标签
33                      file_name = "./dataset/train/one/" + str(frame_count) + "_one" +
34                      str(i) + ".jpg"
35                  else:
36                      # 保存人脸图片到./dataset/valid/目录,改变 one 目录,可保存采集的其
37                      # 他人图像
38                      file_name = "./dataset/valid/one/" + str(frame_count) + "_one" +
39                      str(i) + ".jpg"
40                  cv2.imwrite(file_name, face)          # 保存为文件
41                  # 绘制边界框
42                  cv2.rectangle(frame, (x1, y1), (x2, y2), (0, 255, 0), 2)
43                  cv2.putText(frame, f"already get : {frame_count} faces", \
44                              (80, 80), font,1.2, (255, 0, 0), 3)
45          # 显示单帧检测结果
46          cv2.imshow("Face Detector", frame)
47          # 按 Esc 键终止检测
48          if cv2.waitKey(1) & 0xFF == 27:
49              break
50  print('已经完成了 {0} 帧检测,共保存了 {1} 幅脸部图像'.format(frame_count, face_count))
51  cap.release()
52  cv2.destroyAllWindows()
```

生成的人脸数据集目录结构如图 7.13 所示。文件夹名称即为人脸名称,用 one、two、three、four 表示。

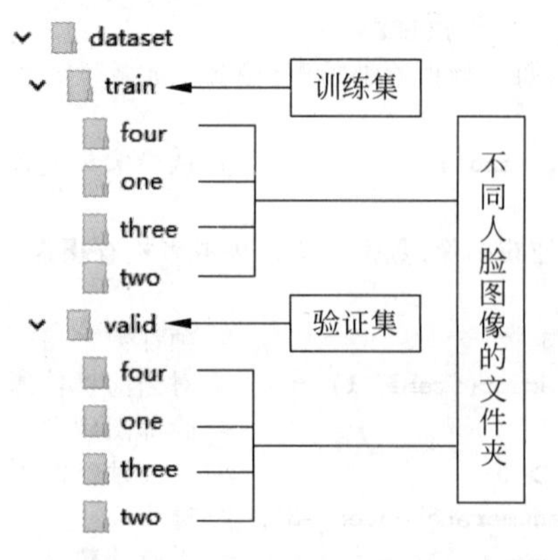

图 7.13　生成的人脸数据集目录结构

7.7 自定义人脸识别模型

自定义卷积神经网络用于人脸识别，模型结构如图 7.14 所示。

Conv = 3×3 filter, s=1, same, ReLU　　Max-Pool = 2×2, s=2

64×64×3 —1,2层 [Conv 32] ×2→ 64×64×32 —Pool→ 32×32×32 —3,4层 [Conv 64] ×2→ 32×32×64 —Pool→ 16×16×64

—5,6层 [Conv 128] ×2→ 16×16×128 —Pool→ 8×8×128 → 7层 FC 64 → 8层 FC 64 → 9层 Softmax 4

图 7.14　自定义人脸识别模型的结构

为降低模型训练过程的计算量，将模型输入层维度定义为(64,64,3)。各卷积层统一采用 3×3 的过滤器，步长为 1，same 模式卷积，采用 ReLU 激活函数，最后一层采用 Softmax 激活函数。最大池化层统一采用 2×2 的过滤器，步长为 2。模型共包含 9 层，输出层输出的向量长度为 4，对应不同人脸的概率。倒数第 2 层输出的向量长度为 64，可以理解为用长度为 64 的向量表示面部特征。

模型结构定义如程序源码 P7.6 所示。

程序源码 P7.6　Face_Recognition_Model.ipynb—自定义人脸识别模型

```
1   # 导入库
2   from tensorflow.keras.preprocessing.image import ImageDataGenerator
3   from tensorflow.keras import Sequential
4   from tensorflow.keras.layers import Dense, Dropout, Flatten, BatchNormalization,
5   Conv2D, MaxPool2D
6   # 构建训练集和验证集
7   num_classes = 4                  # 类别(zhou,wu,zheng,wang,或者 one、two、three、four)
8   face_h, face_w = 64, 64   # 头像尺寸,这是为了减少计算量,实践中应该设为 128、160、224 等
9   batch_size = 8                   # 因为总的样本数不多,所以批处理设置得小一些
10  train_data_dir = './dataset/train'             # 这是训练集的根目录
11  validation_data_dir = './dataset/valid'        # 这是验证集的根目录
12  # 定义数据集加载器,这里只指定了归一化处理参数,其他参数用默认值
13  train_datagen = ImageDataGenerator(rescale = 1./255)
14  validation_datagen = ImageDataGenerator(rescale = 1./255)
15  # 定义数据加载器的工作逻辑
16  train_generator = train_datagen.flow_from_directory(
17          train_data_dir,                      # 从哪个目录加载
18          target_size = (face_h, face_w),      # 图像缩放尺寸
19          batch_size = batch_size,             # 批处理大小
20          class_mode = 'categorical',          # 指定为分类工作模式
21          shuffle = True)                      # 对加载的数据重新洗牌
22  validation_generator = validation_datagen.flow_from_directory(
23          validation_data_dir,
```

```
24              target_size = (face_h, face_w),
25              batch_size = batch_size,
26              class_mode = 'categorical',
27              shuffle = True)
28  # 定义模型
29  model = Sequential(name = 'Face_Model')
30  # Block1
31  # 卷积层 1
32  model.add(Conv2D(32, (3, 3), padding = 'same', activation = 'relu',
33              input_shape = (face_h, face_w, 3)))
34  model.add(BatchNormalization())
35  # 卷积层 2
36  model.add(Conv2D(32, (3, 3), padding = "same", activation = 'relu'))
37  model.add(BatchNormalization())
38  model.add(MaxPool2D(pool_size = (2, 2)))
39  # Block2
40  # 卷积层 3
41  model.add(Conv2D(64, (3, 3), padding = "same", activation = 'relu'))
42  model.add(BatchNormalization())
43  # 卷积层 4
44  model.add(Conv2D(64, (3, 3), padding = "same", activation = 'relu'))
45  model.add(BatchNormalization())
46  model.add(MaxPool2D(pool_size = (2, 2)))
47  # Block3:
48  # 卷积层 5
49  model.add(Conv2D(128, (3, 3), padding = "same", activation = 'relu'))
50  model.add(BatchNormalization())
51  # 卷积层 6
52  model.add(Conv2D(128, (3, 3), padding = "same", activation = 'relu'))
53  model.add(BatchNormalization())
54  model.add(MaxPool2D(pool_size = (2, 2)))
55  model.add(Flatten())
56  # 全连接层 FC:第 7 层
57  model.add(Dense(64, activation = 'relu'))
58  model.add(BatchNormalization())
59  model.add(Dropout(0.5))
60  # 全连接层 FC:第 8 层
61  model.add(Dense(64, activation = 'relu'))
62  model.add(BatchNormalization())
63  model.add(Dropout(0.5))
64  # 全连接层 FC:第 9 层,Softmax 分类
65  model.add(Dense(num_classes, activation = 'softmax'))
66  # 模型结构
67  model.summary()
```

运行结果显示,模型参数总量为 818 084 个,最后一个池化层输出的向量维度为 8×8×128。

7.8 人脸识别模型训练

模型训练相关参数配置以及编码逻辑如程序源码 P7.7 所示。注意,程序源码 P7.7 紧接在程序源码 P7.6 之后运行。

程序源码 P7.7 Face_Recognition_Model.ipynb—模型训练

```
1   from tensorflow.keras.optimizers import Adam                    # 优化算法
2   # 回调函数,下面这三个回调函数可以反复练习,对改善和控制模型训练大有裨益
3   from tensorflow.keras.callbacks import ModelCheckpoint, EarlyStopping, ReduceLROnPlateau
4   # 定义回调函数:保存最优模型
5   checkpoint = ModelCheckpoint("./Trained_Models/face_recognition_model.h5",
6                                monitor = "val_loss",
7                                mode = "min",
8                                save_best_only = True,
9                                save_weights_only = False,
10                               verbose = 1)
11  # 定义回调函数:提前终止训练
12  earlystop = EarlyStopping(monitor = 'val_loss',
13                            min_delta = 0,
14                            patience = 5,
15                            verbose = 1,
16                            restore_best_weights = True)
17  # 定义回调函数:学习率衰减.这是一个简单策略.还可以定义更复杂的
18  reduce_lr = ReduceLROnPlateau(monitor = 'val_loss',
19                                factor = 0.8,
20                                patience = 3,
21                                verbose = 1,
22                                min_delta = 0.0001)
23  # 将回调函数组织为回调列表
24  callbacks = [earlystop, checkpoint, reduce_lr]
25  # 模型编译,指定损失函数、优化算法、学习率和模型评价标准
26  model.compile(loss = 'categorical_crossentropy',
27                optimizer = Adam(learning_rate = 0.01),
28                metrics = ['accuracy'])
29  # 训练集样本数量,对训练集规模应该精准把握
30  n_train_samples = train_generator.n
31  # 验证集样本数量,对验证集规模应该精准把握
32  n_validation_samples = validation_generator.n
33  # 训练代数
34  epochs = 20
35  # 开始训练
36  history = model.fit(
37      train_generator,                                         # 动态加载训练集
38      steps_per_epoch = n_train_samples //batch_size,          # 控制单代迭代步数
39      epochs = epochs,                                         # 最大训练代数
40      callbacks = callbacks,                                   # 回调函数列表
```

```
41        validation_data = validation_generator,                       # 动态加载验证集
42        validation_steps = n_validation_samples //batch_size          # 控制单代迭代步数
43    )
44    # 绘制模型准确率曲线
45    import matplotlib.pyplot as plt
46    x = range(1, len(history.history['accuracy']) + 1)
47    plt.plot(x, history.history['accuracy'])
48    plt.plot(x, history.history['val_accuracy'])
49    plt.title('Model accuracy')
50    plt.ylabel('Accuracy')
51    plt.xlabel('Epoch')
52    plt.xticks(x)
53    plt.legend(['Train', 'Val'], loc = 'upper left')
54    plt.show()
```

模型准确率曲线如图 7.15 所示。

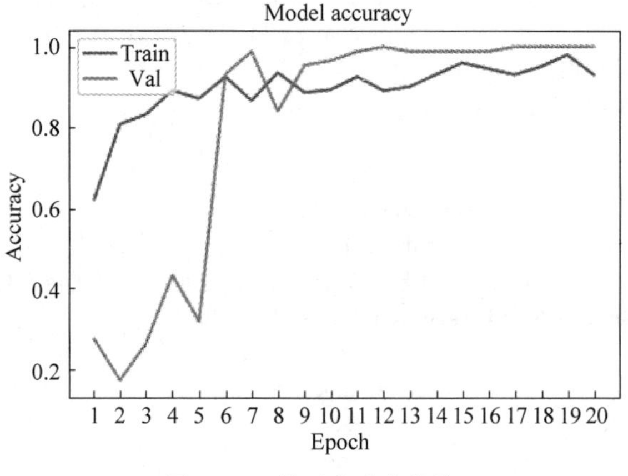

图 7.15　模型准确率曲线

虽然 20 代的训练还不足以证明模型的健壮性与可靠性，但是考虑采样的样本数量有限、模型输入层的图片尺寸比小、模型结构较浅等这些不利因素，得到上述结果已经完全可以满足教学演示的需要。

7.9　人脸识别模型测试

基于训练完成的模型做实时检测，识别效果参见视频演示。实时检测逻辑如程序源码 P7.8 所示。

程序源码 P7.8　Face_Recognition_Model.ipynb—实时检测

```
1    # 加载训练好的模型
2    import cv2
3    import numpy as np
4    import dlib
```

```
5   from tensorflow.keras.models import load_model
6   model = load_model('./Trained_Models/face_recognition_model.h5')
7   # 定义模型的标签字典
8   face_classes = {0: 'four', 1: 'one', 2: 'three', 3: 'two'}
9   # Dlib 脸部检测器
10  detector = dlib.get_frontal_face_detector()
11  # 打开摄像头
12  cap = cv2.VideoCapture(0)
13  while cap.isOpened():
14      ret, frame = cap.read()                    # 读取一帧
15      preprocessed_faces = []  # 脸部图像列表,用于保存当前帧检测到的全部脸部图像
16      frame_h, frame_w, _ = np.shape(frame)      # 帧图像大小
17      detected = detector(frame, 1)              # 探测脸部
18      if len(detected) > 0:         # 提取当前帧探测的所有脸部图像,构建预测数据集
19          for i, d in enumerate(detected):       # 枚举脸部对象
20              # 脸部坐标
21              x1, y1, x2, y2, w, h = d.left(), d.top(), d.right() + 1, d.bottom() + 1,
22              d.width(), d.height()
23              # 绘制边界框
24              cv2.rectangle(frame, (x1, y1), (x2, y2), (0, 255, 0), 2)
25              # 脸部的边界(含边距)
26              face = frame[y1:y2 + 1, x1:x2 + 1, :]
27              # 脸部缩放,以适合模型需要的输入维度
28              face = cv2.resize(face, (face_h, face_w))
29              # 图像归一化
30              face = face.astype("float") / 255.0
31              # 扩充维度,变为四维(1,face_h,face_w,3)
32              face = np.expand_dims(face, axis = 0)
33              # 加入预处理的脸部图像列表
34              preprocessed_faces.append(face)
35          # 对每一个脸部进行预测,可以同时识别多个人像
36          face_labels = []                                       # 保存预测结果
37          for i, d in enumerate(detected):
38              preds = model.predict(preprocessed_faces[i])[0]    # 预测
39              face_labels.append(face_classes[preds.argmax()])   # 提取标签
40              label = f"{face_labels[i]}"
41              cv2.putText(frame, label, (d.left(), d.top() - 10),
42                          cv2.FONT_HERSHEY_SIMPLEX, 1.2, (255, 255,0), 3)
43      cv2.imshow("Face Recognition", frame)                      # 显示当前帧
44      # 按 Esc 键终止检测
45      if cv2.waitKey(1) & 0xFF == 27:
46          break
47  cap.release()
48  cv2.destroyAllWindows()
```

7.10 VGG-Face 人脸识别模型

牛津大学计算机视觉研究小组的 Omkar M. Parkhi 等在 2015 年发表的论文 *Deep Face Recognition*(PARKHI O M,ANDREA V,ANDREW Z. 2015)中给出了基于 CNN 的人脸识别模型,因其结构酷似 VGG-16,故将其命名为 VGG-Face 模型。

该研究小组采用的数据集包含 2622 人的 260 万幅图像,定义的 VGG-Face 模型结构如图 7.16 所示。

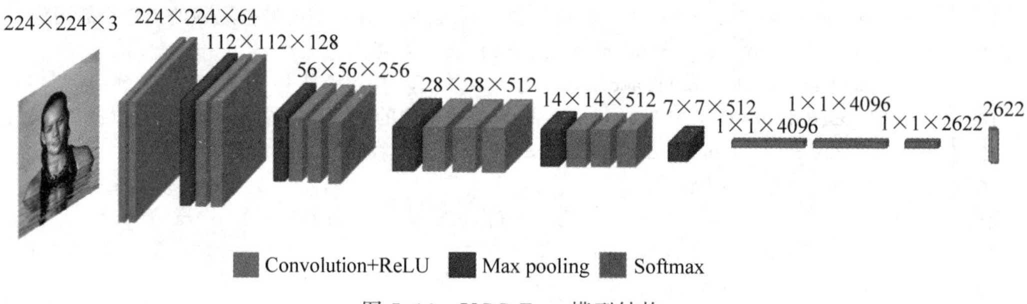

图 7.16　VGG-Face 模型结构

VGG-Face 也是 16 层,与 ImageNet 上训练的 VGG-16 的区别主要表现在输出层的维度是 2622,后面的两个全连接层采用了 1×1 的卷积实现。

用 VGG-Face 的预训练模型提取人脸特征,对两幅人脸图片做相似度计算,完成人脸图片的比对,即判断两幅图片是否属于同一人。

人脸相似度可以通过计算人脸特征向量之间的欧氏距离做出判断,或者通过比较两个向量的余弦相似性做出判断。以二维向量为例,来说明余弦相似性的计算,如图 7.17 所示。

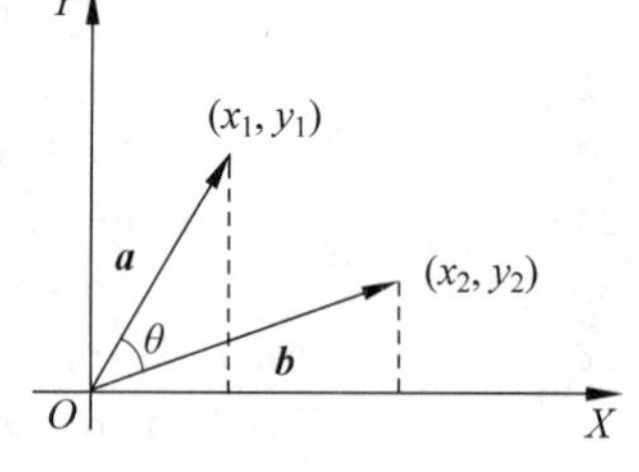

图 7.17　余弦相似性的计算

向量 $\boldsymbol{a}$ 与向量 $\boldsymbol{b}$ 间的余弦值可以通过欧几里得点积公式计算,如式(7.1)所示。

$$\boldsymbol{a} \cdot \boldsymbol{b} = \|\boldsymbol{a}\| \times \|\boldsymbol{b}\| \times \cos\theta \tag{7.1}$$

给定两个属性向量 $\boldsymbol{A}$ 和 $\boldsymbol{B}$,其余弦相似性由点积和向量长度给出,如式(7.2)所示。

$$\text{similarity} = \cos\theta = \frac{\boldsymbol{A} \cdot \boldsymbol{B}}{\|\boldsymbol{A}\| \times \|\boldsymbol{B}\|} = \frac{\sum_{i=1}^{n} A_i \times B_i}{\sqrt{\sum_{i=1}^{n} (A_i)^2}\sqrt{\sum_{i=1}^{n} (B_i)^2}} \tag{7.2}$$

式(7.2)中的 $\boldsymbol{A}_i$、$\boldsymbol{B}_i$ 分别代表向量 $\boldsymbol{A}$ 和向量 $\boldsymbol{B}$ 的各分量。

相似度取值范围为[−1,1]。

−1:两个向量指向的方向正好截然相反。

1:两个向量的指向是完全相同的。

0：通常表示两个向量之间是独立的。

不难理解，用VGG-Face或者7.10节自定义的卷积网络对人脸图像进行特征提取，然后计算特征向量之间的余弦相似性，可用于解决人脸识别问题。

新建程序Finished_Face_Matching.ipynb，跟随本节视频教程，完成人脸相似度计算与验证，编码逻辑如程序源码P7.9所示。

程序源码 P7.9 Finished_Face_Matching.ipynb 人脸匹配验证与检测

```
1   from tensorflow.keras import Model, Sequential
2   from tensorflow.keras.layers import Convolution2D, MaxPool2D, Dense, \
3                                ZeroPadding2D, Dropout, Flatten, BatchNormalization, Activation
4   from tensorflow.keras.applications.imagenet_utils import preprocess_input
5   from tensorflow.keras.preprocessing.image import load_img, img_to_array
6   from tensorflow.keras.preprocessing import image
7   import numpy as np
8   import matplotlib.pyplot as plt
9   # 按照论文中参数设定,定义 VGG-Face 模型
10  model = Sequential(name = 'VGGFace-Model')
11  model.add(ZeroPadding2D((1,1),input_shape=(224,224, 3)))        # 输入层
12  model.add(Convolution2D(64, (3, 3), activation='relu'))
13  model.add(ZeroPadding2D((1,1)))
14  model.add(Convolution2D(64, (3, 3), activation='relu'))
15  model.add(MaxPool2D((2,2), strides=(2,2)))
16  model.add(ZeroPadding2D((1,1)))
17  model.add(Convolution2D(128, (3, 3), activation='relu'))
18  model.add(ZeroPadding2D((1,1)))
19  model.add(Convolution2D(128, (3, 3), activation='relu'))
20  model.add(MaxPool2D((2,2), strides=(2,2)))
21  model.add(ZeroPadding2D((1,1)))
22  model.add(Convolution2D(256, (3, 3), activation='relu'))
23  model.add(ZeroPadding2D((1,1)))
24  model.add(Convolution2D(256, (3, 3), activation='relu'))
25  model.add(ZeroPadding2D((1,1)))
26  model.add(Convolution2D(256, (3, 3), activation='relu'))
27  model.add(MaxPool2D((2,2), strides=(2,2)))
28  model.add(ZeroPadding2D((1,1)))
29  model.add(Convolution2D(512, (3, 3), activation='relu'))
30  model.add(ZeroPadding2D((1,1)))
31  model.add(Convolution2D(512, (3, 3), activation='relu'))
32  model.add(ZeroPadding2D((1,1)))
33  model.add(Convolution2D(512, (3, 3), activation='relu'))
34  model.add(MaxPool2D((2,2), strides=(2,2)))
35  model.add(ZeroPadding2D((1,1)))
36  model.add(Convolution2D(512, (3, 3), activation='relu'))
37  model.add(ZeroPadding2D((1,1)))
38  model.add(Convolution2D(512, (3, 3), activation='relu'))
39  model.add(ZeroPadding2D((1,1)))
40  model.add(Convolution2D(512, (3, 3), activation='relu'))
```

```
41  model.add(MaxPool2D((2,2), strides=(2,2)))
42  model.add(Convolution2D(4096, (7, 7), activation='relu'))
43  model.add(Dropout(0.5))
44  model.add(Convolution2D(4096, (1, 1), activation='relu'))
45  model.add(Dropout(0.5))
46  model.add(Convolution2D(2622, (1, 1)))
47  model.add(Flatten())
48  model.add(Activation('softmax'))
49  # 模型结构
50  model.summary()
51  # 加载模型预训练权重参数或者加载预训练模型
52  model.load_weights('model/vgg_face_weights.h5')     # 权重文件到配套课件资源中下载
53  model.save('model/vgg_face.h5')                     # 保存模型
54  # 图像预处理函数
55  def preprocess_image(image_path):
56      img = load_img(image_path, target_size=(224, 224))
57      img = img_to_array(img)
58      img = np.expand_dims(img, axis=0)
59      img = preprocess_input(img)
60      return img
61  # 计算余弦距离
62  def findCosineSimilarity(source_representation, test_representation):
63      a = np.matmul(np.transpose(source_representation), test_representation)
64      b = np.sum(np.multiply(source_representation, source_representation))
65      c = np.sum(np.multiply(test_representation, test_representation))
66      return 1 - a / (np.sqrt(b) * np.sqrt(c))        # 用(1-余弦相似度)表示余弦距离
67  # 计算欧氏距离
68  def findEuclideanDistance(source_representation, test_representation):
69      euclidean_distance = source_representation - test_representation
70      euclidean_distance = np.sum(np.multiply(euclidean_distance, euclidean_distance))
71      euclidean_distance = np.sqrt(euclidean_distance)
72      return euclidean_distance
73  # 定义特征提取模型,舍去最后一层(即 Softmax 激活函数层)
74  face_model = Model(inputs=model.layers[0].input, outputs=model.layers[-2].output)
75  thresh = 0.4          # 设定余弦距离阈值,低于这个值,认为是同一个人
76  # 距离计算函数,match_faces 目录中存放了若干组比对照片
77  def verifyFace(img1, img2):
78      # 得到 img1 脸部特征值,这是一个长度为 2622 的特征向量
79      img1_representation = face_model.predict( \
80                          preprocess_image(f'./match_faces/{img1}'))[0,:]
81      # 得到 img2 脸部特征值,这是一个长度为 2622 的特征向量
82      img2_representation = face_model.predict( \
83                          preprocess_image(f'./match_faces/{img2}'))[0,:]
84      # 计算余弦相似度(距离)
85      cosine_similarity = findCosineSimilarity(img1_representation, img2_representation)
86      # 绘图
87      f = plt.figure()
88      f.add_subplot(1,2, 1)
89      plt.imshow(image.load_img('./match_faces/{0}'.format(img1)))
```

```
90      plt.xticks([]); plt.yticks([])
91      f.add_subplot(1,2, 2)
92      plt.imshow(image.load_img('./match_faces/{0}'.format(img2)))
93      plt.xticks([]); plt.yticks([])
94      plt.show(block = True)
95      print("余弦距离: ",cosine_similarity)
96      # 显示比较结果
97      if(cosine_similarity < thresh):
98          print("是同一个人!")
99      else:
100         print("不是同一个人!")
101 # 相同的对象测试
102 verifyFace("angelina.jpg", "angelina2.jpg")
```

注意,程序第66行返回的是余弦距离而不是余弦相似度。

余弦距离=1-余弦相似度

运行程序源码P7.9,完成多组测试。图7.18给出了对同一人的两幅图片的余弦距离及其判断。两幅图片虽然在色彩、首饰、头发颜色、妆容等方面存在显著差异,但是VGG-Face仍然给出了0.25的余弦距离,低于阈值0.4,轻松地将其认定为同一人。

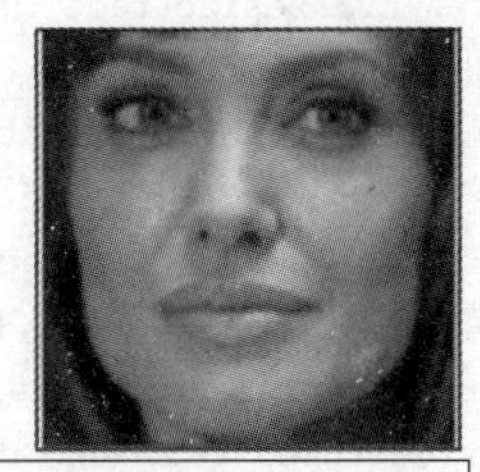

余弦距离:0.25, 小于0.4, 属于同一人!

图7.18 同一人的两幅图片测试结果

关于如何设置距离阈值,没有固定的标准,余弦距离的经验参考值为0.4,欧氏距离为120。实战中可以根据应用场景做出调整。

7.11 VGG-Face门禁检测

本节基于VGG-Face模型完成人脸识别门禁系统的模拟设计。人脸检测模块可以用Dlib、Haar Cascades或者MTCNN方法,从摄像头实时捕获人脸图像。

每位员工只需提交一张照片,系统用VGG-Face提取照片特征,这是一个长度为2622的向量,这个向量可以存储到员工数据库中,将来员工经过门禁系统刷脸识别时,VGG-Face对实时检测到的人脸做特征提取,然后到数据库中查询比对,计算人脸相似度,根据阈值决定是否放行。

新建程序VGG-Face-Recogition.ipynb,实时检测的核心逻辑如程序源码P7.10所示。

程序源码 P7.10 VGG-Face-Recogition.ipynb 人脸识别门禁系统模拟

```
1   thresh = 0.4        # 设定余弦距离阈值,低于这个值,认为是同一个人
2   # 定义面部正面探测器
3   detector = dlib.get_frontal_face_detector()
4   # 打开摄像头
5   cap = cv2.VideoCapture(0)
6   while(cap.isOpened()):
7       ret, frame = cap.read()                     # 读取一帧
8       frame_h, frame_w, _ = np.shape(frame)       # 帧图像大小
9       detected = detector(frame, 1)               # 对当前帧检测
10      if len(detected) > 0:        # 提取当前帧探测的所有脸部图像,构建预测数据集
11          for i, d in enumerate(detected):        # 枚举脸部对象
12              # 脸部坐标
13              x1, y1, x2, y2, w, h = d.left(), d.top(), d.right() + 1, d.bottom() + 1,
14              d.width(), d.height()
15              # 绘制边界框
16              cv2.rectangle(frame, (x1, y1), (x2, y2), (0, 255, 0), 2)
17              # 脸部的边界
18              face = frame[y1:y2 + 1, x1:x2 + 1, :]
19              # 脸部缩放,以适合模型需要的输入维度
20              face = cv2.resize(face, (face_h, face_w))
21              # 图像归一化
22              face = face.astype("float") / 255.0
23              # 扩充维度,变为四维(1,face_h,face_w,3)
24              face = np.expand_dims(face, axis = 0)
25              # 用模型进行特征提取,这是长度为 2622 的特征向量
26              captured_representation = face_model.predict(face)[0,:]
27              print(captured_representation.shape)
28              # 到员工数据库比对
29              found = 0
30              for i in all_people_faces:
31                  person_name = i
32                  representation = all_people_faces[i]
33                  similarity = findCosineSimilarity(representation, captured_representation)
34                  print('余弦距离',similarity)
35                  if(similarity < thresh):
36                      cv2.putText(frame, person_name[:], \
37                                  (d.left(), d.top() - 10), \
38                                  cv2.FONT_HERSHEY_SIMPLEX,1.2, \
39                                  (255, 255, 0), 3)
40                      print(f'刷脸认证成功!!{person_name} 通过人脸识别,请开闸放行!!')
41                      found = 1
42                      break
43              if(found == 0):                     # 识别失败
44                  cv2.putText(frame, 'unknown', (d.left(), d.top() - 10), \
45                              cv2.FONT_HERSHEY_SIMPLEX, 1.2, \
46                              (255, 255, 0), 3)
47                  print('刷脸认证失败!!闸门关闭!!')
```

```
48              break
49      cv2.imshow('Face Recognition',frame)
50      if cv2.waitKey(1) & 0xFF == 27:            # 按 Esc 键结束测试
51          break
52  cap.release()
53  cv2.destroyAllWindows()
```

系统测试与解析参见本节视频教程。

7.12 FaceNet 人脸识别模型

FaceNet 模型参见论文 *Facenet: A unified embedding for face recognition and clustering*(SCHROFF F,DMITRY K,JAMES P. 2015)。

FaceNet 模型创新性提出使用三元组损失函数(Triplet Loss)替代传统的 Softmax Loss 函数。三元组损失函数指导 FaceNet 模型在一个超级空间上进行优化,使得模型训练向着类内距离更短、类间距离更远的目标前进,最后得到一个紧凑的 128 维向量表示人脸特征。FaceNet 在复杂光影条件下取得理想的测试效果,在 LFW 人脸数据集上取得了 99.63%的准确率。FaceNet 模型结构如图 7.19 所示。

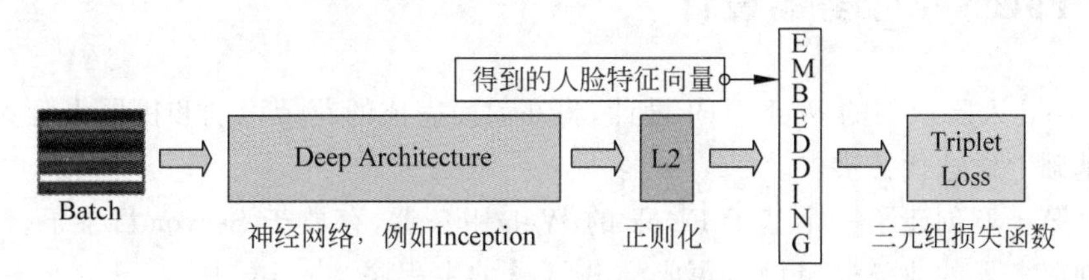

图 7.19 FaceNet 模型结构

FaceNet 模型中的 Deep Architecture 用于人脸图像的特征提取,可以用各种经典的卷积神经网络作为主干网络,例如 inception_resnet_v1 等。在输出人脸特征向量之前,采用 L2 正则化,模型训练采用三元组损失函数指导梯度下降过程。三元组损失函数的学习逻辑如图 7.20 所示。分类问题一般采用交叉熵损失函数,但是人脸之间比较的是相似度,是一个距离问题,计算的是回归损失。

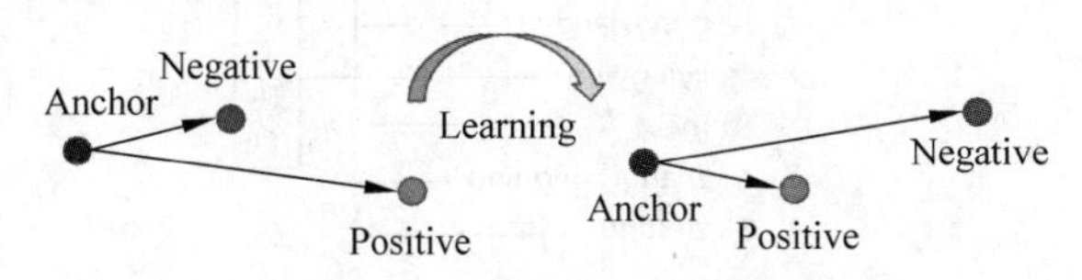

图 7.20 三元组损失函数的学习逻辑

三元组损失函数每次选择三个样本计算损失:第一个是目标样本,记作 Anchor;第二个是正样本,即与目标样本为同一个人,记作 Positive;第三个是其他人的样本,作为负样本记作 Negative。如图 7.20 所示,选择那些 Anchor 到 Positive 的距离大于 Anchor 到 Negative 的距离的样本组合(代表需要学习的样本组合),通过模型的不断训练,将左侧的样本关系调整为右侧的样本关系，即调节为 Anchor 到 Positive 的距离小于 Anchor 到 Negative 的距离。通俗的理解是，模型开始时不能正确分辨 Anchor、Positive 和 Negative 的样本关系，经过模型学习后，可以正确区分。

L2 正则化负责将深度网络提取的特征映射到一个超球面空间。假设从深度网络得到的人脸的特征向量为$[x_1,x_2,x_3]$。L2 正则化后，特征向量变为

$$\left[\frac{x_1^2}{\sqrt{x_1^2+x_2^2+x_3^2}},\frac{x_2^2}{\sqrt{x_1^2+x_2^2+x_3^2}},\frac{x_3^2}{\sqrt{x_1^2+x_2^2+x_3^2}}\right]$$

假设球心为(0,0,0)，则特征向量到球心的距离为

$$\left(\frac{x_1}{\sqrt{x_1^2+x_2^2+x_3^2}}\right)^2+\left(\frac{x_2}{\sqrt{x_1^2+x_2^2+x_3^2}}\right)^2+\left(\frac{x_3}{\sqrt{x_1^2+x_2^2+x_3^2}}\right)^2=1$$

可以想象 128 维的特征值也是如此。所有人脸特征向量到超球面球心的距离都为 1。如此一来，计算人脸图像相似度的问题，转化为计算坐标之间距离的问题。同一人的人脸特征向量，其各个维度的特征值应该较为接近，其在超球面上的距离也应该比较接近。

FaceNet 模型详细解释参见本节视频教程。

7.13 FaceNet 服务器设计

Android 人脸识别的 Web API 设计，将在前面完成的花朵识别和机器人聊天的 Web API 的基础上做迭代扩展。

本书第 1 章创建了一个基于 Flask 的 Web 服务器，存放于 Server 目录下。FaceNet 人脸识别服务器的业务逻辑仍然集成到 Server 的主程序 app. py 中。

在 Server 目录下新建子目录 employee，存放员工的身份验证照片。每位员工可以提供一张或多张个人照片，单独存放于以个人名字命名的文件夹中。employee 的目录结构示例如图 7.21 所示。

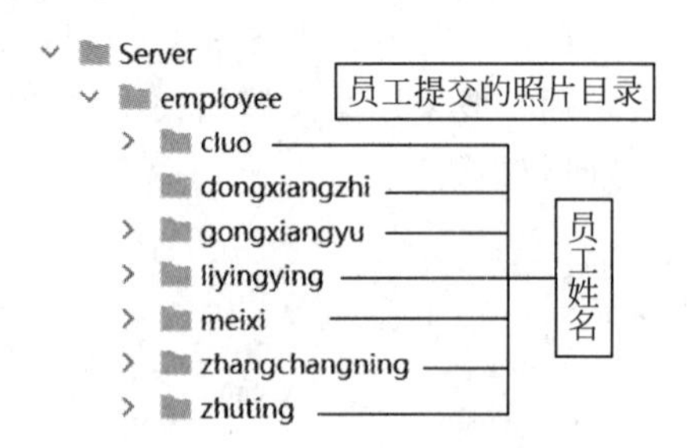

图 7.21 员工照片目录结构示例

为了完成后续测试，读者需要上传一张个人照片，作为手机拍照时的身份验证照片。

FaceNet 人脸识别服务器工作流程如图 7.22 所示。服务器接收客户机图像数据后，首先用 MTCNN 做人脸检测，然后调用 FaceNet 模型到员工目录库中比对，生成四种识别结果反馈给客户机。

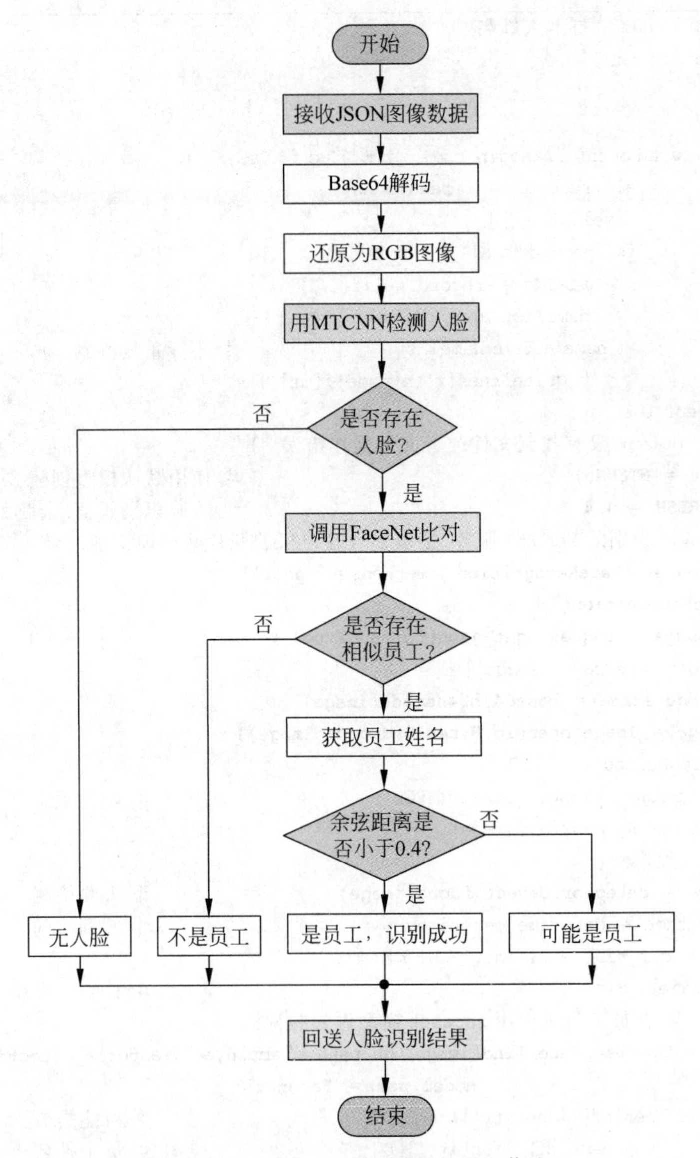

图 7.22　FaceNet 人脸识别服务器工作流程

扩展 app.py 的逻辑设计，定义名称为 faceRecognition 的 Web API 服务，逻辑编码如程序源码 P7.11 所示。

程序源码 P7.11　app.py FaceNet 识别人脸的 Web API 定义

```
1  from mtcnn import MTCNN
2  import datetime
3  # 导入人脸识别框架,其中包含 FaceNet、VGG-Face 等经典模型
4  from deepface import DeepFace                                    # pip install deepface
5  def mark_attendance(name,dt):
6      '''
7      功能:记录员工打卡时间,写入数据表
```

```
8         :param name: 打卡人姓名
9         :return: 无
10        '''
11        try:
12            with open('./kaoqin.csv', 'r+') as f:
13                all_records = f.readlines()
14                namelist = []
15                for record in all_records:
16                    fields = record.split(',')
17                    namelist.append(fields[0])
18                if name not in namelist:               # 不能重复签到
19                    f.writelines(f'\n{name},{dt}')
20        except IOError:
21            print('没有找到文件或者文件操作错误!')
22    detector = MTCNN()                                 # 使用默认权重创建 MTCNN 人脸检测器
23    FACE_THRESH = 0.4                                  # 人脸识别阈值,余弦距离
24    # 定义人脸识别的 Web API 服务,接收来自客户机的照片并反馈识别结果
25    @app.route('/faceRecognition', methods = ['post'])
26    def faceRecognition():
27        message = request.get_json(force = True)
28        image = message['image']
29        decode_image = base64.b64decode(image)
30        image = Image.open(io.BytesIO(decode_image))
31        if image.mode != 'RGB':
32            image = image.convert('RGB')                       # 颜色模式
33        image = np.asarray(image)
34        # 人脸检测
35        face = detector.detect_faces(image)                    # 人脸检测
36        cur_time = datetime.datetime.now()                     # 签到时间
37        dt = cur_time.strftime('%H:%M:%S')
38        if face:                                               # 检测到人脸
39            # 在员工目录中用 FaceNet 模型做人脸检索
40            df = DeepFace.find(image, db_path = "employee", enforce_detection = False, \
41                               model_name = 'Facenet')
42            if len(df['identity']):                            # 可能是员工
43                name = df['identity'][0]                       # 员工姓名
44                name = name[name.find('\\') + len('\\'):name.find('/')]
45                cosine_distance = df['Facenet_cosine'][0]      # 余弦距离
46                if (cosine_distance < FACE_THRESH):            # 低于阈值
47                    result = {
48                        'name': name,                          # 签到人姓名
49                        'time': dt,                            # 签到时间
50                        'flag': 1,                             # 签到成功
51                        'distance': cosine_distance            # 相似距离
52                    }
53                    mark_attendance(name,dt)                   # 签到记录
54                else:                                          # 大于阈值
55                    result = {
56                        'name': '可能是公司员工',              # 签到人姓名
```

```
57                  'time': dt,                         # 签到时间
58                  'flag': 0,                          # 签到失败
59                  'distance': cosine_distance         # 相似距离
60              }
61      else:                                           # 不是员工
62          result = {
63              'name': '不是公司员工',                  # 签到人姓名
64              'time': 'dt',                           # 签到时间
65              'flag': 0,                              # 签到
66              'distance': 10000                       # 相似距离
67          }
68  else:                                               # 无人脸
69      result = {
70          'name': '无人脸',                           # 照片中没有检测到人脸
71          'time': dt,                                 # 签到时间
72          'flag': -1,                                 # 签到失败
73          'distance': 10000.0                         # 相似距离
74      }
75  return jsonify(result), 200                         # 向客户机回送预测结果
```

参照视频教程,完成 deepface 框架安装,并在 Server 目录下定义一个 kaoqin.csv 文件,用于存放人脸识别成功后的基本信息。

完成 Android 客户机设计后,再做服务器与客户机的联合测试。

7.14 Android 项目初始化

新建 Android 项目,模板选择 Empty Activity,项目参数按照图 7.23 所示设置。

New Project

Empty Activity

Creates a new empty activity

Name: AndroidFace

Package name: cn.edu.ldu.androidface

Save location: D:\Android\AndroidFace

Language: Kotlin

Minimum SDK: API 21: Android 5.0 (Lollipop)

Previous | Next | Cancel | Finish

图 7.23 Android 项目初始化

单击 Finish 按钮,完成项目初始化。

将 values 节点下的 strings.xml 文件中的 app_name 属性修改为"人脸识别"。

因为项目中需要访问网络、使用照相机、访问存储器，所以首先在 AndroidManifest 文件中配置相关权限。在 application 节点前面添加如下脚本。

```
<uses-permission android:name="android.permission.INTERNET" />
<uses-feature android:name="android.hardware.camera.any" />
<uses-permission android:name="android.permission.CAMERA" />
<uses-permission android:name="android.permission.READ_EXTERNAL_STORAGE"/>
```

在 application 属性中添加如下脚本，开启 HTTP 明文通信模式。

```
android:usesCleartextTraffic="true"
```

Android 使用相机有两种模式：一种是在 App 里面调用系统集成的相机程序，用 Intent 传送相机数据，不需要申请相机权限；另一种是在 App 里面独立打开与关闭相机，控制相机拍照和获取相机数据，需要配置权限并编写用户动态授权逻辑。

在模块配置文件 build.gradle 的 dependencies 节点，添加对 Retrofit2、CameraX、GSON 和 Moshi 的依赖。

```
implementation "com.squareup.retrofit2:retrofit:2.9.0"
implementation "com.squareup.retrofit2:converter-scalars:2.9.0"
implementation "com.squareup.retrofit2:converter-moshi:2.9.0"
implementation("com.squareup.moshi:moshi-kotlin:1.11.0")
implementation("com.squareup.moshi:moshi:1.11.0")
implementation 'com.squareup.retrofit2:converter-gson:2.9.0'
def camerax_version = "1.0.0-rc04"
implementation "androidx.camera:camera-core:${camerax_version}"
implementation "androidx.camera:camera-camera2:${camerax_version}"
implementation "androidx.camera:camera-lifecycle:${camerax_version}"
implementation "androidx.camera:camera-view:1.0.0-alpha23"
implementation "androidx.camera:camera-extensions:1.0.0-alpha23"
implementation 'com.squareup.retrofit2:converter-gson:2.9.0'
```

在 buildTypes { }节点前面添加启用视图绑定模式的脚本。

```
buildFeatures {
    viewBinding = true
}
```

同步项目依赖。如果此时运行程序，主屏幕显示 Hello World 字样。

7.15 Android 网络访问接口

将 Android 客户机的网络访问逻辑定义到单独的 network 包中。

选择 androidface 节点，右击，在弹出的快捷菜单中执行 New→Package 命令，创建 network 子包。

选择 network 节点,右击,在弹出的快捷菜单中执行 New→Kotlin Class/File 命令,接口服务程序命名为 ApiService.kt,编程逻辑如程序源码 P7.12 所示。

程序源码 P7.12 ApiService.kt 网络访问 API 定义

```
1  import com.squareup.moshi.Moshi
2  import com.squareup.moshi.kotlin.reflect.KotlinJsonAdapterFactory
3  import okhttp3.RequestBody
4  import okhttp3.ResponseBody
5  import retrofit2.Call
6  import retrofit2.Retrofit
7  import retrofit2.converter.moshi.MoshiConverterFactory
8  import retrofit2.http.Body
9  import retrofit2.http.POST
10 // 腾讯服务器教学演示地址
11 private const val BASE_URL = "http://120.53.107.28"
12 // 本地教学演示地址
13 // private const val BASE_URL = "http://192.168.0.102:5000"
14 private val moshi = Moshi.Builder()              // 用 Moshi 结构发送数据
15     .add(KotlinJsonAdapterFactory())
16     .build()
17 private val retrofit = Retrofit.Builder()        // 定义 Retrofit 通信框架
18     .addConverterFactory(MoshiConverterFactory.create(moshi))
19     .baseUrl(BASE_URL)
20     .build()
21 interface ApiService {                           // 网络访问接口
22     @POST("/faceRecognition")                    // Web 服务名称
23     fun getPredictResult(@Body body: RequestBody) : Call<ResponseBody>  // 网络接口函数
24 }
25 object ResultApi {                               // 实例化 retrofit 框架
26     val retrofitService : ApiService by lazy {
27         retrofit.create(ApiService::class.java) }
28 }
```

注意,第 11 行和第 13 行的服务器地址需要根据测试环境做出调整。

在 network 子包下创建实体类 Result.kt,用于存储服务器返回的识别结果,如程序源码 P7.13 所示。

程序源码 P7.13 Result.kt 实体类,存储服务器返回结果

```
1  package cn.edu.ldu.androidface.network
2  // 存储服务器返回结果,包含员工姓名、签到时间、标志、余弦距离
3  data class Result(val name:String, val time: String, val flag:Int,val distance:Float)
```

7.16 Android 界面设计

在 activity_mian.xml 中定义客户机主窗体布局,如图 7.24 所示,包含的控件自顶向下依次为 ImageView、TextView 和 Button。控件的变量名称与功能描述如表 7.1 所示。

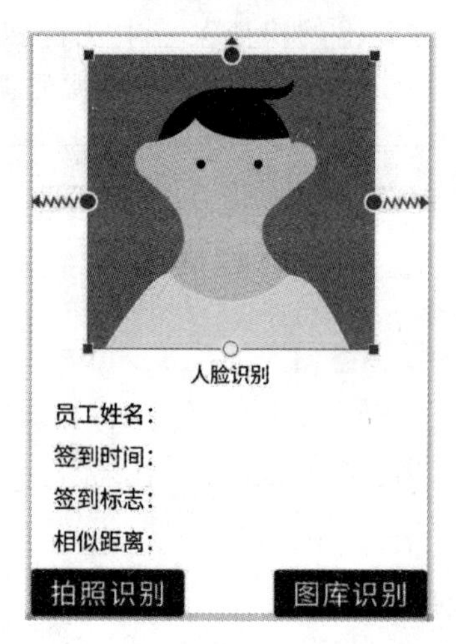

图 7.24　客户机主窗体布局

表 7.1　控件的变量名称与功能描述

控件标签	变量名称	功能描述
图像视图	imageView	显示采集的人脸图像
员工姓名	txtName	识别的员工姓名
签到时间	txtTime	签到识别时间
签到标志	txtFlag	识别成功与否的标志
相似距离	txtDistance	余弦距离度量相似程度
拍照识别	btnCapture	调用相机实时拍照
图库识别	btnLoadPicture	从相册中选择图片

界面布局的脚本设计如程序源码 P7.14 所示。

程序源码 P7.14　activity_mian.xml 主窗体布局

```
1   <?xml version = "1.0" encoding = "utf - 8"?>
2   < androidx.constraintlayout.widget.ConstraintLayout
3   xmlns:android = "http://schemas.android.com/apk/res/android"
4       xmlns:app = "http://schemas.android.com/apk/res - auto"
5       xmlns:tools = "http://schemas.android.com/tools"
6       android:layout_width = "match_parent"
7       android:layout_height = "match_parent">
8       < ImageView
9           android:id = "@ + id/imageView"
10          android:layout_width = "256dp"
11          android:layout_height = "256dp"
12          android:layout_margin = "16dp"
13          app:layout_constraintEnd_toEndOf = "parent"
14          app:layout_constraintStart_toStartOf = "parent"
15          app:layout_constraintTop_toTopOf = "parent"
16          app:srcCompat = "@drawable/ic_launcher_background"
17          tools:srcCompat = "@tools:sample/avatars" />
```

```
18      <TextView
19          android:id="@+id/txtHint"
20          android:layout_width="wrap_content"
21          android:layout_height="wrap_content"
22          android:layout_marginTop="10dp"
23          android:text="人脸识别"
24          android:textColor="@color/black"
25          android:textSize="18sp"
26          app:layout_constraintEnd_toEndOf="parent"
27          app:layout_constraintStart_toStartOf="parent"
28          app:layout_constraintTop_toBottomOf="@+id/imageView" />
29      <TextView
30          android:id="@+id/txtName"
31          android:layout_width="wrap_content"
32          android:layout_height="wrap_content"
33          android:layout_marginStart="20dp"
34          android:layout_marginTop="10dp"
35          android:text="员工姓名:"
36          android:textColor="@color/black"
37          android:textSize="20sp"
38          app:layout_constraintStart_toStartOf="parent"
39          app:layout_constraintTop_toBottomOf="@+id/txtHint" />
40      <TextView
41          android:id="@+id/txtTime"
42          android:layout_width="wrap_content"
43          android:layout_height="wrap_content"
44          android:layout_marginStart="20dp"
45          android:layout_marginTop="10dp"
46          android:text="签到时间:"
47          android:textColor="@color/black"
48          android:textSize="20sp"
49          app:layout_constraintStart_toStartOf="parent"
50          app:layout_constraintTop_toBottomOf="@+id/txtName" />
51      <TextView
52          android:id="@+id/txtFlag"
53          android:layout_width="wrap_content"
54          android:layout_height="wrap_content"
55          android:layout_marginStart="20dp"
56          android:layout_marginTop="10dp"
57          android:text="签到标志:"
58          android:textColor="@color/black"
59          android:textSize="20sp"
60          app:layout_constraintStart_toStartOf="parent"
61          app:layout_constraintTop_toBottomOf="@+id/txtTime" />
62      <TextView
63          android:id="@+id/txtDistance"
64          android:layout_width="wrap_content"
65          android:layout_height="wrap_content"
66          android:layout_marginStart="20dp"
```

```
67              android:layout_marginTop = "10dp"
68              android:text = "相似距离:"
69              android:textColor = "@color/black"
70              android:textSize = "20sp"
71              app:layout_constraintStart_toStartOf = "parent"
72              app:layout_constraintTop_toBottomOf = "@ + id/txtFlag" />
73          < Button
74              android:id = "@ + id/btnCapture"
75              android:layout_width = "wrap_content"
76              android:layout_height = "wrap_content"
77              android:layout_marginBottom = "?actionBarSize"
78              android:text = "拍照识别"
79              android:textSize = "24sp"
80              app:layout_constraintBottom_toBottomOf = "parent"
81              app:layout_constraintStart_toStartOf = "parent" />
82          < Button
83              android:id = "@ + id/btnLoadPicture"
84              android:layout_width = "wrap_content"
85              android:layout_height = "wrap_content"
86              android:layout_marginBottom = "?actionBarSize"
87              android:text = "图库识别"
88              android:textSize = "24sp"
89              app:layout_constraintBottom_toBottomOf = "parent"
90              app:layout_constraintEnd_toEndOf = "parent" />
91      </androidx.constraintlayout.widget.ConstraintLayout >
```

7.17 Android 客户机逻辑设计

在 MainActivity 中实现项目主控逻辑，包括用户权限申请、拍照或者从图库选择图片、图片发送以及接收并解析服务器反馈结果。

Android 客户机主控逻辑包含两个分支，对应客户机的两种工作模式，如图 7.25 所示。

(1) 即时拍照识别，需要用户动态授权照相机的使用权限。

(2) 从相册选择图片识别，需要用户动态授权外部存储器的访问权限。

图 7.25 中用虚线框包围的“人脸即时拍照”和“选择人脸图片”这两个模块，其功能封装在调用的 App 中，不需要用户单独编程。回调函数的名称为 onActivityResult，是在“打开相机 App”或“打开相册 App”结束之后自动回调的模块，回调函数首先返回图片，然后调用识别模块。

识别模块的函数名称为 recognition，客户机向服务器发送图片并接收服务器的识别结果。人脸识别模块的逻辑流程如图 7.26 所示。

MainActivity 逻辑设计如程序源码 P7.15 所示。

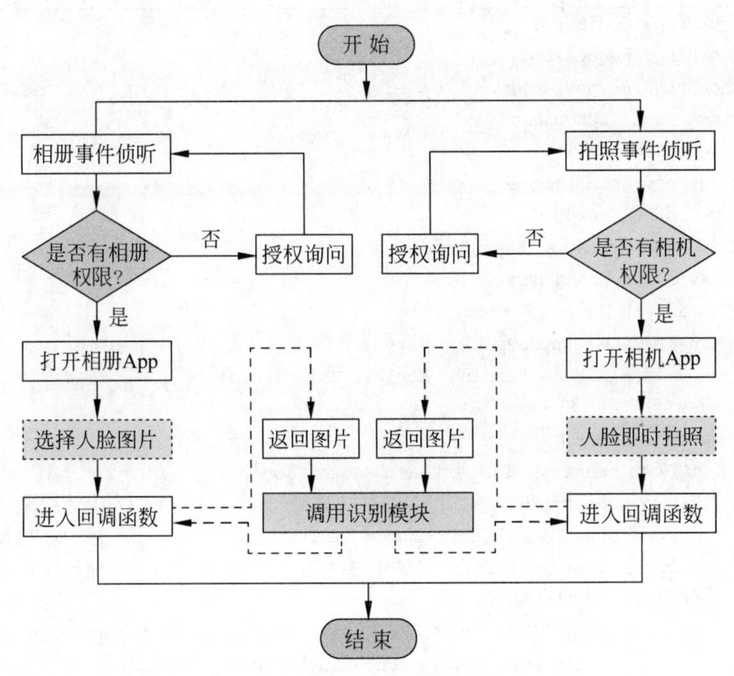

图 7.25　客户机主控逻辑

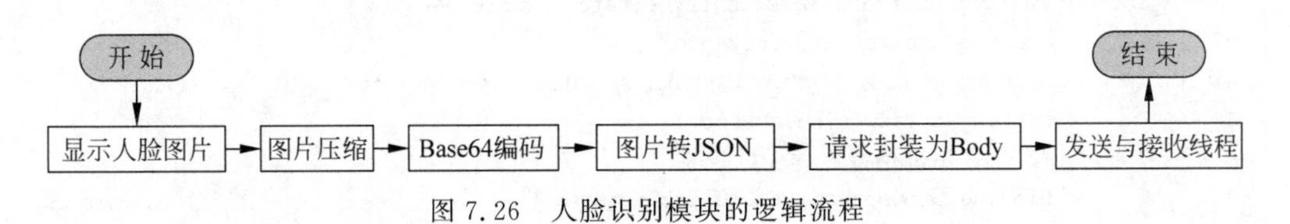

图 7.26　人脸识别模块的逻辑流程

程序源码 P7.15　MainActivity.kt Android 客户机主控逻辑

```
1  package cn.edu.ldu.androidface
2  import android.Manifest
3  import android.app.Activity
4  import android.content.Intent
5  import android.content.pm.PackageManager
6  import android.graphics.Bitmap
7  import android.graphics.ImageDecoder
8  import android.os.Build
9  import androidx.appcompat.app.AppCompatActivity
10 import android.os.Bundle
11 import android.provider.MediaStore
12 import android.util.Base64
13 import android.util.Log
14 import androidx.core.app.ActivityCompat
15 import androidx.core.content.ContextCompat
16 import cn.edu.ldu.androidface.databinding.ActivityMainBinding
17 import cn.edu.ldu.androidface.network.Result
18 import com.google.gson.Gson
```

```
19  import okhttp3.MediaType
20  import okhttp3.RequestBody
21  import okhttp3.ResponseBody
22  import org.json.JSONObject
23  import retrofit2.Call
24  import retrofit2.Callback
25  import retrofit2.Response
26  import java.io.ByteArrayOutputStream
27  import java.math.RoundingMode
28  import java.text.DecimalFormat
29  class MainActivity : AppCompatActivity() {
30      private lateinit var binding: ActivityMainBinding
31      // 常量定义
32      companion object {
33          private const val TAG = "FaceRecognition"
34          private const val REQUEST_CODE_PERMISSIONS = 10     // 申请权限
35          private const val REQUEST_CODE_CAMERA = 20          // 标识相机权限
36          private const val REQUEST_CODE_GALLERY = 30         // 标识图库权限
37          // 需要申请的权限列表
38          private val REQUIRED_PERMISSIONS = arrayOf(Manifest.permission.CAMERA,
39                  Manifest.permission.READ_EXTERNAL_STORAGE)
40      }
41      override fun onCreate(savedInstanceState: Bundle?) {
42          super.onCreate(savedInstanceState)
43          binding = ActivityMainBinding.inflate(layoutInflater)
44          setContentView(binding.root)
45          // 开启相机拍摄照片予以识别
46          binding.btnCapture.setOnClickListener {
47              // 申请相机权限
48              if (allPermissionsGranted()) {                  // 已经授权
49                  var cameraIntent = Intent(MediaStore.ACTION_IMAGE_CAPTURE)
50                  startActivityForResult(cameraIntent, REQUEST_CODE_CAMERA)
51              } else {                                        // 否则,询问是否授权
52                  ActivityCompat.requestPermissions(this,
53                      REQUIRED_PERMISSIONS,
54                      REQUEST_CODE_PERMISSIONS)
55              }
56          }
57          // 加载图库图片予以识别
58          binding.btnLoadPicture.setOnClickListener {
59              // 申请图库权限
60              if (allPermissionsGranted()) {                  // 已经授权
61                  val intent = Intent(Intent.ACTION_PICK)
62                  intent.type = "image/*"
63                  startActivityForResult(intent, REQUEST_CODE_GALLERY)
64              } else {                                        // 否则,询问是否授权
65                  ActivityCompat.requestPermissions(this,
66                      REQUIRED_PERMISSIONS,
67                      REQUEST_CODE_PERMISSIONS)
```

```
68              }
69          }
70      }
71      // 判断是否已经开启所需的全部权限
72      private fun allPermissionsGranted() = REQUIRED_PERMISSIONS.all {
73          ContextCompat.checkSelfPermission(this, it) == PackageManager.PERMISSION_GRANTED
74      }
75      // 回调函数,反馈相机拍照或图库获取的照片
76      override fun onActivityResult(requestCode: Int, resultCode: Int, data: Intent?) {
77          super.onActivityResult(requestCode, resultCode, data)
78          if (requestCode == REQUEST_CODE_CAMERA) {
79              var bitmap: Bitmap? = data?.getParcelableExtra("data")
80              if (bitmap != null) {
81                  recognition(bitmap)                          // 识别图片
82              }
83          }
84          if (resultCode == Activity.RESULT_OK && requestCode == REQUEST_CODE_GALLERY)
85  {
86              val selectedPhotoUri = data?.data
87              val bitmap: Bitmap
88              try {
89                  selectedPhotoUri?.let {
90                      if (Build.VERSION.SDK_INT < 28) {
91                          bitmap = MediaStore.Images.Media
92  .getBitmap(this.contentResolver,selectedPhotoUri)
93                      } else {
94                          val source = ImageDecoder.createSource(
95                              this.contentResolver,
96                              selectedPhotoUri
97                          )
98                          bitmap = ImageDecoder.decodeBitmap(source)
99                      }
100                     recognition(bitmap)                      // 识别图片
101                 }
102             } catch (e: Exception) {
103                 e.printStackTrace()
104             }
105         }
106     }
107     // 图像识别
108     private fun recognition(bitmap: Bitmap) {
109         binding.imageView.setImageBitmap(bitmap)
110         // 图像转为 Base64 编码
111         val byteArrayOutputStream = ByteArrayOutputStream()
112         bitmap!!.compress(Bitmap.CompressFormat.JPEG, 80, byteArrayOutputStream)
113         val byteArray: ByteArray = byteArrayOutputStream.toByteArray()
114         val convertImage: String = Base64.encodeToString(byteArray, Base64.DEFAULT)
115         // 定义 JSON 对象,因为服务器端接收 JSON 对象
116         val imageObject = JSONObject()
```

```
117            imageObject.put(
118                "image",
119                convertImage
120            )// Base64 image
121            // 封装到 Retrofit 的 RequestBody 对象中
122            val body: RequestBody = RequestBody.create(
123                    MediaType.parse("application/json"), imageObject.toString())
124            // 调用 Retorfit 服务中定义的方法
125            ResultApi.retrofitService.getPredictResult(body).enqueue(object :
126                Callback<ResponseBody> {
127                override fun onResponse(
128                    call: Call<ResponseBody>,
129                    response: Response<ResponseBody>
130                ) {
131                    // 获取服务器响应的数据
132                    val json: String = response.body()!!.string()
133                    // 解析为 AppleResult.resultInfo 对象
134                    var gson = Gson()
135                    var result = gson.fromJson(
136                        json,
137                        Result::class.java
138                    )
139                    // 保留 6 位小数
140                    val dec = DecimalFormat("#.######")
141                    dec.roundingMode = RoundingMode.CEILING
142                    // 更新控件显示
143                    binding.txtName.text = "欢迎：" + result.name
144                    binding.txtTime.text = "签到时间：" +result.time
145                    binding.txtFlag.text = "签到状态：" + result.flag
146                    binding.txtDistance.text = "相似距离：" + dec.format(result.distance)
147                }
148                override fun onFailure(call: Call<ResponseBody>, t: Throwable) {
149                    Log.d(TAG, "服务器返回失败信息:" + t.message)
150                }
151            })
152        }
153 }
```

7.18 客户机与服务器联合测试

首先启动服务器，然后启动客户机，客户机可以用模拟器测试，也可以用真机测试。注意，客户机访问的地址与服务器的地址保持一致。

图 7.27 给出了 App 初次运行时弹出的权限授权界面。

从相册中随机选择图片做测试，如图 7.28 所示。

观察测试过程不难发现，Android 客户机提交的照片即便与员工目录中的照片有较

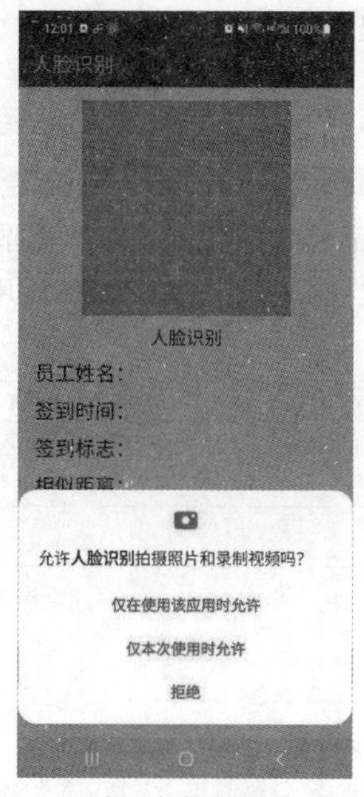

(a) 授予相机使用权

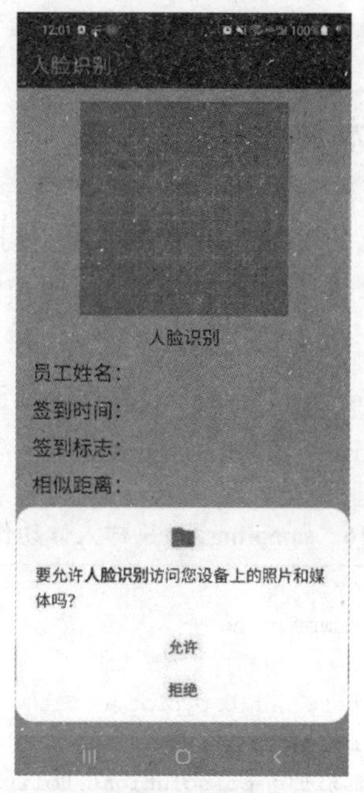

(b) 授予读取外部存储器权限

图 7.27 App 初次运行时弹出的授权界面

(a) 用梅西的图片做登录测试

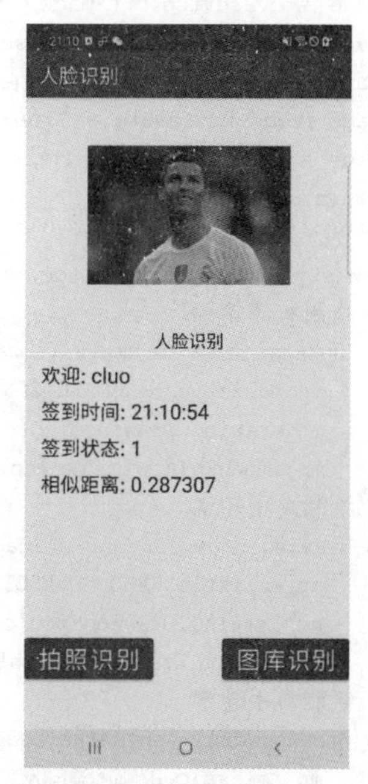

(b) 用C罗的图片做登录测试

图 7.28 用相册的图片做测试

大差异,FaceNet 模型仍然可以给出理想结果。

关于真人的实时拍照测试,参见本节视频教程。

7.19 活体数据采样

前面完成的 FaceNet 实时人脸识别没有考虑活体检测的问题。从本节开始,单独设计一个人体姿态检测与识别模块,该模块可以集成到 FaceNet 人脸识别应用中,实现活体检测功能。

在 FaceServer 目录下新建子目录 PoseDetect,在 PoseDetect 目录下新建活体数据采样程序 sampling. py,编码逻辑如程序源码 P7.16 所示。

程序源码 P7.16 sampling.py 采样人体动作序列

```
1  import cv2
2  import numpy as np
3  import os
4  import matplotlib.pyplot as plt
5  import mediapipe as mp                              # pip install mediapipe
6  mp_holistic = mp.solutions.holistic                 # 姿态检测包 Holistic Model
7  mp_drawing = mp.solutions.drawing_utils             # 绘图包
8  # 姿态检测
9  def mediapipe_detection(image,model):
10     image = cv2.cvtColor(image, cv2.COLOR_BGR2RGB)
11     image.flags.writeable = False
12     results = model.process(image)
13     image.flags.writeable = True
14     image = cv2.cvtColor(image, cv2.COLOR_RGB2BGR)
15     return image,results
16 # 绘制姿态关键点
17 def draw_styled_landmarks(image, results):
18     # 绘制脸部轮廓
19     mp_drawing.draw_landmarks(image, results.face_landmarks,
20          mp_holistic.FACEMESH_CONTOURS,
21          mp_drawing.DrawingSpec(color = (80,110,10),thickness = 1,circle_radius = 1),
22          mp_drawing.DrawingSpec(color = (80,256,121),thickness = 1,circle_radius = 1))
23     # 绘制左手轮廓
24     mp_drawing.draw_landmarks(image, results.left_hand_landmarks,
25          mp_holistic.HAND_CONNECTIONS,
26          mp_drawing.DrawingSpec(color = (121,22,76),thickness = 2,circle_radius = 4),
27          mp_drawing.DrawingSpec(color = (121,44,250),thickness = 2,circle_radius = 2))
28     # 绘制右手轮廓
29     mp_drawing.draw_landmarks(image, results.right_hand_landmarks,
30          mp_holistic.HAND_CONNECTIONS,
31          mp_drawing.DrawingSpec(color = (245,117,66),thickness = 2,circle_radius = 4),
32          mp_drawing.DrawingSpec(color = (245,66,230),thickness = 2,circle_radius = 2))
33     # 绘制躯体轮廓
34     mp_drawing.draw_landmarks(image, results.pose_landmarks,
```

```
35              mp_holistic.POSE_CONNECTIONS,
36              mp_drawing.DrawingSpec(color = (80,22,10),thickness = 2,circle_radius = 4),
37              mp_drawing.DrawingSpec(color = (80,44,121),thickness = 2,circle_radius = 2))
38  # 采集全身动作数据,包括脸部、四肢、躯干
39  def extract_keypoints(results):
40      # 对姿态数据的处理
41      pose = np.array([[res.x, res.y, res.z, res.visibility] \
42                  for res in results.pose_landmarks.landmark]).flatten() \
43                  if results.pose_landmarks else np.zeros(33 * 4)
44      # 对脸部姿态数据的处理
45      face = np.array([[res.x, res.y, res.z] \
46                  for res in results.face_landmarks.landmark]).flatten() \
47                  if results.face_landmarks else np.zeros(468 * 3)
48      # 对左手姿态数据的处理
49      lh = np.array([[res.x, res.y, res.z] \
50                  for res in results.left_hand_landmarks.landmark]).flatten() \
51                  if results.left_hand_landmarks else np.zeros(21 * 3)
52      # 对右手姿态数据的处理
53      rh = np.array([[res.x, res.y, res.z] \
54                  for res in results.right_hand_landmarks.landmark]).flatten() \
55                  if results.right_hand_landmarks else np.zeros(21 * 3)
56      return np.concatenate([pose, face, lh, rh]) # 返回动作堆叠合集
57  # 只采集左手的动作数据
58  def extract_left_hand_keypoints(results):
59      # 对左手姿态数据的处理
60      lh = np.array([[res.x, res.y, res.z] \
61                  for res in results.left_hand_landmarks.landmark]).flatten() \
62                  if results.left_hand_landmarks else np.zeros(21 * 3)
63      return lh
64  # 定义动作标签
65  actions = np.array(['stone','scissors','paper'])
66  datasets = os.path.join('datasets')          # 定义存放采集的位置
67  num_videos = 30                              # 对每个动作,采集 30 个视频
68  frames_in_video = 30                         # 每个动作,用 30 个 Frame 表示
69  # 创建数据集目录
70  for action in actions:
71      for video in range(1,num_videos + 1):
72          try:
73              os.makedirs(os.path.join(datasets,action,str(video)))
74          except:
75              pass
76  # 开始数据采样
77  end = False
78  cap = cv2.VideoCapture(0)                    # 打开摄像头
79  with mp_holistic.Holistic(min_detection_confidence = 0.5, min_tracking_confidence =
80  0.5) as holistic:
81      for action in actions:                   # 采集三种动作
82          if end:
83              break
```

```
84          for video_no in range(num_videos):              # 每个动作采集多少个视频
85              if end:
86                  break
87              for frame_no in range(frames_in_video):     # 每个视频包含 30 帧
88                  # 读取一帧
89                  ret, frame = cap.read()
90                  # 姿态检测
91                  image, results = mediapipe_detection(frame, holistic)
92                  # 绘制检测的结果
93                  draw_styled_landmarks(image, results)
94                  # 显示当前帧
95                  if frame_no == 0:                       # 显示当前序列的第 1 帧
96                      cv2.putText(image, f'begin: {action}', (120, 200),
97                      cv2.FONT_HERSHEY_SIMPLEX, 2, (0, 255, 0), 2, cv2.LINE_AA)
98                      cv2.putText(image, f'video no: {video_no + 1} / action: {action}',
99                      (20, 40), cv2.FONT_HERSHEY_SIMPLEX, 1,
100                     (0, 0, 255), 1, cv2.LINE_AA)
101                     cv2.imshow('Current Frame', image)
102                     cv2.waitKey(1000)                   # 延迟 1 秒,准备下一个动作
103                 else: # 显示当前序列的第 2~30 帧
104                     cv2.putText(image, f'video no: {video_no + 1}/action:{action}',
105                         (20, 40), cv2.FONT_HERSHEY_SIMPLEX, 1,
106                         (0, 0, 255), 1, cv2.LINE_AA)
107                     cv2.imshow('Current Frame', image)
108                 # 提取和保存关键数据
109                 keypoints = extract_keypoints(results)
110                 # keypoints = extract_left_hand_keypoints(results)  # 只提取左手动作
111                 saved_path = os.path.join(datasets, action, str(video_no + 1),
112                 str(frame_no + 1))
113                 np.save(saved_path, keypoints)          # 保存为 npy 数据文件
114                 # 保存采集的图像,测试和观察用
115                 # plt.imsave(saved_path + '.jpg',cv2.cvtColor(image, cv2.COLOR_BGR2RGB))
116                 # 按 Esc 键退出视频采集
117                 if cv2.waitKey(10) & 0xFF == 27:
118                     end = True
119                     break
120     cap.release()
121     cv2.destroyAllWindows()
```

运行程序源码 P7.16,完成活体动作数据采集,从石头、剪刀、布三个动作序列中分别抽取一幅图片,如图 7.29 所示。

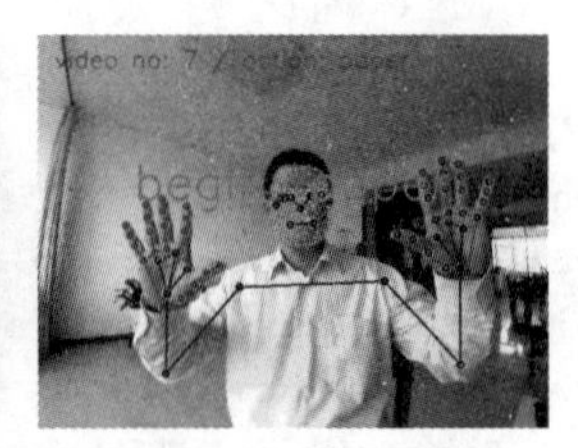

(a) 石头　(b) 剪刀　(c) 布

图 7.29　活体数据采样观察

程序源码 P7.16 逻辑上采集的是全身动作数据，此时看不到脚部动作，是因为采集关注点不在脚部，不需要区分脚部动作。如果需要，完全可以让人全身暴露在摄像头下，即可获得全身的动作数据。生成的数据集目录如图 7.30 所示。

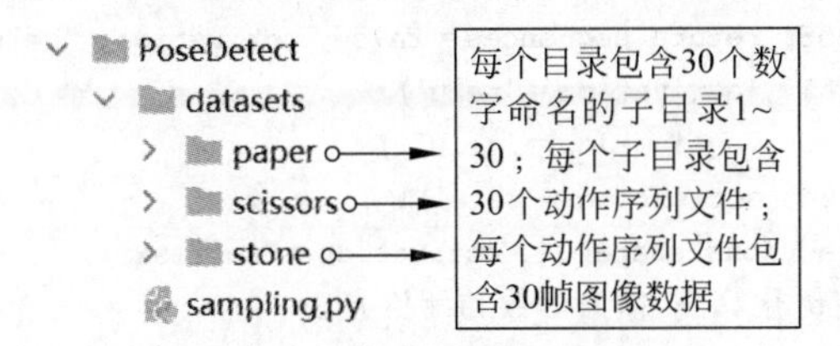

图 7.30　生成的数据集目录

7.20　定义活体检测模型

用 LSTM 模块解析动作序列，定义模型 PoseModel。在 PoseDetect 目录下新建活体动作检测模型程序 posemodel.py，编码逻辑如程序源码 P7.17 所示。

程序源码 P7.17　posemodel.py 之定义活体检测模型

```
1  import os
2  import numpy as np
3  from sklearn.model_selection import train_test_split
4  from tensorflow.keras.utils import to_categorical
5  import tensorflow as tf
6  from tensorflow.keras.models import Sequential
7  from tensorflow.keras.layers import LSTM, Dense
8  from tensorflow.keras.callbacks import TensorBoard
9  # 加载并划分数据集
10 actions = np.array(['stone','scissors','paper'])              # 动作标签
11 datasets = os.path.join('datasets')                           # 存放采集的所有数据
12 num_videos = 30                                               # 对每个动作，采集 30 个视频
13 frames_in_video = 30                                          # 每个动作用 30 个 Frame 表示
14 frames, labels = [], []                                       # 所有的序列，及其标签
15 label_map = {label : num for num, label in enumerate(actions)}
16 for action in actions:
17     for video_no in range(1, num_videos + 1):
18         action_frames = []
19         for frame_no in range(1, frames_in_video + 1):
20             keypoints = np.load(os.path.join(datasets,action,str(video_no),
21             f"{str(frame_no)}.npy"))
22             action_frames.append(keypoints)
23         frames.append(action_frames)
24         labels.append(label_map[action])
25 X = np.array(frames)                                          # 特征矩阵
26 y = to_categorical(labels).astype(int)                        # 标签
27 # 划分数据集
28 X_train, X_test, y_train, y_test = train_test_split(X, y, test_size = 0.3, random_state = 2022)
```

```
29  # 用LSTM解析动作序列,定义模型 PoseModel
30  model = Sequential(name = 'PoseModel')
31  model.add(LSTM(256, return_sequences = True, activation = 'relu', input_shape = (30,63)))
32  model.add(LSTM(256, return_sequences = True, activation = 'relu'))
33  model.add(LSTM(256, return_sequences = False, activation = 'relu'))
34  model.add(Dense(512, activation = 'relu'))
35  model.add(Dense(256, activation = 'relu'))
36  model.add(Dense(64, activation = 'relu'))
37  model.add(Dense(actions.shape[0], activation = 'softmax'))
38  # 模型编译,指定优化算法、损失函数和评价方法
39  model.compile(optimizer = 'Adam', loss = 'categorical_crossentropy', metrics = ['accuracy'])
40  model.summary()
```

模型结构摘要显示,模型的可训练参数数量为 1 657 859 个。模型结构解析参见本节视频教程。

7.21 活体检测模型训练

在 7.20 节模型定义程序 posemodel.py 的基础上,迭代增加模型训练程序,训练参数配置、训练方法以及编码逻辑如程序源码 P7.18 所示。

程序源码 P7.18 posemodel.py 之模型训练逻辑

```
1   # 模型训练日志目录及回调函数
2   log_dir = os.path.join('Logs')
3   tensorboard = TensorBoard(log_dir = log_dir)
4   # 定义保存最优模型的策略
5   best_model = tf.keras.callbacks.ModelCheckpoint(
6       'actions.h5',
7       monitor = 'val_accuracy',
8       verbose = 1,
9       save_best_only = True,
10      save_weights_only = False,
11      mode = 'max',
12      save_freq = 'epoch'
13  )
14  # 模型提前终止训练的策略
15  earlyStop = tf.keras.callbacks.EarlyStopping(
16      monitor = 'val_accuracy',
17      min_delta = 0,
18      patience = 100,
19      verbose = 0,
20      mode = 'max',
21      restore_best_weights = True
22  )
23  # 回调函数集合
24  callbacks = [best_model, tensorboard, earlyStop]
```

```
25  # 模型开始训练
26  model.fit(X_train, y_train, epochs = 1000, validation_data = (X_test, y_test),
27  callbacks = callbacks)
```

观察模型训练过程,对比模型在训练集与验证集上的表现。如果准确率不理想,首先回去检查采集的动作序列数据是否完整,是否存在石头、剪刀、布三种数据混淆的情况。

7.22　活体检测模型评估

模型训练效果与之前采集的数据以及模型结构密切相关。图 7.31 给出了用 TensorBoard 观察到的准确率曲线。

在第 140 代之前,模型训练过程以震荡为主,模型表现不稳定。在第 195 代前后,模型发生剧烈抖动。从第 200 代开始,模型似乎进入稳定状态,验证集与训练集趋势比较接近,无显著过拟合现象,准确率接近 1。在第 240 代之前,模型达到训练时设定的最优目标,即:模型在验证集上的准确率,连续 100 代没有提升,则提前结束模型训练。

事实上,针对图 7.31 中的剧烈震荡情况,首先应该回头去检查数据采集和分类的正确性,看看是否存在显著的样本混淆或不准确的情况。因为总体样本数量偏少的情况下,错误分类的样本将对建模过程造成较大的困扰。

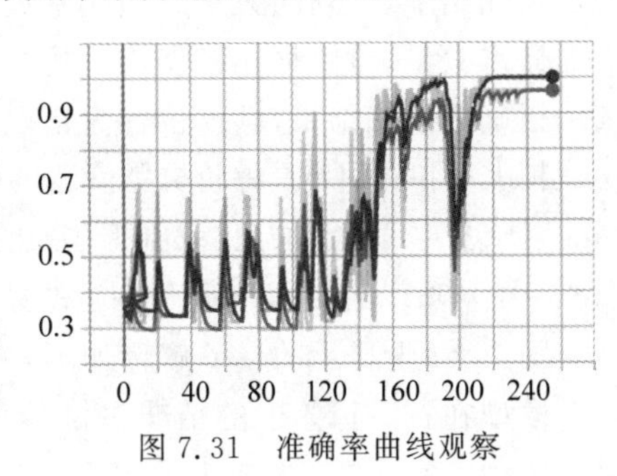

图 7.31　准确率曲线观察

为了进一步评估模型在验证集上的表现,程序源码 P7.19 给出了单个样本的抽样测试以及在验证集上得到的混淆矩阵。

程序源码 P7.19　posemodel.py 之模型评估与混淆矩阵

```
1   # 绘制混淆矩阵
2   from sklearn.metrics import confusion_matrix, accuracy_score
3   import itertools
4   import matplotlib.pyplot as plt
5   # 加载保存的最优模型
6   model = tf.keras.models.load_model('actions.h5')
7   yhat = model.predict(X_test)                          # 在验证集上做预测
8   print('预测结果:',actions[np.argmax(yhat[4])])         # 打印预测结果
9   print('真实标签:',actions[np.argmax(y_test[4])])       # 打印标签
10  # 得到真实标签和预测的标签
11  ytrue = np.argmax(y_test, axis = 1).tolist()
12  yhat = np.argmax(yhat, axis = 1).tolist()
13  # 根据预测结果生成混淆矩阵
14  cm = confusion_matrix(ytrue, yhat)
15  # 用图形化方式绘制混淆矩阵
16  plt.figure(figsize = (4,3))
17  plt.imshow(cm, cmap = plt.cm.Blues)
18  plt.colorbar()
```

```
19  plt.xticks(range(3))
20  plt.yticks(range(3))
21  plt.title("Confusion Matrix")
22  thresh = cm.max() / 2
23  for i,j in itertools.product(range(cm.shape[0]),range(cm.shape[1])):
24      plt.text(j,i,format(cm[i,j],'d'), horizontalalignment = 'center',
25              color = 'white' if cm[i,j]> thresh else 'black')
26  plt.xlabel('Predicted Labbel')
27  plt.ylabel('True Label')
28  plt.show()
```

为了单独运行程序源码 P7.19 给出的测试程序，可以将程序源码 P7.18 中的第 26 行语句注释掉，这样可以跳过模型训练部分。

生成的混淆矩阵如图 7.32 所示。行表示真实类别，所以一行的数字总和即为该类别的样本总数。列表示预测结果，一列的数字总和表示模型预测为该类别的样本数量，可能存在错误预测的情况。对角线上表示正确的预测结果，其他位置为错误的预测结果。

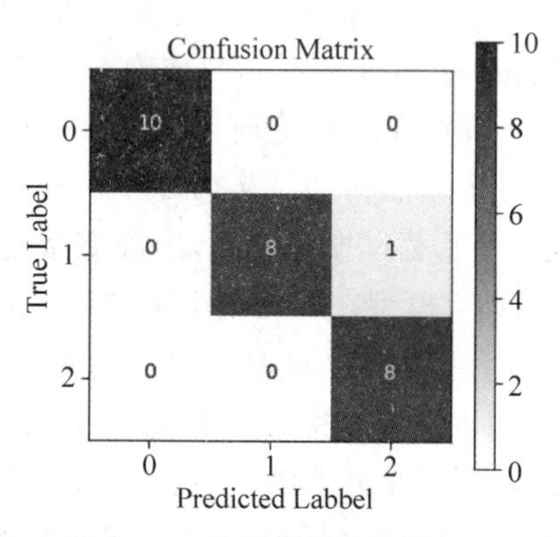

图 7.32　验证集上的混淆矩阵

精准率和召回率是评价分类问题的两个简单指标。精准率=主对角线上的值/该值所在列的数字之和。召回率=主对角线上的值/该值所在行的数字之和。

图 7.32 中显示的标签解释如下：0-stone(石头)，1-scissors(剪刀)，2-paper(布)。

模型在石头标签上的精准率与召回率均为 100%。在剪刀标签上的精准率为 100%，召回率为 8/9。在布标签上的精准率为 8/9，召回率为 100%。

7.23　实时检测与识别

新建程序 poseDetecting.py，基于已经训练好的模型，对人体动作完成实时检测与识别，编码逻辑如程序源码 P7.20 所示。

程序源码 P7.20　poseDetecting.py 实时检测与识别

```
1   import cv2
2   import numpy as np
3   import tensorflow as tf
4   import mediapipe as mp
5   mp_holistic = mp.solutions.holistic                       # 姿态检测包 Holistic Model
6   actions = np.array(['stone','scissors','paper'])          # 动作标签
7   # 加载保存的最优模型
8   model = tf.keras.models.load_model('actions.h5')
9   sequence = []                                             # 存放帧序列
10  sentence = []                                             # 存放动作
11  threshold = 0.5
```

```
12  # 姿态检测
13  def mediapipe_detection(image,model):
14      image = cv2.cvtColor(image, cv2.COLOR_BGR2RGB)
15      image.flags.writeable = False
16      results = model.process(image)
17      image.flags.writeable = True
18      image = cv2.cvtColor(image, cv2.COLOR_RGB2BGR)
19      return image,results
20  def extract_left_hand_keypoints(results):
21      # 对左手姿态数据的处理
22      lh = np.array([[res.x, res.y, res.z] \
23                     for res in results.left_hand_landmarks.landmark]).flatten() \
24          if results.left_hand_landmarks else np.zeros(21 * 3)
25      return lh
26  cap = cv2.VideoCapture(0)                                   # 打开摄像头
27  # 定义 mediapipe 模型
28  with mp_holistic.Holistic(min_detection_confidence = 0.5,
29                            min_tracking_confidence = 0.5) as holistic:
30      while cap.isOpened():
31          # 读取一帧
32          ret, frame = cap.read()
33          # 姿态检测
34          image, results = mediapipe_detection(frame, holistic)
35          # 捕获关键点的数据,这里只取左手动作数据,与采样数据保持一致
36          keypoints = extract_left_hand_keypoints(results)
37          sequence.append(keypoints)
38          sequence = sequence[-30:]                            # 取最近的 30 帧
39          if len(sequence) == 30:                              # 凑够 30 帧画面的数据
40              pred = model.predict(np.expand_dims(sequence, axis = 0))[0]  # 预测
41              for num, prob in enumerate(pred):                # 可视化预测结果
42                  cv2.rectangle(image, (20, 20 + num * 40), (20 + int(prob * 100),
43                                50 + num * 40), (0, 255, 255), -1)
44                  cv2.putText(image, actions[num] + ':' + str(prob), (20, 45 + num * 40),
45                              cv2.FONT_HERSHEY_SIMPLEX, 1, (0, 0, 0), 2, cv2.LINE_AA)
46          # 显示当前帧
47          cv2.imshow('Current Frame', image)
48          # 按 Esc 键结束检测
49          if cv2.waitKey(10) & 0xFF == 27:
50              break
51      cap.release()
52      cv2.destroyAllWindows()
```

运行程序源码 P7.20,分别用左手做出石头、剪刀、布的动作,体验模型的检测效果,如图 7.33 所示。

模型对石头的判断比较笃定,对剪刀的判断相对模糊,因为剪刀的手势既有拳头的特征,也有布的特征。同样,对布的判断也相对模糊,因为布的手势包含了剪刀的特征。尽管如此,模型的准确率还是比较高。或许样本数量足够充分时,模型的可靠性更值得信赖。

(a) 左手石头动作识别

(b) 左手剪刀动作识别

(c) 左手布动作识别

图 7.33 左手动作检测与识别

因为前面采用了左手模式进行模型训练。如果此时换作右手测试,可以发现,模型是失灵的,因为模型能够准确区分左右手的不同。由此可见,让用户做出规定的动作反馈,是实现活体检测的有效手段。

现在有了人脸识别模型 FaceNet 和人体动作识别模型 PoseModel,将二者联合起来,部署于服务器端。当在进行人脸识别时,不但采集脸部图像序列,同时采集规定的动作序列,将脸部图像序列与规定的动作序列同时发送到服务器端,分别用相应的模型做出判断,根据判断结果,即可实现兼顾活体检测的人脸识别与应用。

7.24 小结

本章以人脸识别为主线,解析了 HOG、Haar Cascades、MTCNN 三种人脸检测技术及其用法演示。解析、设计和体验了自定义人脸识别模型、VGG-Face 人脸识别模型和 FaceNet 人脸识别模型三种人脸识别方法。基于 VGG-Face 模拟了刷脸门禁的设计与实现,基于 FaceNet 构建了人脸识别服务器,完成了基于 Android 客户机的两种人脸识别模式设计与测试。最后基于 mediapipe 框架单独设计了一个人体动作检测与识别模块,集成到人脸识别应用中,可实现带有活体检测功能的人脸识别。

7.25 习题

1. 解析人脸检测与人脸识别的不同之处。
2. 谈谈你对人脸活体检测的认识,有哪些常见的方法?
3. 对 HOG、Haar Cascades、MTCNN 三种人脸检测方法做出比较分析。
4. 人脸识别的基本流程是什么?
5. 本章项目中实现的自定义人脸识别模型的缺陷是什么?
6. 为什么 VGG-Face 模型输出的人脸特征向量的长度为 2622?
7. FaceNet 人脸识别模型的创新点是什么?
8. FaceNet 模型是如何训练的? 其模型结构有何优势?
9. 为什么说 FaceNet 模型可以匹配多种人脸识别任务?
10. 描述 FaceNet 人脸识别服务器的设计逻辑。

11. 描述 Android 人脸识别客户机的设计逻辑。

12. 描述基于 mediapipe 的人体动作序列检测流程。

13. 你认为应该如何将人体手部动作检测融合到人脸识别项目中?

14. 根据本章案例设计的 VGG-Face 门禁检测,谈谈为什么员工只需要提交一张照片就可以出入单位的刷脸门禁系统。

15. Android 人脸识别采用 Retrofit 框架与服务器交换数据,如何将其修改为 Socket 通信模式?

第 8 章

BERT与基因序列预测

当读完本章时,应该能够:

- 理解生物信息学数据库是建模的数据之源。
- 理解数据库检索的基本方法。
- 理解序列比对的基本方法与意义。
- 理解增强子的基本结构及在基因转录中的重要作用。
- 理解增强子序列数据集的采集方法。
- 理解并掌握 BERT 模型的体系结构与原理。
- 用 BERT 预训练模型对基因序列做迁移学习,提取基因特征。
- 用 BERT+DenseNet121 完成基因预测模型的定义、训练与评估。

近年来,以 Transformer 和 BERT 为代表的自然语言处理模型得到长足发展,将基因序列或者残基序列视作自然语言序列,将 Transformer 和 BERT 应用于生物信息学领域的序列解析与预测,已经成为一种研究趋势。

增强子预测是生物信息学领域富有挑战性的问题。本章的任务是将增强子的 DNA 序列视作"自然语言中的语句",用 BERT 模型将其转换为固定长度的特征矩阵,实现 DNA 特征提取,在此基础上,用 DenseNet121 迁移学习模型,完成 DNA 增强子的分类预测。

8.1 生物信息学数据库

生物信息学数据库是用于收集、整理、存储、加工、发布和检索数据的生物信息仓库,其种类很多,包括序列数据库、结构数据库、生物分子相互作用数据库、基因表达库、文献信息库等。还有一类数据库称作派生库,数量众多,这些数据库是为了满足某些工作需要，基于已有数据库的数据进行挖掘、整理、加工而成的数据库。

按照惯例，生物科技工作者发表研究成果时，需要将核苷酸序列、蛋白质序列或者其他相关数据(如基因表达数据、生物大分子三维结构等)提交到指定的数据库中。生物信息学数据库分门别类集成了人类已有的研究成果，所以，理解并掌握生物信息学数据库是开展分子生物学研究的基本功。图 8.1 给出了针对生物信息学数据库的基本分类，分为一级数据库、二级数据库和派生数据库三个层次。

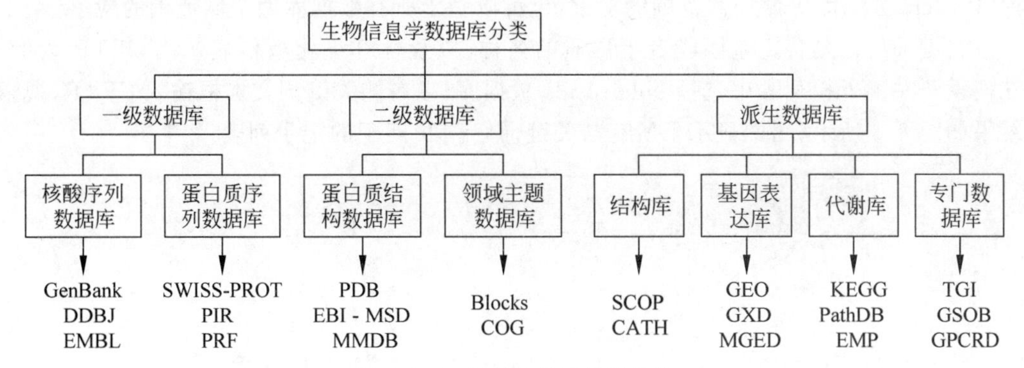

图 8.1 生物信息学数据库分类

核酸序列数据库如 GenBank、DDBJ 和 EMBL 等。蛋白质序列数据库如 SWISS-PROT、PIR、PRF 等。蛋白质结构数据库如 PDB、EBI-MSD、MMDB 等。

GenBank 数据库由美国国立生物技术信息中心(NCBI)建立和维护，EMBL 数据库由欧洲生物信息学研究所(EBI)建立和维护。

为了满足研究需要，还有大量的派生类数据库，例如 UniProt 集成了 PIR、TrEMBL 和 SWISSPROT 三个蛋白质数据库的信息。

再如 AlphaFold2 提取 MSA 特征时所参考的蛋白质序列数据库 UniRef90、Mgnify、BFD 都是派生数据库。

为了共享科研数据，设在美国的 GenBank、欧洲的 EMBL 和日本的 DDBJ，每天都会交换新增数据，如图 8.2 所示。

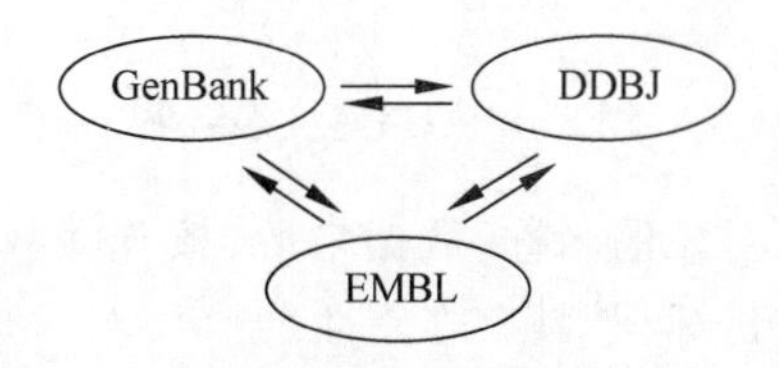

图 8.2 三大核酸序列数据库定时同步更新

由 AlpahFold2 生成的蛋白质结构在线数据库是一个纯粹依赖计算生物学推理的蛋白质结构数据库，尽管其可信度暂时不如实验结果可靠，但是仍能够为科研人员探索未知领域提供灵感或者有价值的参考。

AlphaFold2 数据库网址为 https://www.alphafold.ebi.ac.uk/。

目前，AlphaFold2 的在线数据库已经包含人类蛋白组中 98.5%的蛋白质结构预测，同时也包含部分大肠杆菌、酵母、拟南芥、玉米等 20 多个物种的蛋白质结构预测结果。

8.2 数据库检索

打开 NCBI 官方网站，主页左侧是资源目录列表，右侧是常用资源与工具，如 BLAST 等。中间区域是提交数据、下载数据、NCBI 使用帮助等功能模块。页面顶部有一个搜索条，可以针对数十个特定数据库完成检索，例如可以面向 Gene 数据库、Nucleotide 数据库、Protein 数据库等做局部范围的检索，也可以基于所有数据库做全域范围的检索。

关键词可以是特定基因或者蛋白质的名称，以囊性纤维化遗传病基因 CFTR 为例，在搜索条左侧下拉列表中选择 Nucleotide 数据库，在右侧关键词文本框输入 CFTR，搜索结果如图 8.3 所示，图中显示了所有与关键词 CFTR 匹配的记录列表。

图 8.3 数据库检索结果

条目列表一般包含检索对象的名称、数据来源、核苷酸数量、登录编号等。登录编号是目标对象在数据库中的身份标识，具有唯一性。

此时，可以借助页面左侧的资源列表，对检索结果做进一步筛选，例如根据物种类型或者 mRNA、DNA 分子类型或者数据库来源等过滤检索结果。详情参见本节视频讲解。

单击目标条目后，可以观察到更为详尽的信息，例如作者、文献以及基因序列的结构信息。或者单击 FASTA 链接查看基因的完整序列。FASTA 是核酸序列和蛋白质序列最为流行的文件格式。可以单独下载 FASTA 格式的文件，还可以将 FASTA 展示的序列复制、粘贴到 BLAST 工具中做序列的比对和同源检索。

8.3 序列比对

序列比对常用于基因预测、基因表达谱分析、蛋白质结构预测、分析基因或蛋白质的功能、分析物种演化、检测突变等。

序列对位排列(Sequence Alignment)是将两条或多条序列对齐排列,突出相似的结构区域。如图8.4所示,序列1与序列2的长度虽然不同,但是可以将二者相同的片段对齐(称为序列对位排列)。序列对位排列又称为序列联配、序列比对、序列对齐等,都是一个意思。

记分矩阵可用于评估两条序列对位排列时的得分值。长度一定时,分数越高,两条序列匹配越好,如图8.5所示。

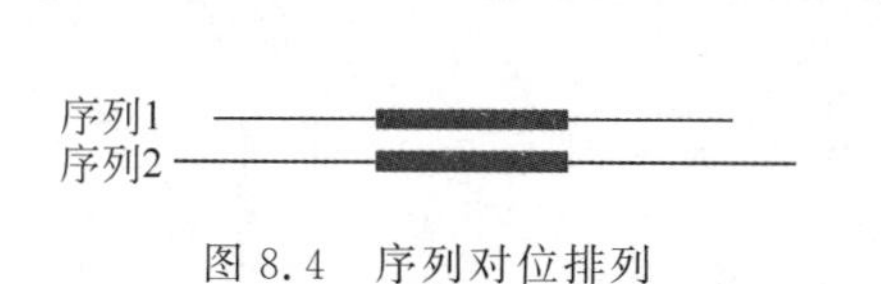

图8.4 序列对位排列

序列1 A C G T T A

序列2 A C T T T C

记分: 2 2 -3 2 2 -3 = 2

图8.5 序列比对得分评估方法

蛋白质序列比对常用的记分矩阵有PAM矩阵(如PAM30、PAM70)和BLOSUM矩阵(如BLOSUM62、BLOSUM80)。两种矩阵的对应关系为:

```
BLOSUM80 相当于 PAM1
BLOSUM62 相当于 PAM120
BLOSUM45 相当于 PAM250
```

BLAST默认采用的记分矩阵为BLOSUM62,BLOSUM62对氨基酸序列的评分方法如图8.6所示。

	C	S	T	P	A	G	N	D	E	Q	H	R	K	M	I	L	V	F	Y	W	
C	9																				C
S	-1	4																			S
T	-1	1	5																		T
P	-3	-1	-1	7																	P
A	0	1	0	-1	4																A
G	-3	0	-2	-2	0	6															G
N	-3	1	0	-2	-2	0	6														N
D	-3	0	-1	-1	-2	-1	1	6													D
E	-4	0	-1	-1	-1	-2	0	2	5												E
Q	-3	0	-1	-1	-1	-2	0	0	2	5											Q
H	-3	-1	-2	-2	-2	-2	1	-1	0	0	8										H
R	-3	-1	-1	-2	-1	-2	0	-2	0	1	0	5									R
K	-3	0	-1	-1	-1	-2	0	-1	1	1	-1	2	5								K
M	-1	-1	-1	-2	-1	-3	-2	-3	-2	0	-2	-1	-1	5							M
I	-1	-2	-1	-3	-1	-4	-3	-3	-3	-3	-3	-3	-3	1	4						I
L	-1	-2	-1	-3	-1	-4	-3	-4	-3	-2	-3	-2	-2	2	2	4					L
V	-1	-2	0	-2	0	-3	-3	-3	-2	-2	-3	-3	-2	1	3	1	4				V
F	-2	-2	-2	-4	-2	-3	-3	-3	-3	-3	-1	-3	-3	0	0	0	-1	6			F
Y	-2	-2	-2	-3	-2	-3	-2	-3	-2	-1	2	-2	-2	-1	-1	-1	-1	3	7		Y
W	-2	-3	-2	-4	-3	-2	-4	-4	-3	-2	-2	-3	-3	-1	-3	-2	-3	1	2	11	W

图8.6 BLOSUM62对氨基酸序列的评分方法

两个序列比对，可以采用图8.7所示的动态规划(Dynamic Programming)方法，序列x和序列y分别作为行和列构成动态规划矩阵。

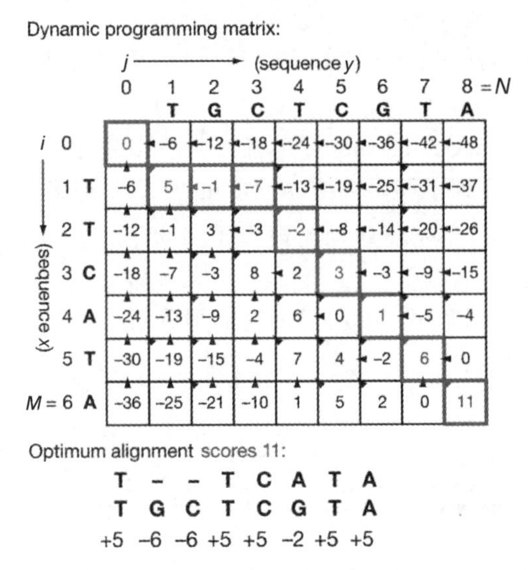

图8.7 用动态规划方法进行序列比对

全局比对(Global Alignment)和局部比对(Local Alignment)的区别如图8.8所示。Query序列与Subject序列比对，全局比对是将两条完整的序列做整体的对位排列，局部比对是拿出两条序列中的部分片段做比对。

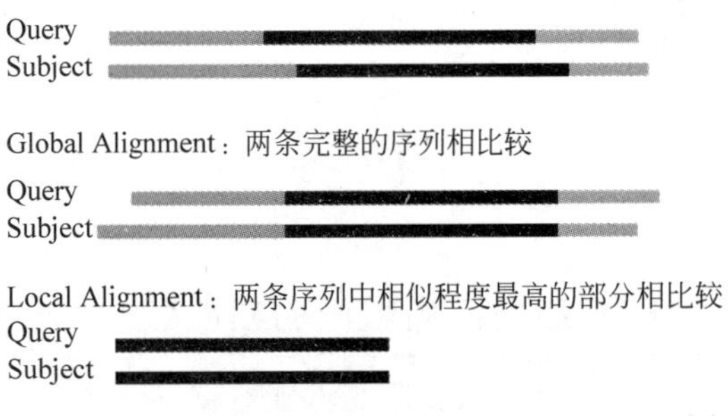

图8.8 全局比对和局部比对

为了增强对齐效果，常常需要对某些位置插入空位，如图8.9所示，在Query序列中间的粉色片段和棕黄色片段之间插入一些空位，可以取得更好的对齐效果。

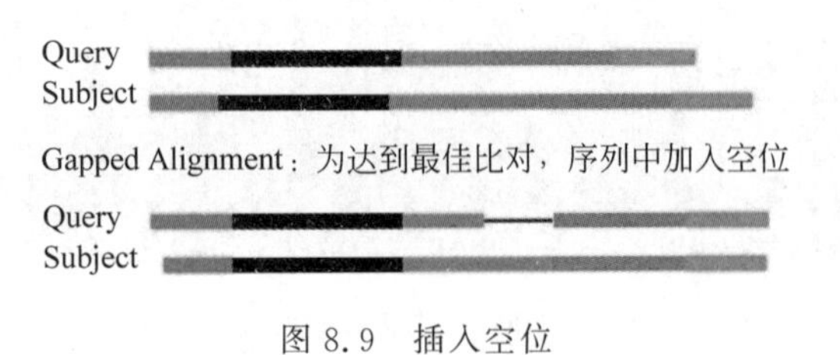

图8.9 插入空位

8.4 多序列比对

多序列比对(Multiple Sequence Alignment,MSA)反映了一组序列之间的相似性,可以帮助寻找基因家族的共有特征,寻找motif、保守区域等,或者用于预测蛋白质的二级和三级结构,进而推测其生物学功能。

直观看,MSA是将最大数量的相似字符放入对齐的同一列中,如图8.10所示。

```
chicken     PLVSS---PLRGEAGVLPFQQEEYEKVKRGIVEQCCHNTCSLYQLENYCN
xenopus     ALVSG---PQDNELDGMQLQPQEYQKMKRGIVEQCCHSTCSLFQLESYCN
human       LQVGQVELGGGPGAGSLQPLALEGSLQKRGIVEQCCTSICSLYQLENYCN
monkey      PQVGQVELGGGPGAGSLQPLALEGSLQKRGIVEQCCTSICSLYQLENYCN
dog         LQVRDVELAGAPGEGGLQPLALEGALQKRGIVEQCCTSICSLYQLENYCN
hamster     PQVAQLELGGGPGADDLQTLALEVAQQKRGIVDQCCTSICSLYQLENYCN
bovine      PQVGALELAGGPGAGG-----LEGPPQKRGIVEQCCASVCSLYQLENYCN
guinea pig  PQVEQTELGMGLGAGGLQPLALEMALQKRGIVDQCCTGTCTRHQLQSYCN
```

图8.10 MSA比对效果举例

MSA可以描述同源序列之间亲缘关系的远近,在分子进化分析中有广泛应用,是构建分子进化树的基础。

在AlphaFold进行蛋白质结构预测的初始阶段,最重要的一项工作就是到数据库中针对目标序列做MSA特征提取,因为MSA揭示了序列共进化的信息,同源序列往往拥有类似的结构。关于AlphaFold预测蛋白质结构的逻辑,将在第9章解析。

8.5 基因增强子

增强子(Enhancer)是能够增加启动子活性从而增加基因转录频率的DNA序列。增强子位于转录基因的上下游,发挥作用与受控基因的远近距离关系不密切。

增强子分为细胞特异性增强子和诱导性增强子两种类型。

(1) 细胞特异性增强子:在特定的细胞或特定的细胞发育阶段有选择性地调控基因转录表达。例如,B细胞免疫球蛋白重链基因或轻链基因的增强子,只有在胚胎干细胞分化为B细胞时,才能对Ig基因起正调控作用。α-类和β-类珠蛋白基因簇上游非编码区中均存在红细胞系特异性增强子。

(2) 诱导性增强子:在特定刺激因子的诱导下,才能发挥其增强基因转录活性的增强子称为诱导性增强子。

图8.11所示为哺乳细胞中的转录调控逻辑示意(图片源自维基百科),显示了增强子(Enhancer)如何与启动子(Promoter)相互作用以增强基因表达的逻辑关系。

RNA上的增强子调控区域能够通过形成染色体突环(Chromosome loop)与靶基因

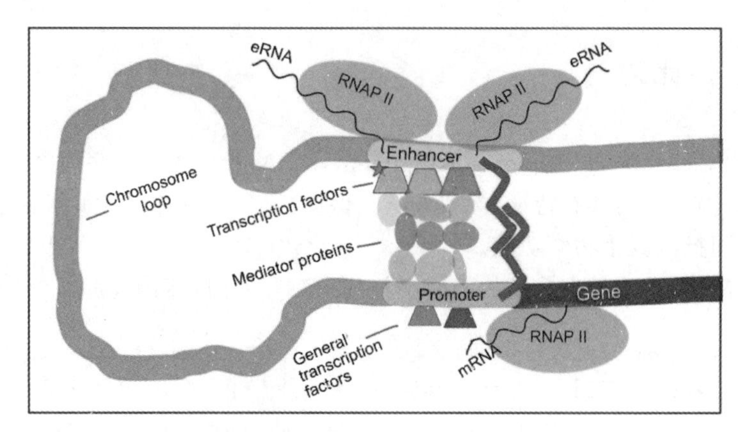

图 8.11 哺乳细胞中的转录调控逻辑示意(见彩插)

的启动子区域相互作用,从而促进 RNA 聚合酶Ⅱ与启动子上的转录起始位点结合,合成信使 RNA (mRNA)。该染色体突环由一个锚定在增强子上的结构蛋白和另一个锚定在启动子上的结构蛋白形成二聚体(红色锯齿)稳定突环结构。特定的转录因子与增强子上的 DNA 序列结合,一般转录因子与启动子结合。当转录因子被激活时(这里的小红星表示转录因子被磷酸化),被激活的增强子就可以激活靶基因的启动子。活性增强子通过结合的 RNA 聚合酶在每条 DNA 链上以相反方向转录。中间介导的复合体(Mediator,由约 26 个蛋白组成的复合物)将信号从转录因子传递至靶基因的启动子。

8.6 增强子序列数据集

本章案例采用的增强子的 DNA 序列数据,采集与构建是借助增强子分析工具软件 iEnhancer-2L 完成的,官方网站为 http://bioinformatics. hitsz. edu. cn/iEnhancer-2L/。

iEnhancer-2L 的作者从 9 个不同的细胞系中收集增强子基因序列,并将它们分割成 200bp(碱基对)的片段。最终形成的数据集如表 8.1 所示。

表 8.1 增强子序列数据集

文件名称	功 能	规 模
enhancer. cv. txt	增强子序列,用作训练集	包含 1484 个长度为 200 的序列
non. cv. txt	非增强子序列,用作训练集	包含 1484 个长度为 200 的序列
enhancer. ind. txt	增强子序列,用作测试集	包含 200 个长度为 200 的序列
non. ind. txt	非增强子序列,用作测试集	包含 200 个长度为 200 的序列

用 PyCharm 新建项目 BERT-DNA。在 BERT-DNA 目录下新建 data 子目录,将本章课件附带的数据集文件复制到 data 子目录中。

表 8.1 中的数据集是 FASTA 格式的文件,在 BERT-DNA 项目中新建程序 extract_seq. py,对 FASTA 文件中的数据做进一步处理,提取其中的 DNA 片段,并且在不同的碱基字母之间添加空格,以满足后续的分词需要。程序逻辑如程序源码 P8.1 所示。

程序源码 P8.1 extract_seq.py 数据集提取,生成 DNA 序列文件

```
1   import os
2   import re
3   full_path = os.path.realpath(__file__)
4   os.chdir(os.path.dirname(full_path))
5   # 序列生成函数
6   def extract_seq(old_file_path, new_file_path='seqs', seq_length=512):
7       if not os.path.exists('seqs'):
8           os.makedirs('seqs')
9       nseq = 0                                    # 序列计数
10      nsmp = 0                                    # 样本计数
11      all_sequences = []                          # 所有的样本序列
12      data = re.split(
13          r'(^>.*)', ''.join(open(old_file_path).readlines()), flags=re.M)
14      for i in range(2, len(data), 2):
15          nseq = nseq + 1
16          # 生成序列,在核苷酸之间添加空格
17          fasta = list(data[i].replace('\n', '').replace('\x1a', ''))
18          seq = [''.join(fasta[j:j + seq_length])
19                 for j in range(0, len(fasta) + 1, seq_length)]
20          nsmp = nsmp + len(seq)
21          all_sequences.append('\n'.join(seq))    # 样本序列加到列表
22      # 序列保存为独立文件
23      with open(f"./seqs/{new_file_path}.seq", "w") as ffas:
24          ffas.write('\n'.join(all_sequences))
25      print(f"文件 {old_file_path} 包含的序列数量: {nseq}")
26      print(f"文件 {old_file_path} 包含的样本数量: {nsmp}")
27  # 提取 DNA 序列,并且在碱基字母间添加空格,保存到新文件中
28  extract_seq('./data/enhancer.cv.txt', 'cv_pos')   # 训练集增强子序列正样本
29  extract_seq('./data/non.cv.txt', 'cv_neg')        # 训练集增强子序列负样本
30  extract_seq('./data/enhancer.ind.txt', 'ind_pos') # 测试集增强子序列正样本
31  extract_seq('./data/non.ind.txt', 'ind_neg')      # 测试集增强子序列负样本
```

程序源码 P8.1 运行结果保存在目录 seqs 中,生成 cv_pos.seq、cv_neg.seq、ind_pos.seq 和 ind_neg.seq 4 个文件。生成的数据集目录如表 8.2 所示。

表 8.2 生成的数据集目录

序列文件名称	功　能	规　模
cv_pos.seq	存放训练集增强子序列正样本	1484 个序列
cv_neg.seq	存放训练集增强子序列负样本	1484 个序列
ind_pos.seq	存放测试集增强子序列正样本	200 个序列
ind_neg.seq	存放测试集增强子序列负样本	200 个序列

8.7 BERT 模型解析

BERT 模型参见论文 *Bert: Pre-training of deep bidirectional transformers for language understanding*(DEVLIN J,CHANG M-W,LEE K,et al. 2018)。

BERT 是基于 Transformer Encoder 设计的对左右两个方向文本进行深度学习的模型,BERT 的预训练模型可用于迁移学习,无须进行大规模架构修改,只需微调,增加一个额外的输出层,即可适用于问题解答、语言推理等应用领域。

应用 BERT 模型包含两个步骤:预训练(Pre-Training)和微调(Fine-Tuning)。如图 8.12 所示,预训练完成的 BERT 模型经过微调即可应用于文本推理(MNLI)、命名实体识别(NER)、机器问答(SQuAD)等不同的下游目标任务。

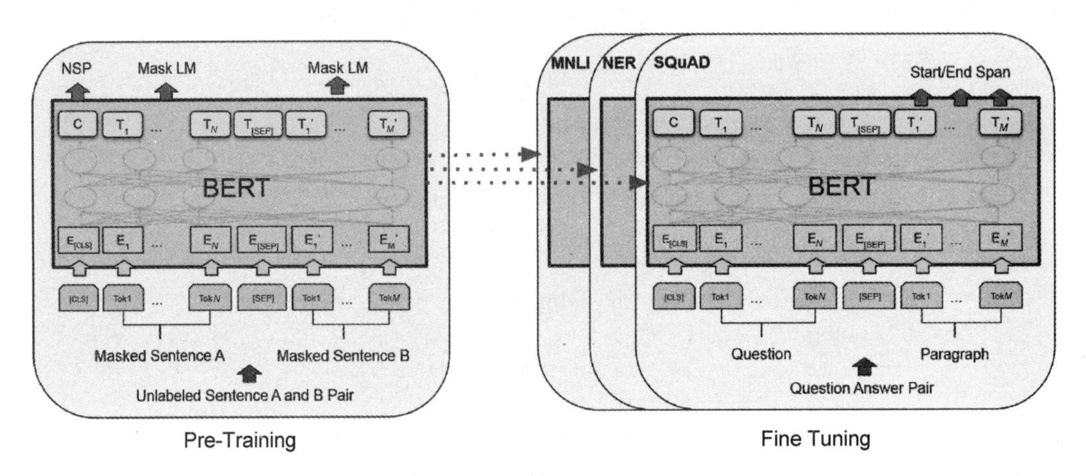

图 8.12 BERT 模型用于迁移学习

BERT 论文中定义了 BERT-Base 和 BERT-Large 两种模型结构,参数配置如下。

BERT-Base(L=12,H=768,A=12,Total Parameters=110M)

BERT-Large(L=24, H=1024,A=16,Total Parameters=340M)

其中,L 表示 Transformer 编码器的模块数,H 表示单词嵌入向量的长度,A 表示多头自注意力的头数。

为了使 BERT 能够适应多种下游任务需求,BERT 模型的输入可以是单个的语句序列或一对语句序列。这里的句子指的是连续的文本序列,不一定是真实的语言句子。

BERT 采用了 BooksCorpus(8 亿个单词)和 Wikipedia(25 亿个单词)两种语料库进行模型的预训练,采用 WordPiece 构建词向量,词向量字典的长度为 30 000 左右。

如图 8.12 所示,BERT 的输入层将单个语句编码为若干词向量序列(Tok1,Tok2,…),词向量序列前面添加一个特别分类标志[CLS]。

由两个句子构成的语句对(A,B)也需要编码为单个序列,两个语句之间用[SEP]间隔。在分类任务中,最后一个隐藏层的[CLS]表示任务分类结果,是一个维度为 R^H 的向量。输入层第 i 个词向量 Tok$i$ 对应的隐藏层输出为 T_i,T_i 也是维度为 R^H 的向量。

BERT 输入层由分词向量、段落向量和位置向量三部分合成，完整结构表示如图 8.13 所示。

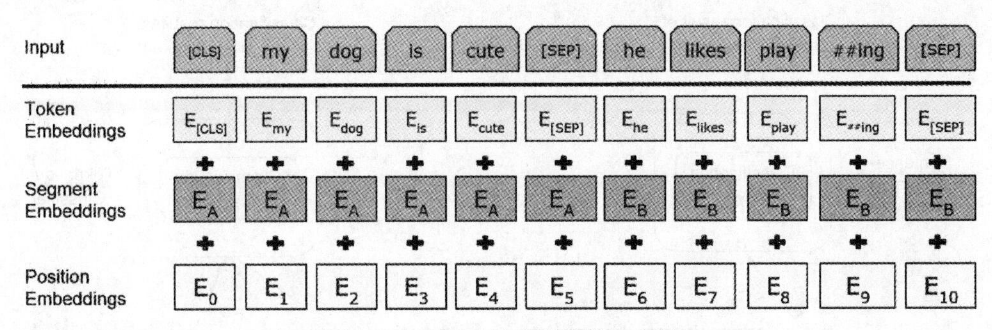

图 8.13 BERT 输入层的结构表示

BERT 采用了 Masked LM(MLM)和 Next Sentence Prediction (NSP)两种模型训练方法。

MLM 用[MASK]对输入序列中的 15%的词向量随机遮罩，模型只预测被遮罩的单词。

以输入序列 my dog is hairy 为例，假定随机遮罩的单词为 hairy，则 MLM 模型将采取以下三种遮罩方案。

(1) 80%的概率：用[MASK]替换 hairy，输入序列变为 my dog is [MASK]。

(2) 10%的概率：用一个随机序列替换 hairy，例如 my dog is apple。

(3) 10%的概率：保持 hairy 不变，第 4 个序列仍然为 my dog is hairy。

NSP 基于语料库中的语句对(A,B)进行训练，B 是 A 的真实下一句的样本占比 50%，其标签为 IsNext，另外 50%的样本的 B 语句是从语料库随机选择的，其标签为 NotNext。NSP 适合解决机器问答和自然语言推理类型的任务。举例如下：

```
Input  = [CLS] the man went to [MASK] store [SEP]
                 he bought a gallon [MASK] milk [SEP]
Label  = IsNext
Input  = [CLS] the man [MASK] to the store [SEP]
         penguin [MASK] are flight ## less birds [SEP]
Label  = NotNext
```

作者 JI Y 等在其 2021 年的论文 *DNABERT: pre-trained Bidirectional Encoder Representations from Transformers model for DNA-language in genome*(JI Y,ZHOU Z,LIU H,et al. 2021)中提出了如图 8.14 所示的基于 BERT 的 DNA 分析与预测模型。

不难看出，图 8.14 的整体逻辑仍然是 BERT 模型。作者在 DNABERT 论文中将 DNA 序列按照 k-mer={3,4,5,6}进行分词，得到了对应的模型系列：

```
model = {DNABERT3, DNABERT4, DNABERT5, DNABERT6}
```

DNABERT 可用于 DNA 核心启动子预测、识别转录因子结合位点、识别功能性遗传变异等。

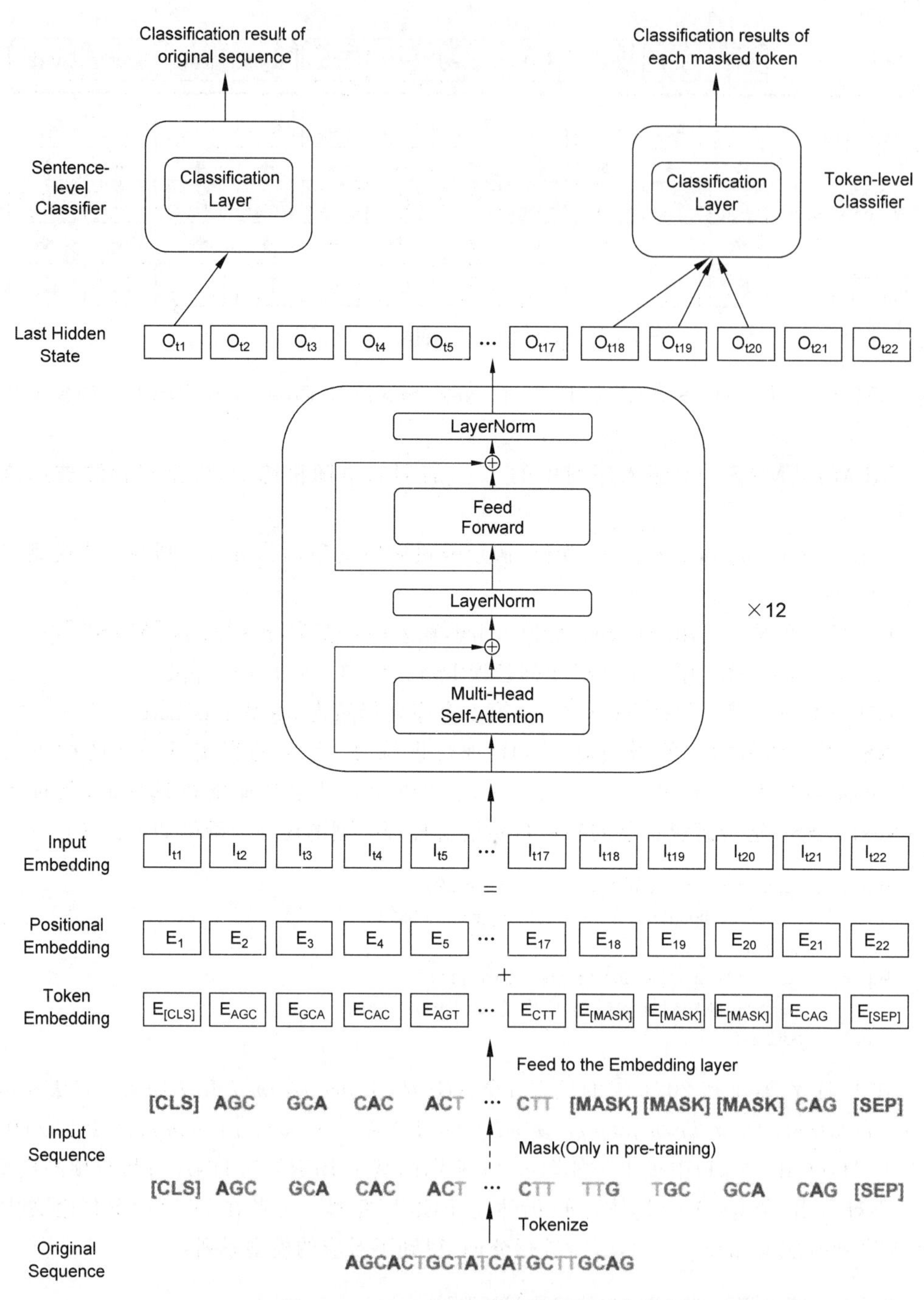

图 8.14 DNABERT 模型的逻辑结构

8.8 定义 DNA 序列预测模型

本章实现了增强子 DNA 片段的识别与分类，借鉴了论文 *A transformer architecture based on BERT and 2D convolutional neural network to identify DNA enhancers from sequence information*(LE NQK，HO Q-T，NGUYEN F F D，et al. 2021)中的设计方案，后面简称 LE NQK 论文。

LE NQK 在论文中提出的 DNA 序列分类方案如图 8.15 所示。模型包含四个模块，依次是构建数据集(DATA COLLECTION)模块、特征提取(FEATURE EXTRACTION)模块、分类(CLASSIFICATION)模块和评估(EVALUATION)模块。

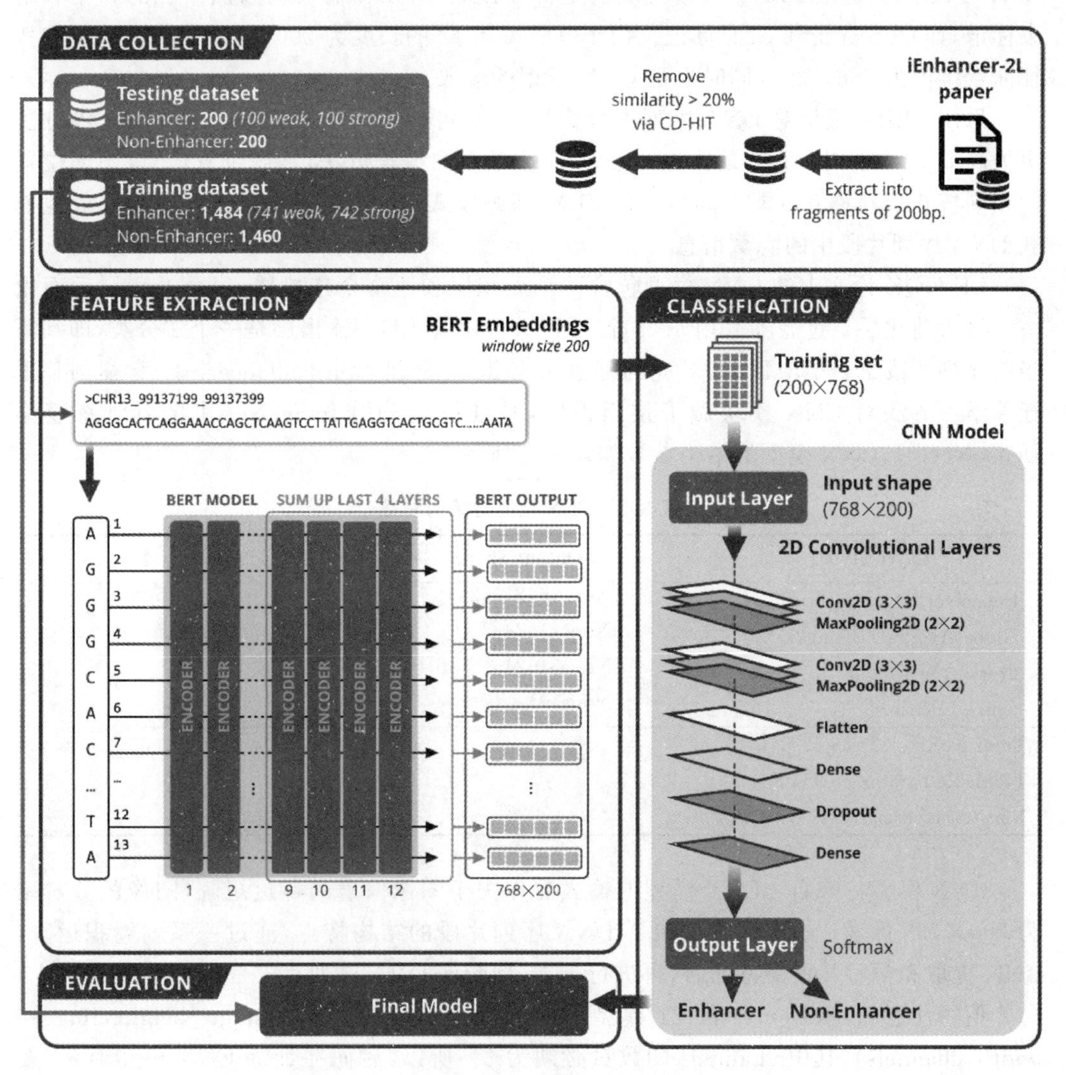

图 8.15 DNA 序列预测模型(BERT+CNN)

数据集包括训练集和测试集。数据集的采集逻辑是将标准 FASTA 格式的正常 DNA 序列分割为长度相等的 DNA 片段,这些片段的长度为 200bp(碱基对),借助 iEnhancer-2L 和 CD-HIT 工具,LE NQK 等对数据做了筛选,使用 CD-HIT 剔除了具有高度相似性(相似度>20%)的 DNA 序列。训练集的数据交给特征提取模块进行预处理,测试集用于最后的模型评估。

特征提取由 BERT 模型完成,分类任务由自定义的 CNN 模型完成。BERT 和 CNN 是模型的主结构。

BERT 模型采用了 12 层编码结构,即 BERT-Base 结构。BERT 模型将来自数据集的长度为 200bp 的这些 DNA 片段视为“DNA 句子”。将其中的每一个核苷酸视作自然语言中的一个单词,因此,对“DNA 句子”分词的结果,得到的是一个个核苷酸碱基字母,即 A、T、C、G。这里 BERT 模型扮演的是特征提取,可以在输入端添加额外的开始和结束标记,如 CLS 标记和 SEP 标记。由于“DNA 句子”的长度为 200,因此 BERT 输出的特征向量维度为 768×200,同时也是 CNN 模型的输入。

采用 BERT 模型对 DNA 序列进行特征提取,可能比 Word2Vec 或 fastText 等方法更为高效。因为 BERT 的词典包容性、上下文的双向编码方法、考虑位置信息(不同位置的相同核苷酸其意义可能不同)以及 MLM 训练模式,使得 BERT 方法可能更有效地捕获 DNA 序列片段中的隐藏信息。

LE NQK 论文中的 CNN 模型包含两个卷积层和两个全连接层,每个卷积层后面跟一个最大池化层。过滤器采用 3×3,激活函数采用 ReLU。输出层是一个二分类,即判断当前序列片段是否是增强子,对应的标签为 Enhancer 和 Non-Enhancer。本章案例基于迁移学习方法对 CNN 模块做了重新设计,基准模型采用 ImageNet 上的预训练模型 DenseNet121,CNN 模型的结构参数如表 8.3 所示。

表 8.3 CNN 模型的结构参数

Layer (type)	Output Shape	Param #
DenseNet121 (Functional)	(None,6,8,1024)	7 037 504
GlobalAveragePooling2D	(None,1024)	0
dropout (Dropout)	(None,1024)	0
dense (Dense)	(None,1)	1025
Total params: 7 038 529		
Trainable params: 6 954 881		
Non-trainable params: 83 648		

CNN 模型将来自 BERT 模型的输入看作关于图像像素的稀疏矩阵,图像的分辨率为 200×768 像素。这个图像反映了 DNA 序列片段的结构特点,通过一系列卷积运算,CNN 提取和学习其重要特征后,再进行分类,判断该 DNA 序列片段是否为增强子序列。

值得注意的是,DenseNet121 模型的输入层的维度要求是(image_height,image_width,channels),其中 channels 的数量必须为 3。所以,后面在训练 CNN 模型时,需要将维度 200×768 变为 200×256×3。

8.9　DNA 序列特征提取

用 BERT 预训练模型对 DNA 序列进行特征提取，保存为 HDF5 格式的数据集文件，用作 CNN 分类模型的训练和评估。数据处理流程如图 8.16 所示，包含十个逻辑模块，依次按照顺序处理。

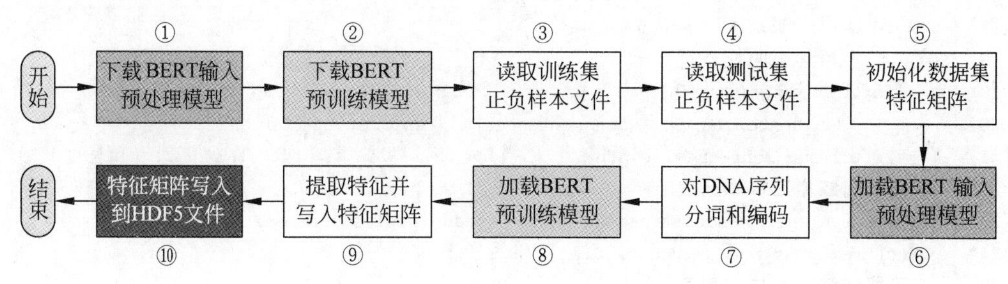

图 8.16　用 BERT 提取数据特征

模块①和模块②采用的模型来自 TensorFlow Hub 官方网站，可以在线调用，也可以下载到本地后再调用。本章案例是下载到本地后再调用，下载地址和调用方法参见程序源码 P8.2。

模块③和模块④分别读取训练集和测试集样本文件，形成训练集 DNA 列表和测试集 DNA 列表。

模块⑤负责初始化训练集和测试集的特征矩阵及其对应的标签矩阵，矩阵的维度根据样本数量以及 BERT 模型输出的特征向量的维度确定，应为(样本数量，200，768)。

模块⑥和模块⑦加载 BERT 输入预处理模型，对文本类型的 DNA 序列进行类似图 8.13 所示的编码，得到可以输入到 BERT 模型中的嵌入向量。

模块⑧和模块⑨加载 BERT 预训练模型，这个模型是在维基百科的语料库和图书语料库训练好的模型。本章案例下载的是 BERT-Base 版，对应的压缩包文件为 uncased_L-12_H-768_A-12。

模块⑩负责将 BERT 模型提取的特征矩阵写入 HDF5 格式的文件中，训练集与测试集分开存放。

在 BERT-DNA 项目根目录下，新建程序 bert_features.py，编码逻辑如程序源码 P8.2 所示。

程序源码 P8.2　bert_features.py 用 BERT 模型提取 DNA 序列特征

```
1   import numpy as np
2   import tensorflow as tf
3   import tensorflow_hub as hub
4   import tensorflow_text
5   import h5py
6   # BERT 预训练模型下载地址
7   # BERT_MODEL = "https://tfhub.dev/google/experts/bert/wiki_books/2"
8   BERT_MODEL = "./BERT-hub/experts_bert_wiki_books_2"
```

```
9   # 序列输入 BERT 模型之前的预处理,预处理模型下载地址
10  # PREPROCESS_MODEL = "https://tfhub.dev/tensorflow/bert_en_uncased_preprocess/3"
11  PREPROCESS_MODEL = "./BERT - hub/bert_en_uncased_preprocess_3"
12  # 读取样本数据集文件,返回样本列表和长度
13  def read_samples(filepath):
14      # 打开样本训练集文件
15      with open(filepath,'r') as f:
16          dna_sentences = f.readlines()
17      length = len(dna_sentences)                         # 样本数量
18      # 去掉其中的换行符
19      for i in range(length):
20          dna_sentences[i] = dna_sentences[i].replace('\n','')
21      return dna_sentences,length                         # 返回序列集列表和长度
22  # 读取训练集正样本列表
23  train_pos_dna_sentences,train_pos_len = read_samples('./seqs/cv_pos.seq')
24  print(train_pos_dna_sentences[0:2])
25  # 读取训练集负样本列表
26  train_neg_dna_sentences,train_neg_len = read_samples('./seqs/cv_neg.seq')
27  # 读取测试集正样本列表
28  test_pos_dna_sentences,test_pos_len = read_samples('./seqs/ind_pos.seq')
29  # 读取测试集负样本列表
30  test_neg_dna_sentences,test_neg_len = read_samples('./seqs/ind_neg.seq')
31  train_samples = train_pos_len + train_neg_len           # 训练集样本总数
32  test_samples = test_pos_len + test_neg_len              # 测试集样本总数
33  X_train = np.zeros((train_samples,200,768))             # 初始化训练集特征矩阵
34  y_train = np.zeros((train_samples,1))                   # 初始化训练集标签矩阵
35  X_test = np.zeros((test_samples,200,768))               # 初始化测试集特征矩阵
36  y_test = np.zeros((test_samples,1))                     # 初始化测试集标签矩阵
37  # 加载 DNA 序列的预处理模型
38  preprocessor = hub.load(PREPROCESS_MODEL)
39  # 定义输入层
40  text_inputs = [tf.keras.layers.Input(shape = (),dtype = tf.string)]
41  # 得到序列分词列表
42  tokenize = hub.KerasLayer(preprocessor.tokenize)
43  tokenized_inputs = [tokenize(segment) for segment in text_inputs]
44  seq_length = 202                          # 设定输入的序列最大长度,200 + CLS + SEP
45  # 序列分词列表转换为 BERT 模型的输入向量
46  bert_pack_inputs = hub.KerasLayer(preprocessor.bert_pack_inputs,
47                                    arguments = dict(seq_length = seq_length))
48  encoder_inputs = bert_pack_inputs(tokenized_inputs)
49  # 以下代码块定义 BERT 模型
50  encoder = hub.KerasLayer(BERT_MODEL,trainable = False)  # 用 BERT 模型编码
51  outputs = encoder(encoder_inputs)
52  # [batch_size, 768],模型的最终输出
53  pooled_output = outputs["pooled_output"]
54  # [batch_size, seq_length,768],序列编码输出
55  sequence_output = outputs["sequence_output"]
56  # 定义输出特征的 BERT 模型,注意这里需要用 sequence_output
57  bert_model = tf.keras.Model(text_inputs,sequence_output)
```

```
58  print('数据集特征提取的时间与数据集规模以及计算力相关,可能需要数分钟,请耐心等待...')
59  # 调用 BERT 模型,完成序列编码,存储到 HDF5 格式的文件作为数据集
60  # 对训练集正样本编码
61  for i in range(train_pos_len):
62      dna_sentence = tf.constant(train_pos_dna_sentences[i])
63      dna_sentence = np.expand_dims(dna_sentence,axis = 0)
64      dna_feature = bert_model(dna_sentence)    # 特征向量为[1, 202,768]
65      dna_feature = dna_feature[:,1:201,:]      # 去掉 CLS 和 SEP,新维度为[1,200,768]
66      # 写入训练集矩阵
67      X_train[i] = dna_feature                  # DNA 序列的特征
68      y_train[i] = 1                            # 表示正样本标签,对应增强子
69  # 对训练集负样本编码
70  for i in range(train_neg_len):
71      dna_sentence = tf.constant(train_neg_dna_sentences[i])
72      dna_sentence = np.expand_dims(dna_sentence,axis = 0)
73      dna_feature = bert_model(dna_sentence)    # 特征向量为 [1, 202,768]
74      dna_feature = dna_feature[:, 1:201, :]    # 去掉 CLS 和 SEP,维度为[1,200,768]
75      # 写入训练集矩阵
76      X_train[train_pos_len + i] = dna_feature  # DNA 序列的特征
77      y_train[train_pos_len + i] = 0            # 表示负样本标签,对应非增强子
78  # 将训练集数据写到 HDF5 格式的文件中
79  file_train = h5py.File('./data/dna_train.hdf5','w')
80  dataset = file_train.create_dataset("X_train", data = X_train)
81  dataset = file_train.create_dataset("y_train", data = y_train)
82  file_train.close()
83  # 对测试练集正样本编码
84  for i in range(test_pos_len):
85      dna_sentence = tf.constant(test_pos_dna_sentences[i])
86      dna_sentence = np.expand_dims(dna_sentence,axis = 0)
87      dna_feature = bert_model(dna_sentence)    # 特征向量为 [1, 202,768]
88      dna_feature = dna_feature[:, 1:201, :]    # 去掉 CLS 和 SEP,维度为[1,200,768]
89      # 写入测试集矩阵
90      X_test[i] = dna_feature                   # DNA 序列的特征
91      y_test[i] = 1                             # 表示正样本标签,对应增强子
92  # 对测试集负样本编码
93  for i in range(test_neg_len):
94      dna_sentence = tf.constant(test_neg_dna_sentences[i])
95      dna_sentence = np.expand_dims(dna_sentence,axis = 0)
96      dna_feature = bert_model(dna_sentence)    # 特征向量为[1, 202,768]
97      dna_feature = dna_feature[:,1:201,:]      # 去掉 CLS 和 SEP,新维度为[1,200,768]
98      # 写入测试集矩阵
99      X_train[test_pos_len + i] = dna_feature   # DNA 序列的特征
100     y_train[test_pos_len + i] = 0             # 表示负样本标签,对应非增强子
101 # 将测试集数据写到 HDF5 格式的文件中
102 file_test = h5py.File('./data/dna_test.hdf5','w')
103 dataset = file_test.create_dataset("X_test", data = X_test)
104 dataset = file_test.create_dataset("y_test", data = y_test)
105 file_test.close()
```

查看程序源码 P8.2 运行结果，在 data 子目录下生成了训练集文件 dna_train.hdf5 (3.39GB)和测试集文件 dna_test.hdf5(468MB)。

8.10 DNA 序列模型训练

根据图 8.15 揭示的 DNA 序列预测模型结构，分类由 CNN 模块完成。为了完成 CNN 模块(本章采用 DenseNet121)的定义和训练，在 BERT-DNA 项目的根目录下新建程序 classify.py，编码如程序源码 P8.3 所示。

程序源码 P8.3 classify.py 用 DenseNet121 迁移模型对 DNA 序列分类

```
1   import h5py
2   import matplotlib.pyplot as plt
3   import numpy as np
4   import tensorflow as tf
5   from sklearn.model_selection import train_test_split
6   model = tf.keras.Sequential()                     # 定义模型
7   # 采用 DenseNet201 的预训练模型作为分类基础模型
8   base_model = tf.keras.applications.densenet.DenseNet121(include_top = False,
9                                                     weights = 'imagenet',
10                                                    input_shape = (200, 256, 3))
11  base_model.trainable = True                       # 微调训练模式
12  model.add(base_model)                             # 以 DenseNet201 作为基础模型
13  model.add(tf.keras.layers.GlobalAveragePooling2D())
14  model.add(tf.keras.layers.Dropout(0.4))
15  model.add(tf.keras.layers.Dense(1,activation = 'sigmoid'))
16  # 模型编译
17  model.compile(loss = 'binary_crossentropy', optimizer = 'adam', metrics = ['accuracy'])
18  model.summary()
19  # 加载训练集
20  f = h5py.File('./dna_train.hdf5','r')
21  X_train = f['X_train'][...]
22  y_train = f['y_train'][...]
23  f.close()
24  X_train = X_train.reshape((len(X_train), 200, 256,3))
25  y_train = np.squeeze(y_train)
26  # 划分训练集为两部分,训练样本占比为 90%,验证样本占比为 10%
27  X_train, X_val, y_train, y_val = train_test_split(X_train,
28                                              y_train,
29                                              shuffle = True,
30                                              test_size = 0.1,
31                                              random_state = 2022)
32  BATCH_SIZE = 16
33  EPOCHS = 20
34  history = model.fit(X_train, y_train,
35                      batch_size = BATCH_SIZE,
36                      epochs = EPOCHS,
```

```
37                              validation_data = (X_val,y_val)).history
38  # 绘制训练曲线
39  def plot_learning_curves(history,label):
40      plt.figure(figsize = (8,6))
41      x = range(1,len(history[label]) + 1)
42      plt.plot(x, history[label], label = 'train_' + label)
43      plt.plot(x, history['val_' + label],label = 'val_' + label)
44      plt.xlabel('Epochs')
45      plt.ylabel(label)
46      plt.legend()
47      plt.savefig(label + '.png')
48      plt.show()
49  # 绘制准确率曲线
50  plot_learning_curves(history, 'accuracy')
51  # 绘制损失函数曲线
52  plot_learning_curves(history, 'loss')
53  # 加载测试集
54  f = h5py.File('./dna_test.hdf5','r')
55  X_test = f['X_test'][...]
56  y_test = f['y_test'][...]
57  f.close()
58  X_test = X_test.reshape((len(X_test), 200, 256, 3))
59  y_test = np.squeeze(y_test)
60  score = model.evaluate(X_test, y_test)           # 在测试集上评估
61  print(f'测试集上的准确率:{score[1]}')
```

本章案例训练过程采用的主机配置如下。

(1) CPU：Intel Core i7,8 核。

(2) RAM：32GB。

(3) GPU：NVIDIA GeForce RTX 3070,8GB。

训练 20 代,大约需要 8 分钟。读者可根据个人主机配置情况,调整模型训练参数。

训练过程解析参见本节视频讲解。

8.11 DNA 序列模型评估

8.10 节模型训练后得到的准确率曲线如图 8.17 所示。

损失函数曲线如图 8.18 所示。

不难看出,无论是准确率曲线还是损失函数曲线,其表达的模型趋势是一致的。即模型在训练集上表现得非常线性(准确率越来越高,损失越来越小),但是在验证集上极其不稳定。训练集上的准确率接近于 1,验证集上的准确率高点接近 0.7。模型明显具有过拟合特征,方差比较大。

模型在测试集上输出的准确率为 0.73,其表现与验证集相似。综合模型在训练集、验证集和测试集上的表现,在方差较大的情况下,进一步优化措施主要有两个:

(1) 改进模型和算法设计;

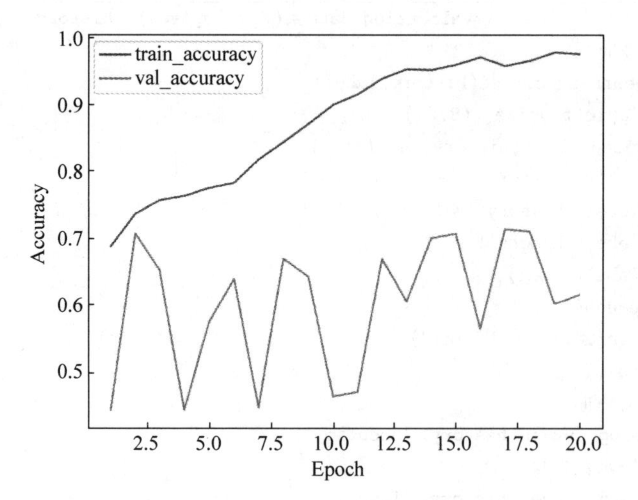

图 8.17 模型在训练集和验证集上的准确率曲线

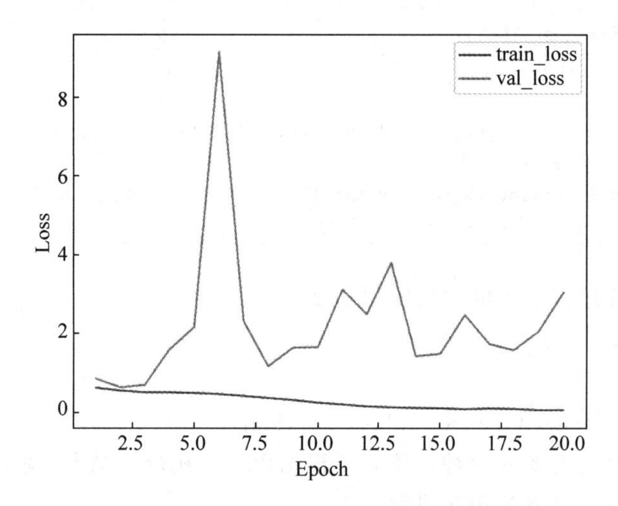

图 8.18 模型在训练集和验证集上的损失函数曲线

(2) 扩大数据集规模。

考虑到本案例采用的 BERT 模型和 DenseNet121 模型相对强大,模型的优化设计可以优先考虑数据集的有效扩充这个方向。

再来与 LE NQK 论文给出的训练结果做个对比。图 8.19 是论文中用四种不同的 CNN 模型得到的准确率曲线。

模型(A): 只用一层卷积,32 个过滤器。

模型(B): 包含两层卷积,过滤器分别为 32 个和 64 个。

模型(C): 包含三层卷积,过滤器分别为 32 个、64 个和 128 个。

模型(D): 包含四层卷积,过滤器依次为 32 个、64 个、128 个和 256 个。

在训练 200 代的情况下,模型(A)的方差较为显著,模型震荡厉害。模型(B)、(C)、(D)的表现基本一致,稳定性比模型(A)好,方差问题不如模型(A)突出。

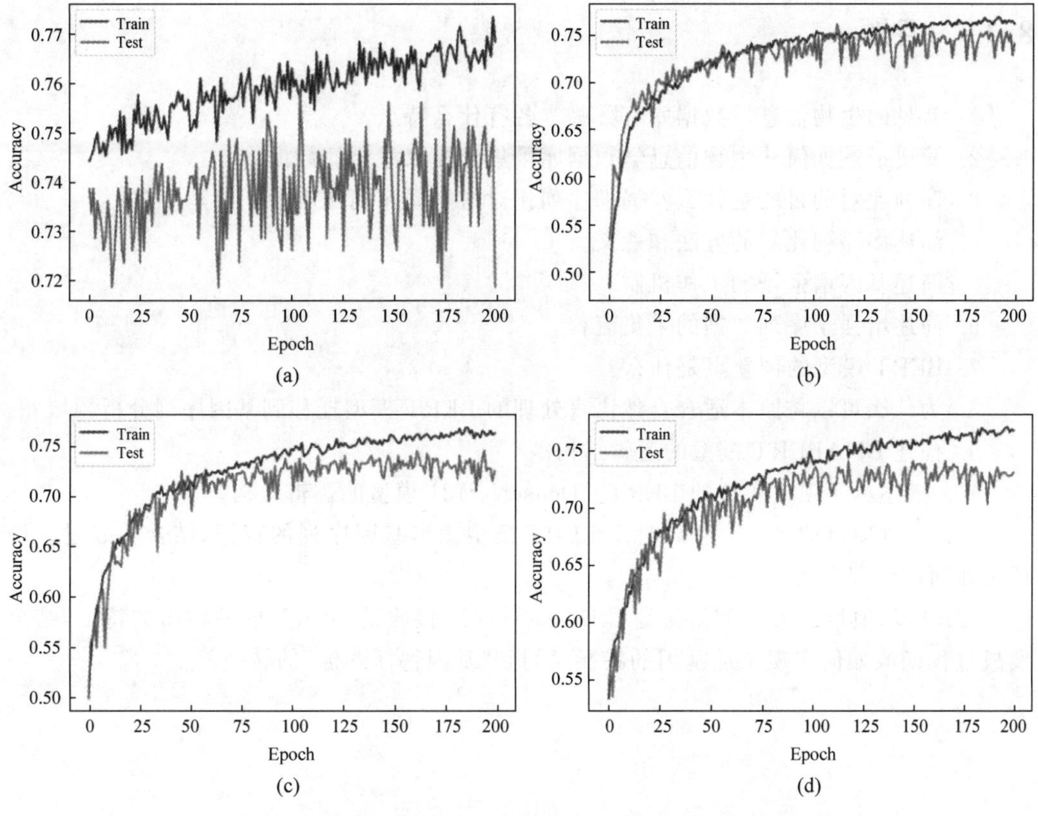

图 8.19 LE NQK 论文中用四种 CNN 模型得到的准确率曲线

显然，模型(A)的表现不如其他三个模型是其结构过于简单，特征提取能力不强造成的。

再来与 DenseNet121 对比。论文中采用的 CNN 模型比 DenseNet121 简单，模型训练起点低，即使训练了 200 代，其准确率仍然在 0.75 左右。而基于 DenseNet121 的迁移学习模型，经过 20 代训练，训练集准确率即达到了 0.98 左右。

综合比较 LE NQK 论文给出的结果与本章案例实战的结果，可以大胆假设，在数据集更为充分的情况下，BERT＋DenseNet121 模型极有可能取得更好的结果。

8.12 小结

通过对生物信息学数据库做检索、多序列比对等操作，可以提取建模数据。本章以基因序列预测分析为主线，以基因增强子的分类预测问题为切入点，介绍了基因增强子对应的 DNA 序列的提取和数据采集方法以及 BERT 模型的基本结构与工作原理，在此基础上，结合 LE NQK 等人关于增强子分类预测论文中给出的实验设计，完成了 BERT＋DenseNet121 基因序列分类模型的建模、训练和评估，取得了极具发展潜力的实验结论。

8.13 习题

1. 常见的生物信息学数据库有哪些？各有什么特点？

2. 简要描述如何从生物信息学数据库采集和提取需要的数据。

3. 序列比对的目的是什么？局部序列比对与全局序列比对的区别是什么？

4. 简述多序列比对的方法和意义。

5. 简述基因增强子的工作机制。

6. 简述增强子序列数据的采集流程。

7. BERT模型的创新点是什么？

8. 为什么可以将原本适合自然语言处理的BERT模型迁移到基因序列分析领域？

9. 描述DNABERT模型的逻辑结构。

10. 描述本章项目实现的BERT+DenseNet121模型的逻辑结构。

11. 本章项目的第一个创新是用BERT模型输出基因序列的特征，结合实战过程谈谈是如何设计和实现的。

12. 本章项目的第二个创新是用DenseNet121接收的BERT模型输出的特征，结合实战过程谈谈如何实现了从基因的特征序列到“基因特征图像”的转换。

第 9 章

AlphaFold2与蛋白质结构预测

当读完本章时，应该能够：

- 理解蛋白质结构预测的基本原理。
- 梳理蛋白质结构预测的进展与技术路线。
- 理解从 AlphaFold1 到 AlphaFold2 的演进逻辑。
- 理解 AlphaFold2 对数据集所做的特别处理。
- 理解 AlphaFold2 独特的端到端体系框架。
- 理解 AlphaFold2 之 Evoformer 模块的运算逻辑。
- 理解 AlphaFold2 之 Structure 模块的运算逻辑。
- 理解 AlphaFold2 之独特的损失函数定义方法。
- 基于 AlphaFold2 预训练模型做蛋白质结构预测。

蛋白质折叠问题是人类需要解决的重大科学前沿问题之一。蛋白质是生命的物质基础，预测和解析蛋白质结构对于探索、揭示生命活动奥秘异常重要。

人类已经能够利用冷冻电镜、核磁共振或 X 射线晶体学等实验技术确定蛋白质的基本结构，但这些技术需要大量试错，科学研究成本高昂。

蛋白质结构预测的关键评估(Critical Assessment of protein Structure Prediction，CASP)竞赛每两年举办一届，是蛋白质结构预测的全球盛会。CASP 不同于上述三种传统的实验方法解析蛋白质结构，而是另辟蹊径，绕开大量实验过程，直接基于残基序列，采用计算生物学和机器学习方法预测蛋白质的三维结构，如图 9.1 所示。

目前，在解析复杂蛋白质结构的问题上，实验方法的可靠性、确定性仍是不可取代的。但是，机器学习方法正在取得突破性进展，其中的标志性事件即为 2020 年的 CASP14 大赛上 AlphaFold2 的 GDT 得分，它已经在部分领域媲美传统的实验方法。GDT 是用来衡量蛋白质结构预测准确性的主要指标，取值范围为 0～100 分。

MNVVIVRYGE
IGTKSRQTRSI
FEKILMNNIRE
ALVTEEVPYG

图 9.1 直接根据残基序列预测蛋白质三维结构

9.1 历史突破

2018 年，DeepMind 团队研发的 AlphaFold 在 CASP13 大赛上横空出世，其 GDT 成绩接近 60 分，大幅度领先于其他方法。2020 年，DeepMind 团队重新设计的 AlPhaFold2 取得突破性进展，其 GDT 中位数达到 92.4 分，分子间的均方根偏差（RMSD）为 1.6Å，与原子的宽度（0.1nm）相当。即使面对没有同源模板参照的蛋白质，其 GDT 中位数也达到了 87 分。图 9.2 展示了 AlphaFold 与 CASP7 以来最好的历史成绩比较，显著领先于其他方法。

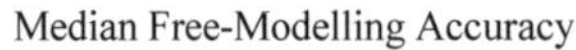

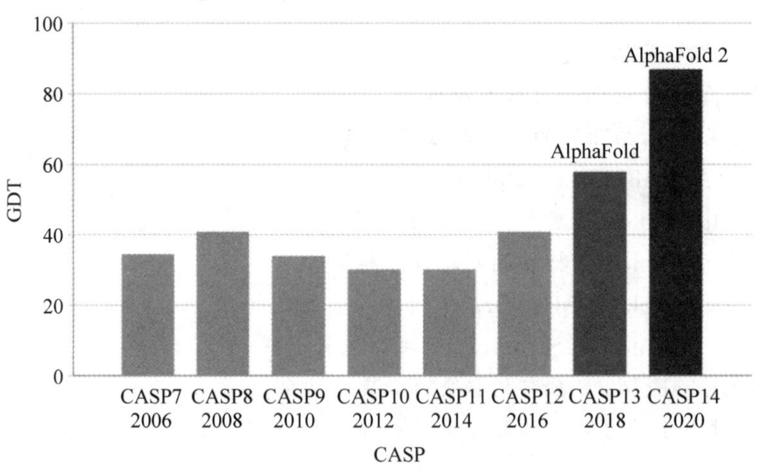

图 9.2 AlphaFold 与 CASP 历史最好成绩比较

AlphaFold2 在 CASP14 上接受了近 100 个蛋白靶点的检验，其中对 2/3 的蛋白靶点给出的预测结构与实验手段获得的结构相差无几。CASP 创始人 Moult 教授表示，某些情况下，已经无法区分两种方法之间偏差的真实来源，可能是来自于 AlphaFold 的预测偏差，也可能是实验手段产生的偏差。图 9.3 给出了两组蛋白质结构预测对比，其中绿色为实验结果，蓝色为 AlphaFold2 预测结果。两种不同预测方法，其结果殊途同归，高度一致。

图 9.3 AlphaFold2 与实验方法对比（见彩插）

目前，以 AlphaFold 为代表的计算方法，至少是实验方法的有效补充和参考。特别是对于传统实验方法较为困难的蛋白质结构预测，以 AlphaFold 为代表的机器学习方法，正在展示其卓越性的一面。

由残基序列预测蛋白质三维结构有两条路径：一是基于分子物理相互作用；二是基于物种之间的进化历史。

分子物理相互作用方案将人类对分子驱动力的认知整合到物理热力学或动力学，理论上非常吸引人，但由于分子模拟的计算难度以及对蛋白质稳定性的依赖，目前难以产生足够准确的蛋白质物理学模型，这种方法即使用于解析中等大小的蛋白质也极具挑战性。

近年来，进化方案取得了突破性进展，通过对蛋白质结构约束与蛋白质进化历史的生物信息学分析，可以较好地推断出未知蛋白质的结构。

9.2　技术路线

自 CASP11 (2014 年)以来，在计算生物学领域，关于蛋白质结构预测形成了四种极具代表性的经典结构。

第一种是传统经典结构，如图 9.4 所示。模型首先将残基序列(Sequence)放到指定的蛋白质序列数据库中进行多序列比对(MSA)，通过比对查找，得到的 MSA 反映了序列之间的相似区域和保守性位点等特征，揭示了生物间内在的功能、结构和进化信息，这些信息可能对蛋白质的表达框架有影响，是模型进行蛋白质结构预测的基础。

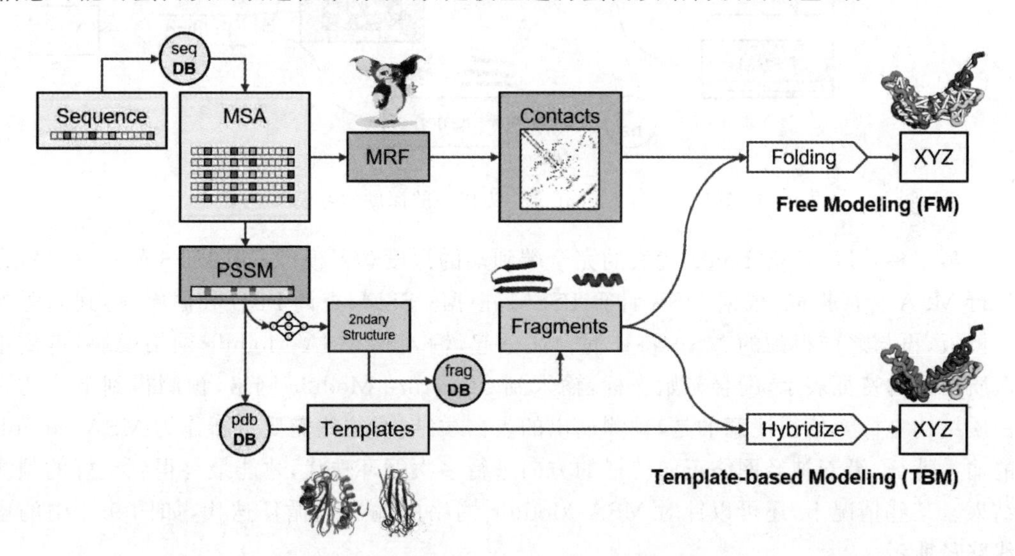

图 9.4　自 CASP11(2014 年)以来的传统经典结构

MSA 之后有两条处理路径：一是自由建模(Free Modeling，FM)方法；二是基于模板的混合折叠(Template-based Modeling，TBM)方法。

FM 方法是将 MSA 转换为马尔科夫随机场(Markov Random Field，MRF)和位置特异性评分矩阵(Position-Specific-Scoring Matrix，PSSM)，MRF 交给特定算法预测残基对之间的接触距离，得到残基对之间的接触图，PSSM 用于直接预测简单的二级结构。接触图参考二级结构，经由蛋白质折叠算法（例如来自 David Baker 实验室的 RoseTTA 折叠算法）得到最终的蛋白质三维结构。

TBM 方法是将 MSA 转换为 PSSM 之后，由 PSSM 直接预测简单的二级结构（与 FM 方法一致），然后混合由模板数据库得到的同源结构进行预测。

第二种是以 AlphaFold1 为代表的深度学习模型，参见论文 *Improved protein structure prediction using potentials from deep learning*（SENIOR A W，EVANS R，JUMPER J，et al. 2020），如图 9.5 所示。首先查询序列数据库，完成 MSA 特征提取。根据 MSA，计算 MRF 和 PSSM，MRF 和 PSSM 输入到 ResNet 深度卷积神经网络，训练和预测残基对之间的距离，以及每个残基的二面角 Phi(φ)和 Psi(ψ)。根据距离和二面角，预测蛋白质的三维结构坐标。也可以用距离结合蛋白质模板库进行基于模板的结构预测。

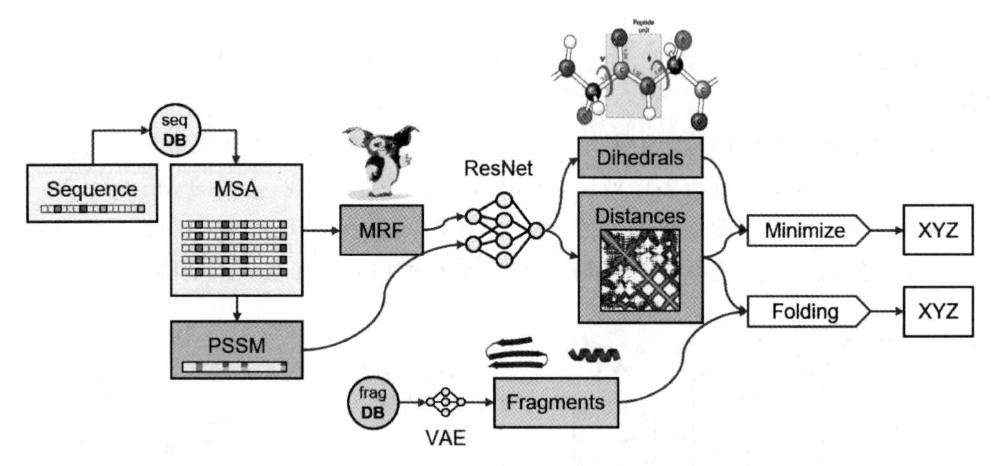

图 9.5　以 AlphaFold1 为代表的深度学习模型

第三种是以 AlphaFold2 代表的完全端到端的深度学习模型，如图 9.6 所示。仍然先进行 MSA 特征提取，根据 MSA 计算 PSSM，根据 PSSM，查询 PDB 数据库，得到同源参考模板，再与之前得到的 MSA 特征混合在一起，输入到 MSA Module 网络模块，得到蛋白质结构的特征表示，配合初始坐标，输入到 Structure Module 网络，预测得到最终的蛋白质结构坐标。值得注意的是，预测输出的蛋白质结构，往往需要重新作为 MSA Module 的输入特征，沿着神经网络正向传播的方向进行多次循环迭代，才能最终得到更好的预测结果。某些情况下，还可以针对 MSA Module 网络的输出做循环迭代，如图 9.6 中的虚线路径所示。

第四种是 RoseTTAFold 模型。华盛顿大学蛋白质设计研究所所长 David Baker 教授领导的团队声称从 AlphaFold2 的设计思路中获得启发，构建了名为 RoseTTAFold 的人工智能软件系统，如图 9.7 所示。该模型具有一维、二维和三维三条结合注意力机制的正向传播路径（称为三轨道结构），轨道之间可以相互通信，从而同时对序列内部和序列之间的关系、距离和坐标进行推理，在局部领域实现了可与 AlphaFold2 相媲美的精度，并且大幅提升了模型的推理速度。

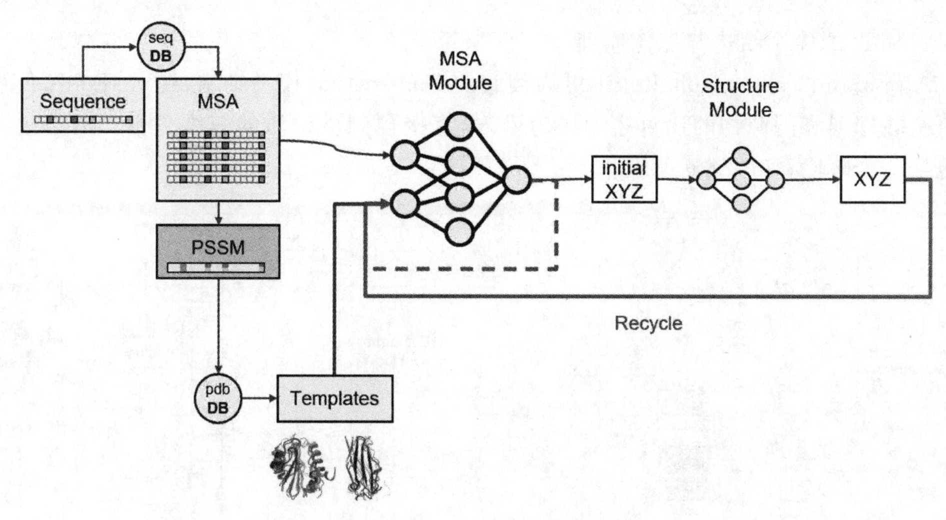

图 9.6 以 AlphaFold2 为代表的完全端到端的深度学习模型

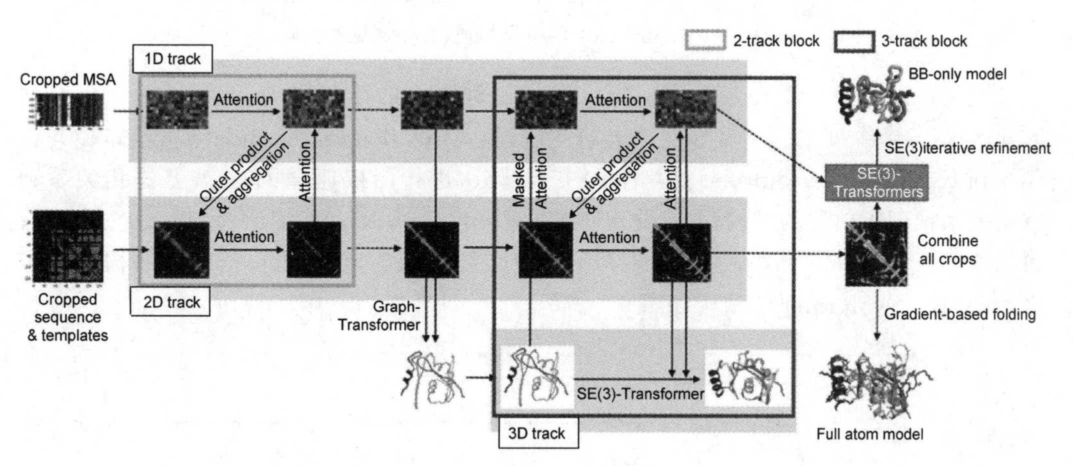

图 9.7 具有一维、二维和三维轨道注意力机制的 RoseTTAFold 结构

RoseTTAFold 模型参见论文 *Accurate prediction of protein structures and interactions using a three-track neural network*(BAEK M,DIMAIO F,ANISHCHENKO I,et al. 2021)。

一维轨道将输入的 MSA 基于注意力机制经由神经网络正向传播,二维轨道是对剪切的残基距离图基于注意力机制正向传播,三维轨道是对蛋白质初级结构的坐标基于 SE(3)-Transformer 正向传播。其中一维的特征通过外积运算与二维轨道在 Block 内部做特征汇聚,二维轨道推理得到的结构经由 SE(3)-Transformer 做正向传播,最后,对一维、二维和三维轨道的输出做汇聚,分别生成全原子坐标模型(Full Atom Model)和骨架原子坐标模型(BB-Only Model)。

9.3 初识 AlphaFold2 框架

2021 年,DeepMind 团队在 *Nature* 上提交的论文 *Highly accurate protein structure prediction with AlphaFold*(JUMPER J,EVANS R,PRITZEL A,et al. 2021)揭秘了

AlphaFold2 的体系结构与工作原理。

AlphaFold2 是比 AlphaFold1 更为彻底的 End-to-End 模型结构，AlphaFold2 使用一级氨基酸序列和同源物的比对序列作为输入，直接预测蛋白质的三维坐标。网络主干结构包括三个阶段，如图 9.8 所示。

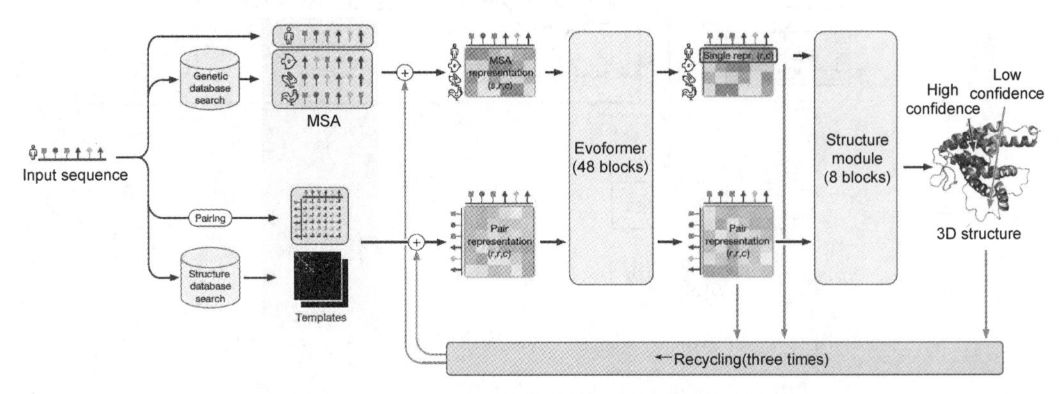

图 9.8　AlphaFold2 网络整体逻辑结构(见彩插)

模型可以分为三个逻辑阶段。第一阶段：对输入的残基序列，按照 MSA、Pair 和 Template 三个维度进行特征预处理；第二阶段：MSA、Pair 和 Template 三条路径并行输入到 Evoformer，Evoformer 是网络的主干部分，进行图推理，即基于残基进化关系和空间关系推理蛋白质的结构，并行输出 MSA 矩阵($N_{\text{seq}} \times N_{\text{res}}$)和 Pair 矩阵($N_{\text{res}} \times N_{\text{res}}$)；第三阶段：Structure 模块，基于旋转和平移实现结构预测，得到蛋白质三维结构的原子坐标 XYZ。Evoformer 的结构如图 9.9 所示。

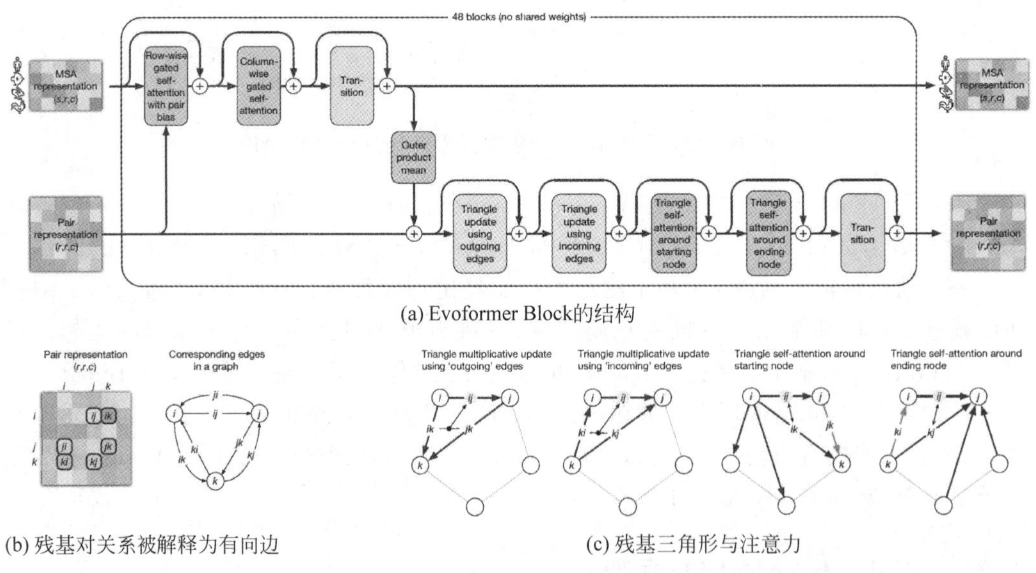

(a) Evoformer Block的结构

(b) 残基对关系被解释为有向边

(c) 残基三角形与注意力

图 9.9　Evoformer 的结构

Evoformer 拥有 48 个模块层，类似 Transformer 的网络结构，模块层内部采用注意力机制从 MSA 和 Pair 中推理蛋白质进化逻辑与空间变换关系。图 9.9(a)为 Evoformer

Block 的结构，按照 MSA 和 Pair 两条信息路径推理蛋白质结构。图 9.9(b)为残基对关系被解释为有向边。图 9.9(c)为残基三角形与注意力。

Structure 模块包含 8 个模块层，负责将 Evoformer 输出的 MSA 和 Pair 特征转换为蛋白质结构对应的三维坐标 XYZ，逻辑结构如图 9.10 所示。

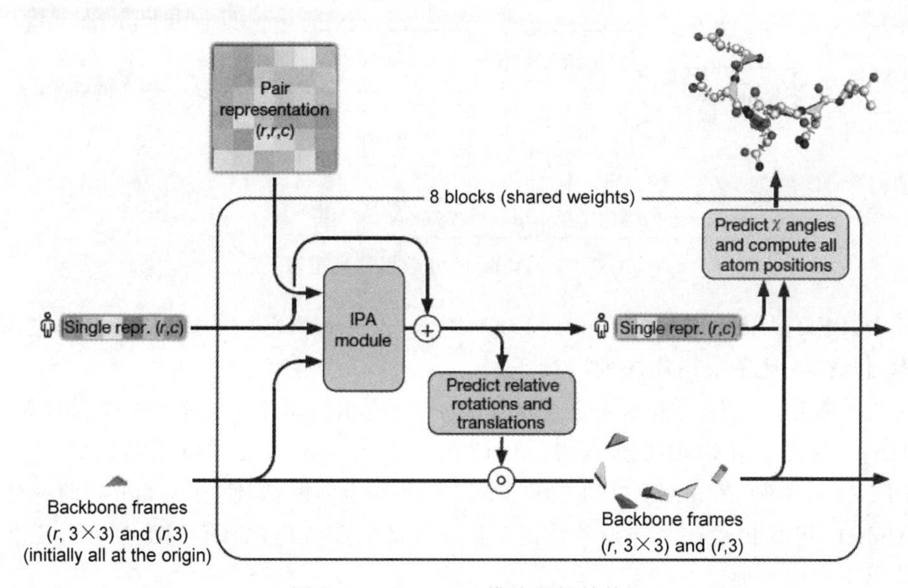

图 9.10 Structure 模块逻辑结构

从来自 Evoformer 的 MSA 中取其第一行的残基序列特征，与来自 Evoformer 的 Pair 特征以及残基序列的原始骨架坐标一起输入到 IPA(Invariant Point Attention，不变点注意力)模块，IPA 的输出会叠加到旋转与平移变换模块，更新骨架结构，然后用更新的骨架结构与 IPA 输出的 MSA 特征一起输入到一个浅层的 ResNet 网络，预测并计算蛋白质所有原子的坐标。

9.4 数据集与特征提取

AlphaFold 以蛋白质的 MSA 序列作为建模数据集，采用两种文件格式处理数据：模型训练期间，数据以 mmCIF 格式存储；模型推理时，采用 FASTA 文件格式。

FASTA 文件包含序列及其名称，是一种用于记录核酸序列或氨基酸序列的文本格式，其中的核酸或氨基酸均以单个字母编码呈现。mmCIF 是一种灵活且可扩展的标签值格式，用于表示大分子的序列、原子坐标、发布日期、名称和分辨率等结构信息。

根据图 9.8 所示的 AlphaFold 模型结构，其输入数据有三部分：一是来自对遗传数据库的搜索；二是来自对结构数据库的搜索；三是序列的 Pairing 表示。

对遗传数据库的数据采集逻辑如图 9.11 所示，数据采集工具是 JackHMMER 与 HHBlits，数据源来自多个遗传数据库。输出的多序列比对(MSA)经过了去重处理。JackHMMER 对 MGnify 的 MSA 深度限制为 5000 个序列，对 UniRef90 的 MSA 深度限制为 10 000 个序列，而 HHBlits 则不受限制。

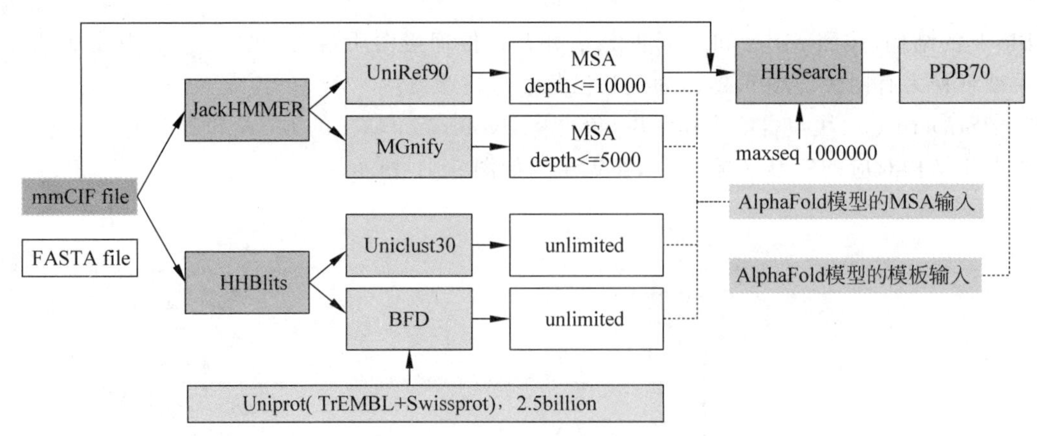

图 9.11　AlphaFold 数据采集逻辑

其中,BFD 是对数据库 Uniprot(TrEMBL＋Swissprot)进行 MSA 聚类后生成的新数据库,包含 25 亿条蛋白质序列信息。

对结构数据库的模板数据采集逻辑如图 9.11 所示。基于 UniRef90 得到的 MSA 借助 HHSearch 方法对 PDB70 检索,其中 HHSearch 的 maxseq 参数设置为 1 000 000。如果来自 PDB70 的序列与 mmCIF 文件中的查询序列不完全匹配,则使用 Kalign 将两者对齐。

AlphaFold 提供了一个详细的数据采集与特征提取流程,如图 9.12 所示。数据采集点包括以下六个方面。

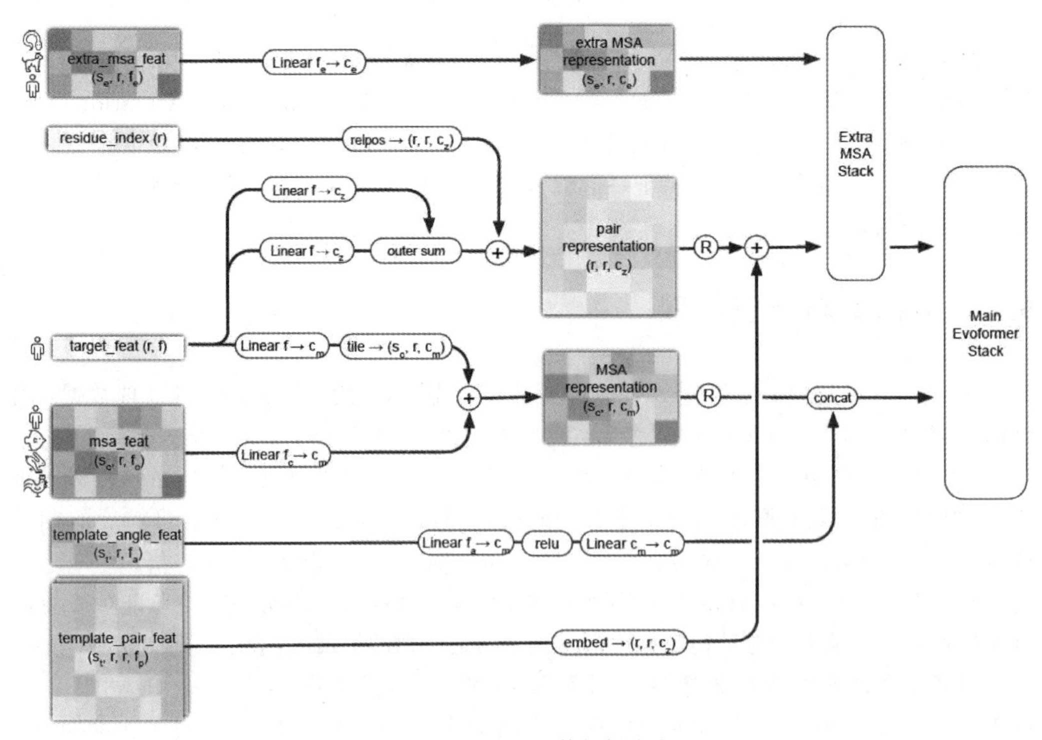

图 9.12　AlphaFold 特征提取流程

（1）**target_feat**：表征氨基酸残基对之间的关系特征,由 aatype 特征组成。

（2）**residue_index**：表征残基在序列中的位置关系，由 residue_index 特征组成。

（3）**msa_feat**：表征 MSA 特征，通过连接 cluster_msa、cluster_has_deletion、cluster_deletion_value、cluster_deletion_mean、cluster_profile 构建。

（4）**extra_msa_feat**：表征 MSA 附加特征，通过连接 extra_msa、extra_msa_has_deletion、extra_msa_deletion_value 构建。

（5）**template_pair_feat**：表征残基对之间关系的特征，由残基对特征 template_distogram、template_unit_vector 等组合而成。

（6）**template_angle_feat**：表征残基角度结构关系的特征，通过连接 template_aatype、template_torsion_angles、template_alt_torsion_angles 和 template_torsion_angles_mask 特征构造而成。

相关符号含义如下：

（1）r：残基序列的长度。

（2）f：特征。

（3）c：通道数量。

（4）s_c：聚类 MSA 序列数量。

（5）s_e：附加的 MSA 序列数量。

（6）s_t：模板序列数量。

（7）relpos：位置编码操作。

最后形成图 9.12 所示的 MSA representation、extra MSA representation 和 pair representation 三个特征矩阵，输入到 AlphaFold 的主干网络 Evoformer 中做主干推理。

9.5 Evoformer 推理逻辑

图 9.9 给出了 Evoformer 网络单个 Block 的骨干结构。网络运算按照 MSA 和 Pair 两条路径交叉迭代进行。MSA 按照行自注意力计算、列自注意力计算、MSA 变换、外积平均变换的次序进行；Pair 按照三角形乘法更新、三角形自注意力计算、Pair 变换的次序进行。

MSA 行自注意力计算逻辑如图 9.13 所示。MSA 行自注意力的计算过程，主动参照了 Pair 作为偏差项，从而使得 MSA 这条路径上的特征提取逻辑照顾了结构的全局性。

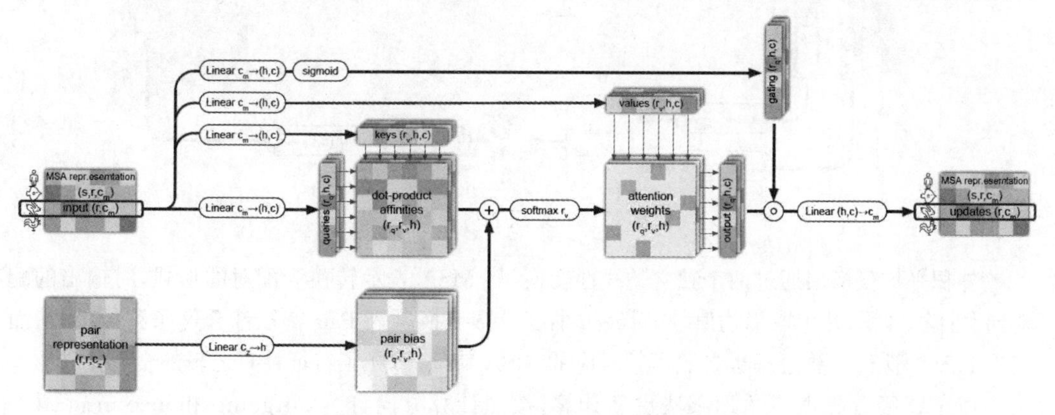

图 9.13　MSA 行自注意力计算逻辑

其中关于维度的符号含义如下：

s：MSA 包含的序列数量。

r：残基序列的长度。

c：通道数量。

h：注意力头数。

MSA 列自注意力计算逻辑如图 9.14 所示。MSA 列注意力计算关注的是同一序列内部残基之间的相对关系。

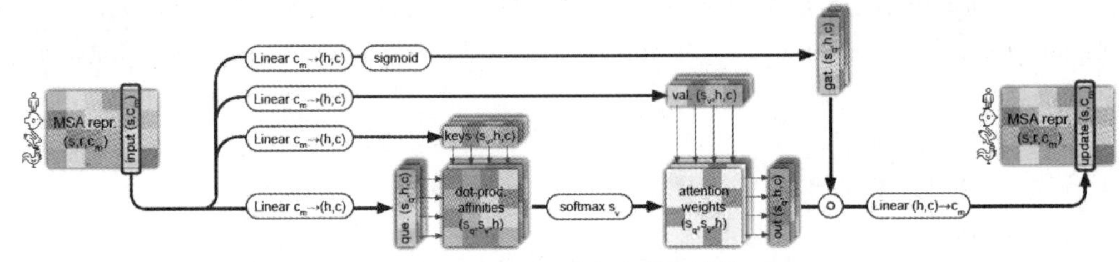

图 9.14　MSA 列自注意力计算

经过 MSA 行注意力与列注意力计算，相当于对 MSA 序列之间的关系与同一序列内部的关系做了充分的挖掘与提取，然后传递给图 9.15 所示的 MSA 变换层。

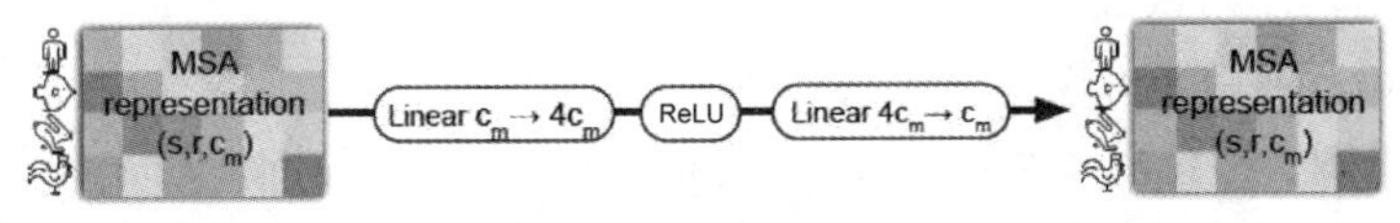

图 9.15　MSA 变换层

MSA 变换层包括扩展与复原两层变换。首先将通道数量乘以 4，进行特征提取，然后又恢复到原有的通道数量作为当前 Evoformer 层的输出。

正如前面计算 MSA 行注意力时融入了 Pair 特征一样，Pair 的计算也融入了 MSA。方法是通过图 9.16 所示的外积平均变换层实现的。

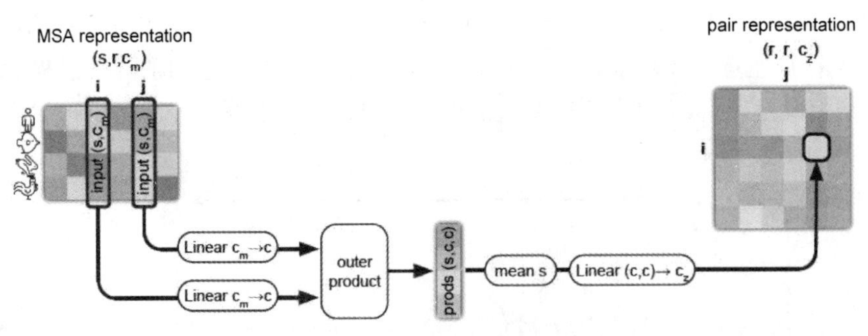

图 9.16　外积平均变换层

外积平均变换层通过两个独立的线性变换，将 MSA 表示转换为配对的形式，对输出的配对向量计算外积，并求取平均值，然后经过维度投影变换融入 Pair 特征计算这条路径上，从而使得 Pair 的迭代计算过程也参照了其对应的 MSA 特征，照顾了特征计算逻辑的全局性。

Pair 路径首先做三角形乘法更新计算，按照计算方向分为 outgoing 和 incoming 两个计算方向。图 9.17 所示为 outgoing 方向的计算逻辑。三角形乘法更新是计算 Pair 二维特征图的行与列关系的有效方法。

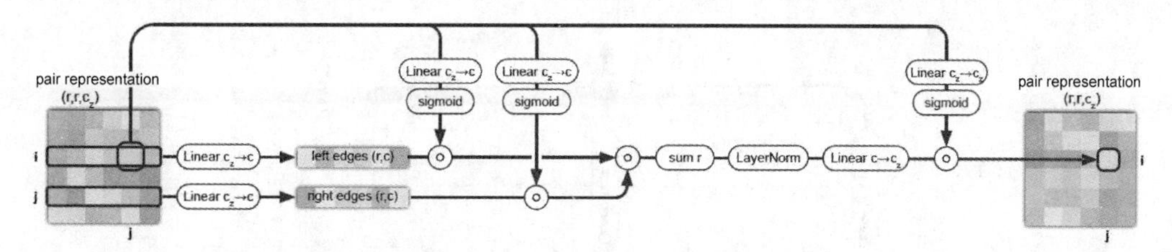

图 9.17　三角形乘法更新计算

三角形乘法更新的基本原理是将 i、j、k 三个残基定义为图中的三个顶点，残基对之间的关系抽象为顶点之间的有向边，用有向边表示残基对之间的关系。

在 Pair 计算路径上，三角形更新之后是三角形自注意力的计算。三角形自注意力计算包括 starting node 和 ending node 两个阶段。图 9.18 所示为 starting node 的三角形自注意力计算逻辑。

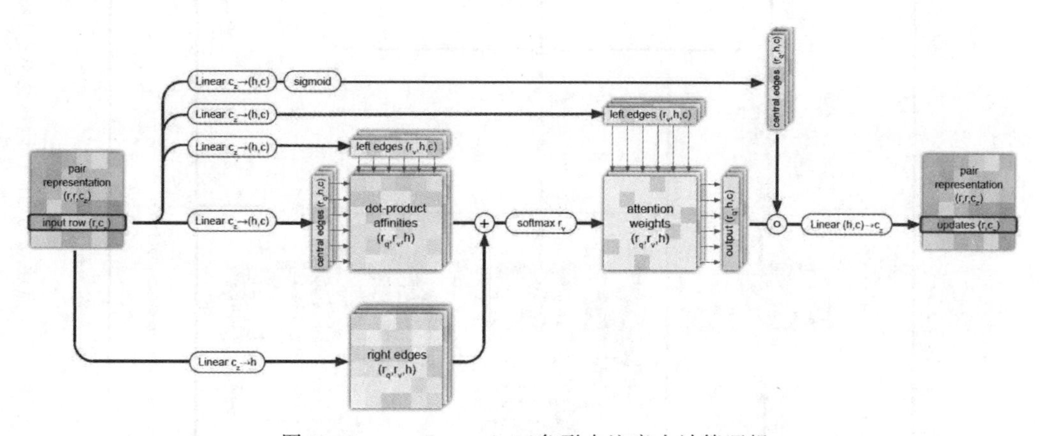

图 9.18　starting node 三角形自注意力计算逻辑

图 9.18 中的三角形自注意力计算，以残基 i 作为起点，计算所有以 i 作为起点的边所反映的从 i 到 j 之间的关系。

Pair 变换层的逻辑与 MSA 变换层的逻辑类似，都是先进行升维操作，通道数扩展到原有的 4 倍，然后降维到原有的通道数输出。

至此，Evoformer 中一层的逻辑描述完毕，48 个这样的 Evoformer 层堆叠在一起，构成了 Evoformer 网络。

9.6　Structure 模块逻辑

图 9.10 给出的 Structure 结构模块包含 8 个模块层。Structure 负责将来自 Evoformer 的 MSA 表示和 Pair 表示，参照氨基酸的初始空间表示，映射到三维原子坐标。

不变点注意力(IPA)变换是 Structure 模块的核心结构，IPA 计算逻辑如图 9.19 所示。IPA 模块包含三条计算路径，顶部蓝色通路是对 Pair 特征的计算，中部红色通路是

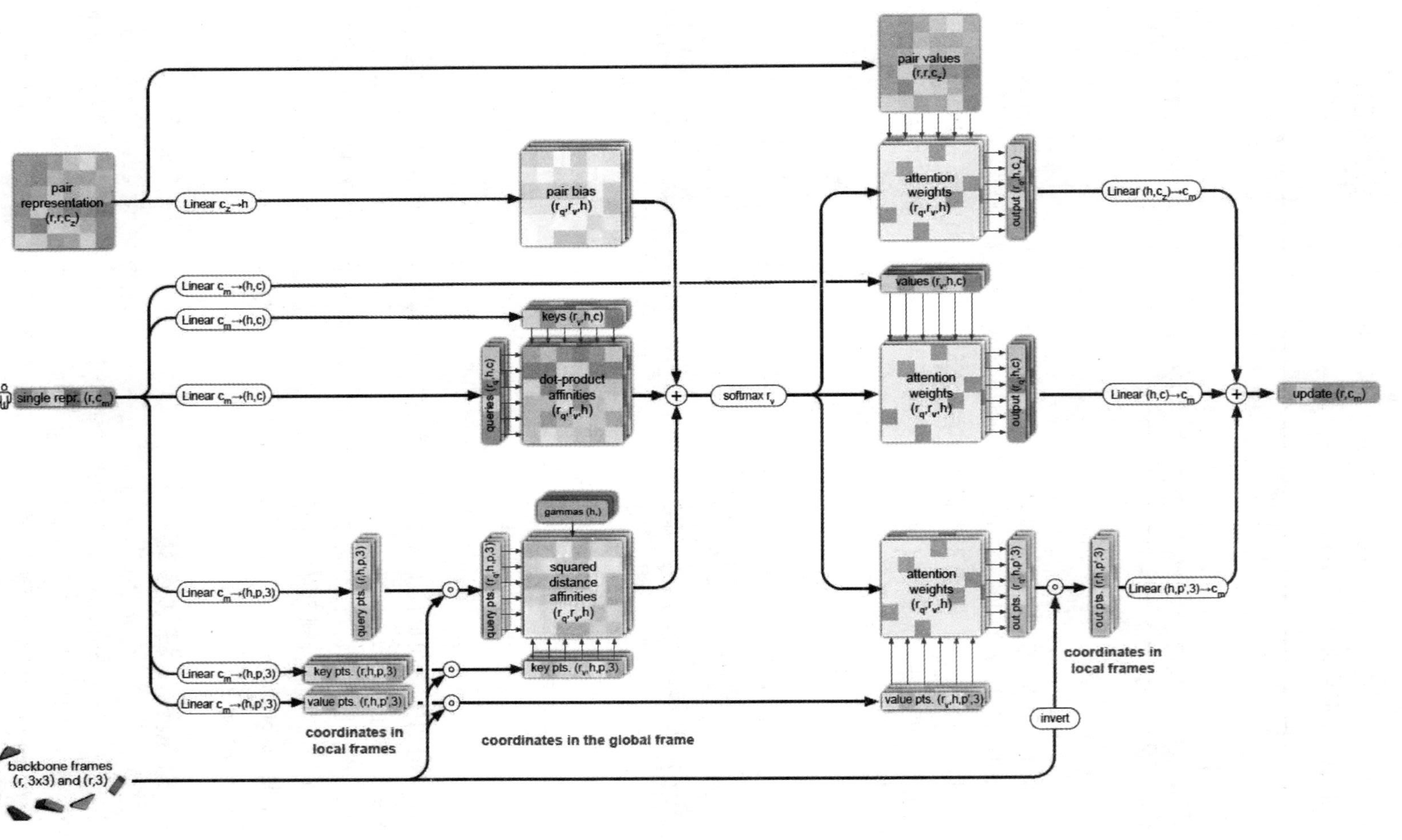

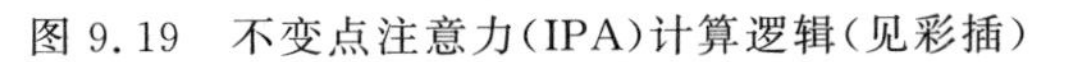
图 9.19 不变点注意力(IPA)计算逻辑(见彩插)

对 MSA 特征的计算,底部绿色通路是对空间坐标的变换,采用注意力机制完成。

根据 IPA 输出的空间抽象特征,对氨基酸初始的原子坐标进行旋转和平移变换,最后交给一个浅层的 ResNet 网络对所有原子的空间坐标进行预测。

9.7 AlphaFold2 损失函数

AlphaFold2 是一个端到端的网络模型,其损失函数的定义主要依据蛋白质序列主链上原子的坐标误差(Frame Aligned Point Error,FAPE)进行计算,并参考了一些辅助误差计算。单个样本损失函数的计算逻辑如式(9.1)所示,包含 training 和 fine-tuning 两种计算模式。

$$\begin{cases} L = 0.5L_{\text{FAPE}} + 0.5L_{\text{aux}} + 0.3L_{\text{dist}} + 2.0L_{\text{msa}} + 0.01L_{\text{conf}} & \text{training} \\ L = 0.5L_{\text{FAPE}} + 0.5L_{\text{aux}} + 0.3L_{\text{dist}} + 2.0L_{\text{msa}} + 0.01L_{\text{conf}} + 0.01L_{\text{expresolved}} + 1.0L_{\text{viol}} & \text{fine-tuning} \end{cases} \tag{9.1}$$

其中:

(1) L_{FAPE} 是结构模块用于计算所有主链原子和侧链原子的损失,确保模型预测的原子坐标的准确性。

(2) L_{aux} 是结构模块的辅助损失(结构模块中间层的 FAPE 和扭转角损失)。

(3) L_{dist} 是分布图预测的平均交叉熵损失,确保残基对之间具有明确的关系,相关配对表示对结构模块有用。实验结果表明该项指标影响很小。

(4) L_{msa} 是 masked MSA 预测的平均交叉熵损失,迫使网络考虑序列间关系或系统发育关系来完成蛋白质结构构建。

(5) L_{conf} 是模型置信度损失,用于指导模型准确性指标 pLDDT 的构建。模型通过预测每个残基的 lDDT-Cα 分数来评估模型的置信度 pLDDT。

(6) $L_{\text{expresolved}}$ 表示实验对照损失,用于观察模型预测值与实验值之间的交叉熵损失。

(7) L_{viol} 表示违规损失。违规损失会促使模型生成具有正确键的几何形状,避免原子空间分布的冲突,有助于模型输出合理的物理结构。

$L_{\text{expresolved}}$ 和 L_{viol} 仅在模型微调期间采用。

为了降低短序列的相对重要性,将每个训练示例的最终损失乘以裁剪后残基数的平方根。这意味着残基序列较短的蛋白质结构会受到这个平方根因子的惩罚。

AlphaFold2 采用了循环迭代模式,即将模型的输出循环嵌入到 Evoformer 的输入中,在不增加模型参数数量的前提下,大幅度提高了模型训练效率。

更多模型设计细节与训练细节,参见 AlphaFold2 论文及其原作者对论文的解释文档。

9.8 AlphaFold2 项目实战演示

DeepMind 团队已经将 AlphaFold2 项目的源码开源在 GitHub 上,项目网址为 https://github.com/deepmind/alphafold。

AlphaFold2 提供了两个版本：一个是面向蛋白质单聚体结构预测的版本 AlphaFold-Monomer；另一个是面向多聚体结构预测的版本 AlphaFold-Multimer。

AlphaFold2 虽然可以下载到本地主机运行，但是对主机配置有特别要求。需要安装 Linux 操作系统，配置较高的 GPU 和较大容量的 RAM。

需要下载多个遗传数据库，包括 UniRef90、MGnify、BFD、PDB70、PDB（包含蛋白质结构信息的 mmCIF 文件）、Uniclust30、PDB seqres（仅用于 AlphaFold-Multimer 版）、UniProt（仅用于 AlphaFold-Multimer 版），这些数据库的大小约为 415GB，解压后需要 2.2TB 的硬盘空间。

AlphaFold2 支持多种运行模式，支持单序列模式预测（单体预测）和多序列模式预测（同聚体预测和异聚体预测）。

DeepMind 提供了五个 AlphaFold2 优化参数模型，实践中分别用五个模型对给定的蛋白质序列进行推理，最后可以按照五个模型给出的 pLDDT 置信度进行排序，得到最佳预测结果。

为了观察 AlphaFold2 的运行效果，DeepMind 团队在 Colab 上配置了一个精简版本，用于教学演示。项目网址为 https://colab.research.google.com/github/deepmind/alphafold/blob/main/notebooks/AlphaFold.ipynb。

经测试，AlphaFold2 精简版在 Colab 上运行时，在构建 MSA 环节仍然需要较多的时间。Martin Steinegger 等人用 MMseqs2 服务器构建 MSA，替代 AlphaFold 原有的 MSA 构建模式，在保障预测效果与 AlphaFold2 相当的前提下，速度提升了数十倍。该项目同样发布在 Colab 上，项目名称为 ColabFold：AlphaFold2 using MMseqs2，项目网址为 https://colab.research.google.com/github/sokrypton/ColabFold/blob/main/AlphaFold2.ipynb。

到 PDB 官方网站，在检索框中输入关键词 LasR，检索 LasR 蛋白，在检索结果列表中选择 6MVM，下载其对应的 FASTA 文件，得到 Pseudomonas aeruginosa LasR（铜绿假单胞菌）蛋白的一部分序列如下。

```
>6MVM_1|Chains A, B|Transcriptional regulator LasR|Pseudomonas aeruginosa (strain UCBPP-PA14) (208963)
FLELERSSGKLEWSAILQKMASDLGFSKILFGLLPKDSQDYENAFIVGNYPAAWREHYDRAGYARVDPTVSHCTQSVLPIFWEPSIY
QTRKQHEFFEEASAAGLVYGLTMPLHGARGELGALSFSVEAENRAEANRFMESVLPTLWMLKDYALQSGAGLAFE
```

查看蛋白 LasR 对应的三维结构，如图 9.20 所示，这是 PDB 数据库给出的 LasR 蛋白的实验结构。由于观察视角的问题，看到的图像会有变化，这是一个包含 A、B 两个链

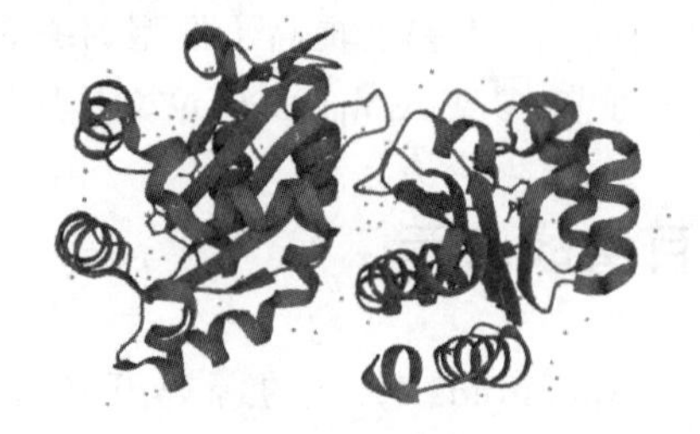

图 9.20　PDB 数据库给出的蛋白 LasR 的三维实验结构（见彩插）

的蛋白质二聚体。其中 A、B 链的结构是相同的。

下面用 AlphaFold2 推理的结构做对比。

将 LasR 序列输入 ColabFold 项目，设定相关参数，运行程序，预测蛋白质结构。

模型推理速度与序列长度相关。本案例给出的 LasR 序列长度为 162，在 Colab 上完成 MSA 特征构建、AlphaFold2 预训练模型下载、模型推理总计需要 21min 左右。最后得到 5 个 AlphaFold2 模型的推理结果，如表 9.1 所示。

表 9.1 ColabFold 对 LasR 蛋白的推理结果

模　型	模型预测结果（三维结构图）	推理时间	pLDDT
1	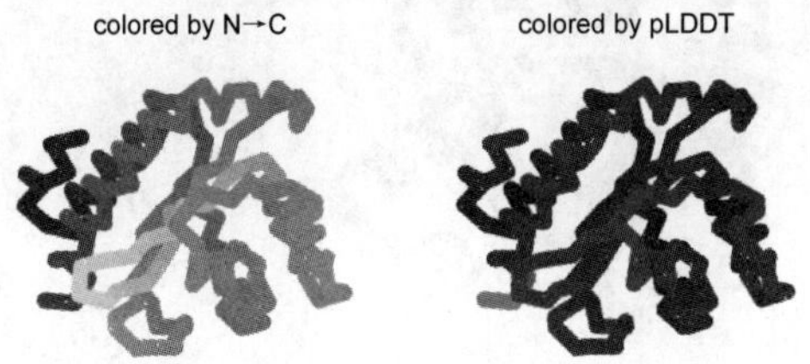 colored by N→C　colored by pLDDT	383.3s	95.8
2	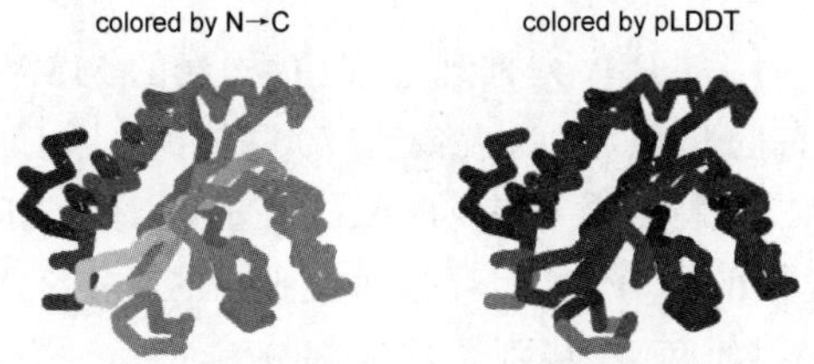 colored by N→C　colored by pLDDT	120.4s	95.1
3	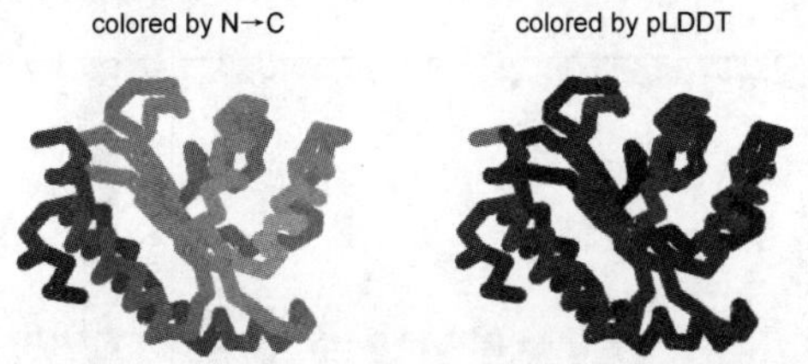 colored by N→C　colored by pLDDT	120.3s	96.3
4	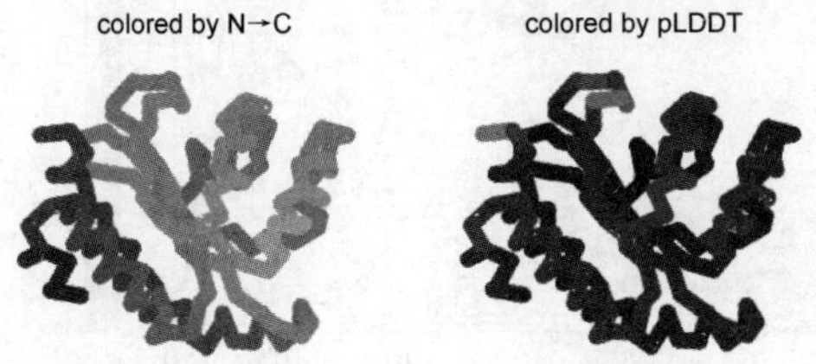 colored by N→C　colored by pLDDT	120.7s	95.9
5	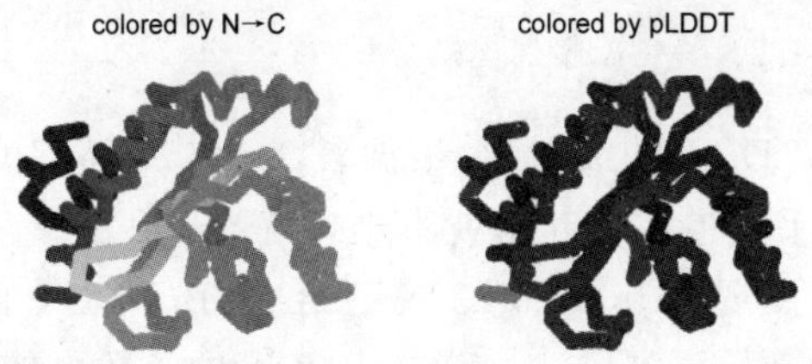 colored by N→C　colored by pLDDT	120.8s	96.4

观察表 9.1 给出的推理结果,不难发现,5 个模型的效果非常接近。5 个模型的 pLDDT 分数均超过了 95,模型的推理时间均为 120s 左右。虽然模型 1 的推理时间显示为 383.3s,但这并不是真实的模型推理时间,其中有一部分时间消耗在等待连接 GPU 上。模型 5 的效果最好,pLDDT 为 96.4,模型推理时间为 120.8s。

表 9.1 所示 5 个模型中 pLDDT 分数最高的预测结果的三维结构如图 9.21 所示。与图 9.20 给出实验结构相对照,发现二者确实高度相似。可用鼠标拖动和旋转图像,多角度观察其结构形态。

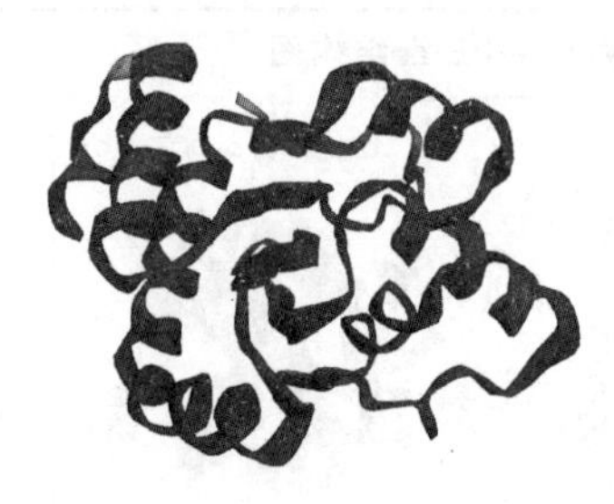

图 9.21　AlphaFold2 对 LasR 蛋白的预测结果的三维结构

项目最后给出了 AlphaFold2 对 LasR 序列推理过程中,构建的 MSA 序列的分布,如图 9.22 所示。共找到 1800 条左右的相似序列,大约有 700 条序列与 LasR 序列的一致性(identity)超过了 60%。这个 MSA 特征数据表明,AlphaFold2 对 LasR 蛋白的结构推断,得到了数据库中已有蛋白质模板的充分支持。同时,根据 MSA 特征一致性曲线可以发现,不一致的地方主要出现在序列的两端,特别是尾端部分。

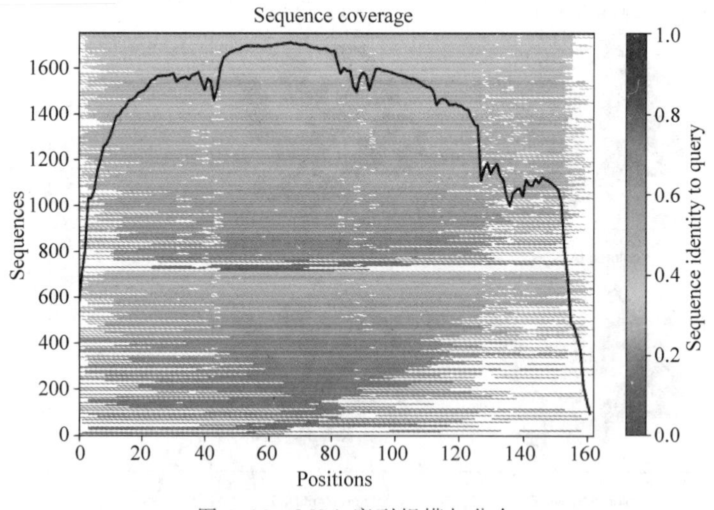

图 9.22　MSA 序列规模与分布

图 9.23 给出了 5 个模型的 pLDDT 曲线对比,根据表 9.1,5 个模型的预测效果非常接近,所以图 9.23 中 5 条曲线几乎粘连在一起也就不难理解。

对照图 9.22 与图 9.23 不难发现,AlphaFold2 模型给出的 pLDDT 曲线与 MSA 曲线形态非常相似,在 MSA 分数较高的序列段,对应的 pLDDT 的分数也较高,这从实践上

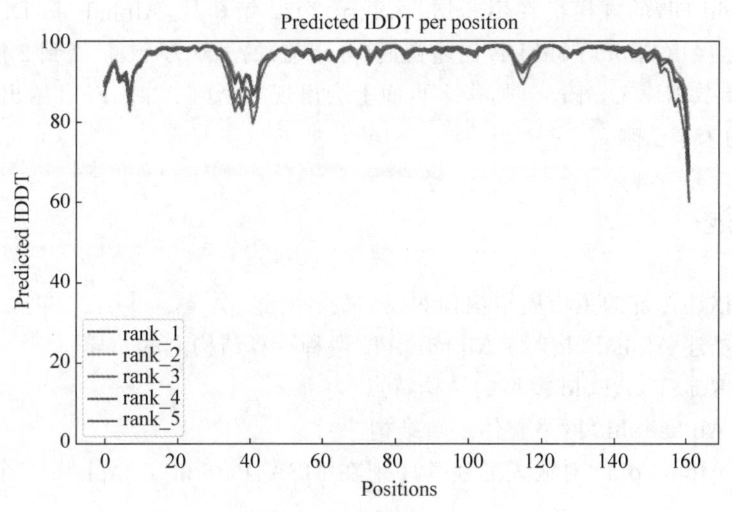

图 9.23　5 个模型的 pLDDT 对比(见彩插)

印证了 AlphaFold2 论文中的一个观点：MSA 特征是 AlphaFold2 预测蛋白质结构的最关键特征。

为了便于后续使用 AlphaFold2 模型的预测结果，项目最后自动打包生成了预测结果电子档案，包括 5 个模型的评估文档(JSON 格式的文件)和蛋白质三维结构文档(PDB 格式的文件)。实验人员可以借助 PyMOL 等蛋白质三维结构软件打开 PDB 文件，做更精细的观察研究。

9.9　小结

本章以探索计算生物学解决蛋白质结构预测问题为动力，梳理、总结了以 AlphaFold2 为代表的蛋白质结构预测技术路线，解析了 AlphaFold2 模型的结构逻辑、数据处理逻辑和模型训练逻辑与模型推理逻辑，以 LasR 蛋白质序列为例，演示了 AlphaFold2 预测蛋白质结构的过程，并对预测结果做了解析与分析。

毫无疑问，AlphaFold2 在蛋白质结构预测方面取得的进展具有里程碑意义。AlphaFold2 项目开源之后，DeepMind 与欧洲生物信息研究所(EMBL-EBI)合作发布了 AlphaFold2 蛋白质结构数据库 AlphaFold DB，该数据库中的蛋白质结构全部是用 AlphaFold2 模型预测解析出来的。

目前，AlphaFold DB 已经包含了人类蛋白质组的 98.5%的蛋白质结构，以及其他一些常见的模式生物的蛋白质组。统计结果表明，AlphaFold2 能对人类蛋白质组 58%的氨基酸的结构位置给出可信预测。对 35.7%的结构位置的预测达到了很高的置信度，是实验方法覆盖的结构数量的两倍。

综合 AlphaFold2 在各种生物蛋白上的表现，统计结果表明，AlphaFold2 对 43.8%的蛋白的至少 3/4 的氨基酸序列给出了可信预测。这已经是人类科学进步史上的巨大突破。

AlphaFold DB 的规模仍在不断增长，截至 2022 年 8 月，AlphaFold DB 包含的蛋白质结构数量已经由 AlphaFold DB 创建初期(一年前)的 100 万个，扩展到 2 亿个。这意味着查询蛋白质数据库 UniProt 时，很多页面上会出现一个由 AlphaFold 给出的预测结构。AlphaFold 的未来已来。

9.10 习题

1. 简要描述传统的蛋白质结构预测模型的计算逻辑。

2. 简要描述 AlphaFold1 与 AlphaFold2 两种计算结构上的差异。

3. 描述 RoseTTAFold 模型的结构特点。

4. 解析 AlphaFold2 网络整体逻辑结构。

5. 解析 AlphaFold2 对输入的残基序列在 MSA、Pair 和 Template 三个维度上的处理逻辑。

6. 结合 Evoformer 的结构，解析作为 AlphaFold2 主干网络的 Evoformer 是如何完成图推理逻辑的。

7. 结合 Structure 模块的结构设计，解析 Structure 模块是如何基于旋转和平移实现结构预测，并最终得到蛋白质三维结构的原子坐标 XYZ 的。

8. AlphaFold2 是如何定义损失函数的？计算逻辑是什么？

9. 如何下载 AlphaFold2 预训练模型？如何借助 AlphaFold 预训练模型部署自己的蛋白质结构预测系统？

10. 如何借助 Colab 测试 AlphaFold2？

参考文献

[1] TAN M, LE Q. Efficientnet: Rethinking model scaling for convolutional neural networks[C]. Proceedings of the International conference on machine learning, 2019. PMLR.

[2] TAN M, LE Q. Efficientnetv2: Smaller models and faster training[C]. Proceedings of the International Conference on Machine Learning, 2021. PMLR.

[3] HOWARD A G, ZHU M, CHEN B, et al. Mobilenets: Efficient convolutional neural networks for mobile vision applications[J]. arXiv preprint arXiv: 170404861, 2017.

[4] SANDLER M, HOWARD A, ZHU M, et al. Mobilenetv2: Inverted residuals and linear bottlenecks [C]. Proceedings of the Proceedings of the IEEE conference on computer vision and pattern recognition, 2018.

[5] HOWARD A, SANDLER M, CHU G, et al. Searching for mobilenetv3[C]. Proceedings of the Proceedings of the IEEE/CVF international conference on computer vision, 2019.

[6] TAN M, PANG R, LE Q V. Efficientdet: Scalable and efficient object detection[C]. Proceedings of the Proceedings of the IEEE/CVF conference on computer vision and pattern recognition, 2020.

[7] REDMON J, DIVVALA S, GIRSHICK R, et al. You only look once: Unified, real-time object detection[C]. Proceedings of the Proceedings of the IEEE conference on computer vision and pattern recognition, 2016.

[8] REDMON J, FARHADI A. YOLO9000: better, faster, stronger[C]. Proceedings of the Proceedings of the IEEE conference on computer vision and pattern recognition, 2017.

[9] REDMON J, FARHADI A. Yolov3: An incremental improvement[J]. arXiv preprint arXiv: 180402767, 2018.

[10] BOCHKOVSKIY A, WANG C-Y, LIAO H-Y M. Yolov4: Optimal speed and accuracy of object detection[J]. arXiv preprint arXiv: 200410934, 2020.

[11] VASWANI A, SHAZEER N, PARMAR N, et al. Attention is all you need[J]. Advances in neural information processing systems, 2017, 30.

[12] GOODFELLOW I, POUGET-ABADIE J, MIRZA M, et al. Generative adversarial nets[J]. Advances in neural information processing systems, 2014, 27.

[13] KARRAS T, AILA T, LAINE S, et al. Progressive growing of gans for improved quality, stability, and variation[J]. arXiv preprint arXiv: 171010196, 2017.

[14] KARRAS T, LAINE S, AILA T. A style-based generator architecture for generative adversarial networks[C]. Proceedings of the Proceedings of the IEEE/CVF conference on computer vision and pattern recognition, 2019.

[15] KARRAS T, LAINE S, AITTALA M, et al. Analyzing and improving the image quality of stylegan[C]. Proceedings of the Proceedings of the IEEE/CVF conference on computer vision and pattern recognition, 2020.

[16] KARRAS T, AITTALA M, HELLSTEN J, et al. Training generative adversarial networks with limited data[J]. Advances in Neural Information Processing Systems, 2020, 33: 12104-12114.

[17] KARRAS T, AITTALA M, LAINE S, et al. Alias-free generative adversarial networks[J]. Advances in Neural Information Processing Systems, 2021, 34: 852-863.

[18] PARKHI O M, VEDALDI A, ZISSERMAN A. Deep Face Recognition[C]. British Machine Vision Conference. 2015.

[19] SCHROFF F, KALENICHENKO D, PHILBIN J. Facenet: A unified embedding for face recognition and clustering[C]. Proceedings of the Proceedings of the IEEE conference on computer vision and pattern recognition, 2015.

[20] DEVLIN J, CHANG M-W, LEE K, et al. Bert: Pre-training of deep bidirectional transformers for language understanding[J]. arXiv preprint arXiv: 181004805, 2018.

[21] LE NQK, HO Q-T, NGUYEN T-T-D, et al. A transformer architecture based on BERT and 2D convolutional neural network to identify DNA enhancers from sequence information[J]. Briefings in bioinformatics, 2021, 22(5): 5.

[22] JUMPER J, EVANS R, PRITZEL A, et al. Highly accurate protein structure prediction with AlphaFold[J]. Nature, 2021, 596(7873): 583-589.

[23] SENIOR A W, EVANS R, JUMPER J, et al. Improved protein structure prediction using potentials from deep learning[J]. Nature, 2020, 577(7792): 706-710.

[24] BAEK M, DIMAIO F, ANISHCHENKO I, et al. Accurate prediction of protein structures and interactions using a three-track neural network[J]. Science, 2021, 373(6557): 871-876.

[25] WANG X, LI C, ZHAO J, et al. Naturalconv: A chinese dialogue dataset towards multi-turn topic-driven conversation[C]. Proceedings of the Proceedings of the AAAI Conference on Artificial Intelligence, 2021.

[26] JI Y, ZHOU Z, LIU H, et al. DNABERT: pre-trained Bidirectional Encoder Representations from Transformers model for DNA-language in genome[J]. Bioinformatics, 2021, 37(15): 2112-2120.

[27] HU J, SHEN L, SUN G. Squeeze-and-excitation networks[C]. Proceedings of the Proceedings of the IEEE conference on computer vision and pattern recognition, 2018.

[28] SERMANET P, EIGEN D, ZHANG X, et al. Overfeat: Integrated recognition, localization and detection using convolutional networks[J]. arXiv preprint arXiv: 13126229, 2013.

[29] WU D, LIAO M, ZHANG W, et al. Yolop: You only look once for panoptic driving perception[J]. arXiv preprint arXiv: 210811250, 2021.

[30] GE Z, LIU S, WANG F, et al. Yolox: Exceeding yolo series in 2021[J]. arXiv preprint arXiv: 210708430, 2021.

[31] FANG Y, LIAO B, WANG X, et al. You only look at one sequence: Rethinking transformer in vision through object detection[J]. Advances in Neural Information Processing Systems, 2021, 34: 26183-26197.

[32] VIOLA P, JONES M. Rapid object detection using a boosted cascade of simple features[C]. Proceedings of the 2001 IEEE computer society conference on computer vision and pattern recognition CVPR 2001, 2001, IEEE.

[33] ZHANG K, ZHANG Z, LI Z, et al. Joint face detection and alignment using multitask cascaded convolutional networks[J]. IEEE signal processing letters, 2016, 23(10): 1499-1503.